中国地质大学(武汉)地学类系列精品教材

地球系统科学

毕思文　耿杰哲　编著

中国地质大学出版社
ZHONGGUO DIZHI DAXUE CHUBANSHE

内容提要

本教材特色是强调地球系统各圈层相互作用的观点。全书共分为8章。第1章绪论中介绍地球系统科学背景、科学意义和研究现状;第2章介绍地球系统科学的研究方法,包括研究思路、基本概念、研究步骤等;第3章至第5章详细阐述了地球系统科学的基础理论、学科分支、技术方法;第6章介绍地球系统科学在青藏高原地区的应用;第7章对地球系统科学数字表达——数字地球进行了概括介绍;在前面内容的基础上,第8章重点介绍了地球系统科学对于可持续发展的重要意义。本教材充分体现了地球系统科学大跨度多学科相互交叉渗透的特点,突出了地球系统科学对于认识地球和管理地球的重要作用,使读者对地球系统科学有完整系统的认识,有利于基础知识框架的建立。

本教材可作为地质学、地理学、大气、海洋、国土资源等地球科学分支,以及信息科学技术、行星科学、环境科学、生物科学与生命科学等领域及相关学科的学生教材,也可作为广大科研人员和政府管理决策人员的参考书。

图书在版编目(CIP)数据

地球系统科学/毕思文,耿杰哲编著.—武汉:中国地质大学出版社,2009.9 (2011.5重印)
ISBN 978-7-5625-2383-3

Ⅰ.地…
Ⅱ.①毕…②耿…
Ⅲ.地球科学
Ⅳ.P

中国版本图书馆CIP数据核字(2009)第127532号

地球系统科学 毕思文 耿杰哲 编著

责任编辑:周 华 刘桂涛 责任校对:林 泉

出版发行:中国地质大学出版社(武汉市洪山区鲁磨路388号) 邮政编码:430074
电 话:(027)67883511 传真:67883580 E-mail:cbb @ cug.edu.cn
经 销:全国新华书店 http://www.cugp.cn

开本:787毫米×1092毫米 1/16 字数:525千字 印张:20.5
版次:2009年9月第1版 印次:2011年5月第2次印刷
印刷:武汉珞南印务有限公司 印数:1 001—2 000册

ISBN 978-7-5625-2383-3 定价:42.00元

如有印装质量问题请与印刷厂联系调换

中国地质大学(武汉)地学类系列精品教材

策划、编辑委员会

策划部组成

主　任：梁　志

副主任：刘桂涛

成　员：张晓红　段连秀　赵颖弘

编辑部组成

主　任：刘桂涛

成　员：张晓红　段连秀　赵颖弘

谌福兴　王凤林　周　华

前　言

地球系统科学是20世纪80年代国际科学界为迎接全球环境挑战而提出的一门新的集成学科。20多年来，地球系统科学得到了飞速发展，在推动地圈、生物圈相互作用研究和全球变化的集成研究方面发挥了不可替代的重要作用，在国际科学舞台上，地球系统科学构建了合作伙伴关系，并在全球环境变化的研究实践中不断充实和完善了它的理论体系和观测系统。

地球系统科学是以日-地空间、大气圈、水圈（包括冰冻圈）、岩石圈和生物圈（包括人类本身）整合成一体的地球系统为研究对象。它包括了自地心到地球外层空间十分广阔的范围，是一个复杂的非线性系统，其间存在着地球系统各组成部分之间的相互作用，物理、化学和生物三大基本过程之间的相互作用以及人与地球系统之间的相互作用，是微观与宏观现象矛盾的统一。建立地球系统科学方法的基本途径是要强调相应的化学、物理、生物及其相互作用的动力学过程，这些过程在空间上可以从微米到行星轨道尺度，在时间尺度上可以从毫秒到数十亿年。

地球已有46亿年的演化历史，人类对地球的开发利用、探索研究活动由来已久。地质学、地理学、气象学、海洋学和生态学等都是有悠久历史的学科，多年的积累，针对地球的某一组成部分分门别类地进行研究，形成了各种带有各自门类特色的传统研究方法及知识体系。但随着研究和应用的深入，科学家们发现，必须把地球作为一个由各个子系统——主要是地核、地幔、岩石圈、大气圈、水圈、生物圈（包括人类社会）组成的地球系统来研究，才能真正深化对地球的研究，才能回答一些人类所面临的一系列地球行为的重大问题。这样一种眼界和观念的转变，标志着从传统地球科学观念向地球系统科学的转变。这种转变的实现有两重背景，一是地球科学各分支的深入发展；二是40年来空间技术和信息科学的突飞猛进开阔了人类的眼界，大大提高了人类认识地球的能力。

20世纪50年代以来，随着“世界地磁测量”、“国际地球物理年”、“上地幔计划”、“深海钻探计划”、“国际海洋考察十年”、“地球动力学计划”等一系列地学国际合作研究计划的巨大成功，学科之间出现了很多交叉和渗透。20世纪40年代末期诞生的SCI理论（一般系统论、控制论、信息论），70年代崛起的DSC理论（耗散结构论、协同论、突变论)、超循环论等 20 余种现代系统科学理论流派相继问世。这些系统思想精华和系统工程、系统动力学方法于 20 世纪七八十年代相继引入地学研究,促进了地球系统科学的诞生。

人类正处在一个前所未有的紧要关头,近百年内,维持地球生命的环境正在迅速地恶化。人口爆炸、土地荒漠化、资源短缺、环境污染加剧、“温室效应”与全球变暖、臭氧屏蔽的破坏、森林锐减和物种加速灭绝、淡水资源短缺等威胁着人类的生存。从科学角度看,这些紧迫的环境问题实质上是由地球各圈层组成的统一系统,即地球系统各圈层相互作用产生的。

为实现全球可持续发展,我们迫切需要从统一的、系统的观点,从多时空的角度,认识地球的整体行为,从而有效地调控人与自然的关系,促进自然资源、生态环境与社会经济的可持续发展,最大限度减少自然灾害、环境污染、生态破坏所造成的损失,更好地认识地球和管理地球。

地球系统科学以整个地球系统为研究对象,但不是一门凌驾于所有地球科学、环境科学和宏观生物学之上的“超级学科”,而是以学科间的交叉地带作为其主要的研究领域,以学科间的相互渗透和合作作为其研究方式的一门交叉学科,需要创新的观念、方法和理论。因此地球系统科学具有以下特征:前所未有的全球性、各学科各部门的综合性、各个要素之间相互作用及反馈的系统性、数字化时代的信息性、社会服务的功能性。

本书第一作者毕思文研究员是一位探索与构建地球系统科学理论的地球科学工作者,长期从事地质科学、遥感应用与数字地球的研究,以青藏高原为示范,开展地球系统科学理论、模型、方法与应用等研究,2000 年 1 月至今,主要开展地球系统探测新技术——量子遥感理论、实验与技术的探索。作者多年辛勤笔耕,目前已发表学术论文 200 余篇,出版专著 10 部,在《地球系统科学》、《地球系统力学》、《 数字地球——地球系统数字学》、《地球系统科学与可持续发展》、《量子光谱成像》等专著的基础上又撰写这部《 地球系统科学》教材。

感谢中国地质大学(武汉)教务处对本书出版的资助,感谢中国地质大学出版社的刘桂涛、周华编辑为本书的出版付出的劳动,同时对书中引用的相关图表的作者们表示感谢!

地球系统科学领域宽广,限于作者水平和经验,加之编著时间仓促,书中错谬之处在所难免,恳请各位专家和读者批评指正。

作　者

2009 年 6 月

目　录

第 1 章　绪　论 …… (1)

1.1　人类面临的全球性重大问题 …… (1)

1.1.1　人口爆炸 …… (1)

1.1.2　土地荒漠化 …… (1)

1.1.3　资源趋于枯竭 …… (2)

1.1.4　“温室效应”与全球增暖 …… (2)

1.1.5　臭氧屏蔽的破坏 …… (2)

1.2　地球系统全球化 …… (3)

1.3　地球系统科学与可持续发展 …… (3)

1.4　地球系统科学与传统地球科学 …… (4)

1.5　地球系统科学特征 …… (5)

1.5.1　思维方式的变化——整体性研究思维 …… (5)

1.5.2　研究对象的变化——展望全球与预测未来 …… (5)

1.5.3　研究内容的变化——为社会发展服务 …… (5)

1.5.4　研究形式的变化——多学科的综合性研究 …… (6)

1.5.5　组织形式的变化——国际化与合作研究 …… (6)

1.5.6　信息交流的变化——地球信息科学的诞生 …… (6)

1.5.7　方法手段的变化——高新技术的应用 …… (6)

1.6　国内外研究现状 …… (7)

1.6.1　当代地质学的发展趋势 …… (7)

1.6.2　地球系统科学的组织、机构和计划 …… (7)

1.6.3　地球系统科学的重要会议 …… (10)

1.6.4　地球系统科学在中国的发展 …… (11)

1.6.5　地球系统科学理论构建 …… (12)

第 2 章　地球系统科学研究方法 …… (13)

2.1　地球系统科学研究思路 …… (13)

2.1.1　研究目标与目的 …… (13)

2.1.2　研究基本思路 …… (13)

2.1.3　理论基础与特点 …… (14)

2.1.4　研究领域 …… (14)

2.2 地球系统科学基本概念……………………………………………………………………………………(15)
2.2.1 基本概念……………………………………………………………………………………………(15)
2.2.2 地球系统的系统、结构、层次…………………………………………………………………(15)
2.2.3 地球系统的环境、行为、功能…………………………………………………………………(17)
2.2.4 地球系统的状态、演化、过程…………………………………………………………………(19)
2.3 地球系统科学基本框架……………………………………………………………………………………(20)
2.3.1 地圈-生物圈系统动力学 ………………………………………………………………………(20)
2.3.2 气候系统动力学和气候变化预测……………………………………………………………(21)
2.3.3 大陆系统动力学……………………………………………………………………………………(21)
2.3.4 日-地系统 ……………………………………………………………………………………………(21)
2.3.5 人-地系统动力学 …………………………………………………………………………………(22)
2.3.6 现在应起步的前沿领域…………………………………………………………………………(22)
2.4 地球系统科学时间尺度……………………………………………………………………………………(23)
2.4.1 几百万年至几十亿年……………………………………………………………………………(23)
2.4.2 几千年至几十万年………………………………………………………………………………(23)
2.4.3 几十年至几百年……………………………………………………………………………………(23)
2.4.4 几天至几个季度……………………………………………………………………………………(23)
2.4.5 几秒至几小时………………………………………………………………………………………(24)
2.5 地球系统科学研究步骤……………………………………………………………………………………(24)
2.6 地球系统科学方法论………………………………………………………………………………………(24)
2.6.1 系统方法的哲学基础……………………………………………………………………………(24)
2.6.2 还原论与整体论相结合…………………………………………………………………………(24)
2.6.3 定性描述与定量描述相结合……………………………………………………………………(25)
2.6.4 局部描述与整体描述相结合……………………………………………………………………(25)
2.6.5 确定性描述与不确定性描述相结合…………………………………………………………(25)
2.6.6 系统分析与系统综合相结合……………………………………………………………………(26)
2.6.7 模型与原型……………………………………………………………………………………………(26)
2.6.8 数学模型………………………………………………………………………………………………(26)
2.6.9 基于计算机的模型…………………………………………………………………………………(26)
第3章 地球系统科学理论基础 ………………………………………………………………………(28)
3.1 地球系统的连续动态系统…………………………………………………………………………………(28)
3.1.1 线性动态地球系统…………………………………………………………………………………(28)
3.1.2 非线性动态地球系统………………………………………………………………………………(29)
3.1.3 轨道、暂态、定态……………………………………………………………………………………(31)
3.1.4 地球系统的稳定性…………………………………………………………………………………(34)
3.1.5 吸引子与目的性……………………………………………………………………………………(40)

3.1.6 周期运动与回归性…………………………………………………………… (43)
3.1.7 地球系统的分岔…………………………………………………………… (46)
3.1.8 地球系统的突变…………………………………………………………… (51)
3.1.9 连续混沌……………………………………………………………………… (52)
3.1.10 过渡过程特性 ……………………………………………………………… (55)
3.2 地球系统的离散动态系统…………………………………………………… (56)
3.2.1 离散映射与离散动力学…………………………………………………… (56)
3.2.2 离散混沌……………………………………………………………………… (58)
3.2.3 几种自动器网络模型……………………………………………………… (62)
3.2.4 遗传算法……………………………………………………………………… (67)
3.3 地球系统的随机性…………………………………………………………… (70)
3.3.1 随机过程与随机涨落……………………………………………………… (70)
3.3.2 随机网络模型……………………………………………………………… (74)
3.4 地球系统的自组织…………………………………………………………… (77)
3.4.1 自组织与他组织…………………………………………………………… (77)
3.4.2 两种有序原理……………………………………………………………… (80)
3.4.3 自组织理论………………………………………………………………… (86)
3.4.4 自组织的几种形式………………………………………………………… (89)
3.5 地球系统的简单巨系统……………………………………………………… (92)
3.5.1 简单系统与简单巨系统…………………………………………………… (92)
3.5.2 熵——简单巨系统的基本概念………………………………………… (95)
3.5.3 数学模型……………………………………………………………………… (98)
3.5.4 地球系统演化的分析方法 ……………………………………………… (104)
3.6 地球系统的复杂巨系统 …………………………………………………… (108)
3.6.1 关于复杂性 ………………………………………………………………… (109)
3.6.2 把复杂性当作复杂性处理 ……………………………………………… (110)
3.6.3 开放的复杂巨系统 ………………………………………………………… (112)
3.6.4 从定性到定量综合集成方法 …………………………………………… (116)
3.6.5 综合集成研讨厅体系 …………………………………………………… (117)
第4章 地球系统科学子系统与学科分支……………………………………… (121)
4.1 行星系统 ……………………………………………………………………… (121)
4.1.1 太阳系概况 ………………………………………………………………… (121)
4.1.2 太阳系在宇宙中的地位 ………………………………………………… (123)
4.1.3 行星的轨道运动 …………………………………………………………… (124)
4.1.4 行星的基本物理性质 …………………………………………………… (127)
4.1.5 行星的结构 ………………………………………………………………… (129)

4.1.6 卫星和环系的一般特征 …………………………………………………… (130)
4.1.7 地球系统科学与地震 …………………………………………………… (132)
4.2 地核和地幔系统 …………………………………………………………… (138)
4.2.1 地震资料与内部结构 …………………………………………………… (139)
4.2.2 地球内部的物质成分及其状态 ………………………………………… (141)
4.3 岩石圈系统 ………………………………………………………………… (144)
4.3.1 大陆漂移、海底扩张和板块构造………………………………………… (145)
4.3.2 地质过程 ………………………………………………………………… (148)
4.3.3 陨击坑和冲击变质作用 ………………………………………………… (150)
4.3.4 地球的年龄和地质年代表 ……………………………………………… (153)
4.4 水圈系统 …………………………………………………………………… (155)
4.4.1 海洋的成分 ……………………………………………………………… (156)
4.4.2 海洋温度和洋流 ………………………………………………………… (156)
4.5 大气圈系统 ………………………………………………………………… (157)
4.5.1 地球大气的成分 ………………………………………………………… (157)
4.5.2 地球大气的性质和结构分层 …………………………………………… (157)
4.5.3 地球磁场、磁层和辐射带………………………………………………… (163)
4.6 生物圈系统 ………………………………………………………………… (165)
4.6.1 生物圈的组成 …………………………………………………………… (165)
4.6.2 生命的特征 ……………………………………………………………… (166)
4.6.3 生命的起源、演化和生物圈的形成……………………………………… (168)
4.6.4 人类的由来 ……………………………………………………………… (172)
4.6.5 生物圈系统及其平衡 …………………………………………………… (173)
4.6.6 生物圈对地球外部圈层的作用 ………………………………………… (175)
4.7 地球系统科学学科分支 …………………………………………………… (177)
第5章 地球系统科学技术………………………………………………………… (179)
5.1 全球定位系统(GPS) ……………………………………………………… (179)
5.1.1 GPS发展历史 …………………………………………………………… (179)
5.1.2 GPS技术 ………………………………………………………………… (180)
5.2 遥感(RS) ………………………………………………………………… (187)
5.2.1 遥感概述 ………………………………………………………………… (188)
5.2.2 遥感的历史 ……………………………………………………………… (189)
5.2.3 遥感技术 ………………………………………………………………… (190)
5.3 量子遥感 …………………………………………………………………… (201)
5.3.1 量子遥感理论提出的背景 ……………………………………………… (201)
5.3.2 量子遥感概念的发展 …………………………………………………… (202)

5.3.3 量子遥感研究对象及内容 …… (203)
5.4 地理信息系统(GIS) …… (208)
5.4.1 GIS概述 …… (208)
5.4.2 GIS的组成 …… (213)
5.4.3 GIS的功能 …… (214)
5.4.4 国家基础地理信息数据库 …… (220)
5.5 GIS与RS集成的军事应用 …… (220)
5.5.1 军事需求 …… (220)
5.5.2 研究背景 …… (221)
5.5.3 军事应用——预警机 …… (224)
5.6 生态系统观测研究网络 …… (224)
5.6.1 全球观测系统 …… (225)
5.6.2 生物观测网络 …… (225)
5.6.3 中国生态系统网络(CERN) …… (228)
5.7 地球物理技术 …… (232)
5.7.1 地球物理发展领域 …… (233)
5.8 地球化学技术 …… (238)
5.8.1 陨石学 …… (238)
5.8.2 大陆地壳组成 …… (242)
5.8.3 地幔地球化学 …… (243)
5.8.4 地球化学动力学 …… (244)
5.8.5 同位素地球化学 …… (245)
5.8.6 表生地球化学 …… (246)
5.8.7 遥感地球化学 …… (248)
5.8.8 持久性有机污染物(POPs)的环境地球化学 …… (249)
5.9 计算机技术 …… (251)
5.9.1 科学数据共享 …… (251)
5.9.2 计算机模拟技术 …… (255)
第6章 地球系统科学研究示范——青藏高原大陆各圈层统一相互作用 …… (259)
6.1 青藏高原国内外研究现状概述 …… (259)
6.1.1 高原的隆升机制 …… (260)
6.1.2 高原隆升史 …… (263)
6.1.3 隆升机制的进一步探索 …… (264)
6.2 各圈层统一相互作用的物质组成 …… (265)
6.2.1 青藏高原地层分区 …… (265)
6.2.2 区域构造-地层格架 …… (265)

6.3 青藏高原雅江-班公怒江缝合带的热红外遥感 …… (267)
6.3.1 温度的反演 …… (268)
6.3.2 野外地表层钻孔测温与数据处理 …… (268)
6.4 青藏高原山地各圈层力学系统描述 …… (270)
6.4.1 力学模型 …… (270)
6.4.2 青藏高原大陆碰撞力学模型 …… (272)
6.4.3 青藏高原山地各圈层力学系统描述 …… (273)
6.4.4 青藏高原碰撞隆起的力学描述 …… (275)
6.4.5 青藏高原碰撞隆起的数值模拟 …… (279)
第7章 地球系统科学数字表达——数字地球 …… (285)
7.1 提出背景 …… (285)
7.2 研究方法 …… (286)
7.2.1 研究思路 …… (286)
7.2.2 基本概念 …… (286)
7.2.3 研究对象 …… (286)
7.2.4 研究内容 …… (286)
7.2.5 研究任务 …… (288)
7.2.6 作用和意义 …… (288)
7.3 数字地球原型 …… (288)
7.4 地球系统场理论基础 …… (289)
7.5 数字地球物理模型 …… (289)
7.5.1 地球的自转与参考系 …… (289)
7.5.2 地球的形状 …… (290)
7.5.3 地球的速度分层及其研究方法 …… (290)
7.5.4 地球的电磁性质及其研究方法 …… (290)
7.5.5 地球的密度分布及其研究方法 …… (291)
7.5.6 地球的热学性质及其研究方法 …… (291)
7.5.7 光学模型机理特征 …… (291)
7.6 数字地球力学模型 …… (291)
7.7 数字地球数学模型 …… (292)
7.8 数字地球信息模型 …… (292)
7.9 数字地球信息获取技术与模拟 …… (293)
7.10 数字地球空间信息基础设施 …… (293)
7.11 数字地球技术方法 …… (294)
7.11.1 地理信息的互操作及 Open GIS 规范 …… (294)
7.11.2 数字地球的核心技术 …… (295)

7.11.3 数字地球空间数据 Metadata …………………………………………………… (295)
7.11.4 数字地球的新技术…………………………………………………………… (295)
7.12 数字中国…………………………………………………………………………… (296)
第8章 地球系统科学与可持续发展………………………………………………… (298)
8.1 可持续发展理论基础 …………………………………………………………… (298)
8.1.1 理论起源 ………………………………………………………………………… (298)
8.1.2 理论特点 ………………………………………………………………………… (300)
8.1.3 可持续发展与协同学 …………………………………………………………… (300)
8.1.4 区域可持续发展 ………………………………………………………………… (301)
8.1.5 可持续发展在中国 ……………………………………………………………… (302)
8.2 可持续发展的定量化研究——指标体系 ……………………………………… (303)
8.2.1 可持续发展的指标体系的研究 ………………………………………………… (303)
8.2.2 可持续发展的指标体系的应用 ………………………………………………… (304)
8.3 地球系统科学与可持续发展 …………………………………………………… (305)
8.4 中国的问题解决之道 …………………………………………………………… (307)
8.4.1 人口与资源、环境的可持续发展………………………………………………… (307)
8.4.2 人口与经济、社会的可持续发展………………………………………………… (308)
参考文献……………………………………………………………………………… (310)

第 1 章　绪　论

1.1　人类面临的全球性重大问题

1.1.1　人口爆炸

(1) 联合国人口基金《2001 年度世界人口状况》报告指出，世界人口增长仍趋两极分化。人口增长对环境和贫困的压力是人类面临的最大挑战。

(2) 1999 年世界人口已经达到 60 亿，预计到 2050 年，世界人口会再增加一半，达到 90 亿。今后增加的人口主要集中在发展中国家，特别是最不发达国家。49 个最不发达国家在今后 50 年中，人口将增长 2 倍。

(3) 在世界人口发展中，两极分化仍然十分严重。占全球 20%的富国人口，其私人消费量占全球私人消费量的 86%；而占全球 20%的最贫困人口，其私人消费量只占全球私人消费量的 1.3%。

(4) 人口的激增加剧了资源的消耗与生态环境的恶化。为了获取必要的食物和水，为了改善生活，人类必然在更大的广度和深度上干扰地球系统自然稳定的势态，造成一连串问题。

1.1.2　土地荒漠化

2009 年 6 月 17 日是第 15 个“世界防治荒漠化和干旱日”。今年的主题是“防沙治沙与农民收入”。

根据联合国环境规划署(UNEP)数据资料，过去 50 年间非洲 36 个国家面临旱地土地退化，也就是荒漠化。全球旱地占全球土地总面积的 40%，约 51 亿 hm^2，有 10 亿多人口赖以生存和生活的资源受到了严重影响。荒漠化影响了 70%的旱地，即 36 亿 hm^2 或世界 1/4 的土地受到了荒漠化的影响。据估算，世界 30% 灌溉农地、47%的雨养农地和 73%的牧场发生荒漠化。

全球范围内每年由于荒漠化影响造成的年收入减少达 420 亿美元，由于荒漠化造成难民或粮食减产，也给周边地区带来了间接的社会和经济损失。25 亿人口直接受到荒漠化的影响，另约 10 亿人面临荒漠化的威胁。这些人口包括世界上最贫困人口。到 2050 年如果不采取预防的措施，经济损失将急剧上升，将有 18 亿人口受到影响。荒漠化土地的恢复消耗将远远大于预防的投入。

土地荒漠化极大地改变了陆地表面的物理特征，破坏了地表辐射收支平衡，诱发气候和环境变化。而气候和环境变化的反馈作用又将进一步影响土地荒漠化的进程。如此循环往复，从而对地球环境产生深远影响。

1.1.3 资源趋于枯竭

(1) 联合国环境规划署报告称，有史以来全球森林面积已减少了一半，主要原因是人类活动。根据联合国粮农组织 2001 年的报告，全球森林从 1990 年的 39.6 亿 hm^2 下降到 2000 年的 38 亿 hm^2。全球每年消失的森林近千万公顷。虽然从 1990 年至 2000 年的 10 年间，人工林年均增加了 310 万 hm^2，但热带和非热带天然林却年均减少 1 250 万 hm^2。《2005 年全球森林资源评估报告》称，2005 年全球森林面积 39.52 亿 hm^2，占陆地面积(不含水域)30.3%，人均森林面积 0.62hm^2。每年有近 4%森林受到各种灾害的影响。全球每年平均有 1.04 亿 hm^2 的森林受到林火、有害生物(包括病虫害)以及干旱、风雪、冰和洪水等气候事件的影响。

(2) 目前，世界许多地方的淡水资源利用都不是可持续的。世界约 1/3 人口生活在面临中度和严重水资源紧张的地区，即水制约了经济和社会的发展。如果不采取行动，世界人口的 2/3 或近 55 亿在 2025 年也将有面临这种局面的风险。同时，保留足够的清洁水用于保护水生和陆生生态系统是至关重要的。几乎所有的人类活动产生的污染都在使水质变坏，发展中国大多数城市的污水处理率低于 10%。1995 年，世界 20%的人口得不到安全的饮用水，多达 50%的人口得不到足够的卫生服务。

(3) 石油储量的综合估算，可支配的化石能源的极限，为 1 180 亿～1 510 亿 t，以 1995 年世界石油的年开采量 33.2 亿 t 计算，石油储量大约在 2050 年左右宣告枯竭。天然气储备估计在 131 800 兆～152 900 兆 m^3，年开采量维持在 2 300 兆 m^3，将在 57～65 年内枯竭。煤的储量约为 5 600 亿 t。1995 年煤炭开采量为 33 亿 t，可以供应 169 年。目前铀的年开采量为 6 万 t，根据 1993 年世界能源委员会的估计可维持到 21 世纪 30 年代中期。

(4) 人类对物种灭绝速度的影响可追溯到几千年以前，自 20 世纪开始，人类的影响明显增加，当今物种灭绝速度要比 2 000 年以前快多了。已知鸟类和哺乳类灭绝速度在 1600—1950 年间增加了 4 倍。到 1950 年，鸟类和哺乳类灭绝速度每 100 年分别上升 1.5%和 1.0%。1600 年以来，大约有 113 种鸟类和 83 种哺乳动物已经消失。

1.1.4 “温室效应”与全球增暖

化石燃料的燃烧，森林的破坏及其他工业活动，使得大气化学成分发生了明显的变化。而对湖泊中花粉和海底深游生物骨骼沉积物的考察表明，全球范围这样的温度变化，必将导致全球陆地植被类型和海洋生物物种分布的显著改变，而这又必然反过来影响全球气候。

连续 30 年的测量表明，大气中 CO_2 的含量以每年 0.4%的速率递增，按现有的绝大多数气候模型估计，在不太远的将来可能使全球平均温度上升 2℃，这样的温度变化可以和最近一次冰期以来 18 000 年间的温度变化相比拟。1860 年以来全球气温的变化如图 1-1 所示。

1.1.5 臭氧屏蔽的破坏

英国南极调查局哈利湾观测站的资料表明，20 世纪从 70 年代中期以来，每年 10 月(南极极夜刚结束的月份)臭氧总量减小 40%。

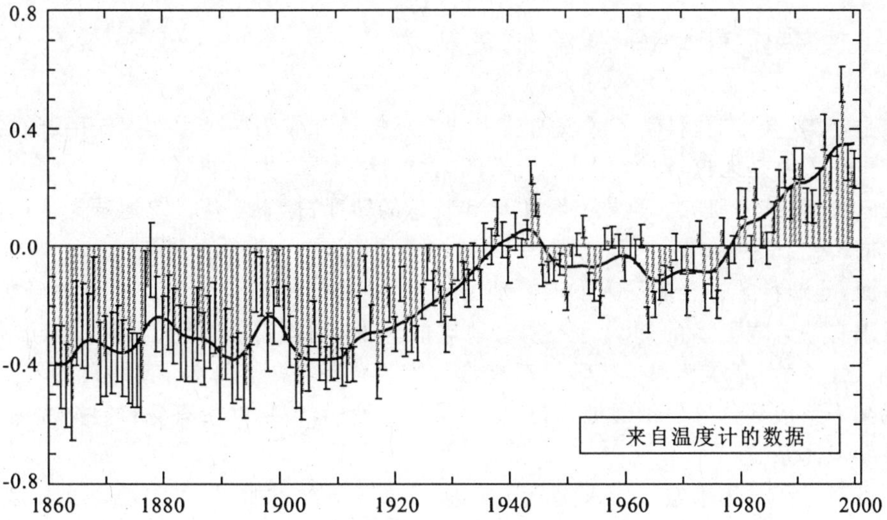

图 1-1 1860—2000 年全球气温变化图

注:横坐标代表年份,纵坐标代表温度(℃)。

1.2 地球系统全球化

政治多极化、经济全球化是 20 世纪以来特别是 21 世纪一个重要的特征。随着科学技术的创新发展和人类社会的进步,全球化趋势将是自然科学和社会科学在 21 世纪的重要发展方向。

地球系统全球化的主要内容包括以下几个方面:①社会活动全球化;②经济全球化;③金融全球化;④生产全球化;⑤科学技术全球化;⑥教育全球化;⑦军事战争全球化;⑧管理全球化。

1.3 地球系统科学与可持续发展

可持续发展是"满足当代人的需求,又不损害子孙后代满足其需求能力的发展",可以从自然属性、社会属性、经济属性、科技属性等方面概括。可持续发展主要涉及人口、资源、生态、环境、社会等诸方面。包括资源和生态环境可持续发展、经济可持续发展和社会可持续发展 3 个方面。

可持续发展的社会需求是多方面、多层次的。地球系统科学作为规划与对策的科学基础应划分为两大层次,即满足可持续发展中面临的紧迫问题的任务研究和远期效应的基础研究。但二者又有许多内在联系,相互促进、不能截然分开。

地球系统科学是可持续发展战略的科学基础,笔者将两者融为一体进行系统研究,不仅要研究自然规律,而且还要为社会发展提出规划依据。

1.4　地球系统科学与传统地球科学

仅仅是在10余年前，科学家才普遍认识到必须把地球作为一个由相互作用着的各个组元或子系统——主要是地核、地幔、土壤、岩石圈、大气圈、水圈、生物圈(包括人类社会)组成的统一系统，即地球系统来研究。这样一种眼界和观念的转变，标志着从传统地球科学观念向地球系统科学的转变。

一方面，地球科学各分支深入发展。地球已有46亿年的演化历史。从科学探索的开始，人类就寻求有关地球更多的知识。人类对地球的开发、利用、探索研究活动由来已久。地质学、地理学、气象学、海洋学和生态学等都有悠久的学科历史。然而迄今对地球的研究，多是针对地球的某一组成部分分门别类地进行，形成了各种专门学科，并带有各自门类特色的传统研究方法及知识体系。

另一方面，近40年来空间技术的突飞猛进，开阔了人类的眼界，大大提高了人类认识地球的能力，这是向地球系统科学概念转变的另一重要背景。20世纪地球科学发展大事记如表1-1所示。

表1-1　20世纪地球科学发展大事记

时　间	事　件
1905年	穿越大西洋无线电传输发现电离层的存在
1906年	根据放射性确定地球年龄
1915年	大陆漂移假设及证据，但无机制
1920年	创立冰河期的 Milankovitch 理论
1930年	Chapman 创立"臭氧层光化学"理论
1948年	数值天气预报开始
1957年	国际地球物理年(IGY)开启了空间时代
1958年	"探索者1号"发现 Van Allen 辐射带
1959年	出版精确的北大西洋海底图
1960年	获第一幅地球的卫星照片
20世纪60年代	岩石圈板块结构和大陆漂移机制得到公认
1971年	确认地球一月球系统的年龄为45亿年
1972年	发射用于陆面观测的1号陆地卫星
20世纪70年代	确认催化循环可导致平流层臭氧层破坏
1977年	在海洋扩张中心地带发现臭氧生物
1978年	发射海洋卫星和雨云7号卫星
1981年	从空间研究地球极光
1983年	用 VLBI 直接测量大陆漂移
20世纪80年代	对南极"臭氧空洞"作了进一步研究
1986年	开始国际地球生物圈计划
1995年	开始实施地球系统科学的观测计划

从研究对象、研究方法以及要解决的问题诸方面看，地球系统科学与传统地球科学相比具有许多全新的特色和更高的层次，是20世纪末和21世纪最受人们重视的新兴科学之一。

21世纪，地球系统科学将以全球性、统一性的整体观、系统观和多时空尺度，研究地球系统的整体行为。地球系统科学的突破性发展，将使人类更好地认识所赖以生存的环境，更有效地防止和控制可能突发灾害对人类造成的损害。

1.5 地球系统科学特征

20世纪80年代以来，地球科学有了更加迅猛的发展。

(1)上天(空间探测，航空航天遥感)。

(2)入地(大陆科学深钻、地震层析成像技术、深部找矿)。

(3)下海(大规模海洋观测、深海钻探与大洋钻探)。

(4)探极(南、北极与青藏高原科学考察)。

1.5.1 思维方式的变化——整体性研究思维

(1)在传统地学以学科分化研究为主的基础上，当代地球科学的宏观发展趋势更强调"系统论"思想，即把地球作为宇宙中太阳系的一个行星来认识，研究整个地球的结构、演化过程和动力学。

(2)视地球为地核、地幔、地壳以及岩石圈、大气圈、水圈、生物圈(包括人类社会)、各部分组成并相互作用的一个整体系统，提出了"地球系统科学"概念，这是一种高度综合的整体化研究思路。

1.5.2 研究对象的变化——展望全球与预测未来

(1)由于系统论的哲学基础和"整体性研究"方法的出现，以及复杂系统理论和非线性科学的发展，地学研究对象的时空尺度相对变大了。

(2)对地球上发生的各种自然现象的认识，逐步由各个时段的研究串联起来，既面向过去，也面对未来，从其过去的历史、现在的状态推向未来可能趋势的预测，形成一条"了解地球系统的过去、现今和未来的行为"的时间链。

(3)在空间方面，由过去侧重于局地现象的认识，转向对该现象区域性和全球性的表现、影响、过程与动力学机制的模拟研究。

(4)地球科学的思维和方法论正在从局部观向整体观拓展，由线性思维走向复杂性思维，从注重分析转变为分析与综合集成相结合，研究者的视野越来越宽阔。

1.5.3 研究内容的变化——为社会发展服务

(1)地学研究从自然现象的物理过程、化学过程扩展到生物过程，特别是人类活动对地球环境与气候的影响和反馈，以及人与自然关系(人地关系)的协调。

(2)近几十年来，一些全球性重大问题如人口剧增、资源过度消耗、环境污染、生态破坏、南北发展差距扩大等日益突出，严重阻碍着经济的发展和人民生活质量的提高，继而威胁着全人类的未来生存和发展。于是在过去以学科为导向的研究的同时，出现了以问题为导向的跨学科研究。研究重点、学科结构也发生了变化。

1.5.4 研究形式的变化——多学科的综合性研究

现代科学技术的发展史是各个学科不断相互交叉、渗透并产生新学科的历史。而科学上的重大突破、新的生长点乃至新学科的产生,常常在相邻学科彼此交叉和相互渗透的过程中形成。特别是地学中“以问题为导向”的研究更体现了这一点。

比如,对于气候变化的最新认识表明,气候变化不仅仅是由大气层的内部热力、动力过程而产生,还包括了大气圈、水圈、冰雪圈和岩石圈所构成的地球气候系统中各圈层相互作用的结果,而且与生物圈、人类活动有很大关系。因此,气候系统动力学与气候预测的研究将涉及到大气科学、海洋科学、地理学(如冰川、沙漠学)、水文学、地球化学、生态学等地学各分支学科,同时与物理学、化学、生物学、计算数学等也有密切关系。

1.5.5 组织形式的变化——国际化与合作研究

由于地球科学大尺度、综合性的特点,一些重大的地球科学研究的突破,已不是个别的科学团体和国家可以实现的,它必须要联合多分支学科、多个科学团体,甚至多个国家共同攻关,因此出现了地球科学新的组织形式,这就是建立国际性研究计划。

在这方面,已有以全球环境变化为研究对象的“世界气候研究计划”、“国际地圈与生物圈计划”、“全球环境变化的人文因素研究计划”、“国家生物多样性计划”,以及研究岩石圈物理过程的“国际岩石圈计划”和“国际减灾十年计划”等。世界上还有 50 多个国家专门成立了负责组织与实施全球变化研究的国家委员会或领导机构。

近年来,中国科学院先后建立的一些联合研究中心,如水问题研究中心、区域持续发展研究中心、灾害问题研究中心等也是这种跨研究所的多部门联合研究组织形式的具体体现。

1.5.6 信息交流的变化——地球信息科学的诞生

首先,信息(交流)已与物质(迁移)、能量(交换)一道成为地学现象过程研究的主要问题之一。数据与信息系统的建设和地球信息系统的开发已被各个国家计划视为必不可少的支撑条件、能力建设和现代研究手段。

其次,地球信息科学这一新概念的出现,标志着在地学范围内形成了由测绘学、摄影测量与遥感、地图学、地理信息系统、计算机图像图形学、卫星定位技术、专家系统技术及现代通讯技术等有机结合的又一跨学科优先研究领域。

地球科学发展中所涉及的上述两个方面,目的是用各种现代方法获取、存贮、处理、显示、传播和应用与地理和空间分布有关的地学数据,包括提示地球信息传输机理,建立地球信息管理系统和分析模型,如动态基本信息因子确定、分类体系与数据形式的规范化和标准化、图形与图像动态数据自动采集与开发、遥感地学动态分析模型、知识库和专家系统等。这方面的信息虽多为数据信息,但也给地学研究提出了许多新问题、新挑战与发展机遇。

1.5.7 方法手段的变化——高新技术的应用

高新技术特别是空间技术的应用,已能在三维空间动态地探测地球环境的结构和运动形态,使地球科学的理论研究以丰富的实测资料为基础。如现代海洋研究手段,包括设备先进的调查船、海洋遥感卫星、浮标观测系统、深潜探测技术、高性能大容量计算机和先进的实验室等。同时,地球科学对于科技进步与现代设备的依靠程度也愈来愈高。

在探测方面,航空航天遥感、超深钻技术、深潜技术、地球层析成像、全球数字地震台网和全球定位系统等共同构成了向海、陆、空和地下深部进行全面探测的技术体系。

在模拟与实验方面,现在已经具备了利用高温高压(包括超高温、超高压)大腔体设备、同步辐射技术、精密测定技术、模拟分析方法及计算机技术等全面描述和研究地球介质的物理、化学性质及条件的能力。

在测试与分析方面,正在向由电脑控制的高灵敏度、高分辨率、自动化仪器分析的技术方面发展。纳米地质学、纳米矿物学也是得益于隧道扫描技术设备的发展而发展的。

在数据计算与信息处理方面的发展尤为引人注目,大型计算机设备都是首先运用到大气科学研究中;RS、GIS 、GPS 一体化使地球上许多现象的定量、定点、实时研究或建立全球模型成为可能;特别是自动化、数字化处理数据的能力,使地学信息网络迅速发展,实现全球资源共享。

1.6 国内外研究现状

1.6.1 当代地质学的发展趋势

(1)以全球史观在空间上研究物质分异和结构分带不断向纵深发展,从地表、地壳至地幔、地核不同的圈层,从陆地、近海发展到远洋、深海,以及从太阳系其他行星获取的知识日益增多。

(2)在时间上对岩石圈演化与变革的认识不断扩展和延伸,对地球 4 600Ma 以来的地质情况有了不少新的发现和进一步的了解,第四纪地质的研究领域更加拓宽。

(3)由于人类活动的地质效应在某些情况下已经超过了自然地质营力,因而各种地质作用与人类活动相互关系的研究变得日益重要。

(4)大陆、大陆边缘岩石圈研究的不断深化,促进了大陆裂谷、碰撞造山、韧性变形、逆冲推覆、伸展构造与超高压变质以及不同深度层次的地质作用研究的深入与发展。

(5)岩石圈、生物圈、大气圈和水圈之间相互作用研究的加强,形成更高层次大跨度多学科的地球系统科学的综合研究体系,不断开拓地球表面生态系统和地球内部系统地质作用过程的研究领域。

(6)随着新技术的不断发展和数学、物理、化学、生物等学科与地质学科的相互渗透,运用多学科交叉和综合研究解决重大而复杂的地质问题变得越来越重要,许多地质现象及其相互作用的模拟已逐渐成为可能,由定性到定量、由静态到动态研究的发展趋势更加明显。

1.6.2 地球系统科学的组织、机构和计划

在地球系统科学思想指导下,在全球规模上已经组织了一系列重要国际联合研究计划,对地球系统要素和圈层的物理、化学和生物过程进行国家、区域甚至全球尺度的综合观测。比较有影响的有全球环境监测系统(GEMS)、全球陆地观测系统(GTOS)、全球气候观测系统(GCOS)、全球海洋观测系统(GOOS)、国际长期生态观测研究网络(ILTER)和全球通量观测

网络(FULXNET)等。这些网络为发展全球规模的地球观测系统奠定了良好的基础。

地球系统科学联盟(ESSP)于2001年在阿姆斯特丹成立,由国际地圈生物圈计划(IGBP)、世界气候研究计划(WCRP)、国际全球环境变化人文因素计划(IHDP)等联合组成了地球系统科学联盟。目前,ESSP联盟已初步形成了包含科学研究、分析与模拟、能力建设和协调合作等多种功能的业务体系,具体包括联合计划、地球系统分析与模拟工作、区域集成研究与能力发展、科学联络与学术交流共4项任务。

1.6.2.1 "国际地圈-生物圈计划"(IGBP)

1983年,美国国家研究委员会提出一项致力于把全球作为相互作用的地球物理、地球化学和生物系统进行综合研究的计划——"国际地圈-生物圈计划"(International Geosphere-Biosphere Program,IGBP),该计划已于1984年9月被国际科学联盟理事会第20届大会采纳。

IGBP第一阶段研究的主要成果有:①提高了对地球系统的系统性行为的认识;②对地球系统在不同时间尺度上的可变性程度进行了量化;③认识到生物圈在地球系统动力过程中,生物过程是与物理过程和化学过程密切相关的,尤其是人类活动的作用比历史上任何时期都要明显。

新的科学架构基于一套新的、重新审视的计划,这些计划反映出地球系统的3个主要圈层(陆地、海洋和大气),以及3个圈成之间的交界层及其跨越时空的系统水平的综合。共有8个IGBP分计划与地球系统的各组分、交界面及系统层面的综合相关联,包括:①国际全球大气化学计划(International Global Atmospheric Chemistry,IGAC);②新的全球土地计划(Global Land Project,GLP);③全球海洋生态系统动力学计划(Global Ocean Ecosystem Dynamics,GLOBEC,在IGBP的第一阶段启动并计划于2009年结束)和国际海洋生物地球化学及生态系统整合研究(Integrated Marine Biogeo-Chemistry and Ecosystem Research,IMBER)计划,两个计划联合进行海洋研究;④新的上层海洋-低层大气研究(SOLAS);⑤新的综合陆地生态系统与大气过程研究(ILEAPS);⑥海岸带陆-海相互作用研究(LOICZ)计划,起始于IGBP的第一阶段,但其研究范畴将更宽泛;⑦过去全球变化(Past Global Changes,PAGES)计划,继续整合其古气候研究;⑧地球系统综合分析与模拟(AIMES),是IGBP在地球系统层面上综合活动的先锋。

除了这些长期计划以外,IGBP还利用快速主动的方式启动地球系统科学中的关键交叉学术论题,并推动计划间和学科间的合作。例如,IGBP将在全球可持续能力(包括碳、食物、水资源和人类健康)方面继续积极地支持并与ESSP的计划进行合作,并拓展综合区域性合作研究,加强观测(特别是天基观测)的综合研究。这将完善全球变化研究、地球观测和全球环境评估与政策构成的三角关系。

IGBP将继续运用其第一阶段推行的成功方式,包括:构建研究网络应对热点科学问题;推行标准化方法;采取长期系列观测;指导并推进全球数据库建设;创建公共数据政策以推进数据共享;承担模式间及模式与数据间的对照;协调复杂的、多国领域的活动和实验。另外,IGBP将推进模式塑造者和实验人员之间的广泛接触,并稳步推进国际化、制度性的地球系统科学网络。IGBP要努力将自身建设成为一个可靠的地球系统科学的信息源泉,并为政策制定者和公众提供在全球变化领域与政治相关的(但非政策规定的)信息。

1.6.2.2 "世界气候研究计划"(WCRP)

世界气候研究计划(World Climate Research Program ,WCRP)由世界气象组织(World Meteorological Organization,WMO)与国际科学联合会(International Council of Scientific Union,ICSU)联合主持,以物理气候系统为主要研究对象。此计划在 20 世纪 70 年代开始酝酿,80 年代开始执行,是全球变化研究中开展得较早的一个计划。

WCRP 主要研究地球系统中有关气候的物理过程,涉及整个气候系统。其主要部分是大气、海洋、低温层(冰雪圈)和陆地以及这些组成部分之间的相互作用和反馈。它主要关心的是时间尺度为数周到数十年的气候变化。

WCRP 的目标有两个方面:一是气候的可预报程度,二是人类活动对气候的影响。

WCRP 研究有 3 个方向:为期数周的长期天气预报、全球大气年际变率以及为期数年的热带海洋的年际变率、长期变化。包括两大试验:热带海洋和全球大气试验及世界海洋环流试验,以作为第二和第三研究方向的中心。1993 年,WCRP 科学委员会又在热带海洋和全球大气计划(TOGA)的成果的基础上提出了气候变率和可预报性研究(CLIVAR)计划,旨在对百年尺度的气候变率进行描述、分析、模拟和预测。

1.6.2.3 "国际全球环境变化人文因素计划"(IHDP)

国际全球环境变化人文因素计划(International Human Dimensions Program on Global Environmental Change,IHDP)由国际科学联盟理事会(ICSU)与国际社会科学联盟理事会(ISSC)于 1996 年共同发起,是一个跨学科、非政府的国际科学计划。

目前,IHDP 有 7 个核心科学计划:土地利用/土地覆盖变化(LUCC,与 IGBP 共同发起)、全球环境变化的制度因素(IDGEC)、全球环境变化与人类安全(GECHS)、工业转型(IT)、海岸带陆海相互作用(LOICZ II),以及新成立的城市化与全球环境变化(Urbanization and Global Environmental Change)和全球土地计划(GLP,与 IGBP 共同发起)。各核心计划通过各自的国际项目办公室(IPO)协调其运作,并接受来自其各自科学指导委员会的科学管理。

IHDP 计划围绕着 3 个主要目标(科学研究、科研能力建设和国际化的科学网络)开展、实施。IHDP 的研究需要全世界范围内各个学科的科研工作者的共同努力、合作。

1.6.2.4 "全球地球观测系统"(GEOSS)

自 2002 年以来,一个旨在全球建立一个对天气、气候、海洋、大气、水体、陆地、地质动态、自然资源、生态系统进行观测的系统——全球地球观测系统(Global Earth Observation System of Systems,GEOSS)逐渐建立起来。2003 年 7 月,地球观测高峰会议(Earth Observation Summit)上,33 个国家以及欧盟成员国及其他的国际组织共同编写了用于发展收集数据信息、数据管理、模型建立、决策制定的综合、同步、持续观测的地球观测系统的宣言。从 2003 年到 2004 年经过 4 次的 GEO(Group on Earth Observations)会议,并在 2004 年 4 月由美国环境规划署行政官和来自 55 个国家的环境部部长在日本会晤,编著了 GEOSS 的十年计划框架文件。从此,全球地球观测系统的概念得到了国际社会的高度重视和广泛接受。GEOSS 的十年计划具有全球性和系统集成性两大特点,其全球性是指 GEOSS 将尽可能包含世界上所有国家和地区以及所有涉及地球观测的机构;其系统集成性是指 GEOSS 将保证把与地球观测有关的气候、海洋、大气、陆地、自然资源和人类活动等系统联系起来,形成一个前所未有的综合观测体系。当前亚洲区域 GEOSS 重点致力于发展以生态系统通量观测、生物多样性观测和遥感观测为主要内容的生态系统与生物多样性观测系统;以水资源合理并有效利用和风险管理为主要内容的气候变化与水循环观测系统;以及以充分理解强烈地震的机制、征兆,扩大和提高监控网络和监测数据的适时共享为主要内容的地震观测系统。

1.6.3 地球系统科学的重要会议

2001 年 8 月英、美地质学会在英国爱丁堡联合召开的“地球系统的过程”(Earth system process)国际大会,将地球系统科学推向了新的发展阶段。会议确定的两大主题代表了地球系统科学的两大前沿。一是“地球系统的联系(Earth system linkage)”,探讨岩石圈、水圈、大气圈、冰圈和生物圈之间是如何相互作用和相互联系的。美国国家研究理事(National Research Council,1998)在总结 20 世纪后 30 年地球科学的进展时,也强调“我们对地球单一层圈的了解比较深入,但对不同层圈的相互作用了解较少”。二是“地球系统的演化”(Earth system evolution),探讨 46 亿年前地球形成以来,控制地球特征的过程是如何变化的。有科学家认为,19 世纪地球科学的突破在于进化论,20 世纪地球科学的突破在于板块构造,21 世纪地球科学的突破在于地球系统变化的理论。

美国地球物理联会(AGU)春季会议于 2002 年 5 月 28 日至 31 日在美国首都华盛顿会议中心举行。会议报告 2 000 余份,涵盖大气、地球生态、全球气候变化、水文、海洋、行星和高层大气科学,以及固体地球科学方面的大地测量、地磁、矿物、地震、构造物理、火山、岩石和地球化学等。全球空间对地观测网和地球参考架在海平面变化、物质均衡、地壳形变、大气动力学、导航、时间传输等方面都已经和仍在发挥着重要作用,为深化大地测量对地球科学研究的影响,国际大地测量学会(IAG)在 2001 年 9 月的布达佩斯科学大会上计划实施“全球大地测量综合观测系统”(Integrated Global Geodetic Observing System,IGGOS)。此次 AGU 会议探讨了各种已经成熟和仍在发展中的空间对地观测技术(SLR、VLBI、GPS、GLONASS、测高、InSAR、重力测量)的相互配合与综合运用,以力促 IAG 科学目标的实现等议题。

2006 年 11 月 9 日至 12 日,ESSP 在北京召开了全球环境变化科学大会——ESSP OSC,即“2006 年地球系统科学联盟全球环境变化科学大会”。ESSP 以全球环境变化四大研究计划为主,集成了不同学科和不同区域的理念、方法、设施、机构和人员,重点关注全球变化对自然环境和人类社会的挑战,认识人类活动的驱动使用,探索全球变化与可持续发展之间的关系,为地球系统科学的研究工作提供了一个全新的框架和视角。在北京召开的科学大会主题为“全球环境变化:区域挑战”。会议围绕中国面临的全球环境变化、全球环境变化对粮食安全的影响、可持续水管理、人类健康、生物多样性等主题举行 40 多场交流活动。其中议题包括“社会背景中的地球系统科学:需要跨学科的研究方法”、“全球环境变化科学与政策和发展议程的联系”。

2008 年 8 月 6 日至 14 日以“地球系统科学——可持续发展的基础”为主题的第 33 届国际地质大会在挪威首都奥斯陆隆重召开。本次大会不仅按惯例分学科组织安排了多达 450 个专题学术报告,而且配合国际地球年主题组织了“早期生命、生命演化和生物多样性”、“气候变化的过去、现在和将来——人为影响有多大?”、“地质灾害——人类社会能否应对?”、“全球经济快速发展中的矿产资源——是否存在自然极限?”、“能源竞赛:什么是未来的能源?”、“水、人类健康与环境”和“地球与外层空间”7 个主题报告会。本次会议 450 个学术专题报告涵盖了生物地质学、气候与冰川学、地球物理、环境地质学、地质能源、土壤学、工程地质与遥感、地史学、水文地质学、地质信息与教育、矿物学、岩石学、同位素地质学、火山岩石学、沉积岩石学、矿产资源、构造地质学、海洋学、行星科学等学科方向的内容。

1.6.4 地球系统科学在中国的发展

我国在20世纪80年代末期开展了这方面的研究，虽然取得了一些进展，但发展速度不快。我国先后于1983、1986、1989年召开了三届全国天地生相互关系学术讨论会，已由起初的天文、地质、地震、气象相互关系的研讨进入了天-地-生-人巨系统的探索，中国科学技术协会所属14个全国性学会与众多学科的一批科技人员投入了这一跨学科、大交叉的研究。

20多年来，中国学者从不同角度论述了地球系统科学。1983年钱学森院士首先倡导“地球表层学”；气象学家叶笃正院士等以地球系统科学为指南，从整体的角度出发，从1987年开始开展了中国的全球变化预研究；地理学家黄秉维院士等发表了《论地球系统科学与可持续发展战略科学基础研究》的文章，从1995年夏季到1996年春季进行了多次研讨，并于1996年3月在北京香山组织了一次讨论会，探讨中国陆地系统科学与区域可持续发展战略问题；遥感地理学家陈述彭院士发表了《以区域持续发展为宏观调控的地球系统科学与地球信息科学》等文章。2001年8月20日至21日，由孙枢院士、刘勉教授、尹安教授和陈颙院士担任会议执行主席，海内外地学学者共同参加的第167次香山科学会议，以“活动构造、环境与自然灾害”为主题，对“活动构造与气候”、“新技术、新资料与地球系统的新运动”和“活动构造与自然灾害”3个中心议题进行了探讨，推动了地球系统科学的发展。

毕思文研究员自1991年以来，从事地球系统科学理论探索研究，试图构建地球系统科学理论体系。讨论了地球系统科学与可持续发展研究的意义及其内涵，并将两者融为一体进行系统研究，初步构建了理论体系；同时，还提出地球系统科学的主体核心内容是地球的结构和构造，也称统一构造理论，提出了地球系统物质学，研究了地球系统的复杂性；面对“数字地球”概念的提出和挑战，构建了其理论体系框架，提出了地球系统数字学；根据政治多极化、经济全球化，用地球系统科学的研究思路，开展自然科学与社会科学的大跨度学科交叉研究，提出了系统政治学。在上述理论研究和论述的基础上，对人口、资源、环境、减灾、经济、社会与可持续发展的关系，可持续发展的指标体系及实施方法等进行了多方面探索。同时，还开展了地球系统科学应用示范研究。

2002年10月，国务院总理温家宝在中国地质学会80周年纪念大会上讲话时强调，必须实现“传统地质工作向以地球系统科学为核心内容”的现代地质工作的转变。2003年3月，中国科学院院长路甬祥在中国科学院2003年度工作会议上再次强调:加强地球系统科学研究，指出要把对“地球系统整体行为的集成研究”列为新世纪科学家要勇敢面对的第九大挑战。国家自然科学基金委地学部也于2002年3月提出了21世纪初的地球科学战略重点，拟定了“以地球系统各圈层的相互作用”为主线，从我国具有优势的前沿领域寻找主攻目标的“十五”优先资助领域战略。

“地球系统科学数据共享网”的建设始于2003年，从2005年到2008年完成了10个分中心、10个主体数据库的建设；到2010年，其数据资料将基本可以满足资源环境与人地关系领域中的重大前沿研究与社会经济发展的需要。该数据共享网将为地球系统各圈层(大气圈、水圈、生物圈、地壳、地幔、地核)的相互作用，地球系统中的物理、化学、生物过程及其资源、环境与灾害效应等前沿科学问题提供数据支撑。该项目通过整合、集成和共享极地考察数据、青藏高原科学考察数据、黄土高原科学考察数据等资源，包括了以往重大国家科技投入所产生的数据资源。截至 2006 年 7 月底，共享网总注册人数约为 1.6 万人，为 1 100 多人次提供了数据定制服务。

1.6.5 地球系统科学理论构建

(1)讨论了地球系统科学与可持续发展研究的意义及其内涵，并初步提出了理论体系。

(2)提出地球系统科学的主体核心内容是统一构造理论(也称地球系统构造学)。

(3)定量研究的切入点是地球系统力学。

(4)结合地球系统中的资源、环境和物质组成，提出了地球系统物质学，研究了地球系统复杂性。

面对“数字地球”概念的提出和挑战，构建了其理论框架，提出了地球系统数字学。其任务是在所有的时空尺度上，研究地球系统的成因与历史，构建了其理论框架，提出了地球系统数字学。其任务是在所有的时空尺度上，研究地球系统的成因与历史；在上述理论研究和论述的基础上，对资源、环境、减灾、经济、社会与可持续发展的关系，可持续发展的指标体系及实施方法等进行了多方面探索。

思考题

1. 如何理解地球系统科学的意义？

2. 地球系统科学的特点是什么？

第 2 章　地球系统科学研究方法

2.1　地球系统科学研究思路

2.1.1　研究目标与目的

2.1.1.1　研究目标

了解整个地球系统的过去、现今及未来的行为，了解生命演化的地表环境，地壳及流体包层大气圈和水圈向下扩展到地幔和外核，并一直至内核以及它们之间的相互作用。一个主要的挑战是，要利用这种认识维持生物圈和人类生存的环境，提高对 21 世纪各个年代自然与人类活动所引起全球变化的预测能力。

2.1.1.2　研究目的

(1)了解地球系统所涉及的过程，特别注意地球系统组成部分之间的联系和相互作用；

(2)维持充足的自然资源供给；

(3)减轻地质灾害；

(4)调节全球和环境变化并使全球变化造成的危害降到最低。获取在全球尺度上对整个地球系统的科学理解。

2.1.2　研究基本思路

2.1.2.1　研究思路的层次性

试图用现代系统思维方式和科学系统观，把地球系统作为一个有层次结构，并在社会环境系统中不断进化的极其复杂的自组织系统，从而形成大科学时代的地球科学系统观。坚持这一全新的科学观，就易于透视由认识系统和知识系统构成的非常抽象的、复杂的地球系统科学的全景。

在宏观层次上，地球系统科学具有若干新的特点，主要表现为整体化、高度数学化和科学技术一体化，从而增强抽象性、普遍性和统一性。

在中观层次上，地球系统科学各门学科之间发生非线性相互作用，导致协同发展；同时，在社会环境系统中还要朝着偏向人类的目的性方向发展，这些因素对不同学科的发展起着选择和调控作用，使得它们的发展总是处于不平衡状态，分支学科地位也随之不断地发生变化。地球科学的发展将向着统一化的趋势发展，形成地球系统科学统一理论，从而确立起整体观和系统观。

在微观层次上，地球系统科学的发展就是不断地始于问题和终于问题的过程，同时也是科学概念、科学定律和科学理论不断地形成和增长的过程。

2.1.2.2 研究思路框架

(1)整体观和演化观。把地球系统看成是各圈层相互作用和相互关联组成的演化的整体动力系统;地球系统是多层次结构,包括时间和空间;不同层次的各组成和各种过程是相对独立又相互作用、相互关联的开放系统,从而显示整体行为,并不断变化和演化;地球系统的基本过程和演化是有关因素相互作用的综合结果,包括地球整体的运动,地球内部、外部,甚至地球外来的作用。

(2)行星-全球观。从天体行星和全球尺度上认识地球系统的结构与基本过程、变化和演化、过去与未来,并把区域性和全球性统一起来,把区域系统置于全球的框架中进行研究;区域解剖,全球对比,建立模型。

(3)相互作用观。着眼于控制基本过程有关不同层次的因素和过程的相互作用,包括各组成因素的相互作用,物理作用、化学作用、生物作用的相互作用,人与地圈的相互作用,区域与全球过程的相互作用。特别要注意相互作用带或边界过渡带和突变或扰动的作用过程,把作用过程与决定它们的背景和触发因素联系起来。

(4)复杂性观。按自然本质认识地球系统,即是多层次结构、多因素、多作用过程的非线性相互作用;相关关联的不平衡、不均一、不稳定、不可逆演化的开放的复杂动力系统。

(5)学科交叉与统一化观。学科间相互作用日益激烈,并向统一化发展;高层次科研计划的制订和立项,以科学问题为原则,从学科角度上讲,重点是交叉前沿,突出跨学科的综合研究。

2.1.3 理论基础与特点

2.1.3.1 理论基础

地球系统科学研究是以地球系统科学为科学基础,是地球系统科学的主体核心内容,涉及众多自然科学和人文社会科学等学科领域。

强调从整体统一的角度出发,把太阳和地核作为两个主要的自然驱动器,人类活动作为最活跃的第三驱动力。

地球系统科学不是一门各个领域都能高效施用的学科,也不是一门凌驾于所有地球科学、环境科学和宏观生物学之上的“超级学科”,而是需要多学科之间的交叉,以自然科学与社会科学的综合为其主要研究领域的一门新兴学科。

2.1.3.2 主要特点

(1)规模空前宏大,跨学科、跨部门的合作研究与国际化、统一化、网络化的组织形式;

(2)全球变化与地球系统统一的研究将不仅使人类在认识地球方面更加深刻,而且使人类进入了“维护地球”阶段;

(3)把地球作为一个统一的整体进行研究;

(4)促进了地球科学技术的发展。

2.1.4 研究领域

地球系统科学研究领域包括:①地球系统的复杂性;②地球系统的结构构造特性;③地球系统力学过程;④地球系统物质组成;⑤地球系统信息特征与对地观测;⑥地球系统的数字表达;⑦地球系统生物演化;⑧地球系统行星特征;⑨地球系统的大气和海洋特征;⑩地球系统人

类活动效应；⑪地球系统的资源特征；⑫地球系统的环境特征；⑬地球系统的灾害特征；⑭地球系统科学与可持续发展等。

2.2　地球系统科学基本概念

2.2.1　基本概念

2.2.1.1　狭义概念

地球系统科学是为了解释地球动力、地球演变和全球变化，对组成地球系统各部分、各圈层相互作用机制进行综合研究的一门科学。地球系统则是由地核、地幔、岩石圈、水圈、大气圈和生物圈相互作用而组成的统一体。

2.2.1.2　广义概念

地球系统科学跨越一系列自然科学与社会科学。地球系统是把地球看成一个由相互作用的地核、地幔、岩石圈、水圈、大气圈、生物圈（包括人类社会）和行星系统等组成部分构成的统一系统。地球系统科学是一门重点研究地球各组成部分之间相互作用的科学，以解释地球的动力学、地球的演化和全球变化。其目标是了解整个地球系统的过去、现今及未来的行为。

2.2.2　地球系统的系统、结构、层次

2.2.2.1　系统

仅就系统自身的规定性看，按照现代系统研究开创者贝塔朗菲(1973)的定义，系统是“相互作用的多元素的复合体”。这个定义包含两个逻辑义项。把它稍加精确化，可以表述为：如果一个对象集合中至少有两个可以区分的对象，所有对象按照可以辨认的特有方式相互联系在一起，就称该集合为一个系统。集合中包含的对象称为系统的组分（组成部分），最小的即不需要再细分的组分称为系统的元素或要素。

系统的第一个特点是多元性。系统是多样性的统一、差异性的统一。存在有差别的多个事物，才可能在一定条件下出现整合成为一个系统的要求。组分的多样性和差异性是系统“生命力”的重要源泉。最简单的是二元素系统，一般为多元素系统，原则上存在无穷多元素的系统。

系统的第二个特点是相关性或相干性。系统中不存在与其他元素孤立的元素或组分，所有元素或组分都按照该系统特有的、足以与别的系统相区别的方式彼此关联在一起，相互依存、相互作用、相互激励、相互补充和相互制约。系统必须具有内在相关性或相干性，相关性也是系统“生命力”的重要源泉，差异而不相关的事物构不成系统。

这两个特点又决定了系统的另一个更重要的特点——整体性。系统是由它的所有组分构成的统一整体，具有整体的结构、特性、状态、行为和功能等。系统是整合起来的多样性，兼具多样性和统一性两个特点。

地球系统科学以这样一个基本命题为前提：系统是一切事物的存在方式之一，因而都可以用系统观点来考察，用系统方法来描述。一般地说，现实世界不存在没有任何内在相关性的事物群体，凡群体中的事物必定以某种方式相互联系，否则不成其为群体。不存在数学意义上的孤立元。著名的“自组织临界性”理论以沙堆为重要模型，发现了许多深刻的系统规律和机制，

表明沙堆是一种具有丰富非线性动力学特性的系统(Baketal,1991)。

此处给出的定义是对地球系统概念最一般的界定,远未揭示其丰富的内涵,后面将在不同场合从不同角度引出地球系统的其他定义,以逐步丰富这个基本概念。

2.2.2.2 结构与子系统

按照定义,地球系统研究最关心的是把所有元素关联起来形成统一整体的特有方式(包括关联力)。组分及组分之间关联方式(系统把其元素整合为统一整体的模式)的总和,称为系统的结构。

当系统的元素很小、彼此差异不大时,系统可以按照单一的模式对元素进行整合。当系统的元素数量很多、彼此差异不可忽略时,不能再按照单一模式对元素进行整合,需要划分为不同的部分,分别按照各自的模式组织整合起来,形成若干子系统,再把这些子系统组织整合为整系统。一种最简单的情形是,由于系统规模太大,必须对元素"分片"管理,因而把整系统分为若干子系统,但不同子系统具有相同结构。

组织和结构是两个有差别的概念。组织之间有相互作用,即存在结构,但结构分为有序和无序两类。组织仅指有序结构,有组织的系统就是只有有序结构的系统。处于热平衡态的系统是一种未加组织的混乱系统,却是有结构的整体;在一定条件下这些分子自动地或被动地组织起来,形成某种有序结构,如贝纳尔图样(Béntrd pattern),就转化为有组织的系统。

结构分析的重要内容是划分子系统,分析各个子系统的结构(元素及其关联方式和关联力),阐明不同子系统之间的关联方式。一般来说,同一系统可以按照不同标准划分子系统,以便从不同侧面了解系统结构。按照同一标准划分出来的子系统有可比性,按照不同标准划分出来的子系统没有可比性。把按照不同标准划分得到的子系统并列起来,是概念混淆的重要原因。

系统的结构方式无穷无尽,目前尚无完备的结构分类方法。一般情况下,应注意从以下两方面对系统作结构分类:

(1)框架结构与运行结构。

当地球系统处于尚未运行或停止运行的状态时,各组分之间的基本联接方式,称为系统的框架结构。地球系统处于运行过程中所体现出来的组分之间相互依存、相互支持、相互制约的方式,称为系统的运行结构。

(2)空间结构与时间结构。

组分在空间的排列或配置方式,称为地球系统的空间结构。组分在时间流程中的关联方式,称为地球系统的时间结构。有些系统主要呈现空间结构,有些系统主要呈现时间结构,有些系统兼而有之(称为时空结构)。

2.2.2.3 整体与涌现性

若干部分按照某种方式整合成为一个系统,就会产生出整体具有而部分或部分总和所没有的东西,如整体的形态、特性、行为、状态、功能、困难、机遇及整体解决问题的途径等。一旦把系统分解为它的组成部分,这些东西便不复存在。也就是说,系统与组分或子系统相比有质的提升,新的飞跃。地球系统科学把这种整体才具有,孤立的部分及其总和不具有的特性,称为整体涌现性(或称突现性)。

组分多少代表系统的规模。规模大小不同所带来的系统性质的差异,称为规模效应。

就系统自身看,整体涌现性主要是由它的组成成分按照系统的结构方式相互作用、相互补充、相互制约而激发出来的，是一种组分之间的相干效应，即结构效应、组织效应。

整体涌现性是由规模效应和结构效应共同产生的，一般来说，起决定作用的是结构效应。不论是自然界自行组织而成的系统，还是人工组建、制造的系统，涌现与系统整体总是相伴而生，一旦形成系统立即涌现出特有的整体特性，系统解体立即丧失其整体特性。

鉴于元素特性、数量（系统规模），特别是结构方式的不同，整体涌现性在质和量上千差万别，产生出现实世界无穷多样的系统。地球系统科学是探索整体涌现性发生的条件、机制、规律以及如何利用它来造福人类的方法的知识体系。

2.2.2.4 层次

涌现性的另一种解释是高层次具有低层次没有的特性。新层次根源于出现新的涌现性，有不同层次必有不同水平的涌现性。最简单的系统由元素层次和系统整体层次组成，元素之间的相互作用直接涌现出整体特性，无需经过中间层次的整合。复杂系统不可能一次完成从元素性质到系统整体性质的涌现，需要通过一系列中间等级的整合而逐步涌现出来，每个涌现等级代表一个层次，每经过一次涌现形成一个新的层次，从元素层次开始，由低层次到高层次逐步整合、发展，最终形成系统的整体层次。层次是地球系统由元素整合为整体过程中的涌现等级，不同性质的涌现形成不同的层次，不同层次表现不同质的涌现性。

一般来说，低层次隶属和支撑高层次，高层次包含或支配低层次。高层次必有低层次没有的涌现性，一旦还原为低层次，这种涌现性就不复存在。多层次是复杂系统必须具有的一种组织方式，层次结构是系统复杂性的基本来源之一。简单系统无需划分层次就可以把它的各部分有效地组织起来，复杂系统则不行，必须按层次方式由低级到高级逐步进行整合，首先对元素整合，形成许多子系统，再对这些子系统进行整合，形成较高一级的子系统，一直到形成系统整体。在按照多个层次组织起来的系统中，不同层次的子系统有高低不同的涌现性，较大的子系统一般也分层次。在这种系统中，层次提供了一个参照系，讨论问题首先要明确是在哪个层次上，混淆层次必将导致概念混乱。

层次是地球系统科学的基本概念之一，认识地球系统结构的重要工具，层次分析是结构分析的重要方面。地球系统是否划分层次，层次的起源，分哪些层次，不同层次的差异、联系、衔接和相互过渡，不同层次的相互缠绕，层次界限的确定性与模糊性，层次划分如何增加了地球系统的复杂性，层次结构的地球系统学意义，层次结构设计的原则等，是层次分析要回答的问题。

2.2.3 地球系统的环境、行为、功能

2.2.3.1 系统的环境

一个系统之外的一切与它相关联的事物构成的集合，称为该系统的环境（environment）。更确切说，系统的环境是指系统之外一切与系统具有不可忽略的联系的事物集合。

任何系统都是在一定的环境中产生出来，又在一定的环境中运行、延续、演化，不存在没有环境的系统。系统的结构、状态、属性、行为等或多或少都与环境有关，这叫做系统对环境的依赖性。环境与系统之间的相互关系是系统的外部规定性。同样的元素在同样的环境中须按照不同方式整合，形成不同的结构，甚至元素的性质也随着环境的变化而有所变化。一般来说，环境也是决定系统整体涌现性的重要因素，在一定的环境条件下，系统只有涌现出特定的整体性，才能与环境相适应，形成稳定的环境依存关系。随着环境的改变，系统须产生新的整体涌

现性，以达成新的环境依存关系。环境复杂性是造成系统复杂性的重要根源。因此，研究系统必须研究它的环境以及它同环境的相互作用。环境意识是系统思想的另一个基本点。

2.2.3.2 系统的边界

把系统与环境分开来的东西，称为系统的边界。从空间看，边界是把系统与环境分开来的所有点的集合（曲线、曲面或超曲面）。从逻辑上看，边界是系统的形成关系从起作用到不起作用的界限，规定了系统组分之间特有的关联方式起作用的最大范围。边界的存在是客观的，凡是系统都有边界。但有些系统具有明确的边界，有些系统的边界并不明确。

从事物相互联系的观点看，任何系统都是从环境中相对划分出来的。在科学层面上，首先应当承认系统与环境之间划分的确定性，系统内部与外部差别的确定性，但这种确定性有程度的不同，系统与环境的划分有相对性。对于具有明确边界的系统，可以不考虑这种划分的相对性。对于边界不明确的系统，考虑这种相对性是必要的。这时，可以把系统定义为：按照所关心的问题从千丝万缕互相联系的事物中相对孤立出来作为研究对象的一部分事物。在这种情形下应用系统方法，对象系统的划分常常因人而异，需特别谨慎，力求最大限度地排除主观因素。

2.2.3.3 开放性与封闭性

系统与环境的相互联系、相互作用是通过交换物质、能量、信息实现的。系统能够同环境进行交换的属性称为开放性，系统阻止自身同环境进行交换的属性称为封闭性。这两种性质对系统的生存发展都是必要的。一个系统，特别是生命、社会、思维系统，只有对环境开放，同环境相互作用，同外部交换物质、能量、信息，才能生存和发展。开放得越充分有效，越有利于系统病态或者解体。封闭性亦非单纯的消极因素，而是系统生存发展必要的保障条件。

从环境输入系统的并非都对系统有利，什么东西不能输入，什么东西需要输入，输入多少，如何输入，都需要管理控制。系统对环境的输出也不是任意的，什么东西不允许输出，什么东西允许输出，输出的数量和方式，都需管理控制。总之，系统性是开放性与封闭性的适当统一。

按照系统与环境的关系，可以把系统分为两类。与环境有物质、能量、信息（或者至少其中之一）交换的是开放系统，与环境没有任何交换的是封闭系统。实际系统或多或少都同环境有交换，因而都是开放系统。但有些系统与环境的交换极其微弱，可以忽略不计，看作封闭系统。系统科学是关于开放系统的科学，基本不涉及封闭系统。

2.2.3.4 系统的行为

系统相对于它的环境所表现出来的任何变化，或者说，系统可以从外部探知的一切变化，称为系统的行为。行为属于系统自身的变化，是系统自身特性的表现，但又同环境有关，反映环境对系统的作用或影响。

不同系统有不同的行为，同一系统在不同情况下也有不同的行为。系统有各种各样的行为：维生行为、学习行为、适应行为、演化行为、自组织行为、平衡和非平衡行为、局部行为、整体行为、稳定行为、不稳定行为、临界行为、非临界行为、动态行为，等等。可以说，系统科学是研究系统行为的科学。

2.2.3.5 系统的功能

功能是刻画系统行为，特别是系统与环境关系的重要概念。系统的任何行为都会对环境产生影响。系统行为所引起的，有利于环境中某些事物乃至整个环境存续与发展的作用，称为系统的功能。被作用的外部事物，称为系统的功能对象。功能是系统行为对其功能对象生存发展所作的贡献。

有了功能概念，可以从一个新的角度给系统下定义："所谓系统，是由相互制约的各个部分组成的具有一定功能的整体。"同贝塔朗菲的定义比较，这一定义强调的是系统具有"一定的功能"，特别适用于技术科学层次的系统理论和系统工程，因为人们研究、设计、控制系统都是为了获得预定的功能。

2.2.4 地球系统的状态、演化、过程

2.2.4.1 地球系统状态

系统的状态量可以取不同的数值，称为状态变量。最简单的是可以用一个状态变量描述的系统，一般系统需要同时用若干状态变量来描述。给定状态变量的一组数值就是给定一个系统状态，不同组的数值代表系统的不同状态。

状态变量总是在一定的范围即定义域内变化的(取不同数值)，但不一定随时间而变化。状态变量不随时间变化而变化的系统，称为静态系统。状态变量 x 随时间变化而变化的系统，即可以表示为时间 t 的函数 $x(t)$，称为动态系统。

鉴于动态特性的重大意义，可以采用比尔(S. Beer)的系统定义："系统是具有动力学联系的诸元素之内聚统一体。"该定义规定系统元素之间的联系是内在的、有凝聚力的、协调一致的，特别强调这种联系是动力学的而非静力学的。系统整体所显示的一切动力学性质首先来自系统内部，来自元素之间的动力学相互作用。同时也来自环境本身的动态变化，来自系统与环境的动力学相互作用。比尔的定义没有考虑后一方面，反映了目前动态系统理论的局限性。元素之间的动力学相互作用、环境的动力学变化必然通过系统整体的状态、特性、行为表现出来。直接刻画元素之间的动力学相互作用几乎是不可能的，可行的做法是刻画系统的整体状态、行为、特性的动力学变化。

2.2.4.2 地球系统的演化

系统的结构、状态、特性、行为、功能等随着时间的推移而发生的变化，称为系统的演化。演化性是系统的普遍特性。只要在足够大的时间尺度上看，任何系统都处于或快或慢的演化之中，都是演化系统。有些系统在一定研究范围内看不到变化，只需研究它们的共时性特征，可以当作非演化系统。但就主体部分看，系统科学是关于事物演化的科学。

系统演化有两种基本方式。狭义的演化是指系统由一种结构或形态向另一种结构或形态的转变。广义的演化包括系统从无到有的形成，从不成熟到成熟的发育，从一种结构或形态到另一种结构或形态的转变，系统的老化或退化，从有到无的消亡等。系统的存续也属于广义演化，因为存续期间系统虽然没有定性性质的改变，定量特征的变化是不可避免的。

系统演化的动力有来自系统内部的，即组分之间的合作、竞争、矛盾等，导致系统规模改变，特别是组分关联方式的改变，进而引起系统功能及其他特性的改变。组分的增加，系统规模的增大，或多或少要引起组分关联方式(包括关联力)的改变。系统演化的动力也来自外部环境，环境的变化及环境与系统相互联系和作用方式的变化，都会在不同程度上导致系统内部发生变化，包括组分特性、结构方式的改变，甚至包括组分的新陈代谢，最终导致系统整体特性和功能的变化。一般来说，系统是在内部动力和外部动力共同推动下演化的。

系统演化有两种基本方向，一种是由低级到高级、由简单到复杂的进化，一种是由高级到低级、由复杂到简单的退化。现实世界的系统既有进化，也有退化。两种演化又是互补的。系

统进化的总方向是越来越复杂，从简单系统进化到复杂系统，关键是潜在的中间稳定形态的数目和分布。先产生稳定的中间形态，再逐步产生更复杂的形态，是实现可能性最大的进化方式。

2.2.4.3 地球系统与过程

只要观察的时间尺度足够大，就可以看到任何系统都是作为过程而展开的。凡演化都是过程，包括系统的发生过程、发育过程、相变过程、老化过程和消亡过程等。系统的生存延续、系统的运行和系统功能的发挥都是作为过程而进行的。在这个意义上，凡系统都应作为过程来研究。但是，在每种具体情况即特定的时间尺度下，有些系统变化显著，必须作为过程来考察，有些系统几乎看不到明显的变化，作为过程看待反而显得牵强，不利于抓住系统的主要特征。

按照数学特性对过程进行分类，有连续过程与离散过程，线性过程与非线性过程，确定性过程与随机过程，平稳过程与非平稳过程，记忆过程与无记忆过程，等等。按照系统特性看，过程的一种重要分类是看它是否为时间可逆的。

过程必定具有过程结构。每个过程都由若干子过程（阶段、步骤、程序等）组成，子过程还可能进一步划分，一直到不能再分的过程元素，称为动作。不同子过程、不同动作之间的基本关系是如何排列前后次序及相互衔接，形成某种过程结构。复杂过程包括大量不同的子过程、程序、动作，其中有些可以同时进行，有些可以穿插进行，有些允许中间有停顿，形成纵横交错的复杂网络结构。整体性观点应用于过程系统，就是全过程观点，从全过程出发协调各个动作、程序、阶段、子过程的关系，使全过程运行优化。从全过程出发协调各个子过程、程序、动作。阶段的关系，使之全过程运行变化。

2.3 地球系统科学基本框架

2.3.1 地圈-生物圈系统动力学

(1)研究开放的地球系统中水圈、大气圈、岩石圈、生物圈（包括人类社会）的相互作用，即发生的物理的、化学的、生物的作用及它们之间的相互作用。实际上，它包括自然的和人为的作用。其目的是研究人类赖以生存和发展的环境变化，即研究环境变化规律和变化的机制，预测变化趋势，探索环境变化对社会、经济发展的影响。涉及国家的经济、社会的可持续发展及社会生活与生存环境质量的提高，涉及人类的安全与生存。

(2)着重于全球环境变化中，中国地域环境变化。在人类活动与自然系统相互作用导致的全球环境变化的格局中，不同地域的环境变化并不相同，不仅在不同纬度上不同，而且在同一纬度内，都是不同的。全球环境变化与局域环境变化是相互作用、相互关联、相互依赖的。另外，还有不同时间尺度关系和相互作用问题。中国人口多，地域大，经济、社会发展快，对环境的影响和对环境变化的敏感性很高。

(3)要阐明的实际问题是：①中国未来环境变化趋势及影响。②季节系统的波动与变化，以及其对降雨和生态系统的影响。未来干旱的频率和强度变化，对于我国西北、华北、部分东北地区尤为重要。③沿海地区的海平面变化幅度与速率、海水倒灌的程度和热带风暴的破坏性。④伴随而来的各种可能的灾害。

(4)为了解人类系统对气候的影响程度,减少非确定性,恢复近 2～3Ma 以来不同时间尺度的气候、古环境变化规律,研究其突变的机制。

(5)突出土地利用和土地覆盖率变化对环境变化、生态系统的影响。要重视环境变化与社会、经济系统的相互作用,环境变化对社会、经济的影响。

2.3.2 气候系统动力学和气候变化预测

(1)其目标是确定气候的变化及其可预测程度,并了解人类对气候的影响。着重研究气候系统的年际和年代际演变的规律、物理过程及机制,并进行气候变化的预测研究,特别是灾害性气候的预测研究。

(2)气候系统的状态与演化,有全球性和区域性,两者相互作用。把全球气候与区域气候的变化研究相结合起来,着眼于中国未来的气候变化和预测。

(3)充分考虑中国及相邻地域的特点:①大气、大陆和海洋的相互作用;②西太平洋热带海域海、气相互作用;③喜马拉雅带、青藏高原与大陆冰冻圈及大气圈之间的相互作用;④敏感带的气、水、陆表的相互作用;⑤和地圈、生物圈系统动力学与演化的研究相协调。

2.3.3 大陆系统动力学

(1)涉及资源、能源的开发,环境保护和减轻灾害等问题,直接关系到经济和社会的持续发展。

(2)以中国领域及邻近地区为范围,重点解剖区以喜马拉雅带和青藏高原、古陆边缘和地块相互作用带、环太平洋大陆边缘为主。

(3)在空间上,形成重点地区(东亚大陆,包括西太平洋俯冲带、喜马拉雅陆-陆碰撞带和帕米尔-贝加尔活动带三条构造带所包围的地域)解剖的国际合作、全球对比、建立全球模型的动力学研究体系。

(4)以大陆动力学为核心,并向地球内部深部发展,岩石圈研究与地球内部深部研究相结合,阐明大陆的形成、变形、裂解、迁移和控制它们的基本过程、壳幔相互作用、地块间相互作用、流体的形成和动力学(特别是地块边缘带的)及超大型矿床成矿作用等问题。

(5)重点是不同圈层、不同块体之间的相互作用和演化,以及它们之间的相互作用区和边缘带。

(6)强调地球化学循环与过程和地球内部流体动力学研究,重视地球内部极端条件下的模拟实验。

(7)重点问题:①古环境与生物演化包括古环境、古地理、古生态系统及生物演化,重点是突变期、突变事件和突变演化,包括过程和原因;②地球化学动力学与地球化学循环,确定机制和随时间的变化;③地球内部与表部流体动力学;④地球内部结构与大陆动力学;⑤现代地壳运动和地球动力学;⑥核、幔系统动力学;⑦超大型矿床成矿系统动力学,金属、重要非金属、油气超大型矿床的形成背景、作用和预测,并探索预测方法。

2.3.4 日-地系统

(1)主要目标是阐明日-地系统的扰动及其对地球环境和人类活动的影响与反馈,发展预报体系。

(2)重点是相互作用与整体行为，太阳活动及其与地球空间系统、地球空间系统各圈层之间的相互作用和日-地系统的整体行为与演变，以及与地球表层系统、固体地球系统的相互作用，特别是扰动及其对环境的影响。

(3)以中国地域空间为基础，并把不同地域空间之间的相互作用，特别是不同地域空间与其下的大陆及内部深部和海陆过渡带相互作用研究结合起来。

2.3.5 人-地系统动力学

(1)人类(活动)体系与自然环境系统的相互作用是不可避免的，人类不合理的开发导致自己赖以生存与发展的环境和资源受到破坏，经济和社会的持续发展受到影响，社会生活质量的提高受到扼制，安全与生存受到威胁。

(2)以解决中国范围的问题为任务，探索人、地协调发展调控机制和理论。

(3)从整体性、动态性的角度研究中国的人口、经济、社会与环境、资源的相互作用，谋求它们之间的协调与统一，形成相互依存、相互促进、和谐持续发展的动态平衡系统。①使资源、环境得以充分合理利用，并使资源、环境得到保护、发展与“增生”，使环境得以改善和发展，降低环境负荷到最低限度以满足不断增长的要求，不危及人类的今天、明天的安全与生存。②寻求全国整体上的和区域上的及其之间的动态平衡和协调。

(4)人-地系统动力学是大跨度的学科交叉领域，涉及数学、计算机科学、地球科学以及经济学、农业科学等。

2.3.6 现在应起步的前沿领域

(1)地球系统各圈层相互作用；

(2)地球内部重要界面动力学；

(3)大陆基底活动带与早期地表演化；

(4)大陆深俯冲与化学地球动力学；

(5)不同构造域的时空转换与深部过程；

(6)地史时期重大生命事件与地球环境；

(7)陆地表层过程与人-地关系；

(8)海洋生态系统动力学；

(9)地球科学中复杂性与非线性；

(10)地球物质属性的实验研究；

(11)同位素示踪与精确定年；

(12)生态系统界面过程研究；

(13)生态学模型与生态系统尺度转换的理论与技术；

(14)生态系统可持续性管理；

(15)物种的濒危行为生态机理；

(16)污染物的界面过程和环境生物地球化学循环；

(17)环境污染危害及其生态毒理效应；

(18)复合污染的控制原理与途径；

(19)宇宙的结构和演化；

(20)太阳大气中的重要物理过程的空间探测；
(21)电离层环境的地域特性；
(22)地球系统的新探测原理、方法和关键技术；
(23)地球系统对太阳、大气上层响应的空间监测与过程分析；
(24)空间环境对重要生命过程的影响；
(25)数字地球(地球系统数字表达)；
(26)量子信息基础与技术；
(27)量子遥感与复杂性计算；
(28)基于生物理论的信息技术基础；
(29)认知与智能的机理；
(30)复杂巨系统理论；
(31)微光机电系统和新型传感器原理；
(32)算法理论与高性能算法设计；
(33)遥感系统学；
(34)生命系统复杂性；
(35)粒子宇宙学；
(36)自然科学与社会科学交叉。

2.4　地球系统科学时间尺度

2.4.1　几百万年至几十亿年

地球形成大约经历了 100Ma，此后金属核(它产生磁场)明显地与其上的地幔对流和运动着的岩石圈隔离开。这些系统运行的特征时间尺度为几百万年。生命的演化及与此有关的目前大气化学成分的演变具有类似的时间尺度。

2.4.2　几千年至几十万年

几千年至几十万年冰期和间冰期之间的交替(连同大气化学组分中的相应变化)，土壤的发育，以及生物种类的分布，它们主要是由地球围绕太阳运动的轨道变化而引起的，这种轨道变化具有几万年的循环周期。

2.4.3　几十年至几百年

那些对地球上某些生命形式的存在具有威胁的变化——气候变化，大气化学成分的变化，地表干燥度或酸度的变化，以及地球和海洋生物系统的变化——在未来的 10～100 年间应予以认识和预报。

2.4.4　几天至几个季度

天气现象，洋流中的旋涡，极区海冰覆盖的季节增长和融化，地面径流和风化以及植物生长的年循环等，都受制于由日射年循环调节的时间尺度范围内。大部分生物地球化学循环的反馈过程是通过主要为子系统提供能量辐射过程的交替而发生的。地震和火山爆发都是在相当长的时间尺度内固体地球内部进行调整的一种瞬间表现形式，这种灾难性事件的突然爆发掩盖着一个基本事实，这就是为积累使这种事件重复所需的能量需要有几十到几百年的时间。

2.4.5 几秒至几小时

陆地、海洋、冰、大气和生物群落之间的质量、动量和能量通量全部由时间尺度小于一天的过程所支配。在陆地和大洋，这些交换以湍流输送作为介质而发生，而湍流本身输送又部分地受逐日加热循环的影响。

2.5 地球系统科学研究步骤

(1)现象的观测和数据的积累。

(2)对观测数据进行分析和解释，从物理的、化学的和生物学的规律出发，建立有关地球过程的定量关系。

(3)在(1)和(2)的基础上建立概念模型和数学(数值)模型(和实验)。

(4)验证模型，并用它进行对未来变化趋势的统计预测和预报。应该指出，这些步骤并非循序渐进，而是由某种循环构成，概念模型的建立来源于观测，而且由此建立的数学模型要通过进一步的观测来验证。但是，观测本身，从观测哪些状态变量到观测系统的配置，都需要以一定的概念模型为指导。

2.6 地球系统科学方法论

凡是用系统观点来认识和处理问题的方法，亦即把对象当作系统来认识和处理的方法，不管是理论的或经验的，定性的或定量的，数学的或非数学的，精确的或近似的，都叫做系统方法。在地球系统科学的不同层次上，以及地球系统科学的不同学科分支之间，系统方法既有共同点，也有相异之处。本节拟对适用于地球系统科学不同层次和分支的系统方法作方法论的阐述。

2.6.1 系统方法的哲学基础

系统科学第一批学科分支的开创者们，如一般系统论的创立者贝塔朗菲，控制论的创立者维纳和阿什比，信息论创立者之一韦弗，运筹学创立者之一丘奇曼，都很重视哲学思考，努力从哲学上论证本分支学科的方法论。20 世纪 60 年代来建立的系统理论，如普利高津的耗散结构理论，哈肯的协同学，托姆的突变论，艾根的超循环论，费根鲍姆等人的混沌学，芒德布罗的分形学，钱学森的系统学，同样重视对方法论作哲学探讨。系统方法论的哲学依据，归根到底是唯物辩证法。

2.6.2 还原论与整体论相结合

古代科学的方法论本质上是整体论，强调整体地把握对象。近 400 年来科学遵循的方法论是还原论，主张把整体分解为部分去研究。古代的整体论是朴素的、直观的，没有把对整体的把握建立在对部分的精细了解之上。随着以还原论作为方法论基础的现代科学兴起，这种整体论不可避免地被淘汰了。

还原论科学并非完全不考虑对象的整体性问题。作为还原论方法的奠基者之一，笛卡尔主要是从如何研究整体才算是科学方法的角度论证还原的必要性的。还原论的一个基本信念是，相信客观世界是既定的，存在一个由所谓"宇宙之砖"构成的基本层次，只要把研究对象还原到那个层次，搞清楚最小组分即"宇宙之砖"的性质，一切高层次的问题就迎刃而解了。由此强调，为了认识整体必须认识部分，只有把部分弄清楚才可能真正把握整体；认识了部分的特性，总可以据之把握整体的特性。

在这个意义上，还原论方法也是一种把握整体的方法，即所谓分析-重构方法。但居主导地位的是分析、分解、还原：首先把系统从环境中分离出来，孤立起来进行研究；然后把系统分解为部分，把高层次还原到低层次，用部分说明整体，用低层次说明高层次。在这种方法论指导下，400 年来，科学创造了一整套可操作的方法，取得巨大成功。

2.6.3　定性描述与定量描述相结合

任何系统都有定性特性和定量特性两方面，定性特性决定定量特性，定量特性表现定性特性。如只进行定性描述，则对系统行为特性的把握难以深入准确。但定性描述是定量描述的基础，定性认识不正确，不论定量描述多么精确，都没有用，甚至会把认识引向歧途。定量描述是为定性描述服务的，借助定量描述能使定性描述深刻化、精确化。定性描述与定量描述相结合，是地球系统研究的基本方法论原则之一。

2.6.4　局部描述与整体描述相结合

整体是由局部构成的，整体统摄局部，局部支撑整体，局部行为受整体的约束、支配。描述系统包括描述整体和描述局部两方面，需要把两者很好地结合起来。在系统的整体观对照下建立对局部的描述，综合所有局部描述以建立关于系统整体的描述，是地球系统研究的基本方法。

突变论的创立者托姆认为，用动力学方法研究系统，既要从局部走向整体，又要从整体走向局部。对于从局部走向整体，数学中的解析性概念是有用的工具；对于从整体走向局部，数学中的奇点概念是有用的工具。一个奇点可以被看作由空间中的一个整体图形摧毁成的一点，系统在这种点附近的行为是了解系统整体行为的关键。所以托姆认为："在突变论中交替地使用上述两种方法，我们就有希望对复杂的整体情况作出动态的综合分析。"原则上说，一切动态系统理论都需要交替地使用从局部到整体和从整体到局部两种描述方法。

2.6.5　确定性描述与不确定性描述相结合

系统的不确定性有很多种类，如随机性、模糊性、信息不完全性、歧义性等。在地球系统科学基础性内容中，只考虑随机不确定性，不涉及模糊性等不确定性。

从牛顿以来，科学逐步发展了两种并行的描述框架。一种是以牛顿力学为代表的确定论描述，另一种由统计力学和量子力学发展起来的概率论描述。在系统理论的早期发展中两种方法都有大量应用，但总体看是要么只使用确定论描述，要么只使用概率论描述，却没有把两者沟通起来。采取确定论描述的有一般系统论、突变论和非线性动力学、微分动力体系等。香农信息论是完全建立在概率论描述框架上的典范。在控制理论、运筹学等学科中,两种描述都使用,但是通过划分不同分支来分别使用它们,仍然没有实现沟通。自组织理论试图沟通两种描述体系,取得一定进展,但不明显。

现代科学的总体发展越来越要求把两种描述框架沟通起来,形成统一的新框架。系统科学的发展尤其需要把确定论框架同概率论框架沟通起来。混沌学等新学科的发展使人们初步看到希望。一种观点认为,如果把有限性作为认识自然的基本出发点,承认自然的有限性,我们就有可能从这两种描述体系根深蒂固的人为对立中解脱出来。

2.6.6 系统分析与系统综合相结合

要了解一个系统,首先要进行系统分析:一要弄清系统由那些组分构成;二要确定系统中的元素或组分是按照什么样的方式相互关联起来形成一个统一整体的;三要进行环境分析,明确系统所处的环境和功能对象,系统和环境如何互相影响,环境的特点和变化趋势。

2.6.7 模型与原型

给对象实体以必要的简化,用适当的表现形式或规则把它的主要特征描绘出来,这样得到的模仿品称为模型,对象实体称为原型。模型也有结构,模型结构与原型结构是不同的,但两者又有直接或间接的联系。原型中必须考虑的结构问题都应在模型中有所反映,能以模型的语言描述出来。

标度模型要求具有与原型相同或相似的结构,但尺度大大缩小。地图模型要求具有与原型相同的拓扑结构。数学模型是抽象模型,不能要求它直接反映系统原型的结构,但必定与原型结构有内在联系,原型中的结构问题在模型中用数学语言描述,能用数学方法分析和解决。模型方法是地球系统科学的基本方法,研究系统一般都是研究它的模型,有些系统只能通过模型来研究。

2.6.8 数学模型

所谓地球系统的数学模型,指的是描述元素之间、子系统之间、层次之间相互作用以及系统与环境相互作用的数学表达式。

定量描述地球系统的数学模型必须以正确认识地球系统的定性性质为前提。简化对象原型,必须先做出某些假设,这些假设只能是定性分析的结果。

数学模型有两类,一类用途广泛的定性模型是拓扑结构,这类模型是描述地球系统结构的工具,它可以给出各个元素、子系统的相对位置、前后次序、分布情况等。另一类模型是用有关的量来表达的,如函数、迭代、方程等。这种数学模型由两种量构成。一种是反映地球系统本身变化的量,如输入变量、输出变量、状态变量等,地球系统的行为、特性、未来发展趋势都可以通过它们来刻画。另一种状态方程的功能主要是描述地球系统状态转移的规律。

2.6.9 基于计算机的模型

用计算机程序定义的模型,称为基于计算机的模型。首先明确构成系统的“构件”,把它们之间的相互关联方式提炼成若干简单的行为规则,并以计算机程序表示出来,以便通过在计算机上的数值计算来模仿系统运行演化,观察如何通过构件执行这些简单规则而涌现出系统的整体性质，预测系统的未来走向。所有数学模型都可以转化为基于计算机的模型，通过计算来研究系统。许多无法建立数学模型的系统，如复杂的物理过程，特别是生物、社会和行为过程，也可能建立基于计算机的模型。

用方程组之类数学表达式定义的传统模型，求解和处理往往需用复杂艰深的理论和技巧，费时费力，可行性较差，所得结果有时无法用实验检验。用计算机程序定义的模型，可以做到既严格，又可行，使我们能够在计算机上研究和预测系统，通过计算实验来检验结果。好的模型可以做到有可重复性。对于那些无法用真实的实验来检验的复杂系统，计算实验是惟一可用的实验检验手段。

思考题

1. 如何认识地球系统科学的方法论？举例说明。
2. 如何理解地球系统的系统、结构和层次？
3. 如何理解地球系统的环境、行为和功能？
4. 简述地球系统的状态、演化和过程。
5. 怎样实现定性描述与定量描述相结合？
6. 简述原型与模型和计算机模型构建的内容与过程，并举例说明。

第3章　地球系统科学理论基础

本章我们讨论地球系统科学理论基础。首先讨论以确定性模型描述的动态系统(亦称动力学系统),其中又分连续型与离散型两种,分别在3.1节、3.2节讨论;3.3节讨论以随机性模型描述的系统,其中也包含连续型与离散型两种。从地球系统建模的依据看,有两种数学模型,一种是根据基本科学原理建立的,一种是以惟象方法建立的。如何建立地球系统模型,不仅需要地球系统科学知识,更需要研究对象系统所涉及的其他学科的知识。地球系统科学的讨论从已经有的地球系统模型开始。一个具体系统问题,能够按照哪一种模型描述,就采用相应的地球系统原理和方法去处理。

3.1　地球系统的连续动态系统

线性系统与非线性系统是基于地球系统的数学性质给出的系统分类,既适用于静态系统,也适用于动态系统。本节主要讨论动态系统。在地球系统科学中,迄今真正成熟的主要是线性系统理论。但地球系统科学重点研究非线性系统,是处理非线性问题的一种方法论。

3.1.1　线性动态地球系统

能够用线性数学模型描述的地球系统,称为线性地球系统。线性地球系统的基本特性,即输出响应特性、状态响应特性、状态转移特性,都满足叠加原理。令 f 代表某种数学操作,如关系、变换、运算、函数、泛函、方程等,x 记数学操作的对象(如变量),$f(x)$代表对 x 施加操作 f 的结果。如果 $f(x)$满足条件

加和性　$f(x_1+x_2)=f(x_1)+f(x_2)$　(3.1)

齐次性　$f(kx)=kf(x)$,(k 为常数)　(3.2)

就称数学操作 f 为线性的。如线性关系、线性变换、线性运算、线性函数、线性泛函和线性方程等。将式(3.1)与式(3.2)合并表示为

$$f(ax_1+bx_2)=af(x_1)+bf(x_2) \tag{3.3}$$

称为叠加原理,a,b 为常数。满足叠加原理是线性操作区别于非线性操作的基本标志。

连续动态地球系统的数学模型是微分方程,刻画系统的动态变量对状态变量的依存关系以及状态变量之间的相互影响。如果状态变量只是时间的函数,与空间分布无关,则称为集中参数系统,用常微分方程描述。如果状态变量同时依赖于时间和空间分布(同一时刻不同点的状态变量数值不同),则是分布参数系统,须用偏微分方程描述,鉴于它们过分复杂,本章将只限于讨论常微分方程描述的系统。

地球系统线性连续动态系统的数学模型为线性常微分方程,可以使用一元高阶方程,也可以使用多元一阶联立方程组。一般来说,这两种形式是等价的,可以互换。本章讨论以联立方

程组描述的线性动态系统，其数学模型具有以下形式：

$$\begin{aligned} x'_1 &= a_{11}x_{11} + \cdots + a_{1n}x_{1n} \qquad (x' = \mathrm{d}x/\mathrm{d}t) \\ &\vdots \\ x'_n &= a_{1n}x_{11} + \cdots + a_{nn}x_{nn} \end{aligned} \tag{3.4}$$

系数矩阵为

$$A = \begin{bmatrix} a_{11} & \cdots & a_{1n} \\ \vdots & \vdots & \vdots \\ a_{1n} & \cdots & a_{nn} \end{bmatrix} \tag{3.5}$$

令

$$X = (x_1, x_2, \cdots, x_n)^T \tag{3.6}$$

记状态向量，动态方程(3.4)可表示为以下向量矩阵形式：

$$X' = AX \tag{3.7}$$

如果系数矩阵 $A=(a_{ij})$不随时间而变化，即 a_{ij} 为常数，称为常系数方程。如果系数为时间 t 的函数 $a_{ij}(t)$，系数矩阵记为 $A(t)$，称为变系数方程。

数学模型(3.4)有两个基本来源：①许多系统的非线性因素微弱，允许忽略不计，近似满足线性假设(假设叠加原理成立)，根据相关学科的基本原理直接建立线性方程(3.4)。②许多系统具有较强的非线性因素，线性假设不成立，根据基本原理只能建立非线性数学模型；但如果我们关心的主要是系统的局部性质(系统在某一点附近的行为)，非线性模型又满足连续性和光滑性要求，就可以在该点附近把它线性化，得到线性模型(3.4)，可用它来近似描述地球系统的局部行为。

模型方法隐含的一个假定是，只要动力学方程是合理的，我们就认为一切有关系统行为特性信息都包含于其中，即包含于方程的结构和系数(控制参量)中。对于线性系统，这些信息都包含在系数矩阵之中。最理想的处理方法是求方程的解析解，只要求得方程的解析解，就可以把握地球系统的全部行为特性。

描述 n 维线性系统的微分方程组(3.4)的特征方程为

$$\lambda^n + a_{n-1}\lambda^{n-1} + \cdots + a_1\lambda + a_0 = 0 \tag{3.8}$$

令 $\lambda_1, \lambda_2, \cdots, \lambda_n$ 记 n 个特征根，则(3.4)的通解为

$$X(t) = \sum C_k e^{\lambda_k t} P_k(t) \tag{3.9}$$

其中，C_k 是由初值决定的实常数；$P_k(t)$为多项式，由动力学方程和初态决定。

3.1.2　非线性动态地球系统

如果数学操作 f 不满足加和性和齐次性要求，则称 f 为非线性的。如非线性关系、非线性变换、非线性运算、非线性函数、非线性泛函和非线性方程等。线性函数关系本质上只有一种，即

$$y = ax \tag{3.10}$$

不同线性函数只是比例系数不同，经过平移和施转等简单数学变换，可以完全重合。非线性函数关系有无穷多种定性性质不同的可能形态。非线性的这种特点是现实系统无限多样性、差异性和复杂性的主要根源。

非线性连续系统的动力学方程一般形式为以下方程组

$$\begin{cases} x'_1 = f_1(x_1,\cdots,x_n;c_1,\cdots,c_m) \\ x'_2 = f_2(x_1,\cdots,x_n;c_1,\cdots,c_m) \\ \quad\vdots \\ x'_n = f_n(x_1,\cdots,x_n;c_1,\cdots,c_m) \end{cases} \tag{3.11}$$

$f_1,\cdots,f_n$ 中至少应有一个为非线性函数。将控制能量表示为向量形式

$$C = (c_1,c_2,\cdots,c_m) \tag{3.12}$$

称为控制向量。令 F 记

$$F(f_1,f_2,\cdots,f_n) \tag{3.13}$$

则方程组(3.11)获得如下向量形式

$$X' = F(X,C) \tag{3.14}$$

动力学方程是动力学的术语,在地球系统科学中,方程(3.11)和(3.14)通常称为地球系统的演化方程或发展方程。

按照演化方程对地球系统的分类,除已经提到的线性系统与非线性系统、集中参数系统与分布参数系统外,还有两种系统分类会经常提到。

3.1.2.1 自由系统与强迫系统

若演化方程只是状态变量的导数对状态变量的依赖关系,没有外作用项,称为自由系统。上面给出的都是自由系统。若演化方程中包含外来作用项$\Psi(t)$(或称强迫作用项、控制作用项),如以下方程描述的系统,称为强迫系统:

$$X' = F(X,C) + \Psi(t) \tag{3.15}$$

如果引入新的状态变量 $x_{n+1}(t)$,令 $x'_{n+1} = \Psi(t)$,强迫系统(3.15)可能转化为 $n+1$ 维自由系统来处理。因此,本小节主要讨论自由系统,其结论原则上可能推广于强迫系统。

3.1.2.2 自治系统与非自治系统

演化方程中不明显包含时间 t 的是自治系统。演化方程中明显包含时间 t 的,如下式所示,是非自治系统

$$X' = F(X,C,t) \tag{3.16}$$

非自治系统的特例之一是前述变系数系统,特例之二是包含作为时间函数的强迫作用$\Psi(t)$的系统(3.15)。如果把时间 t 作为新的状态变量 $x_{n+1} = t$(动态方程中增加一项 $x'_{n+1} = 1$),非自治系统(3.15)和(3.16)可以变为自治系统(3.14),但维数是 $n+1$。因此,本小节也不专门讨论非自治系统。

有了演化方程后,一般有 3 种研究非线性系统行为特性的方法。

(1)解析方法。根据微分方程理论,方程组(3.11)在相当宽的条件下存在惟一解。由于非线性函数具有无穷多不可互换的形式,反映非线性系统有无穷多种不同的定性性质,一般地解析求解方程(3.11)描述的系统是不可能的。即使最简单的 1 维非线性系统

$$x' = f(x) \tag{3.17}$$

函数 $f(x)$仍有无穷多不同形式,一般地解析求解也不可能。只有在某些特殊情形下可以获得解析解。例如,当 $f(x)$具有适当形式时,能用分离变量法获得解析解。

(2)几何方法。几何方法主要用于分析地球系统的定性性质。避开解方程,从方程的结构和参数中直接提取地球系统的定性信息,有时十分方便有效,当系统维数较低时可以借助直观

图像获得对地球系统的深刻理解。庞加莱开辟的微分方程定性理论及其后续发展为此提供了强有力的数学工具。

(3)数值计算方法。利用演化方程定量研究非线性系统(3.11)普遍有效的方法是使用计算机进行数值计算,求得方程的近似解。大型计算机允许人们根据数学方程对地球系统进行实验研究,以获得关于非线性系统非平庸行为的某些直觉,从而找到理论突破口。

对于所谓弱非线性系统,按照“非线性是对线性的偏离”的观点,用线性化方法研究地球系统的局部行为特性,是非常有效的。设 $f(x)$ 在 x_0 处连续可微,按泰勒公式展开得

$$f(x) = f(x_0) + f'(x_0)(x - x_0) + h(x) \tag{3.18}$$

其中,$h(x)$ 为高次项,即非线性余项。只要 $x - x_0$ 足够小,非线性项可以忽略不计。将式(3.18)代入式(3.17),略去高次项 $h(x)$,得到非线性系统在 x_0 点附近的线性近似表达式

$$x' = f(x_0) + f'(x_0)(x - x_0) = ax + b \tag{3.19}$$

其中,$a = f'(x_0)$,$b = f(x_0) - x_0 f'(x_0)$。由于满足连续光滑性要求,线性系统(3.19)可以足够精确地刻画非线性系统(3.17)的局部性质。

我们就 $n=2$ 的情形讨论方程组(3.11),即非线性系统

$$\begin{aligned} x'_1 &= f_1(x_1, x_2) \\ x'_2 &= f_2(x_1, x_2) \end{aligned} \tag{3.20}$$

不失一般性,设 f_1、f_2 在 (x_{10}, x_{20}) 附近连续可微和展开。式(3.20)可以作为描述非线性系统的线性模型。

只要非线性系统在某一点附近满足连续性、光滑性要求,就可以在该点附近看作弱非线性系统,将演化方程展开,略去非线性项,化为线性模型,利用线性系统理论来分析模型,可以获得对非线性系统局部行为特性的近似描述。这种方法叫做非线性系统的局部线性化处理,有广泛的应用。如果单纯靠线性模式尚不能满足要求,还可以把非线性项作为扰动因素,对线性化分析结果加以修正。这叫做线性化加微扰方法,是线性科学对付非线性的主要手段,可以对很大一类非线性系统得到足够满意的结论。

线性化加微扰仍属于线性系统理论的方法,不能用于处理具有间断点、不光滑点的非线性问题。并且线性化方法只适用于分析局部性质,不能用于大范围系统问题。系统方法的优势在于处理大范围的、全局的问题,线性化方法不能体现这种优点。线性化的实质是忽略非线性因素,而非线性因素正是系统产生多样性、奇异性和复杂性的根源,线性化所“化”掉的恰好是这种根源。为处理这类问题,非线性系统理论要求有全新的方法。

但是,线性系统理论仍然是地球系统科学中不可轻视的内容。这不仅由于目前真正成熟的体系化了的内容仍主要是线性理论,还在于线性理论是非线性理论必要的基础,线性理论的结论和方法对于解决非线性问题有重要作用。此外,非线性问题的本质常常需要在与线性问题的比较中才能获得深入理解。

3.1.3　轨道、暂态、定态

确定性动态地球系统只要求出方程的解析解,从给定的初始条件出发,既可以预见地球系统的一切未来状态,也可以回溯过去的所有状态,达到对系统行为特性的全面而定量的把握。但非线性动力学方程能够获得解析解的情形极少。例如,天体力学表明,三体问题原则上已无法求得解析解,更不必提多体问题了。求解析解不是处理非线性系统的普通方法。对于一般

非线性系统，可行的方法是定性描述，即在状态空间和参量空间中用几何方法等定性手段来研究。从地球系统演化的角度看，重要的不是了解系统的定量性质，而是定性性质。所谓整体定性性质，就是部分组成系统整体时涌现出来的新性质。

3.1.3.1 状态空间与参量空间

由地球系统所有状态构成的集合，称为地球系统的状态空间，又称相空间(phase space)。空间的每个点称为状态点或相点。设地球系统有 n 个独立状态变量，记作 $x_1, x_2, \cdots, x_n$。以状态变量为轴支撑起来的几何空间，就是地球系统的状态空间。状态变量的每一组具体数值 $(x_1, x_2, \cdots, x_n)$，代表地球系统的一个具体状态或相。n 是状态空间的维数(dimension)，可以取任何正整数。3 维以下的状态空间可以画出来，4 维以上属于抽象空间，无法直观表现。维数是决定地球系统行为特性的重要参数。在状态空间描述地球系统，能够区分不同的维数，从而可以建立地球系统的演化方程，确定不同类型的状态，描述地球系统的状态转移规律。

演化方程(3.11)的每个解 $X(t)$ 代表状态空间的一个点集合，称为一条相轨道。状态在相空间沿轨道运动可以形象地比喻为物理空间的水流，一个解就是一个流(flow)。方程(3.11)有无穷多解，空间的轨道或流线亦无穷多。状态空间方法不是分别研究每个轨道，而是考察全部可能轨道及其分布，从而达到整体把握地球系统(3.11)的动态特性。

状态空间是在控制参量给定的条件下建立的。但控制参量也是可变的，这种变化有时只会引起地球系统行为特性的某些量变，有时可能导致地球系统定性性质的改变，因而是必须深入研究的重大问题。以控制参量 $c_1, c_2, \cdots, c_m$ 为坐标轴构造的 m 维空间，称为参量空间(parameter space)，又称控制空间(control space)。参量空间的每个点都对应一个确定的系统(3.11)，所以，在参量空间研究的是演化方程结构相同的无穷多系统构成的系统族。

在状态空间和参量空间中描述地球系统，统称为状态空间方法。有时，还需要同时在状态空间和参量空间中研究地球系统，即以全部状态变量和控制参量为轴支撑起来的高维空间，称为乘积空间。特别地，当只有一个状态变量 x 和一个控制参量 a 时，把系统放在乘积空间即 $x-a$ 平面上研究最为简便有效。

3.1.3.2 暂态与定态

由于状态空间包含地球系统的所有可能状态，有关地球系统动态特性的所有信息都蕴藏于其中，问题是如何提取这些信息。虽然状态空间有无穷多个状态，但在地球系统科学意义上可以划分为很少的几类，它们显示不同性质，代表地球系统的不同动力学行为特性。所以，在状态空间研究地球系统归结为划分不同类型的状态，描述各类状态的特征，确定不同类状态在空间的分布，阐明不同状态之间的联系，特别是如何从一个状态向另一个状态的转移规律。

动态地球系统有两类可能的状态。系统在某个时刻可能到达但不借助外力就不能保持或不能回归的状态或状态集，称为暂态(transient state)。系统到达后若无外部作用驱使将保持不变的状态或反复回归的状态集，称为定态(steady state)。定态是由状态空间中的点集合刻画的。最简单的定态只是空间的一个点。状态空间几乎全是由暂态点填充的，定态只是其中极其微小的一部分。如图 3-1，状态空间是曲线上所有点的集合，其中 A, B, C 3 个点代表定态，其余无穷多点均代表暂态。把一个小球放在 A, B, C 中任一点，只要没有外来扰动，小球始终停留在该点不动。把小球放在这三点之外的任何位置，只要没有外力支撑，小球立即离开远去。

地球系统的定性性质是由定态决定的，不同的定态代表不同的定性性质，暂态只是系统为了确立某种定性性质所必须的量的积累,不能表现系统的本质特征。从一种定态到其他定态的变化反映的是系统从一种定性性质向另一种定性性质的转变,叫做系统的相变。系统演化理论主要是关于定态的理论。动态地球系统有以下几类定态:

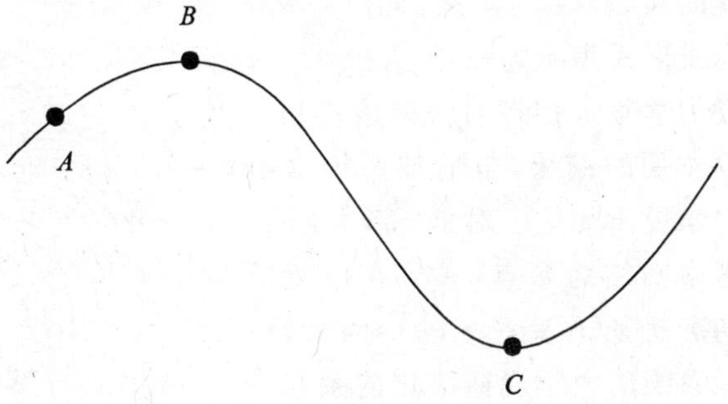

图 3-1　暂态与定态

(1)平衡态。最简单的一类定态是平衡态,在数学上由不动点(fixed point)来刻画。系统(3.11)的不动点指满足以下条件的状态点

$$x'_1 = x'_2 = \cdots = x'_n = 0 \tag{3.21}$$

式(3.21)称为系统(3.11)的不动点方程。在这种点上,所有状态变量的导数(变化率)都为 0,状态不再发生变化,表明系统处于平衡运动。

(2)周期态。设 $\varphi(t)$ 是演化方程(3.11)的一个解,满足条件

$$\varphi(t+T) = \varphi(t) \tag{3.22}$$

其中,T 为某个常数,则称 $\varphi(t)$ 是方程(3.11)的一个以 T 为周期的周期解。周期解由相空间的一条闭曲线表示,代表系统的一条周期轨道,数学上称为极限环(limit cycle),特点是当 $t \to \infty$ 或 $t \to -\infty$ 时附近的相轨道以该闭曲线为极限(图 3-2,图 3-3)。

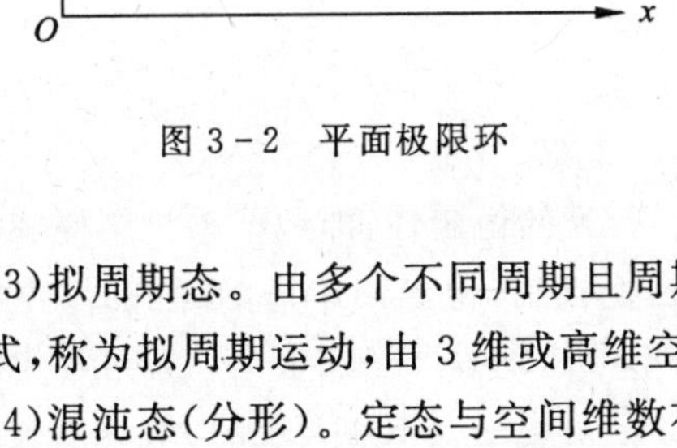

图 3-2　平面极限环

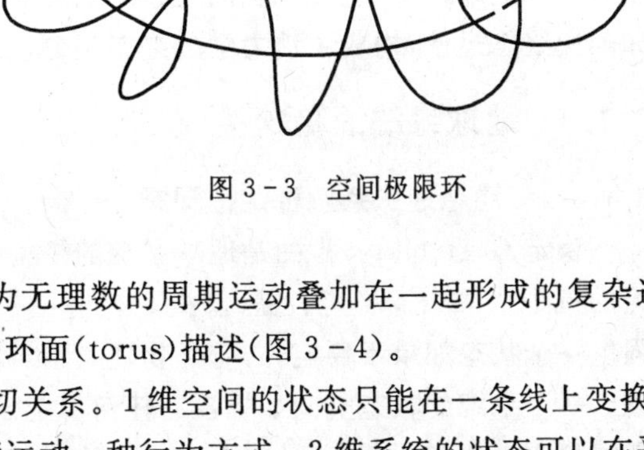

图 3-3　空间极限环

(3)拟周期态。由多个不同周期且周期比为无理数的周期运动叠加在一起形成的复杂运动形式,称为拟周期运动,由 3 维或高维空间的环面(torus)描述(图 3-4)。

(4)混沌态(分形)。定态与空间维数有密切关系。1 维空间的状态只能在一条线上变换、转移,系统只有不动点表示的定态,即只有平衡运动一种行为方式。2 维系统的状态可以在平面上转移,系统的动力学特性比 1 维系统丰富得多,不仅有不动点,可以作平衡运动,还可能有极限环,作周期运动。但 2 维空间仍不够宽阔。3 维和高维空间给系统提供了充分的舞台,可以形成各种可能的定态,呈现出各种行为特性。可见,维数 n 是决定系统性质的重要参数。

3.1.3.3　初态与终态

以 t_0 记地球系统行为过程的起始时刻(一般取 $t_0=0$),t_0 时刻的地球系统状态称为地球

系统的初始状态(初态，initial state)，以向量形式表示为 $X_0=X(t_0)$。确定性动力学假定初态的获得是扰动因素独立作用的结果，与地球系统自身的动力学规律无关。对地球系统的动力学考察归结为两点：一是在任意给定的初态扰动下看系统的行为特性；二是看系统动力学规律决定的系统行为特性。演化方程(3.14)的每个解 $X(t)$ 都代表系统的一个行为过程。轨道是初态和所有后续时刻 t 的状态 $X(t, X_0)$组成的集合，刻画的是地球系统在时间维中的状态转移过程。对于确定性系统，根据微分方程的存在——惟一定理，从每个初态出发有且只有一条轨道。状态空间的每个点都可以作为初态，通过空间的每个点都有且只有一条相轨道，相空间充满轨道，不同轨道互不相交。一条轨道代表地球系统的一种可能行为过程，反映状态变量之间的相互依存关系，即状态转移规律。

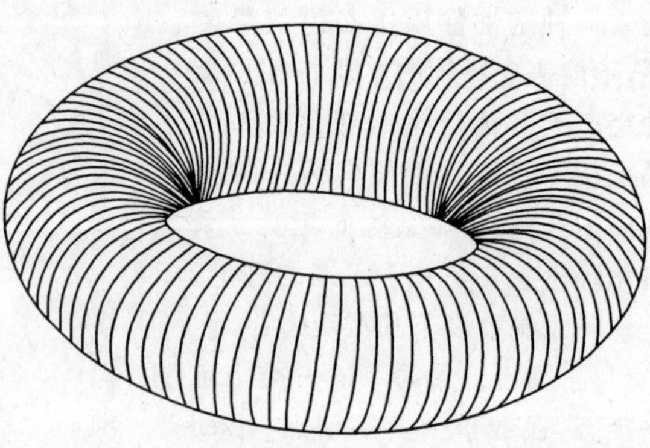

图 3-4　环面

充满相空间的无穷多条轨道由两大类组成。一类是由定态组成的轨道。每种定态都是一条轨道，一个不动点是一条只包含一个点的特殊轨道，表示系统在那个状态上"呆着不动"。连续系统的一个极限环是一条包含无限多个状态的闭合轨道，表示系统沿着极限环作周期运动。混沌定态则代表系统的一个轨道丛。另一类轨道由暂态组成，称为暂态轨道。一旦系统在 t_0 时刻取得初态 $X_0=(x_{10}, x_{20}, \cdots, x_{n0})$，就会启动一个动态过程，系统沿着通过 X_0 的那条暂态轨道$X(t, X_0)$运动。暂态轨道又分为两类：①当 $t\to\infty$ 时$X(t, X_0)$存在有限极限，即以某条定态轨道为极限状态；②当 $t\to\infty$时 $X(t, X_0)$发散，不存在有限极限状态。暂态轨道 $X(t, X_0)$当 $t\to\infty$时系统的极限状态，即终了时刻 t_∞ 到达的状态 X_∞，称为系统的终态(final state)。我们研究动态地球系统，主要关注的是系统的终态。系统有无终态，终态的类型，各类终态的特性，如何向终态过渡，构成了动力学的终态问题。

3.1.4　地球系统的稳定性

3.1.4.1　动态地球系统稳定性问题

稳定性(stability)指的是地球系统的结构、状态、行为的恒定性，即地球系统结构、状态、行为的抗干扰能力。稳定性是地球系统的一种重要维生机制，稳定性愈好，系统的维生能力愈强。一个状态如果不稳定，必定是物理上不可实现(不可达)的，至多在某个动态过程中瞬间出现。一个系统的状态空间如果没有任何稳定定态，必定是物理上不可实现的，地球系统理论无需讨论它。从应用角度看，一个不稳定的系统无法正常运行，无法实现其功能目标，因而是没有用的。人们总是力求采用足够稳定的系统。但若从演化角度看，如果一个系统的所有状态在所有条件下都是稳定的，它就没有变化、发展、创新的可能。只有原来的状态、结构、行为模式在一定条件下失去稳定性，系统才可能向新的状态、结构、行为模型演化，即系统有发展创新的可能。所以，不稳定性在地球系统演化理论中具有非常积极的、建设性的作用。但稳定是发展的前提。新状态、新结构、新模式如果不稳定，没有能力保存自己，它也不可能取代旧状态、旧结构、旧模式。新系统只有具备稳定性机制,才能保持刚刚建立起来的结构和特性,保存已积累的信息。

稳定性问题是动态地球系统理论的首要问题。什么是稳定性,如何判别稳定性,稳定性的类型,系统的稳定性程度,系统是否存在不稳定点,稳定的系统在什么条件下会失去稳定性,如何确定系统的失稳点,系统在失稳点附近行为特性的分析,如何从失稳的原状态向稳定的新状态过渡,等等,回答这些问题形成了稳定性理论,是地球系统科学的重要内容之一。组分关联方式的稳定与否一般难以直接用数学方法描述,行为的描述可以归结为状态描述,状态的稳定与否可以用数学方法描述。因此,动态地球系统理论的稳定性研究总是围绕状态以及由状态构成的轨道这两个概念进行的。状态或轨道是否稳定,能够间接表征地球系统的组分关联方式和整体行为模式是否稳定,只要对状态或轨道的稳定与否作出判断,便无需再对系统结构或行为模式的稳定性问题进行研究。

3.1.4.2　稳定性的数学定义

严格地说,讨论单个状态的稳定性没有意义,需要研究的是轨道或地球系统演化方程解的稳定性。不动点虽然只是一个点,但它代表一条特定的轨道,即演化方程的一个解,存在稳定性问题。据统计,科学文献上出现的稳定性定义有 50 多种,通常采用的是李雅普诺夫(A. M. Lyapunov)定义。

李雅普诺夫意义下的稳定性。令 $\Phi(t)$是向量微分方程(3.14)的一个解,$X(t)$为任何初态扰动 $X_0=X_0(t)$引起的解。如果对于每个足够小的 $\varepsilon>0$,总有 $\delta(\varepsilon)>0$,使得只要在 $t=t_0$ 时满足

$$|X_0-\Phi(t_0)|<\delta \tag{3.23}$$

就有

$$|X(t)-\Phi(t)|<\varepsilon \tag{3.24}$$

对于所有的 $t\geqslant t_0$ 成立,称解 $\Phi(t)$是李雅普诺夫稳定的。否则称李雅普诺夫不稳定 。

在数学和自动控制领域中,李雅普诺夫稳定性(Lyapunov stability)可用来描述一个动力系统的稳定性。如果此动力系统任何初始条件在 x_0 附近的轨迹均能维持在 x_0 附近,那么该系统可以称为在 x_0 处李雅普诺夫稳定。若任何初始条件在 x_0 附近的轨迹最后都趋近 x_0,那么该系统可以称为在 x_0 处渐近稳定。指数稳定可用来保证系统最小的衰减速率,也可以估计轨迹收敛的快慢。

以上定义的稳定性属于地球系统的局部性质,只对一定范围内的初态偏离成立,称为局部稳定性。有时需要取消这个限制,研究在任何初态扰动下的系统行为,称为大范围稳定性,这里不作讨论。

3.1.4.3　定态的稳定性

从相空间看,一个定态的稳定性问题也就是它附近轨道的稳定性问题。所以,轨道的稳定性主要反映的是定态的稳定性。由于把稳定性界定为地球系统行为在受到扰动后能否消除偏离的问题,一个定态是否稳定可以通过它周围的所有轨道的终态走向来判别。首先考察不动点的稳定性。我们就 2 维系统来讨论。数学分析判定,存在 4 种类型的不动点,其中两类又分为稳定与不稳定两种。为简化计,不动点都放在坐标原点。

(1)焦点(focus)型不动点。特点是周围布满螺旋形的相轨道,从附近任一初态开始的轨道都是以不动点为极限点的螺旋线。又分稳定与不稳定两种情形。图 3-5 为稳定焦点,左图

为相轨道，螺旋式地向不动点收缩。右图为状态变量 $x_2(t)$ 在时间域上的行为，随着 $t\to\infty$ 振荡式地衰减为 0。图 3-6 为不稳定焦点，左图为相轨道，轨道螺旋式地远离不动点而去，右图为 $x_1(t)$ 在时间域上的行为，随着 $t\to\infty$ 振荡式地向无穷发散。

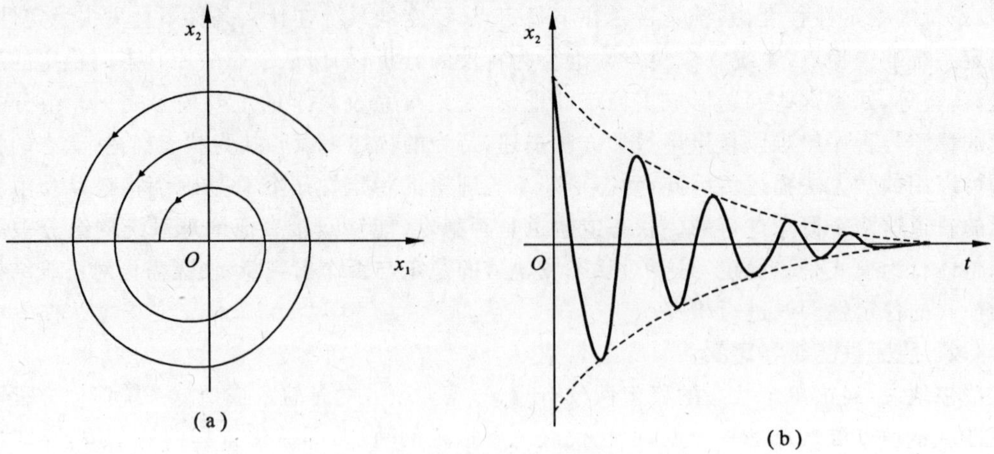

图 3-5　稳定焦点

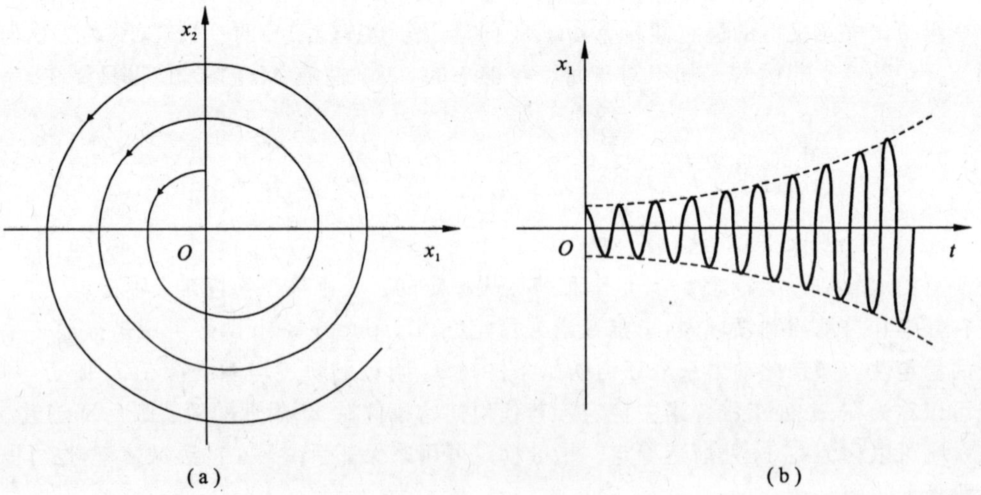

图 3-6　不稳定焦点

(2)结点(node)型不动点。特点是周围布满非螺旋形轨道。在正规情形下，相轨道是指向不动点的直线。又分稳定与不稳定两种情形。图 3-7 为稳定结点，左图为相图，从任何初态开始，系统都沿着一条直线轨道无限趋向不动点。右图为 $x_1(t)$ 的时间域行为，单调地趋向于结点。图 3-8 为不稳定结点，左图为相图，右图为时间域行为。

图 3-9 为非正规稳定结点，左图为相轨道，右图为时间域行为 1 和 2 在时间域上的对应图像，都是非单调曲线，但只有半次振荡。

(3)中心点(center)型不动点。特点是不动点周围布满周期不同的闭合轨道，以邻域内任何点为初态，系统都将出现围绕不动点的周期运动。这种平衡态对扰动不敏感，只要初态偏离足够小，周期轨道对中心的偏离也足够小。故中心点是稳定的，但不是渐近稳定的。

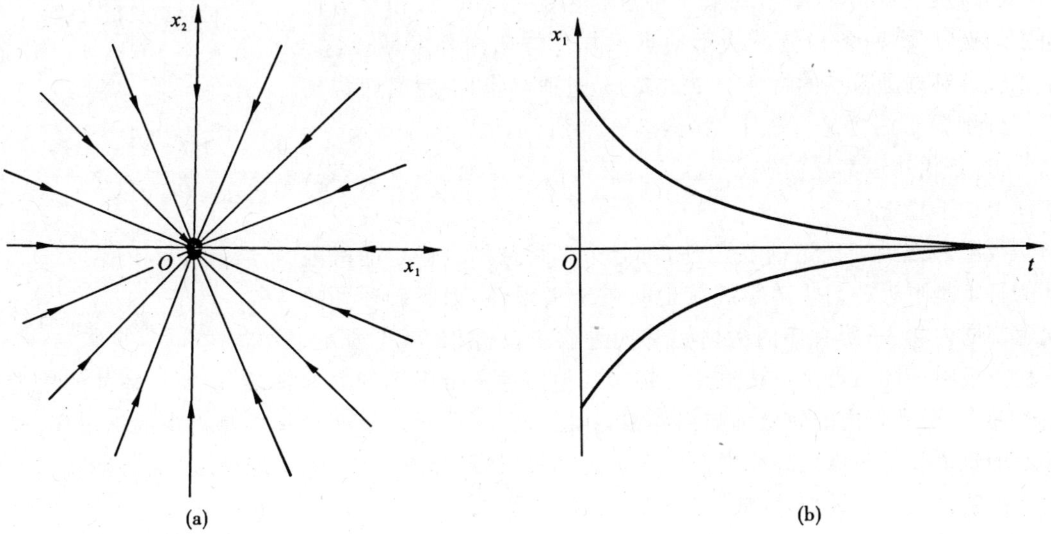

图 3-7　稳定结点

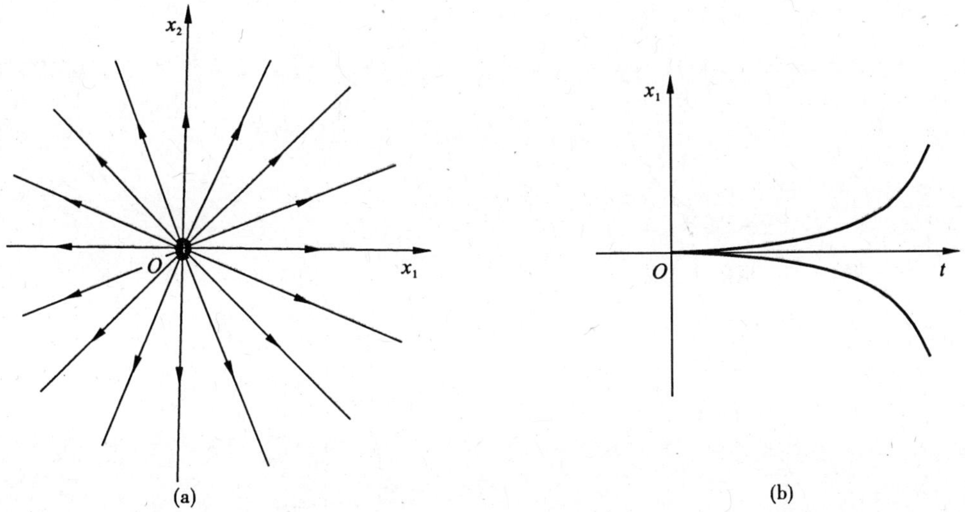

图 3-8　不稳定结点

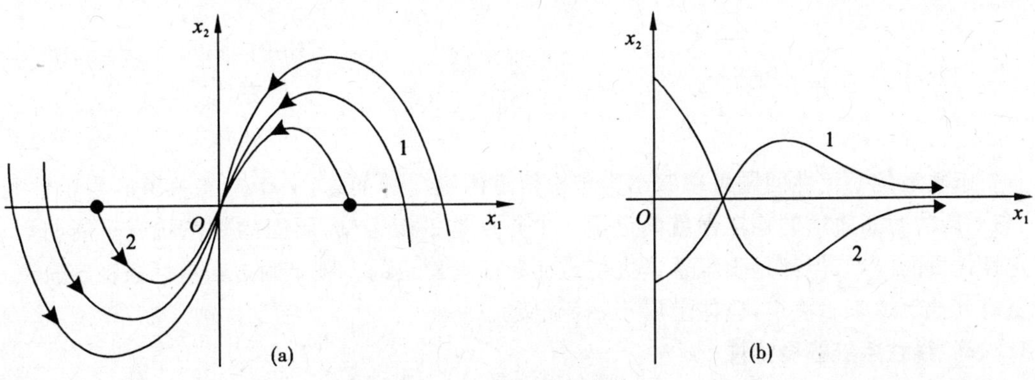

图 3-9　非正规稳定结点

(4)鞍点(saddle)型不动点。特点是两条相轨道从相反方向向不动点收敛,两条相轨道从不动点沿相反方向向外发散。这4条相轨道对刻画鞍点的特性非常重要,经过适当坐标变换,可以将它们分别置于两个坐标轴上,如图3-10所示。相平面被分为4部分,每条相轨道都先向鞍点逼近,后又远离鞍点而去,故鞍点在整体上是不稳定的。

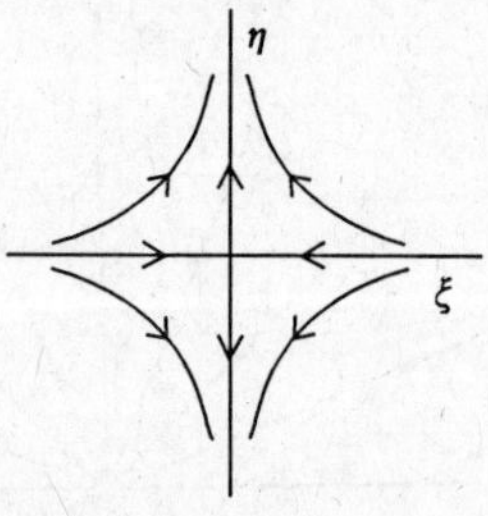

图3-10　鞍点型不动点

极限环或周期轨道的稳定性,可分为3种情形。稳定的极限环的特点是附近一切轨道都螺旋地收敛于极限环,即所有环外的轨道都向内卷去,所有环内的轨道都向外卷去,如图3-11所示。不稳定极限环的特点是一切轨道都螺旋式地向远离极限环的方向发散,即所有环外的轨道都向外卷去,所有环内的轨道都向内卷去,如图3-12所示。第3种是单侧稳定的极限环,或者外部的轨道收敛于极限环而内部的轨道远离极限环,如图3-13左图所示;或者外部轨道发散而内部轨道收敛于极限环,如图3-13右图所示。

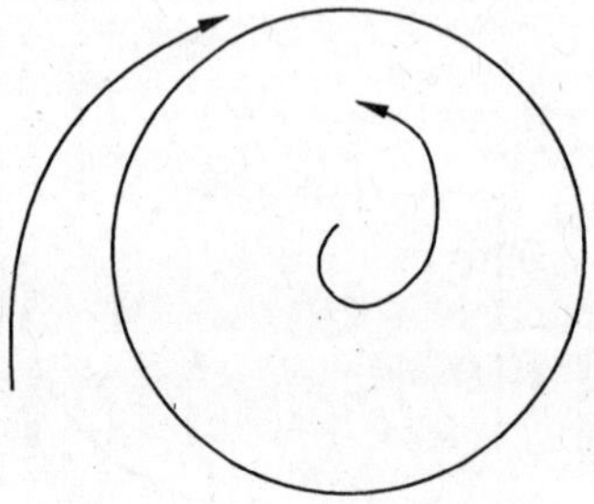

图3-11　极限环外卷

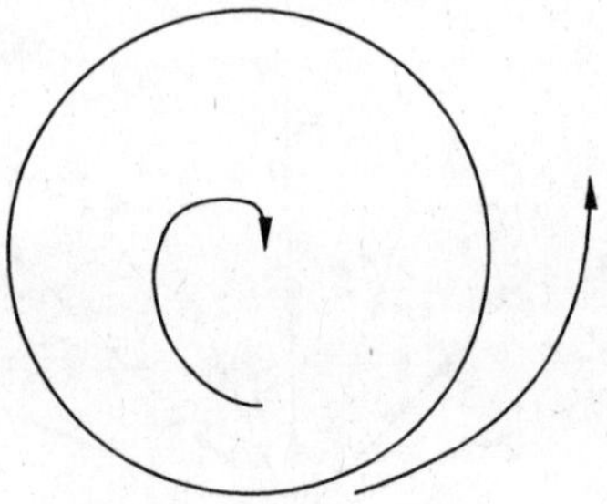

图3-12　极限环内卷

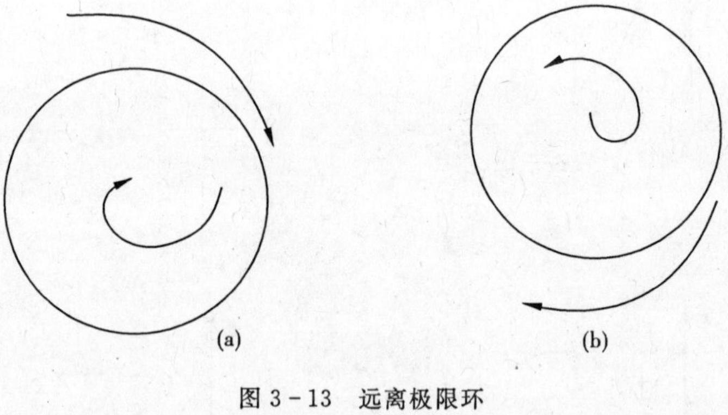

(a)　(b)

图3-13　远离极限环

暂态轨道的稳定性问题可以归结为定态轨道的稳定性问题,一个定态轨道的稳定性判定后,它周围的暂态轨道的稳定性就确定了。中心点是平衡运动,周围的暂态轨道是周期运动,有定性性质的区别,但都是李雅普诺夫稳定而非渐近稳定的。靶点附近虽有两条稳定轨道,由于所有其他轨道都不稳定,总体上属于不稳定定态。

3.1.4.4　线性系统的稳定性

由于线性系统演化方程存在一般解法,可以直接分析方程解来确定系统稳定与否,以及对

稳定性的定量刻画。考虑一个最简单的系统，由以下单变量方程描述

$$x' = ax \tag{3.25}$$

通解为

$$x(t) = ce^{at} \tag{3.26}$$

其中，c 是由初态确定的积分常数。设初态为 x_0，则特解为

$$x(t) = x_0{}^{at} \tag{3.27}$$

a 为特征指数，它的正负将决定两种完全不同的系统行为，如图 3 - 14 所示。当 $a>0$ 时，$x(t)$ 向无穷发散，系统不稳定。当 $a<0$ 时，$x(t)$ 收敛于平衡态 $x=0$，系统稳定。特征指数 a 的大小表示方程解收敛或发散的速度，是系统稳定性的数量指标。

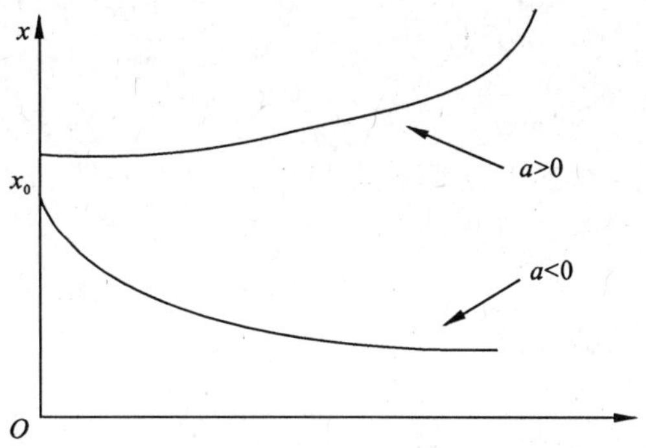

图 3 - 14　线性系统的稳定性

依据特征值来判别系统稳定性的方法对线性系统普遍适用。动力学系统(3.11)的特征根 λ_k 一般为复数 $\lambda_k = R_k + iI_k$，R 为实部，I 为虚部。上例虚部 $I=0$ 的特殊情形。就式(3.9)看，由于指数函数比多项式有更强的收敛和发散能力，稳定性主要由特征根的实部 R 决定，$P_k(t)$ 项无关大局。具体判别方法如下：①如果所有特征根 λ 的实部都是负数，系统是渐近稳定的；②至少有一个 λ 的实部为正数时，系统是不稳定的；③所有 λ 的实部均为非正数，但至少一个为 0 时，系统可能稳定，也可能不稳定，称为临界情形，需有进一步的判据。

3.1.4.5　非线性系统的稳定性

与线性系统不同，非线性系统由某个解的稳定与否一般不能断定其他解的稳定与否。看以下一维系统

$$x' = \sin x \tag{3.28}$$

不动点方程为

$$\sin x = 0 \tag{3.29}$$

对任意整数 k，一切 $x=k\pi$ 的点都是不动点。1 维相空间为 x 轴。在 $x - x'$ 平面上画出函数关系 $x'=\sin x$，可以直观地表示出流线在相空间的变化方向，从而确定不动点的稳定性。如图 3 - 15 所示，$x'>0$ 时流线箭头指向右边，$x'<0$ 时流线箭头指向左边。因此，凡 $x=2k\pi$ 时为不稳定不动点，以空心点表示，初始扰动引起的流线都远离该点；凡 $x=(2k+1)\pi$ 时为稳定不动点，以实心点表示，初始扰动引起的流线都收敛于该点。同一系统(3.28)既有稳定定态，又有不稳定定态。所以，非线性系统只能讨论某个解的稳定与否，不能一般地讨论系统的稳定与否。

上述研究稳定性的几何方法难以应用于一般情形。当考察的是局部稳定性时，如果系统演化方程满足连续光滑性要求，通用的处理方法是在给定点的附近把方程组(3.11)展开，略去高次项，得到一个同维的线性方程组，关于这个线性系统的稳定性的结论，也就是非线性系统局部稳定性的结论。这种方法称为非线性系统的线性稳定性分析，也称为李雅普诺夫第一方法，在地球系统科学中可以广泛地应用。

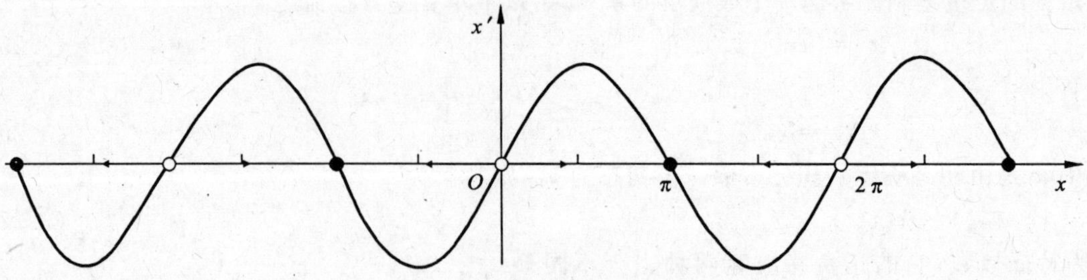

图 3-15 非线性系统稳定性

考察 1 维系统(3.17),$x'=f(x)$,设 x_e 为不动点,即 $x_e'=f(x_e)=0$。在 x_e 处给 $x(t)$ 以小改变量 $u(t)$

$$u(t) = x(t) - x_e \tag{3.30}$$

两边微分得

$$u' = x' = f(x_e + u) \tag{3.31}$$

求泰勒展开式,略去非线性高次项,得到线性方程

$$u' = au \tag{3.32}$$

其中,$a=f'(x_e)$。式(3.32)的解因 a 的取值不同而分两种情形:①$a<0$,$t\to\infty$,$e^{at}\to0$,$u(t)\to0$,$x(t)\to x_e$,稳定;②$a>0$,$t\to\infty$,$e^{at}\to\infty$,$u(t)\to\infty$,$x(t)\to\infty$,不稳定。

上述关于稳定性的结论都是定性的。实际问题常常需要对稳定性有某种定量的度量,如系统衰减到某个稳定态的速度。线性稳定性分析有助于解决这个问题。对于 1 维非线性系统的一般形式(3.17),上面的分析表示,决定其稳定性的是导数 $a=f'(x_e)$,a 的正负号决定解是发散还是收敛,数值大小表示发散或收敛的速率,数值 $1/|f'(x_e)|$ 可能作为不动点稳定性的测度,称为地球系统的特征时间尺度。

稳定性的判别是动态地球系统理论的重要问题之一。一个动力学方程只要正确反映系统的运动规律,方程本身必然就包含有关判别稳定性的足够信息。问题是如何提取这种信息。求出方程的解以研究稳定性,是一种提取信息的方式。另一种方式是不解方程,直接根据方程的结构和参数提取有关系统稳定性的信息,称为直接方法。最著名的是李雅普诺夫直接方法,思路是根据方程的结构和参数,构造一个函数 $V(x)$,把定义关于李雅普诺夫稳定和李雅普诺夫渐近稳定的基本要求转变为对函数 $V(x)$ 的要求,$V(x)$ 沿轨线关于时间的导数具有某些特定的性质,判明 $V(x)$ 是否满足这些要求,即可以判断系统是否稳定。此方法有明显的几何直观和简明分析技巧,奠定了常微分方程稳定性理论的基础。

3.1.5 吸引子与目的性

3.1.5.1 吸引子

非形式地说,相空间中满足以下 3 个条件的点集合(可能包含一个点或有限个点或无限多个点),称为动态系统的吸引子(attractor)。

(1)终极性。吸引子代表系统演化行为要达到的终极状态,处于非吸引子态的系统“不安于现状”,力求离之远去,处于吸引子态的系统“安于现状”,不再具有力图改变这种状态的动力。

(2)稳定性。吸引子态是系统自身质的规定性的体现,具有抵制干扰、保持自身特性的能力,即具有稳定性。

(3)吸引性。作为吸引子态的状态集合对于周围的其他状态或轨道具有吸引性,只要系统尚未到达吸引子态,现实状态与吸引子态之间必定存在非零的、指向吸引子的牵引力,牵引着系统向吸引子态运动。

由于(1),吸引子只能是定态,一切暂态点均被排除在外。由于(2),吸引子只能是稳定定态,一切不稳定的焦点、结点、极限环和环面都不可能成为吸引子,鞍点也不可能成为吸引子。由于(3),稳定而无吸引性的定态被排除于吸引子的候选行列,如具有李雅普诺夫稳定性的中心点不是吸引子。具有吸引性是目的态的根本要素,没有吸引性的状态不能成为系统演化所追求的目标。

乍看起来,稳定性与吸引性是一致的。这是一种假象,不仅存在满足李雅普诺夫稳定性要求但没有吸引性的定态,也存在有吸引性而不满足李雅普诺夫稳定性要求的定态。例如,以下系统

$$\vartheta' = 1 - \cos\vartheta \tag{3.33}$$

其中,$\vartheta_e = 0$ 为不动点,对 $t \to \infty$ 时的所有轨道都有吸引力,但不是李雅普诺夫稳定的。存在这样的轨道,它们从无限接近 ϑ_e 点开始,但要经历很长的旅程才能回到 ϑ_e。如图 3-16 左图所示,右图在 ϑ 轴(相空间)上标明流线的走向。这表明,稳定性与吸引性是相互独立的,互不包含。

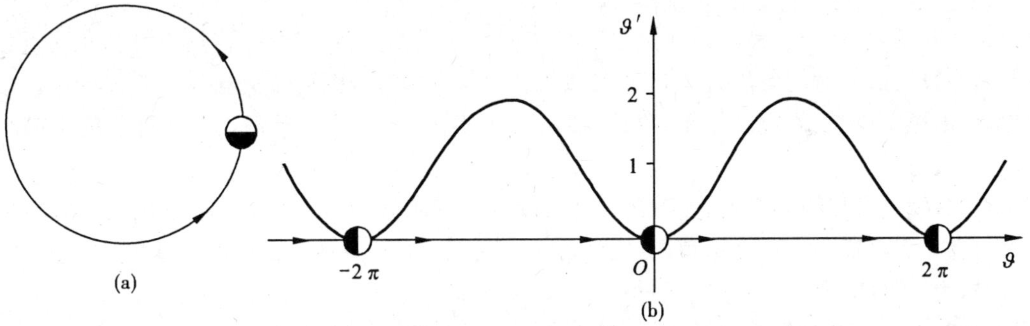

图 3-16　吸引子

常见的吸引子有以下几类:①焦点和结点,代表系统的平衡运动;②极限环,代表系统的周期运动;③环面,代表拟周期运动;④奇怪吸引子(strange attractor),代表系统的混沌运动;⑤混沌边缘(edge of chaos),代表介于有序(前三类)和混沌之间的运动体制。

描述地球系统离不开目的概念。非线性动力学发现,目的性并不神秘,它不过是系统的一种动力学特性,可以用吸引子来描述。托姆提出吸引子概念就是为了描述系统的目的性。广义地说,凡存在吸引子的系统,均为有目的的系统;凡有目的的系统,也是存在吸引子的系统。从暂态向稳定定态的运动过程,就是系统寻找目的的过程。如钱学森(1988)说:"所谓目的,就是在给定的环境中,系统只有在目的点或目的环上才是稳定的,离开了就不稳定,系统自己要拖到点或环上才能罢休。"耗散系统都可能有吸引子。一切存在吸引子的系统,在演化过程中均表现出这种"不达目的不罢休"的行为特征。系统的目的态不是单纯由系统自身决定的,还同环境紧密相关。每个稳定定态都是系统与环境相互作用而达成的均衡状态,环境改变了,原

有的均衡打破了,系统就要相应地调整目的态,以求与环境达成新的平衡。

3.1.5.2　吸引域

每个吸引子在相空间都在自己的周围划分出一定的"势力范围",凡是以那个范围内的点为初态而开始的轨道都趋向于该吸引子。相空间中这样的点集合,称为吸引子的吸引域(domain of attraction)。粗略地说,相空间的吸引子和吸引域的关系类似于真实空间的地球系统的物质流、能量流和信息流的关系(图 3-17)。

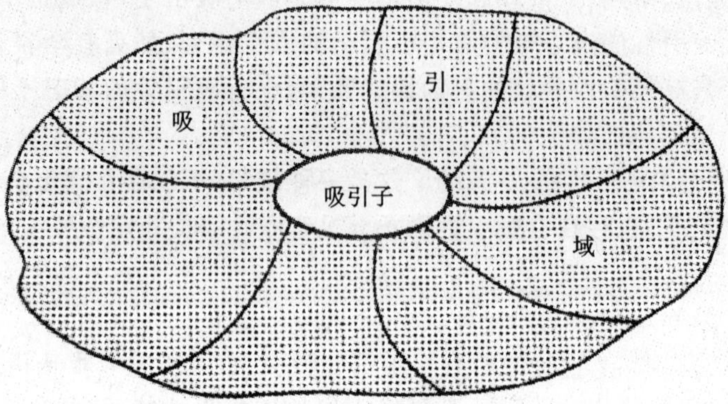

图 3-17　吸引域

相空间还存在一类特殊的点或点集合,它们对于周围的任何轨道都是排斥的,从附近任何点开始的轨道随着时间的展开将离开该点或点集合而远去,因而称为排斥子(repller)。不稳定焦点、不稳定结点、不稳定极限环和不稳定环面,都是排斥子。但鞍点和半稳定的极限环不是排斥子。

至此,我们可以引入系统指标(index)的概念。特征值 $\lambda=R+iI$,实部 R 的符号有重要的动力学意义。实部为正的特征值的数目,称为系统的指标。一般地讲,指标为 0 的定态是吸引子,指标为 n(系统维数)的定态是排斥子,指标介于 0 和 n 之间的定态是鞍点。可见,存在指标从 1 到 $n-1$ 的各种鞍点,彼此有性质上的差异。2 维系统施展不开,3 维系统可以充分显示出来。

排斥子又称为源(source),吸引子又称为汇(sink)。一切有意义的相轨道都是从源流向汇。

3.1.5.3　系统的相图

在状态空间用定性方法研究地球系统,目的不在于刻画每一条的具体轨道,而在于刻画一切可能轨道的集合,弄清轨道的类型和分布,做到整体地把握动态地球系统的运动规律和特性。为达到此目的,特别是对于不超过 3 维的系统,相图是一个得力工具。取定控制参量的一组数值,在相空间用几何图形直观地表示出系统所有可能的定态,标明定态的类型、个数、分布以及每个定态周围的轨道特性和走向,这种图形称为系统的相图(phase portrait)。

线性系统只可能有不动点型定态,不可能有极限环或环面或其他更复杂的定态,但各种类型的不动点都可能出现。线性系统至多可能有一个吸引子。当存在吸引子时,线性系统的整个相空间都是它的吸引域,吸引子刻画了系统在整个相空间的行为特征。只有一个吸引子,表示系统只有一种可能前途,没有不同前途的相互竞争,没有选择的余地。

非线性系统的相图比线性系统的相图内容丰富复杂得多。在非线性系统中，各种不动点都可能出现。在简单而非常广泛的情形下，通过局部线性化处理，可以按照线性模型确定非线性系统的不动点。如果演化方程的展开式中没有线性项，即线性化方法无效，需使用更精细的方法确定不动点。

非线性系统相图中可能出现业已发现的各种定态，如平面极限环和各种空间极限环(空间的维数不同，但极限环都是 1 维的)，各种高维环面，各种奇怪吸引子，各种混沌边缘。尤其重要的是，非线性系统常常是多个定态并存。相空间可以同时存在几个不动点，有同类的，也有不同类的；有稳定的，也有不稳定的。可以同时存在不动点和极限环，或同时存在不同的极限环，还可能同时存在有序吸引子和奇怪吸引子，同时存在不同的奇怪吸引子。原则上讲，定态的各种不同组合都可能在非线性系统中出现。

多个吸引子并存，必然把整个相空间划分为不同的吸引域。确定吸引域的分界线是一个重要问题。对于规则的吸引子，分界线一般也是规则的曲线或曲面。对于奇怪吸引子，分界线或分界面是复杂的分形结构同一系统中并存的不同吸引子之间存在竞争关系。初态落在哪个吸引域，系统就以那个吸引子为目的态而运动演化。多吸引子并存使地球系统演化具有多种可能前途，需要进行选择。这对于阐述地球系统演化问题极为有效。

对于一般非线性系统，线性化方法只能提供不动点附近的轨道信息，不能了解大范围的轨道特性。要获得非线性系统大范围的相图信息，需应用指标理论。指标理论给出的是一种拓扑方法，能够提供有关相图的全局信息。就 2 维系统看，指标理论可以回答这样一些问题：是否一条闭轨道必定包含一个不动点，如何确定相平面上某个指定部分不可能有闭轨道，高阶不动点附近的轨道有何特点，哪类不动点会在分岔时消失，等等。

建立地球系统演化方程后，可以用数学手段回答下列问题：系统有无吸引子，有多少吸引子，有哪些类型的吸引子，吸引子在相空间如何分布，如何划分吸引域，有无排斥子，排斥子的特性和分布如何，关于这些问题的一般结论，构成所谓吸引子理论。它指明动态系统可能具有的稳定性态和功能行为，是地球系统理论的另一重要内容。

3.1.6　周期运动与回归性

3.1.6.1　非线性系统的自激振荡

在地球系统现象中，经常可以发现地球系统状态在不断作此起彼伏、或升或降的运动，这种现象称为振荡，振荡的特征称为振型。一处简单而常见的情形是有固定周期的振荡，称为周期运动。周期运动是非线性动态系统的基本行为模式之一，在理论和实际上均有重要意义。

根据周期运动的成因，可以把它分为他激振荡和自激振荡两种。地球系统在周期性的外部作用下出现的周期运动，称为他激振荡。在没有外部周期作用驱动时，如果地球系统由于自身内部因素而出现周期运动，称为自激振荡(振荡的频率和振幅均由系统自身的结构和参数决定)。产生自激振荡的根源是地球系统内部的非线性相互作用。把非线性系统线性化，必然会把地球系统产生振荡的内在根源“化掉”，导致在有关系统定性行为的判断上出现错误。所以，应用线性化方法处理非线性系统问题时要格外注意。

并非所有非线性系统都会出现自激振荡。在数学上，自激振荡的根源是存在极限环。如果极限环是稳定的，对应的周期运动也是稳定的，即可以自我维持，称为自持振荡；如果极限环不稳定，对应的周期运动也不稳定，即不能自我维持，称为非自持振荡。

在非线性动力学发展史上起过重大作用的范德波尔方程(Van der Pol equation)

$$x''+\mu(x^2-1)x'+x=0 \tag{3.34}$$

此处参量 $\mu\geqslant 0$，$\mu(x^2-1)x'$为非线性阻尼项。这一项的作用，当$|x|>1$时，类似于正阻尼，当$|x|<1$时类似于负阻尼。$x_e\equiv 0$为不稳定焦点。$\mu>0$时，系统存在一个稳定的极限环。研究表明，在适当外力作用下，受迫范德波尔方程(振子)可能出现分频现象，即次谐波运动。当给定适当的控制参量时，相空间同时存在不同的周期吸引子，因启动条件不同，地球系统可能出现不同的次谐波运动。

3.1.6.2 极限环分析

极限环是相空间的闭合轨道。所以，1 维系统不可能存在极限环，没有振荡行为；2 维以上的系统可能存在极限环，可以出现振荡行为。给定系统的演化方程，判别系统是否存在极限环，分析极限环(定性与定量的)性质，就是极限环分析。

首先应区分极限环与中心点附近的闭合运动轨道。极限环是孤立的闭轨道，它的周围都是螺旋式向外展开或向内卷缩的非闭轨道，在其领域内不存在其他闭轨道。中心点本身为非闭轨道，但在其邻域内存在无穷多条同类的闭轨道，它们不是孤立的，振幅由初值决定。设$x(t)$是线性系统的一个周期解，对于任一实数$c\neq 0$，$cx(t)$也是一个周期解，表明$x(t)$为大量单参数的闭轨道所包围。中心点周围的闭轨道既不相互吸引，也不相互排斥；极限环对周围的轨道要么吸引，要么排斥(在复杂情形下，可能对某些方面吸引，对某些方面排斥)。极限环是一类定态，代表系统的一种行为模式或运动体制；中心点附近的闭轨道是系统的扰动态，不代表系统的运动体制。极限环是当$t\to\infty$或$t\to-\infty$时系统所趋达的一种终态，中心点附近的闭轨道不代表系统的终态。

判别系统是否存在极限环，包括正面论证和反证两种方法。反证是对于一个给定的系统，如何排除它存在闭轨道。以下 3 种方法可能在一定范围内解决这个问题。

(1)梯度系统无闭轨道。给定非线性系统$x'=f(x)$，如果存在一个单值标量函数$V(x)$，使得

$$\frac{\partial V}{\partial x}=-f(x) \tag{3.35}$$

则称该系统为一个具有势函数$V(x)$的梯度系统(gradient system)。有定理保证：梯度系统不可能存在极限环。只要判明系统为梯度型的，即可肯定它不会发生自激振荡。

(2)如果系统$x'=f(x)$为非梯度型的，但在不动点x_e附近可以构造一个李雅普诺夫函数(沿轨道减少的类能量函数)，有定理保证不动点x_e是渐近稳定的。这意味着系统没有闭轨道。

(3)迪拉克判据(Dulac criteria)。排除系统存在闭轨道的第 3 种方法以著名的格林定理(Green's theorem)为依据，称为迪拉克判据。设系统$x'=f(x)$是定义在单连通的平面区域R上的连续可微向量场，如果存在一个连续可微的实值函数$g(x)$，使得$\nabla(gx')$在R内具有单一符号，则有定理保证，在整个区域R内没有闭轨道。

正面论证是：给定系统$x'=f(x)$，如何确定它具有闭轨道。回答这个问题的是动态系统理论的下述著名定理。

庞加莱-本迪克松定理(Poincaré－Bendixson theorem)给定系统$x'=f(x)$，设①R为平面上的一个有限闭区域；②$f(x)$在包含于R内的某个开集上连续可微；③R不包含任何不动

点;④存在轨道 C,只要从 R 内某一点开始,将永远保持在 R 内部;那么,轨道 C 要么是闭合的,要么 $t\to\infty$ 时螺旋式地趋向于某条闭轨道。

如图 3-18 所示,由于任何闭轨道都包含不动点,定理涉及的区域 R 必定是环形的。

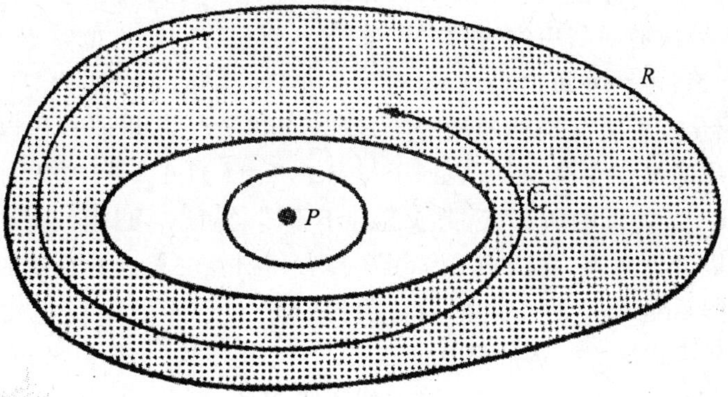

图 3-18 极限环闭轨道

3.1.6.3 他激振荡

前面讨论的都是自由系统,动力学问题基本上可归结为初态问题,即地球系统如何响应初态扰动及其最终走向。对于存在外部作用的强迫系统(3.15),还必须讨论地球系统如何响应强迫作用项及其最终走向。这里特别要讨论地球系统在外部作用下的周期运动,即他激振荡。

线性系统当且仅当从外部施加周期作用项时才能出现稳定的周期运动。例如,阻尼强迫线性振子

$$x'' + 3.2x' + 256x = 256\sin t \tag{3.36}$$

在右端为零输入时只有平衡运动 $x(t)\equiv 0$。在正弦输入作用下,系统的状态响应为具有相同频率的正弦波。理论分析发现它具有一个稳定的极限环,系统的稳态行为是与输入频率相同的正弦波,两个初态造成的差别只表现于过渡过程。

非线性强迫系统的情形要复杂许多。地球系统行为由自身的动力学特性和强迫作用项共同决定。考察动力学发展史上另一个著名例子

$$x'' + ax' + x^3 = b\cos t \tag{3.37}$$

称为达芬方程(Duffing equation)。在右端为 0(自由系统)时系统只有平衡态,不会发生自激振荡。讨论以下特殊情形

$$x'' + 0.08x' + x^3 = 0.2\cos t \tag{3.38}$$

这个系统的相空间有 5 个周期吸引子并存,把相空间分为 5 个吸引域,相互竞争,视初态的不同而可能出现 5 种不同的周期运动。

范德波尔方程(3.34)比达芬方程要复杂。不仅可能出现多吸引子共存和竞争,还可能发生分频现象。设强迫作用的频率为 ω,由于地球系统的内在非线性相互作用,状态响应可能出现 2 分频 $\omega/2$,3 分频 $\omega/3$,以至 n 分频 ω/n(n 为正整数)。分频代表系统出现次谐波运动,是非线性造成的一种奇异行为,可能导致混沌运动。

3.1.6.4 回归性与非游荡集

人们总是希望根据以往的事件预见未来,预见未来的前提是地球系统行为具有回归性(回

复性)。静止的平衡态具有最平庸的回归性:不动也是回归。周期运动具有最典型的回归性,轨道上的每个状态经过确定的周期后必定严格地再次出现,只要没有外部扰动,每个状态都会无数次地重复出现。在一般情形下,回归性不要求严格地回到原有状态,也不要求按确定的周期回归,只要在 $t\to\infty$ 过程中能够反复回到其任意近的地方。回归的方式可以是规则的,也可以是不规则的。有限次的回归后逃逸掉的状态还不算具有回归性的状态,在 $t\to\infty$ 的过程中无限次地回归的状态,才是可回归的。

地球系统的演化方程或其描述的动力学规律,不妨记作 φ,可以视作以相空间的点(系统的可能状态)为对象的操作变换,把 φ 施加于初态 $x_0(t=t_0)$,在 $t\to\infty$ 过程中可以得到从 x_0 出发的那条轨道 $\varphi(x_0,t_0,t)$ 上的所有点;把 φ 施加于不同的初态,可以得到相空间的所有点。这样,相空间的点可以分为两类:在变换 φ 作用下具有回归性的相点称为非游荡的(nonwandering),在有限次回归后逃逸掉的相点称为游荡的(wandering)。设 C 为相空间的一个点集,$\varphi(C)$ 记对 C 中所有点施加变换 φ 后得到的点集。可以定义如下概念:令 V_x 记相点 x 的一个邻域,若存在实数 $\tau>0$,当时间 $t>\tau$ 时,$\varphi(x)$ 的邻域与 V_x 相交,即

$$\varphi(V_x)\cap V_x=\emptyset(\text{空集}) \tag{3.39}$$

则称 x 为 φ 的一个游荡点;若相点 x 不是游荡点,则称 x 为 φ 的非游荡点。相空间中所有非游荡点的集合,记作 Ω,称为 φ 的非游荡集。

动态系统理论阐明,地球系统的全局特性基本取决于它的非游荡集及其附近的轨道特性。地球系统是否存在非游荡集 Ω,Ω 集的构成和特点,如何用非游荡集描述地球系统的回归性,是我们为了更好地掌握地球系统规律需要研究的重点。

3.1.7 地球系统的分岔

前面都是在给定控制参量条件下在相空间研究地球系统的状态转移,本小节将转向在参量空间中研究地球系统的行为特性如何随着控制参量的改变而变化。

3.1.7.1 结构稳定性

状态空间是在给定控制参量的前提下建立的,在状态空间中研究的是给定控制参量的特定系统。控制参量的不同取值代表不同系统,形成一个包含无限多个不同系统的系统族。控制参量变化的影响需在参量空间中考察。在参量空间研究的是具有相同数学结构的演化方程描述的系统族,而不是单个系统,更不是系统的某条轨道。控制参量的变化不改变系统演化方程的数学结构,但可能改变系统的动力学特性,包括定性性质的改变,即系统相图结构的改变。这种变化包括定态的产生和消失,稳定性的改变(从稳定定态变为不稳定定态,或者相反),定态的类型、个数及其在相空间分布的改变,等等。

给定参量空间的一点,即给定一个系统及其相图结构,改变控制参量,考察它所引起的系统相图变化。如果系统相图只有量的变化,即控制参量的小扰动不会引起系统相图定性特征的变化,就说明系统是结构稳定的;如果控制参量的小扰动引起系统相图发生定性性质的改变,就说明系统是结构不稳定的。

但要区分运动稳定与结构稳定,运动稳定是在状态空间中研究地球系统的概念,反映的是地球系统的运动或行为具有稳定性;结构稳定是在参量空间研究地球系统的概念,反映的是系统动力学规律的稳定性。另外,结构稳定性不是指系统组分之间关联方式的稳定性,而是指系统相图结构的稳定性。但两者有内在联系,如果系统在参量空间表现出相图的稳定性,系统组

分之间的关联方式即结构也是稳定的；反之，如果相图结构发生定性性质变化，组分之间关联方式必定出现性质的变化。结构稳定性也是作为参量空间的局部特性来定义的，所以，某些判别方法与运动稳定性相同。

一个处处结构不稳定的系统没有现实存在的可能性，地球系统理论无需研究它。一个处处结构稳定的系统不可能演化，同样无研究的必要。现实存在的地球系统在参量空间中几乎处处都是结构稳定的，因而才有存在和发展的可能，但必定在某些特殊点或点集合上出现稳定性的丧失，控制参量的微小变化将引起地球系统定性性质的改变。这是地球系统演化理论研究的问题。在参量空间中，出现结构不稳定的位置是由演化方程规定的，如果在尽可能相近条件下重复做实验，就可以在近似相同的位置出现结构不稳定现象，可以预期得到同样类型的结果。因此，"结构不稳定性是以一种结构稳定的方式出现的"（桑德斯，1983），这就为研究结构不稳定性问题提供了客观可能性。

3.1.7.2　分岔

在参量空间中，控制参量改变引起动态系统定性性质的改变，称为分岔(bifurcation)。如一承载重物的钢条，重力 G(控制参量)较小时钢条垂直，表示系统的一个稳定定态。逐步增大时，垂直位置失稳，钢条突然弯曲，出现两个可能的稳定位置，向左弯或向右弯。状态变量即钢条中点对垂直位置的偏离表示垂直状态或向左或向右弯曲两个新的稳定状态。这就是一种分岔现象。参量空间中发生分岔的点，称为分岔点。地球系统科学中以此判断量变到质变的时间点和条件。

所谓定性性质的改变，包括：①定态的创生或消失；②稳定性的改变，原本稳定的定态失去稳定性，或原本不稳定的定态变为稳定的；③原稳定定态失稳，出现一个或几个新的稳定定态，但新旧定态属于同一类型，例如，有势系统，分岔意味着势函数发生结构性改变，分岔前的势函数 $V(x)$ 如图 3－19 左图所示，分岔后 $V(x)$ 如图 3－19 右图所示；④从一类定态经分岔出现不同类型的定态；⑤相空间中定态分布的改变。

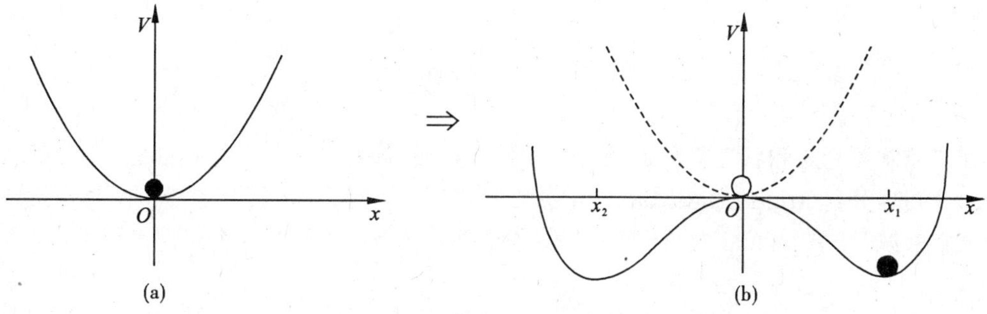

图 3－19　分岔前后的势函数 $V(x)$

分岔总是同演化方程解的定性性质改变相联系。定态的生成是方程从无解到有解，定态的消失是方程从有解到无解；定态稳定性的改变也就是方程解的稳定性的改变。①和②是平庸的分岔，线性系统也可能出现。例如，系统(3.25)在参量空间的 $a=0$ 处发生定态创生(a 从大到小变化时)或消失(a 从小到大变化时)的分岔现象。其余几条属于系统的非平庸性质，只能出现于非线性系统中。

研究分岔现象发生的条件，确定分岔解的类型和个数，构造分岔解的解析表达式，判别分岔解的稳定性，描述分岔曲线或曲面(高维系统)的特点，阐述分岔的系统学意义，等等，构成了分岔理论。

分岔是非线性动态系统的一种通有现象。普利高津(1998)指出："分岔是系统各部分与系统及其环境之间的内禀差别的表现。"物理系统，一般自然系统，乃至生物、社会、思维或心理等复杂系统，普遍存在分岔现象。

3.1.7.3 1维系统的典型分岔类型

状态空间维数对系统动力学特性的巨大影响，也表现于分岔现象。首先讨论1维系统。

1)鞍结分岔(saddle-node bifurcation)

用几何方法讨论一阶方程

$$x' = a + x^2 \tag{3.40}$$

描述的1维系统，a为控制参量，可以取正数、负数、0。$a>0$时不动点方程

$$a + x^2 = 0 \tag{3.41}$$

没有实数解，表示系统没有定态；$a<0$时有两个实数解$x=\pm\sqrt{-a}$，系统有一个稳定定态和一个不稳定定态。在参量空间中，从a由大到小的变化方向看，系统出现定态的创生；从a由小到大的变化方向看，系统出现定态的消失。总之，系统在$a=0$处分岔。图3-20在$\dot{x}-x$平面上描绘出这些内容。由于分岔点$a=0$是半稳定的，称为鞍结点，表示随着控制参量变化系统通过出现鞍结点而引起定态的创生或消失，故称为鞍结分岔。

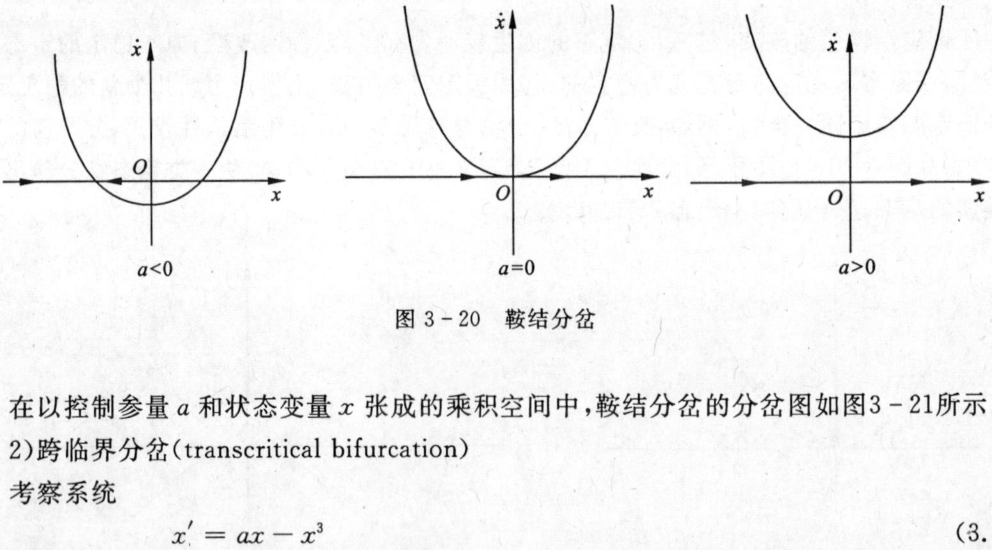

图3-20 鞍结分岔

在以控制参量a和状态变量x张成的乘积空间中，鞍结分岔的分岔图如图3-21所示。

2)跨临界分岔(transcritical bifurcation)

考察系统

$$x' = ax - x^3 \tag{3.42}$$

不动点为$x_1=0$和$x_2=a$。与前一系统不同，这个系统在整个a轴上都有解，不存在不动点的创生或破坏，分岔表现为定态稳定性的改变。在$a<0$时，$x_1=0$是稳定的，$x_2=a$是不稳定的。在$a>0$时，$x_1=0$变为不稳定，$x_2=a$变为稳定。稳定性的交换属于定性性质改变，故$a=0$是分岔点(图3-22)。

3)叉式分岔(pitchfork bifurcation)

前述鞍结分岔的特点是，越过临界点只有一个稳定分支，不对称。另一类广泛存在的分岔现象有明显的对称性，不动点成对地对称出现或消失。考察系统(3.42)不动点方程为

$$ax - x^3 = 0 \tag{3.43}$$

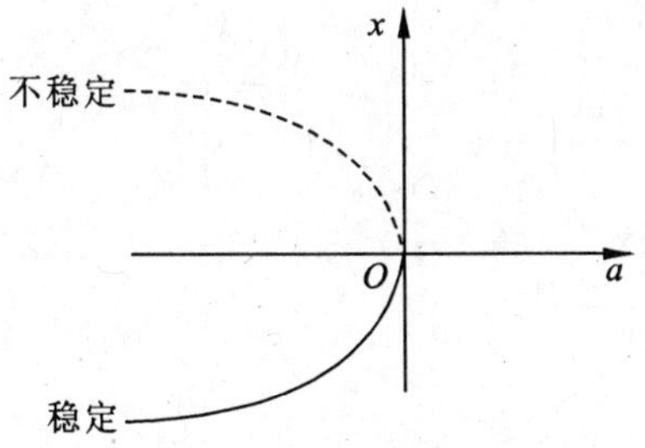

图 3 - 21　鞍结分岔的分岔

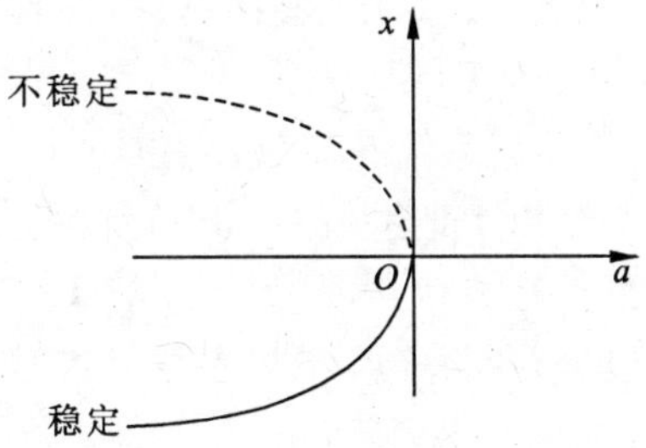

图 3 - 22　跨临界分岔

当 $a<0$ 时,只有 1 个实数解 $x=0$,代表系统的稳定平衡态。当 $a>0$ 时,有 3 个不动点 $x_1=0$, $x_2=\sqrt{a}$, $x_3=-\sqrt{a}$,代表 3 个可能的平衡态。容易证明,此时 x_1 变为不稳定的,x_2 与 x_3 为稳定态。$a=0$ 为分岔点,当 a 从负值增大而跨越这一点时,系统既有新定态的创生和稳定态数目的增加,又有稳定性的交换,标志着系统定性性质发生显著改变。未跨越这一点,控制参量 a 的变化只能引起系统的量变。如图 3 - 23 所示控制参量 a 从左向右越过分岔点后,随着 a 不断增大,原来的稳定定态失去稳定性而成为不稳定分支,新的稳定定态形成上下对称的两个分支。

叉式分岔又有两种类型。图 3 - 23 为超临界(supercritical)叉式分岔,特点是控制参量由小到大超越临界点时出现分岔。下面讨论一个亚临界分岔的例子。考察系统

$$x' = ax + x^3 \tag{3.44}$$

当 $a>0$ 时,惟一不动点 $x=0$ 是不稳定的;$a<0$ 时出现两个不稳定不动点 $x=\pm\sqrt{a}$,形成上下对称的两支,$x=0$ 成为稳定的。因为分岔是在 a 小于临界值时发生的,故称为亚临界(subcritical)叉式分岔(图 3 - 24)。

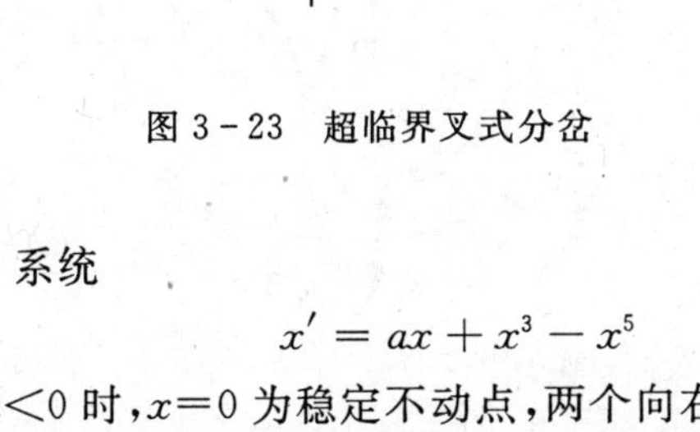

图 3 - 23　超临界叉式分岔

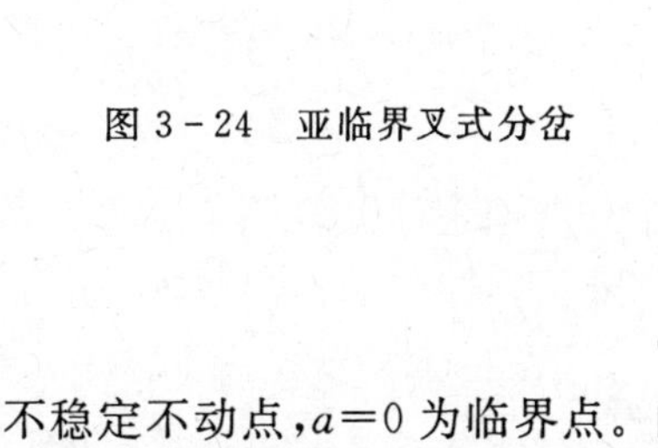

图 3 - 24　亚临界叉式分岔

系统

$$x' = ax + x^3 - x^5 \tag{3.45}$$

当 $a<0$ 时,$x=0$ 为稳定不动点,两个向右弯的分支为不稳定不动点,$a=0$ 为临界点。由于 x^5 项的作用,存在另一个临界点 $a_c(<0)$,跨过这一点出现两个大幅值的稳定不动点分支。在 $a_c<a<0$ 范围内,当初态 x_0 较小时,系统选择定态 $x_e=0$;当初态 x_0 足够大时,系统在两个上下

对称的稳定分支中选择定态。这是一种滞后(hysteresis)现象(图 3-25)。

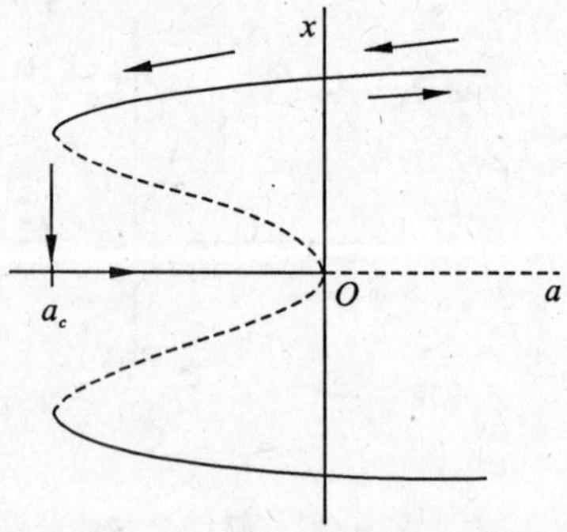

图 3-25　分岔滞后现象

3.1.7.4　多维系统的典型分岔类型

在 2 维以上的系统中,上面所说的分岔现象都存在。但由于存在极限环、环面、奇怪吸引子等复杂定态,分岔现象变得极其丰富多样。有以下几种重要分岔类型:

(1)单焦点分岔为极限环。在连续动态系统中,不动点的分岔发生在特征值 λ 的实部为 0 处。如果有两个复共轭特征值

$$\lambda_1 = \lambda' + i\omega, \lambda_2 = \lambda' - i\omega \tag{3.46}$$

λ'在复平面由上方或下方穿过虚轴(叉式分岔的特点是 λ'沿实轴穿越虚轴)。在 λ'由负变正的过程中,$\lambda'=0$ 为分岔点,分岔前的定态为一个稳定焦点,分岔后该点失稳,生出一个稳定极限环,称为霍普夫分岔(Hopf bifurcation)(图3-26)。

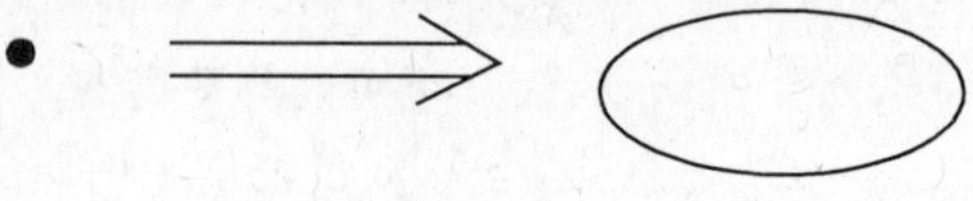

图 3-26　霍普夫分岔

(2)单极限环分岔。在许多情形下,控制参量的改变可能引起原来稳定的极限环失稳,分岔出新的稳定极限环。一种典型情形是单个实数 λ 变正,原极限环失稳,分岔出两个新的稳定极限环(图3-27)。

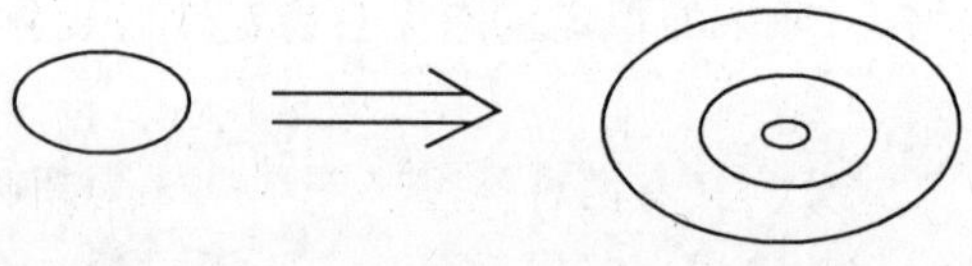

图 3-27　分岔出两个新的稳定极限环

如果一个复特征值取得正实部,可能出现由一个平面极限环分岔为一个 3 维空间极限环(图 3-28)。

(3)环面分岔。控制参量变化还可能引起从极限环分岔出环面,或者从环面分岔出另一同维环面(类似于从极限环分岔出新的极限环),或者从低维环面分岔出高维环面。这里不再展开讨论。

(4)有序吸引子分岔出奇怪吸引子。不动点、极限环和环面都属于简单有序运动的吸引子,有时称为平庸吸引子。控制参量的进一步变化还可能导致所有可能的平庸吸引子都失稳,出现奇怪吸引子。

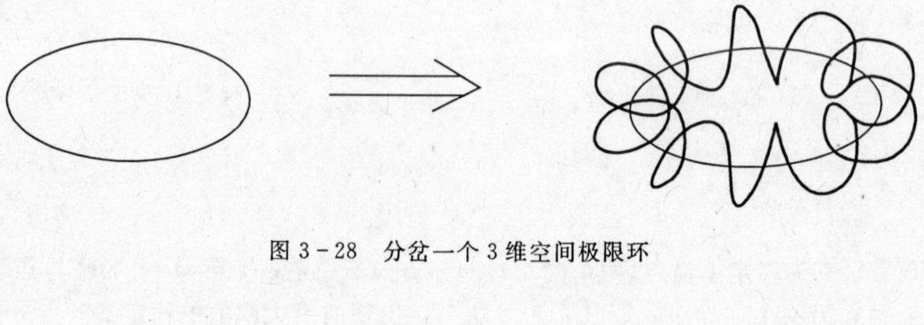

图 3-28　分岔一个 3 维空间极限环

3.1.7.5　逐级分岔序列与多样性

一般情形下，在控制参量变化的全过程中，系统并非只出现一次分岔，而是一系列前后相继的分岔，系统的多样性也不断增加。图 3-29 表示了单参量 λ 变化导致的分岔序列，形象地显示出随着不断分岔，系统的多样性也不断增加。

当系统在分岔点上存在两个或两个以上稳定新解时，系统面临如何选择的问题。存在两种基本选择方式。在一般情形下，如果没有外部作用，几个新解是对称的，有相同的机会接受选择。这时，将由偶然因素决定哪个新的稳态被选择，称为自发对称破缺选择。如果外部环境中存在某种力量，迫使系统对某个新稳态有所偏好，偶然因素不起作用，系统将在外部因素诱导下打破对称、作出选择，称为诱导对称破缺选择（图 3-30）。虚线代表没有外部诱导作用的自发对称破缺选择，实现代表诱导作用造成的对称破缺选择。

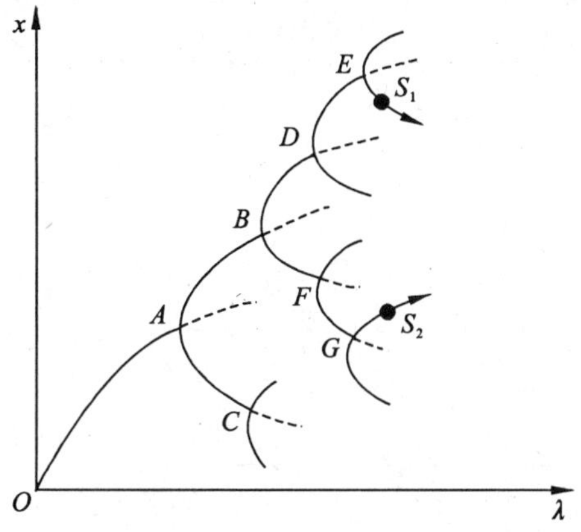

图 3-29　逐级分岔序列与多样性

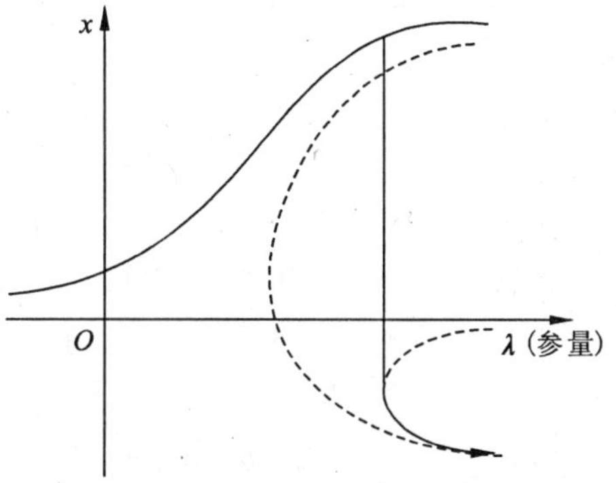

图 3-30　诱导对称破缺选择

3.1.8　地球系统的突变

在地球系统演化中，分岔总是伴随着突变现象，即系统定性性质的突然改变。分岔和突变是对同一动力学现象从不同角度的解释。用系统观点阐述什么是突变、突变发生的条件、突变的类型、突变的系统学意义等问题的科学理论，称为突变理论。

3.1.8.1　渐变与突变

在地球系统的各种现象中，我们都可以看到地球系统演化有渐变和突变两种基本形式。突变理论证明，不论构成系统的基质特性和引起结构或形态变化的“力”的性质如何，只要控制参量变化到分岔点上，就会出现从一种定态向另一种定态的突变。突变不是某个对象领域特有的罕见现象，而是动力学系统的普遍属性，突变是非线性系统的通有行为，只要满足一定条件，突变就会由系统的内在因素产生出来。严格地说，本小节讲的突变有两种含义。一是相对于渐变的骤变（sudden change）强调变化发生的瞬时性、骤然性，指的是在可以忽略的时间间隔内完成的变化；二是突变论讲的突变（catastrophe），指的是非常剧烈的变化。

传统观点把突变视为灾难性现象，力求避免系统出现突变。突变理论反对这种价值判断，主张把突变当作一种客观现象加以研究。从工程实践看，突变多半是灾难性的，如地震、滑坡、泥石流等，应力求避免。但从地球系统演化观点看，突变往往具有非常积极的作用。突变理论的开创者托姆指出：“这种‘突变’是系统得以‘生存的手段’，可用来帮助系统脱离通常的特征

状态。因此,出现突变显然是件好事。”(托姆,1989)

从地球系统看,渐变导致突变对应着结构稳定与结构不稳定的相互转化。处处结构稳定的系统不可能发生突变,处处结构不稳定的系统事实上不可能存在,没有必要考虑它的突变问题。既存在结构稳定的区域,又存在结构不稳定区域,此类系统才可能出现从渐变到突变的转化。在结构稳定的区域内系统只有渐变,一旦走出结构稳定区域,就会出现从此一稳定态向彼一稳定态的突变。

3.1.8.2　初等突变的基本类型

有势系统的突变,称为初等突变。托姆(1989)证明,初等突变的基本类型主要由控制参量的个数 r 决定。当 $r \leqslant 4$ 时,有 7 类基本突变(表 3-1)。

表 3-1　初等突变基本类型

突变名称	控制参量个数	势函数
折叠(fold)	1	a_1x+x^3
尖拐(cusp)	2	$a_1x+a_2x^2\pm x^4$
燕尾(swallow tail)	3	$a_1x+a_2x^2+a_3x^3+x^5$
蝴蝶(butterfly)	4	$a_1x+a_2x^2+a_3x^3a_4x^4\pm x^6$
椭圆脐(elliptic umbilic)	3	$a_1x+a_2y+a_3y^2+x^2y-y^2$
双曲脐(hyperbolic umbilic)	3	$a_1x+a_2y+a_3y^2+x^2y+y^2$
抛物脐(parabolic umbilic)	4	$a_1x+a_2y+a_3x^2+a_4y^2+x^2y+y^4$

当 $r \leqslant 5$ 时,共有 11 种基本初等突变。除上述 7 种外,增加了印地安人茅舍型突变、第二椭圆脐型突变、第二双曲脐型突变、符号脐型突变。尖拐突变是折叠突变之外最简单的突变,又是最典型的突变,下面以它为代表稍作讨论。

3.1.8.3　参量空间的相图分布

在状态空间中,由于控制参量是一组常数,系统相图是确定的,动力学规律的变化对地球系统行为的影响仅仅表现于吸引子的分布和吸引域的划分,不确定的只是初态落在哪个吸引域。对于自治系统,此时的动力学问题归结为初态问题。在参量空间中考察地球系统,由于控制参量是可变的,可以全面考察动力学规律对系统行为的影响。在参量空间中,我们考察的不再只是某个系统的相图,而是整个系统族所有可能相图的变化和分布。动力学规律把参量空间划分为若干区域,代表定性性质不同的相图类型。控制参量在同一区域变化只能引起相图发生量的改变,定性性质是相同的。参量从一个区域变化到另一区域,必然导致相图定性性质的改变。按照相图定性性质不同划分整个参量空间,描述各个区域相图的基本特征,确定不同区域的分界线,以及从一个区域向另一区域的过渡,是在参量空间中研究系统的基本内容。

3.1.9　连续混沌

当对象是 1 维或 2 维连续非线性动态系统时,不论控制参量如何改变,系统经过分岔、突变所出现的新运动体制只能是平衡态或周期态,即简单有序运动。对于 3 维以上的系统,如果在参量空间中按照适当方式改变控制参量,系统经过一系列分岔、突变,所有可能出现的平衡态、周期态、准周期态都失去稳定性,这时就会出现一种表观极其混乱无序、极不规则、异常复杂的运动形式。100 多年来，科学家虽在不同场合下碰到过这类现象，但都没有意识到它代表一种新的运动体制，未加深究。直到 20 世纪 60 年代以来才发现，这种异常复杂的、表现上极其混乱无规的运动，是确定性方程描述的非线性动态系统的一种尚未认识的定态，一种叫做混沌（chaos）的复杂有序运动体制。线性系统不可能出现混沌运动，混沌运动是非线性系统特有的现象（但并非所有非线性系统都会出现混沌）。本节讨论连续系统混沌运动的几个著名例子。

3.1.9.1　洛伦茨方程

洛伦茨（E. N. Lorenz）把一个描述大气运动的 7 阶偏微分方程经过展开、截断之后，简化为以下 3 阶非线性微分方程组

$$\begin{aligned} x' &= -\sigma(x-y) \\ y' &= rx - y - xz \\ z' &= xy - bz \end{aligned} \tag{3.47}$$

这是一个 3 维连续动态系统，x、y、z 为状态变量，σ、r、b 为控制参量。洛伦茨在计算机上用数值模拟实验的方法发现，在适当的控制参量下，这个简单的确定性系统能够呈现混沌行为。这是耗散系统混沌研究的开创性工作。

平衡运动、周期运动和准周期运动的吸引子都是相空间的规则点集，相轨道是规则的几何图形，即所谓整形，用传统几何方法足以描述。混沌运动的吸引子是相空间的分形点集，称为分形吸引子或奇怪吸引子。取 $\sigma=10$、$b=8/3$、$r=28$ 进行计算，甩掉开头反映瞬态的数据，把计算结果标在相空间，得到了奇怪吸引子，称为洛伦茨吸引子。这是一个 3 维空间的分形点集，由两叶组成，形状类似于一对蝴蝶翅膀（图 3-31）。

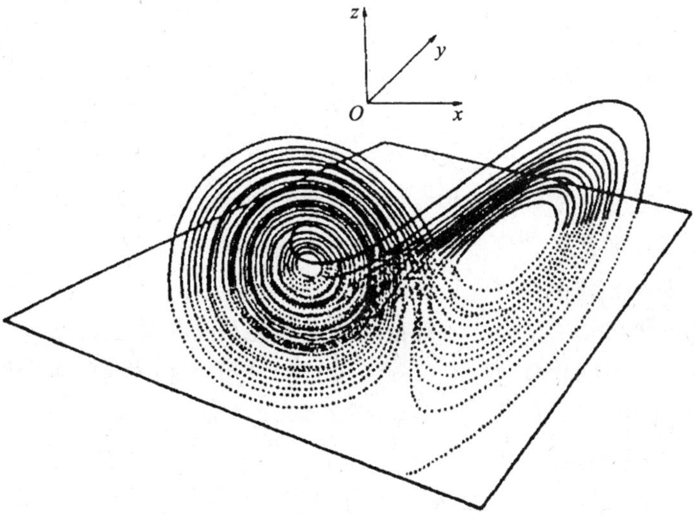

图 3-31　洛伦茨吸引子

3.1.9.2　勒斯勒尔方程

勒斯勒尔（O. Røssler）对洛伦茨方程作了进一步简化，得到下述以他命名的方程

$$x' = -(y+z)$$
$$y' = -x + ay \quad (3.48)$$
$$z' = b + z(x-c)$$

a、b、c 为控制参量。在参量空间的某些区域，此系统也表现出混沌行为。取 $a=b=0.2$，c 为分岔参量。此系统可以看作围绕洛伦茨吸引子的某个环建立的一个流模型。随着参量 c 从 2 增加到 4.2，系统运动体制从简单的周期 1 振荡（平衡运动）经过分岔，周期逐步加倍，形成一个倍周期分岔（period doubling bifurcation）序列。当 $c=4.2$ 时，系统开始进入混沌运动。当 $c=5.7$ 时，奇怪吸引子如图 3-32 所示。

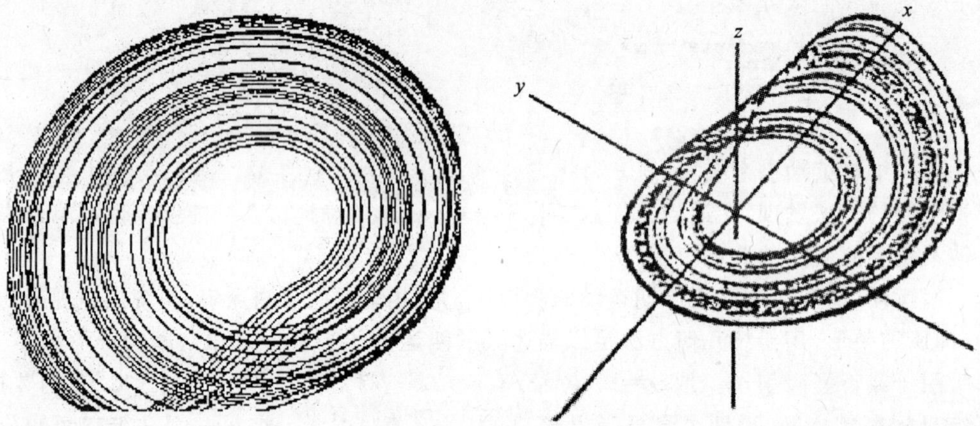

图 3-32　奇怪吸引子

3.1.9.3　混沌的特点

混沌至今仍无公认的严格定义。这里仅就以上两个例子简单说明它的基本特征，进一步的讨论见 3.2.2。

(1)非周期性。混沌是非线性动态系统的一种可能定态，轨道在相空间不是单调变化的，但又不是周期性的，而是非周期的曲折起伏变化的。发现混沌表明，把系统的非单调行为判定为要么瞬态运动、要么周期运动的传统观点是错误的。洛伦茨把他关于混沌的开创性论文命名为《确定性非周期流》，就是要澄清这种观点。

(2)奇怪吸引子上的动力学行为。耗散系统的混沌都是发生在奇怪吸引子这种分形结构上的运动体制，只有相空间中具有某种自相似结构的分形点集才能描述这种复杂运动。洛伦茨吸引子和勒斯勒尔吸引子都是这种点集，任意取出一部分放大看，仍然像整体那样极不规则、具有无穷精细结构和某种自相似性。

(3)既是稳定的，又是不稳定的。奇怪吸引子对外部的轨道有吸引力，进入吸引子就不可能再走出，因而整体是稳定的。但吸引子内部的不同轨道相互排斥，极不稳定。形象地说，混沌运动是“对外吸引，对内排斥；进得来，出不去，又安定不下来”。

(4)确定性随机性。混沌系统的轨道一旦进入奇怪吸引子，其不规则性原则上与随机运动无法区分。以洛伦茨系统为例，相点在吸引子的一叶上由外向内绕行一段后，将随机地跳跃到另一叶上由外向内绕行，然后又随机地跳回头一叶，如此反复进行，每次跳跃都是随机发生的。其结果，任何两条轨道都可能时而接近，时而远离，显得混乱无规。研究单一混沌轨道没有意义，有意义的是研究奇怪吸引子上的轨道丛。但这种随机性是确定性系统自身内部非线性因素产生的，与外部条件无关。

(5)长期行为不可预测性。由于是确定性系统，短期行为可预测；由于对初态的敏感性，系统的长期行为同随机运动一样无法预测。这是混沌运动既不同于简单有序运动(短期行为和长期行为都可以预测)，又不同于随机运动(短期行为与长期行为都无法预测)的另一主要特征。但简单的宣布混沌运动不可预见是错误的。系统演化方程是确定的，奇怪吸引子在相空间的位置是确定的，短期行为可以预测，吸引子上的运动服从某种概率规律，具有统计意义上的可预见性。这些特点决定了混沌运动仍有某种可预见性。发现混沌在某些方面又增强了人的预见能力。

3.1.10　过渡过程特性

前面讨论的都是定态行为，现继续讨论地球系统如何从初态开始经过一系列暂态最终趋达定态的过渡过程(transient process)，亦即地球系统的瞬态行为。原则上讲，系统的任何可能状态(相空间的每个点)都可以作为初态，但初态就是定态的情形可以略而不论。因为一则如果初态就是定态，系统不存在过渡过程问题；二则定态点在相空间极为稀少，少到初态落在定态点事实上是不可能的。动力学的初态问题，作为扰动因素造成的系统对定态的偏离，只考虑以暂态点为初始状态的动力学行为。所以，我们可以合理地假定初态总是相空间的某个暂态点。

由于现代动力学建立在实数连续统[①]上，每条暂态轨道都代表一个无穷过程，即使以稳定定态为终态的暂态轨道，理论上也要在 $t\to\infty$ 才能完成过渡过程。但真实系统要求在有限时间内完成过渡过程，否则谈过渡过程就没有任何实际意义。问题在于现实世界不是连续统，不可能无限分割，且存在扰动因素，使得实际暂态过程都能在有限时间间隔内到达终态。另外，实际情形并不要求系统绝对地到达终态，只要实际状态与终态的差距足够小就算结束了过渡过程。所以，动态系统的过渡过程是一个有意义的科学问题。

最简单的是向平衡态的过渡。不论是振荡式地过渡到平衡态(焦点型)，还是非振荡式地过渡到平衡态(结点型)，只要实际状态与平衡态差距足够小就可以认为过渡过程结束了。向周期态的过渡总是通过螺旋型瞬态轨道实现的，或者从极限环内部的初态开始，或者从极限环外部的初态开始。如果吸引子是极限环，在过渡过程进行到一定阶段后，螺旋型轨道与极限环的闭轨道很难区分，判断过渡过程是否结束较不动点要困难。最困难的是向混沌吸引子的过渡，称为过渡混沌。过渡过程越接近分形吸引子，轨道所带的混沌成分越多，极长周期与非周期很难区分，判断过渡过程是否结束更困难。

自由系统的过渡过程完全由系统的动力学规律和初态决定。强迫系统的过渡过程特性，包括过渡过程的轨道形状、过渡时间的大小快慢、过程是否平稳等，同外来强迫作用有极大关系。当强迫作用项可以人工操纵(人工控制)时，重要的是根据系统自身的动力学特性，恰当选

---

①连续统："统"就是指系统、集合。所谓连续统即这个集合中的元素在某个性质上具有连续的量变。其实这个意义上的"连续"已经不是微积分中的"连续"了，只是相对于二值对立而言的，比如，{1,2,3,4,5}在微积分中被视为间断的，但这是一个连续统。连续统假设是康托尔在 1878 年提出的关于连续统的势(即基数)的一个假设，通常称实数集为连续统。远在古希腊时起，即认为没有一个无穷集比另一个无穷集大，这一观点持续了 2 000 多年。而连续统假设讲的是：无穷集合也存在大小的层次。

择强迫作用项，以保证过渡过程的快速性和平稳性要求都能得到满足。

以上讨论的都是地球系统如何从初态向吸引子的过渡过程问题。动态地球系统还需要讨论走出排斥子的过渡过程问题。当控制参量变化导致原稳定态失稳后，原来的吸引子变为排斥子，但其影响不会立即消失，还在或长或短的时期中继续发生或大或小的作用，使得走出排斥子的过程带有已失稳定态的成分。走出混沌排斥子一般要更复杂、更困难。因此，走出排斥子也是过渡过程理论必须研究的重要问题(Tompson et al.，1986；哈肯，1989；Jackson，1990)。

3.2　地球系统的离散动态系统

在 3.1 节中，研究的地球系统状态变量均为实数，并在连续变化的实数时间框架中，用连续动力学系统模型分析、描述了系统的存在和演化的种种性质，如吸引子、稳定性、混沌、分岔与突变。本节将转向讨论离散动态系统，主要研究离散混沌，元胞自动机、布尔网络、L-系统等几种自动器网络模型，以及遗传算法。本节中涉及到的离散动态系统实际上包含两类：一类是把系统的连续时间进行离散化，即把时间当作迭代的步骤(时间间隔相等)或一次逻辑转移(时间间隔可能不相等)，状态变量仍为连续的；另一类是状态变量的离散化，离散型状态变量不论是数字的还是符号的，它们都只具有逻辑代数和结构。

3.2.1　离散映射与离散动力学

本小节主要介绍与本节内容有关的离散映射和离散动力学系统的基本概念，包括不动点、周期点、离散时间系统的稳定性、自动器网络模型等。

3.2.1.1　离散映射

对 3.1 节中研究的连续动力学系统 φ 进行离散采样，考察每隔一定时间间隔 τ 时系统的状态，得到一个双边序列

$$\cdots\varphi_{-2\tau},\varphi_{-\tau},\varphi_0=id,\varphi_\tau,\varphi_{2\tau},\cdots$$

其中，$\varphi_0=id$ 为恒等映射。

这一序列由同胚的映射 $f=\varphi_\tau$ 生成

$$\varphi_{\kappa\tau}=\underbrace{\varphi_\tau\circ\varphi_\tau\circ\cdots\circ\varphi_\tau}_{\kappa}=f\circ f\circ\cdots\circ f=f^\kappa \tag{3.49}$$

$$\varphi_{-\kappa\tau}=\underbrace{\varphi_{-\tau}\circ\varphi_{-\tau}\circ\cdots\circ\varphi_{-\tau}}_{\kappa}=\underbrace{f^{-1}\circ f^{-1}\circ\cdots\circ f^{-1}}_{\kappa}=f^{-\kappa} \tag{3.50}$$

因此，$f=\varphi_\tau$ 称为连续动力学系统 φ 在时刻 τ 的映射。

另外，同胚映射① f 未必是某个动力学系统在时刻 τ 的映射，但它也生成一个双边序列

$$\cdots f^{-2},f^{-1},f^0=id,f^1,f^2,\cdots \tag{3.51}$$

这里，$f^0=id$ 为恒等映射，$f^\kappa=f^0f^{\kappa-1}$，$f^{-\kappa}=(f^{-1})^\kappa$。该序列显然满足

$$f^{\kappa+l}=f^\kappa\circ f^l,\forall\kappa,l\in Z \tag{3.52}$$

---

①同胚映射，在拓扑学中，两个流形被认为是同胚的，如果可以通过弯曲、延展、剪切(只要最终完全沿着当初剪开的缝隙再重新粘贴起来)等操作把其中一个变为另一个。

设 X 和 Y 是拓扑空间。如果 $f:X\to Y$ 是一一映射，并且 f 及其逆 $g:Y\to X$ 都是连续的，则称 f 是一个同胚映射。当存在 X 到 Y 的同胚映射时，称 X 与 Y 同胚。记作 $X\cong Y$。

与连续动力学系统的情形相类似，这种由同胚映射 f 生成的双边序列称作离散动态系统，同胚映射 f 称作离散映射①。

在实际处理离散动态系统这类应用系统时，常常碰到的就是求解下列迭代代数方程

$$x(n+l) = f(x(n)),(n = 0,1,2,\cdots) \tag{3.53}$$

其中，$x\in X$，$x(0)$为初始值，$f:X\to X$ 为离散映射

$$\begin{aligned} x(1) &= f(x(0)) \\ x(2) &= f(x(1)) = f^2(x(0)) \\ &\vdots \\ x(n) &= f(x(n-1)) = f^n(x(0)) \end{aligned} \tag{3.54}$$

我们的基本目的是了解迭代过程的最终或渐近性态。因此，迭代求解的实质也就是式(3.53)所示的离散映射是否收敛于某一不动点 x^*。所谓迭代解收敛于不动点指

$$x(\kappa+1) = f(x(\kappa)) = x(\kappa) = x^*(\kappa\to\infty) \tag{3.55}$$

或者

$$x^* = f(x^*) \tag{3.56}$$

下面定义 n 周期点和最终周期点。n 周期点

$$\begin{aligned} &f^\kappa(x^*) = x^* \quad (\text{当}\ \kappa = n\ \text{时}) \\ &f^\kappa(x^*) \neq x^* \quad (\text{当}\ \kappa = 1,2,\cdots,n\ \text{时}) \end{aligned} \tag{3.57}$$

其中：①周期点：$f(x^*)=x^*$；②周期点：$f^2(x^*)=x^*$ 且 $f(x^*)\neq x^*$；③周期点：$f^3(x^*)=x^*$ 且 $f^2(x^*)\neq x^*$ 和 $f(x^*)\neq x^*$。

最终 n 周期点：如果存在 $m>0$，使得 $f^{n+m}(x^*)=f^m(x^*)$，对于一切 $i\geqslant m$，$f^i(x^*)$周期的。

通过迭代求解代数方程验证收敛性，实质上也就是离散动力学系统的平衡点是否满足渐近稳定性。依照线性稳定性理论(David, 1979)，n 维系统

$$x(\kappa+1) = A_{n\times n}x(\kappa) \tag{3.58}$$

当且仅当系数矩阵 A 的所有特征根 $\lambda_1,\lambda_2,\cdots,\lambda_n$，有 $|\lambda_i|<1(i=1,2,\cdots,n)$时，系统是渐近稳定的，即

$$\begin{cases} |\lambda_i| < 1,\text{对所有}\ i,\text{系统渐近稳定} \\ |\lambda_i| = 1,\text{存在一个}\ i,\text{系统临界稳定} \\ |\lambda_i| > 1,\text{存在一个}\ i,\text{系统不稳定} \end{cases}$$

3.2.1.2 自动器网络模型

自动器网络系统是离散动态系统的一种，其模型的基本结构可用数学中的图来表示。它由若干结点及连接这些结点的边构成。在图论中，我们也常用结点表示一个系统的元素，用边表示系统元素之间的联系，从而用图来表示一个系统的结构。但在将要介绍的由大量简单自动器组成的复杂网络模型中，我们还可引入不同层次的动力学，即每个结点表示一子系统，它们有各自的动态行为，结点之间的联结强度也可能发生变化，由此反映元素间作用关系的变

①离散映射，简单一点就是说，映射的原象与象都是离散的元素。logistic 映射是离散映射的一种，数学地质学的混沌理论就大量使用这个离散映射，它的意义主要在于通过类似的离散映射会导致大量非收敛不稳定结果的出现，如周期分岔现象，从而能描述许多非线性不稳定系统。大量非收敛不稳定结果，最初来源于函数迭代方程。

化。从这种意义上讲,这类网络模型比简单的图与网络更能恰当地表示和描述一般系统。

一般地,上述网络模型中的每个结点(或元素)都可以看作是一自动器,因而这些网络模型又可以称为自动器网络模型或称为自动器网络。下面我们分别介绍自动器网络中的自动器和网络的结构。若干自动器(automation)又称自动机(automata 复数),它的研究始于冯·诺伊曼,现已广泛应用于研究计算机、控制系统以及人的神经系统、自繁殖细胞等。自动器的经典定义可以简单地表示为3种集合与2个映射(图3-33),它是3.2.1小节中离散映射的特殊形式。

图3-33 自动器结构

输入符号集 $I=\{i\}$,状态变量集 $S=\{s\}$,输出变量集 $O=\{o\}$,其中 i,s,o 均为矢量。

映射 $f:I\times S\to S$,即 $s_{t+1}=f(i_t,s_t)$为状态变化函数,它将系统在 t 时刻的输入和状态映射为系统在 $t+1$ 时刻的输出。

映射 $g:I\times S\to O$,即 $O_{t+1}=g(i_t,s_t)$为输出函数,它将系统在 t 时刻的输入和状态映射为系统在 $t+1$ 时刻的输出。

自动器的状态集一般都是离散和有限的,因而这类自动器又称为有限自动器。有时也可以扩展为可数无穷的。函数 f,g 可以具有各种不同的性质,从而就定义了不同的自动器。当自动器的内部状态与输出状态一致时,这类自动器称为状态输出器,对其描述可以得到极大的简化(集合 S 与集合 O 相同),我们讨论的自动器即属此类。

许许多多的自动器连在一起,就构成了自动器网络。如果一个自动器网络具有规则的晶格结构,每个元素是完全一样的有限自动器(相同的局部联结即输入集相同和输出函数相同),且元素间的联结强度为常数,这样的自动器网络称为元胞自动机(cellular automata)。若自动器网络的元素是布尔自动器(状态为0和1)且状态函数为布尔开关函数,元素间联结强度不变,则我们得到布尔网络(Boolean network)。当元素间联结强度可随时间变化时,网络的行为就变得更复杂,这将是神经网络要讨论的问题。

复杂系统理论中研究的自动器网络模型的共同特点有:①涉及的元素数量较大(从几个到成千上万个);②元素间局部联结;③系统总体体现了鲜明的涌现性。

3.2.2 离散混沌

这里所讲的离散混沌是指由迭代关系定义的离散时间系统中的混沌。许多生物学现象用迭代方程描述比用微分方程描述要容易理解,例如在群体生物学中,有最简单的"无世代重叠"群体,每一年的个体数仅依赖于前一年的个体数,即 $x_{t+1}=f(x_t)$,其中 t 是离散的世代时间,x 是一代中的个体数。由迭代关系定义的离散时间系统中的混沌最容易理解,它也是非线性动力学系统最容易理解的形式。

3.2.2.1 周期倍化通向混沌

我们以1维逻辑斯谛方程为例

$$x_{n+1}=f(x_n)=\mu x_n(1-x_n) \tag{3.59}$$

式中,$x_n\in[0,1]$为状态变量,$\mu\in[0,4]$为控制参量。这样一个非常简单的1维非线性方程的迭代，却给出了十分丰富的复杂性结果，生物学中常用它来描述虫的动态行为，更复杂的还有描述虫的动态行为的洛特卡—沃尔泰拉模型(Lotka-Volterra model)等。

通过迭代求解代数方程(3.59)，若收敛于不动点，则它实质上也就是离散动力学系统的不动点并满足渐近稳定性。运用离散动力学系统的稳定性原理，对于方程(3.59)，不动点满足条件

$$x^* = f(x^*) = \mu x^*(1-x^*) \tag{3.60}$$

(1)当式(3.59)中的 $\mu<1$ 时，只有不动点 $x_0^*=0$。在 $x_0^*=0$ 处，特征根 λ 的绝对值 $|f'(0)|=\mu<1$，系统为渐近稳定的。当 $\mu=\mu_0=1$ 时，$|f'(0)|=1$，系统处在临界状态，其稳定性可用别的方法判断。

(2)当 μ 由 $\mu_0=1$ 继续增加(即 $\mu_0<\mu<\mu_1$，μ_1 为第一个分岔点)时，将有 $|f'(0)|>1$，系统在 $x_0^*=0$ 处线性失稳，并达到新的不动点，其值可由式(3.60)两边除以 x^* $(x^*\neq 0)$，即 $1=\mu(1-x^*)$，而得到 $x_1^*=1-\dfrac{1}{\mu}$。μ_1 可由稳定边界

$$f'(x^*) = \mu - 2\mu x^* = -1 \tag{3.61}$$

决定。将 x_1^* 的值代入式(3.61)，可得 $\mu_1=3$，即 $1<\mu<3$ 时，在 x_1^* 处，$|f'(x^*)|<1$，系统为渐近稳定的。

(3)当 $\mu_1<\mu<\mu_2$(设为另一个分岔点)时，不动点 $x_1^*=1-\dfrac{1}{\mu}$ 又将线性失稳，此时动点变成 2 周期点：

$$\begin{aligned} f^2(x^*) &= ff(x^*) = \mu[\mu x^*(1-x^*)][1-\mu x^*(1-x^*)] \\ &= x^* \end{aligned} \tag{3.62}$$

(3.62)中可以消去一个 x^*，余下的 3 次方程为

$$\mu^2(1-x^*)[1-\mu x^*(1-x^*)] - 1 = 0 \tag{3.63}$$

此式整理后为

$$x^{*3} - 2x^{*2} + (1+\frac{1}{\mu})x^* - \frac{\mu^2-1}{\mu^3} = 0 \tag{3.64}$$

分解因子，可得

$$\left(x^* - \frac{\mu-1}{\mu}\right)\left[x^{*2} - (1+\frac{1}{\mu})x^* + \frac{1+\mu}{\mu^2}\right] = 0 \tag{3.65}$$

第一个根 $x^*=1-\dfrac{1}{\mu}$ 已经线性失稳，故新的不动点为

$$x_{2,3}^* = \frac{1}{2\mu}[(1+\mu) \pm \sqrt{(\mu+1)(\mu-3)}] \tag{3.66}$$

(4)照此类推，逻辑斯谛方程的分岔是通过倍周期分岔，即 1 分为 2，2 分为 4，4 分为 8……而实现的，相应地可计算出分岔值，对于 $\mu=\mu_\infty=4.569\ 945\ 672$，对应出现了混沌区。周期倍化通向混沌的曲线。见图 3－34 和表 3－2。

(5)图 3－35 到图 3－38 分别表示 1 周期点、2 周期点、4 周期点和混沌的迭代解。从表 3－2 中可以看出，$\mu_\infty = \lim\limits_{m\to\infty}(\mu_m-\mu_{m-1})/(\mu_{m+1}-\mu_m) = 4.669\ 201\ 609$，$\mu_\infty$ 叫费根鲍姆数，它对一大类单峰迭代系统来说，是一个普适常数。

3.2.2.2　混沌的特征

关于混沌，尚未有统一明确的定义，通常就以下几个特征来加以界定。

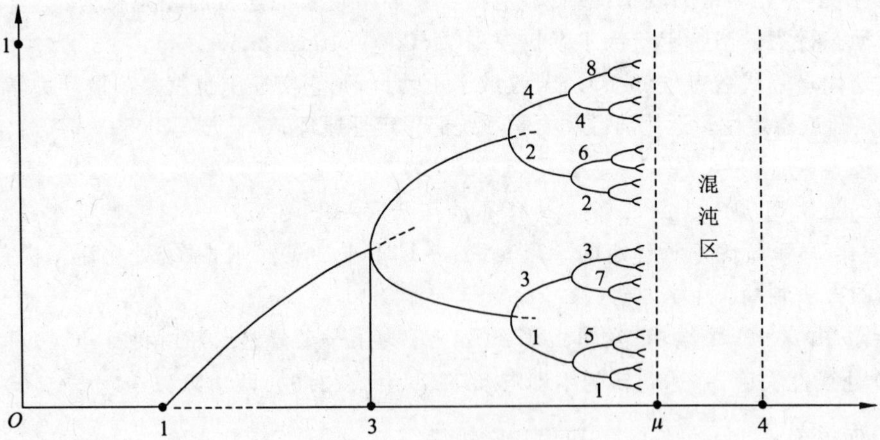

图 3-34　周期倍化分岔通向混沌

表 3-2　周期倍化分岔参数表

m	分岔情况	分岔值 μ_m	间距比值 $\frac{\mu_m-\mu_{m-1}}{\mu_{m+1}-\mu_m}$
1	1 分为 2	3	
2	2 分为 4	3.449 489 743	4.751 466
3	4 分为 8	3.544 090 359	4.656 251
4	8 分为 16	3.564 407 266	4.668 242
5	16 分为 32	3.568 759 420	4.668 74
6	32 分为 64	3.569 691 610	4.669 1
⋮	⋮	⋮	⋮
∞	周期解→混沌	3.569 945 672	4.669 201 609…

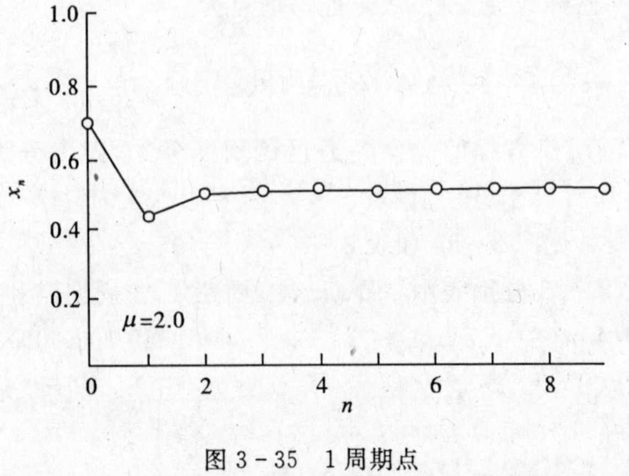

图 3-35　1 周期点

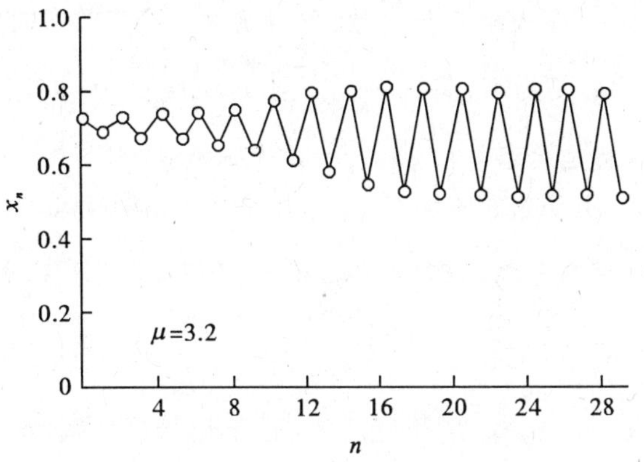

图 3-36　2 周期点

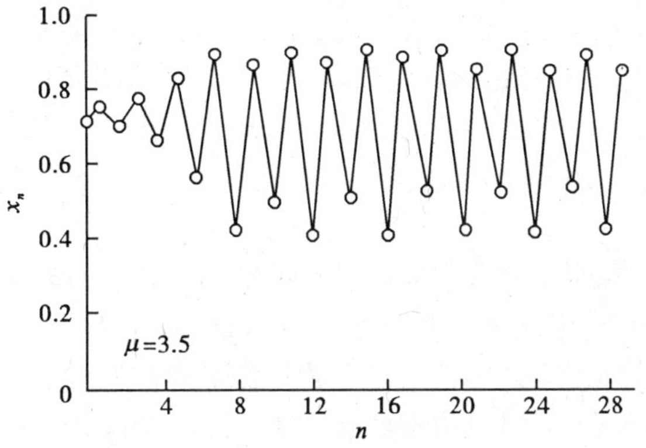

图 3-37　4 周期点

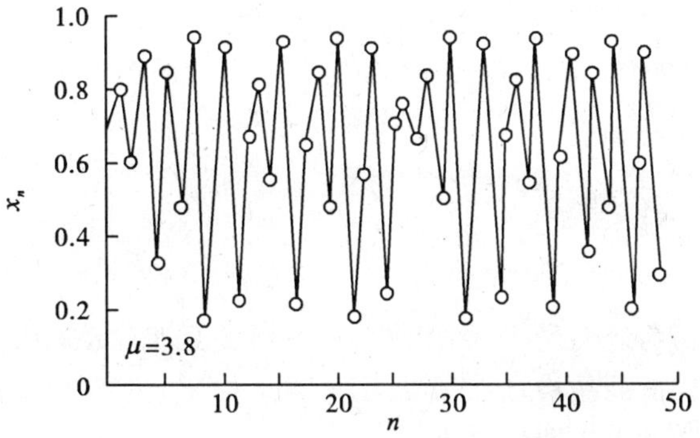

图 3-38　混沌

(1)对初值的敏感性。可由下列迭代方程来描述

$$x_{n+1}=\begin{cases}2x_n & 0\leqslant x_n<\dfrac{1}{2}\\ 2x_n-1 & \dfrac{1}{2}\leqslant x_n<1\end{cases},n=0,1,2,\cdots \tag{3.67}$$

说明这一映射实际上是将实数用二进位小数表示,每次迭代相当于将数左移一位并弃去整数项。于是当初值 $x_0\in(0,1)$,就有以下 3 种情形:

a)如果 x_0 为有理数,且能表示为真分数,分母为 $2^\kappa,\kappa\in Z^+$,这时的二进位表示为有限位小数,因此,经过 κ 次迭代后变为零,即 $x_\kappa=0$,而且 $x_{\kappa+1},x_{\kappa+2},\cdots$ 也全为零。$x_0=\frac{11}{32}$,故经过 5 次迭代后,$x_5=0$,可以说解是定态,即 $x_5=x_6=x_7=\cdots=0$。

b)如果 x_0 为有理数,用真分数表示时,分母并非 2 的整数次幂,这时用二进位表示为循环小数,亦即经有限步之后必进入周期态。例如 $x_0=\frac{13}{28}$,则定态是 3 周期解,即 $\frac{6}{7}\to\frac{5}{7}\to\frac{3}{7}\to\frac{6}{7}$。

c)如果 x_0 是无理数,则序列 x_n 既不趋于零,也不趋于周期解,结果将是貌似无规则的混沌解,例如 $x_0=\frac{1}{\sqrt{2}}$。

(2)游荡集式(3.67)也可以用两段直线表示,两直线的斜率都是 2。这个系统之所以发生混沌,是因为从局部来说,每一处的特征根(即斜率)都是 2,误差愈放愈大(普遍意义下的不稳定);而从全局来说,整体的运动又不准走出单位正方形。因此,局部不稳定而又全局受限制,形象的说法是:既然“跑不出去”又“无处安身”,于是只好在捕捉区范围之内到处游荡。这就是混沌吸引子形成的原因。

(3)非整数维。混沌吸引子具分数维,是分形结构。20 世纪 70 年代发展起来的分形几何是描述非线性现象和非线性系统的一个有力工具,其最基本的概念是分数维,它是我们所熟知的 1 维、2 维、n 维空间中维数概念的推广。度量分数维的维数公式有很多,常用的分数维是容量维数(capacity dimension),其计算维数的容量维数公式如下

$$D=\lim_{\varepsilon\to 0}\frac{\log N(\varepsilon)}{\log\left(\frac{1}{\varepsilon}\right)} \tag{3.68}$$

式中,ε 表示覆盖的最大直径,$N(\varepsilon)$表示所需直径最大为 ε 的覆盖集的个数。该容量维数的含义可用一些例子说明。

3.2.3 几种自动器网络模型

3.2.3.1 元胞自动机

在自动器网络中,目前研究最多、应用最广的一类是元胞自动机。其特点可归纳为:

(1)各元素分散在离散的晶格点上。

(2)各元素的状态随时间离散地变化。

(3)每个元素都是完全相同的有限自动器(故称为元胞)。

(4)每个元胞都只与其周围的元胞局部连接。

(5)元胞的状态变化都是由确定性规则表示。

由于现代计算技术的发展,大规模的数学计算与仿真为研究复杂系统的行为提供了非常经济的“实验室”。元胞自动机在近十多年得到很大发展,大多数新的成果都是建立在高强度仿真试验基础之上的,下面简单介绍一些与我们讨论一般系统的动态行为有关的结果。

从原则上讲,元胞自动机可以是任意维的,但最常见的两种元胞自动机是 1 维和 2 维的。在 1 维元胞自动机中,最常见的连接方式是每个元胞与周围 $2r+1$ 个元胞(包括它自己)相连。

在 2 维元胞自动机中最常见的连接方式是冯·诺伊曼连接与穆尔(Moore)连接,其每个元胞只与其冯·诺伊曼和穆尔邻域中的元胞相连(图 3-39)。

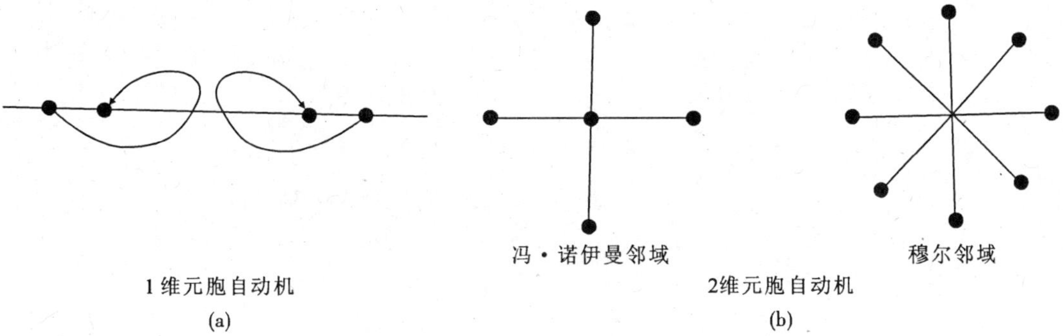

图 3-39　1 维和 2 维元胞自动机

元胞自动机的状态取决于元胞的数量、连接方式和每个元胞可取的值。研究结果表明(Wolfram,1984),在所有这些规则中,较简单的几种,如可加规则(additive rules)、总和规则(totalistic rules)、压迫规则(forcing rules)和可逆规则(reversibe rules)等容易分析。特别是总和规则,它规定每个元胞的状态,只与其邻域元胞状态之和有关。非常重要的一点就是,沃尔弗拉姆(Wolfram)证明,总和规则描述的自动机展现所有元胞自动机可能表现的动态行为,而这些行为可以用类似于连续动态系统中的吸引子来表示,换言之,元胞自动机的整体行为可以用吸引子来表示。

沃尔弗拉姆详细研究了元胞自动机的演化行为,并将它们按其结构定性地分为下面四大类,即元胞自动机的稳态行为(如某些"基因"形式的定期再现)只能是下述几类之一:

第一类:均匀状态,即点吸引子;

第二类:简单的周期性结构,即周期吸引子;

第三类:混沌的非周期性模式,即混沌吸引子;

第四类:具有某种局部结构的复杂模式(连续系统中没有对应的模式)。

从研究元胞自动机的角度讲,最有研究价值的是第四类行为,因为这类元胞自动机被认为具有涌现计算(emergent computation)功能,可以用作通用计算机(universal computer)来仿真复杂的计算过程(Forrest,1991)。而我们所关心的是这类自动器网络作为一类系统的动态模型确实能反映所描述的系统的状态和演化过程。

元胞自动机作为一种离散的动态模型,广泛地应用于生命现象的模拟中。它从理论上研究生命可能存在的方式,而传统生物学只研究生命的可以观察到的方式(Langton,1986)。人工生命研究所使用的方法,主要是像元胞自动机这类的动态模型,在这一类模型中,局部的相互作用可以带来系统整体的涌现行为,如宏观吸引子的产生、信息储存、结构稳定、在时空中演化等。人工生命研究最著名的成果之一,就是兰顿在 2 维元胞自动机中发现的一个能自我复制的"圈"或称"能自我复制的元胞自动机"。这是一个以冯·诺伊曼方式连接的 2 维元胞自动机,每个元胞的状态在{0,1,2,3,4,5,6,7}中取值(图 3-40)。经过若干迭代后,系统流演到下面的状态,即一个新的圈被复制(图3-41)。若用 $\boxed{n}$ 表示一自复制的圈,则该系统的生长繁殖过程见图 3-42。

```
  2 2 2 2 2 2 2 2
2 1 7 0 1 4 0 1 4 2
2 0 2 2 2 2 2 2 0 2
2 7 2         2 1 2
2 1 2         2 1 2
2 0 2         2 1 2
2 7 2         2 1 2
2 1 2 2 2 2 2 2 1 2 2 2 2 2
2 0 7 1 0 7 7 0 7 1 1 1 1 1 2
  2 2 2 2 2 2 2 2 2 2 2 2 2
```

图 3-40　2 维元胞自动机中一个能自我复制的圈

```
                2
              2 1 2
              2 7 2
              2 0 2
              2 1 2
  2 2 2 2 2 2 2 7 2     2 2 2 2 2 2 2 2
2 1 1 1 7 0 1 7 0 2   2 1 7 0 1 4 0 1 4 2
2 1 2 2 2 2 2 2 1 2   2 0 2 2 2 2 2 2 0 2
2 1 2         2 7 2   2 7 2         2 1 2
2 0 2         2 0 2   2 1 2         2 1 2
2 4 2         2 1 2   2 0 2         2 1 2
2 1 2         2 7 2   2 7 2         2 1 2
2 0 2 2 2 2 2 2 0 2   2 1 2 2 2 2 2 2 1 2 2 2 2 2
2 1 1 0 7 1 0 7 1 2   2 0 7 1 0 7 1 0 7 1 1 1 1 1 2
  2 2 2 2 2 2 2 2       2 2 2 2 2 2 2 2 2 2 2 2 2
```

图 3-41　一个新的复制圈

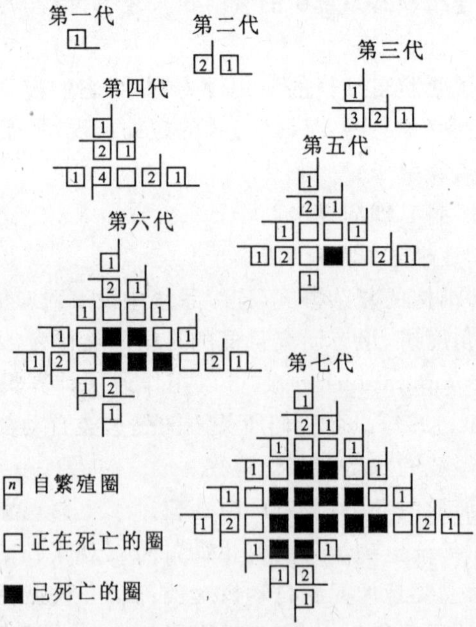

图 3-42　一个自繁殖圈的生长过程

3.2.3.2　布尔网络

布尔网络是一类特殊的 2 维元胞自动器，其每个元胞都是布尔自动器，即每个元胞状态为 0 与 1，当元素的连接是随机的且每个自动器的转换函数也是随机确定的时候，就得到随机布尔网络。

研究表明，随机布尔网络也表现出比较复杂的涌现行为，网络作为一个整体，可以用吸引子描述，即吸引子定义整个系统的状态。考夫曼(Kauffman,1989)证明，在具有 n 个自动器单元由每个单元与 κ 个自动器相连时，随机布尔网络中存在的吸引子数量与 κ,n 有如下关系(表 3-3)。

当 $\kappa>5$ 时，系统大多数时候呈混沌状态，即吸引子大多为混沌吸引子。$\kappa=2$ 时，系统存在点吸引子和周期吸引子。因而整个系统处于一种比较有序的状态。

表 3-3 吸引子数量与 κ,n 的关系

连接度	$\kappa=n$	$\kappa>5$	$\kappa=2$	$\kappa=1$
吸引子数	$\frac{n}{e}$	$n^{\frac{\log\left(\frac{1}{\frac{1}{2}\pm\alpha}\right)}{2}}$	$\sqrt{n}$	指数的 n

注：其中 $\alpha=\frac{1}{2}+2^{-(2^\kappa+1)}\binom{2^\kappa}{2^{\kappa-1}}$。

考夫曼的工作表明，$\kappa=2$ 的随机布尔网络有着非常有趣的性质：①系统存在的吸引子数 $\sqrt{N}$ 大大低于系统的元素数量；②大多数吸引子的长度都比较低(即周期吸引子的周期较小)；③大多数吸引子都是稳定的，它们能抗拒系统的微小扰动。

这样，一个随机布尔网络作为一个动态系统，其状态可以由数量大大低于其元素个数的有限个吸引子表示。因而随机布尔网络可以用来描述一类元素很大，但每个元素只有两种状态，元素局部连接的系统的宏观整体行为。最明显的一个例子就是生物体中基因所构成的一个网络。考虑生物体中基因的作用关系，假设每个基因都可以得到表达或得不到表达(相当于开或关)，从而可视为布尔自动器；每个基因只与另外两个基因相互作用，则 $\kappa=2$ 的随机布尔网络可以用以表示生物体中基因控制系统(Kauffman, 1993)。两类之间可建立如下对应关系：①吸引子的大小对应着基因表达方式对某种细胞类型的限制；②吸引子的数量对应生物体中细胞的种类；③吸引子的稳定性对应细胞的内稳态特性；④扰动后可达的吸引子数量对应着细胞分化后产生的细胞数量；⑤吸引子的基因行为模式的交叉对应一个生物体中细胞间的相似程度；⑥通过变异改变吸引子种类对应新型细胞的进行。

3.2.3.3 神经网络

人工神经网络模型是一种以生物的神经系统工作原理为基础建立的网络模型。该网络中的基本单元是一种类似于生物神经的人工神经元，也是一种广义的自动机(可以用电子元件模拟)；由许许多多类似的人工神经元经一定方式连接起来形成的网络，表现出系统的整体性行为。这种涌现行为表现为神经元网络可以被用来作为信息处理的一个功能整体，正是由于神经元网络具有很强的信息处理功能，它目前已被广泛应用于与信息处理有关的一切领域，包括简单的信号处理分析到研究人的学习记忆机制。在此，我们只按照 3.2.1 小节所提出的概念框架，介绍神经网络作为描述动态系统的一种网络模型所表现的性质。

神经网络的单元是一种特殊的自动器，它的输入和输出关系如图 3-43 所示，该神经元记作 i，其中 $x_1,x_2,\cdots,x_n$ 是从别的单元输入的信号，它们分别是相应单元的激活值。$\omega_{i\kappa}$ 是神经元 i 与 κ 之间的连接强度。函数 f 是将神经元 i 的输入总和转换为输出的映射

$$y_i = f(\sum_{\kappa}\omega_{i\kappa}x_{\kappa} + \theta_i) \tag{3.69}$$

式中，θ_i 是临界值(或称阈值)。

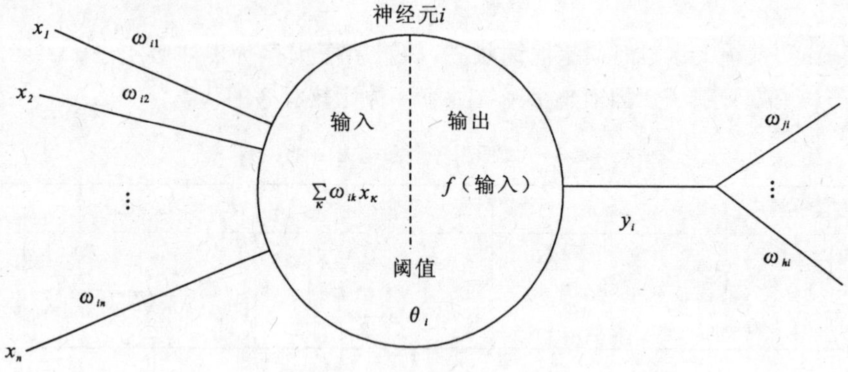

图 3-43　神经元作为一种自动器的输入输出关系

该神经元的激活值将作为别的神经元的输入。神经元的取值可以是离散的，此时 f 为阶跃函数(取值 0 和 1 或 −1，+1)，也可以是连续的，取值在(0，1)之间，通常被称为广义 S 形函数(sigmoid function)(连续、可导、单调递增、有界)，最常使用的 S 形函数是

$$f(x) = \frac{1}{1+e^{-x}} \tag{3.70}$$

神经网络的结构，即神经元间的连接方式取决于不同的问题要求，但应用最广泛的是一类被称为前馈神经元网络。同一层次间的元素不相连，但每一个元素都与上一层次的元素完全或部分相连。我们对神经网络的动态行为可以分 3 个层次进行描述：

(1)每个神经元的状态变化。当网络的结构固定，且各神经元之间的连接强度不变时，神经元的状态由描述该系统的确定性方程确定。对神经元状态的描述，可以是离散的(差分方程)，也可以是连续的(微分方程)。神经网络在这一层次可体现丰富的动力学行为，存在包括混沌吸引子在内的所有吸引子。但当神经元网络用作信息处理工具时，常常由一点吸引子描述。

(2)神经元间的连接强度随时间变化。系统在这一层次的动态行为可被称为连接强度动力学或权重动力学(weight dynamics)。这是神经网络中学习算法要研究的内容。在大多数情况下，连接强度收敛于点吸引子。但也有研究表明，这个层次上也存在振荡和混沌行为，即连接强度表现为周期吸引子和混沌吸引子。

(3)神经元数量的改变。最高层次的动力学是网络的结构动力学，即网络的连接方式也随时间变化，甚至网络中的神经元数量也发生改变。神经元的应用研究中，往往可涉及到前两个层次的动态行为，目前对第三层次上的动态行为研究较少。

对神经网络动态行为的描述，一般都要根据它的具体结构而定。最一般的方式就是建立单个神经元的(微分或差分)动态方程，然后将所有神经元的动态方程联立，就得到描述系统的方程组。由于转换函数 f 的非线性，神经元间的连接可以极其复杂，所以对神经元数量在 4 个以上的网络，很难得到关于其动态行为的一般结果(如吸引子类型、演化路径等)。科恩(Cohen)等得到了一类神经元网络的行为可以由下述方程描述(Cohen et al.，1983)。

$$\frac{\mathrm{d}x_i}{\mathrm{d}t} = a_i(x_i)[b_i(x_i) - \sum_{j=1}^{n} C_{ij} d_j(x_j)] \tag{3.71}$$

上面关于神经网络的动态行为,都只局限于第一个动力学层次。对连接强度变化的研究,应当结合针对某一问题训练神经网络所使用的学习方法。神经网络最吸引人的地方在于它的信息处理功能。虽然每个神经元状态只受局部条件的约束,但整个地球系统作为一个宏观整体,却具有记忆、学习和适应等功能。但研究网络的状态时,连接强度可作为可变参数,这些参数的变化将导致系统的结构失稳,从而引出复杂的分岔现象。在这里,动态系统理论中所常用的稳定性和分岔分析,只对比较小的神经元网络实用。

3.2.3.4　L-系统

L-系统是一种用迭代方式描述动态(生长)过程的方法。它由荷兰数学家林登迈尔(A. Lindenmayer)为描述和模拟植物的生长而创立(Prusinkiewicz et al.,1989)。L-系统的方法,是按照生物体生长发育的机制设计的。按照现代生物学的观点,生物的生长发育是由细胞中包含的遗传基因信息决定的;基因信息(基因型)决定生物体的最终的形态(表型)。生长发育的过程中,每个细胞的行为和形状取决于哪段基因信息得到表达,而后者取决于周围细胞中哪些基因信息得到表达。

根据上述原则建立的L-系统,与前述元胞自动机和神经网络的共同点在于决定系统行为的法则都是局部的,每个单元的行为只与其周围单元行为有关。但系统作为许多单元的集合体都表现出一定的宏观功能和形态,即整体是具有鲜明的涌现特征的吸引子。不同的是,系统的元素数量总在不断增加。

确定L-系统按单元行为及其与周边单元状态间联系程度,又分为"与上下文无关"(contect free)的L-系统和与"与上下文有关"(contect sensitive)的L-系统。若各单元的行为只受重写规则(rewriting rules)规定,只与它上一时刻状态有关而与周边单元无关,则称之为"与上下文无关",若其状态变化还与其周围单元状态有关,则系统为"与上下文有关"。大多数系统都"与上下文有关"。

3.2.4　遗传算法

遗传算法是一种模拟地球系统中生物界自然选择和自然遗传机制的随机搜索算法,由霍兰提出。其主要特点是群体搜索策略和群体中个体之间的信息交换,搜索不依赖于梯度信息。在实现机制上,它又是一种离散动力学系统,在给定初始群体和遗传操作的前提下,通过迭代实现群体的进化。它尤其适用于处理传统搜索方法难于解决的复杂和非线性问题,可广泛用于地球系统科学研究等领域。

3.2.4.1　遗传算法的基本概念

遗传算法研究的目的,一是抽取和解释自然系统的自适应过程,二是设计具有自然系统机理的人工系统。1975年,霍兰在《自然系统与人工系统中的适应性》一书中,正式提出遗传算法的概念和理论框架。当前,遗传算法与进化策略、进化程序设计共同构成了"进化计算"的主干,而且它们之间的边界也被打破了。

遗传算法是一种由一个"染色体群"通过"自然选择"的机制转化成另一个"染色体群"的方法。在这里,"自然选择"是由遗传学中"选择"、"交换"和"突变"几种作用共同完成的。"染色体"是由"基因"组成的,"基因"是指用一位二进制代码(0或1)表示的一个遗传因子,染色体是用二进制字符串表示的。选择作用从染色群体中选出可以繁殖后代的染色体。平均来说,适应性强的染色体比适应性弱的染色体产生出更多的后代。交换作用用于交换两个染色体的组成部分,实际上是粗略地模仿两个单倍体(只有一个染色体的有机物)的再结合。突变作用随机地改变染色体上某一位置的遗传因子的值。

进化的思想能为解决计算问题带来了深刻启示,许多计算问题需要搜索巨大的可能性空间。比如在合成蛋白质的工程中,需要一种算法能够将大量氨基酸组合成具有某一特殊性质的蛋白质。进化实际上是在大量的可能选择中寻找解决方案的一种方法。生物学中"大量的可能选择"是指可能的基因序列的集合,而解决方案是指具有高度适应性的有机体——能够在环境中很好地生存和繁衍的有机体。当然,有机体的适应性包括很多因素,如对物理条件的忍耐程度如何,同周围其他有机体的竞争与合作如何,等等。适应度的指标值随着有机体的演化而不断变化,因此,进化的过程是在不断变化的可能性中寻找答案。计算机程序对适应性的要求也可以大致描述为在变化的条件下搜索解决问题的方案。此外,进化还是一种大规模的并行作用,不是一次作用于一个物种,而是同时作用于多个物种。从一个较高的层次来看,进化的"规则"是相当简单的:物种在自然选择(通过交换、突变和其他方式)的作用下不断进化,适应性越强的物种越容易生存和繁衍,并将适应环境的基因物质复制给后代,对生物界的观察表明,这些简单的规则的确能够代表进化的过程。

生物遗传物质的主要载体是染色体,DNA 是其中最主要的遗传物质,而基因又是控制生物性状的功能和结构单位。偶数个基因组成染色体,染色体中的基因位置称作基因座,而基因所取的值又叫做等位基因。基因和基因座决定了染色体的特征,也就决定了生物个体的性状。此外,染色体有两种相应的表示模式,即基因型和表型。所谓表型是指生物个体所表现出来的性状,而基因型指与表型密切相关的基因组成。同一种基因型的生物个体在不同的环境条件下,可以有不同的表型,因此表型是基因型与环境条件相互作用的结果。

在遗传算法中,染色体对应的是数据或数组,在标准遗传算法中,通常是由一维的串结构数据来表现的。串上的各个位置对应上述的基因座,而各个位置上所取的值对应上述的等位基因。遗传算法处理的是染色体,或叫基因型个体。一定数量的个体组成了群体对环境的适应程度叫做适应度。此外,遗传算法的执行包含两个必须的数据转换操作,一个是表型到基因型的转换,另一个是基因型到表型的转换。前者是把搜索空间中的参数或解转换成遗传空间中的染色体或个体,此过程又叫做编码操作;后者是前者的一个相反操作,叫做译码操作。

每个染色体可以看作搜索空间中的一个点,代表了一个候选解。遗传算法对染色体群进行处理,不断地用一个新的染色体群替换原来的染色体群,也就是不断地尝试新的候选解。为检验候选解的可行性,需要一个适应度函数来检查每一个候选解的适应性。这个函数给出每一个候选解的适应性的度量,也就是这个候选解对于所给定问题的有效性的度量。

下面说明一下适应度函数的含义。遗传算法常用于寻找函数的极值,目的是对于一个给定的函数,寻换一组参数使得函数取得极大值或极小值(在多参数函数情况下,遗传算法对于寻找极值是很有效的),举个简单的例子,假设有一个一元函数

$$f(x) = x + |\sin(32x)|, \quad 0 \leqslant x \leqslant \pi \tag{3.72}$$

需要求得 $f(x)$的极大值。这时,候选解是 x 的取值,可以用一个二进制串表示 x 的取值。适应度函数将二进制串转化成真实的数字值并代入 $f(x)$中,该候选解的适应度就是将 x 代入的结果,因此结果越大,意味着更加接近于函数的极值。候选解可以采取不同的符号编码串,而

适应度函数是定义在所有可能符号串所代表的域上的。遗传算法就是在该域上适应度函数搜索具有最大值的符号串。

3.2.4.2　遗传算法的实现

遗传算法是一种群体型操作，该操作以群体中的所有个体为对象。最简单的遗传算法包括 3 种遗传操作：选择（selection）、交换（crossover）和突变（mutation）。

（1）选择操作。这一操作从染色体群中选择某些染色体用于繁殖后代（生成新的候选解），染色体的适应度越高，它被选中的概率就越大。

（2）交换操作。这一操作随机地选定一个位置，将两个染色体在该位置上交叉互换，得到两个后代。交换操作粗略地模拟了两个单倍体生物进行繁殖时染色体的配对过程。

（3）突变操作。这一操作随机改变染色体中某一位置上的遗传因子的值。突变可能发生在符号串的任意位上，通常发生突变的概率很小。

假设给定了一个问题，并且用定义好的长度为 m 的染色体串代表候选解，遗传算法的流程可以简单地描述为：

步骤①随机生成 n 个长度为 m 的染色体串，形成初始的染色体群。

步骤②将染色体群中每个染色体串代入适应度函数，计算适应度。

步骤③判断是否满足终止条件，若是，则适应度值最大的染色体对应的候选解就是需要的满意解；若否，则转步骤④。

步骤④重复下列步骤直至产生了 n 个后代。

a）在当前的染色体群中随机选取两个染色体作为父体，选取染色体的概率函数应该是适应度的增函数。在选取父体的过程中，一个染色体可以被多次选中。

b）对于选中的父体，按照概率 P_c（称为交换概率）决定是否交换产生两个新的后代，发生交换的位置是随机的，每个位置的概率是相同的。如果不发生交换，则两个后代是对两个选中的父体进行严格复制的结果，注意这里定义的交换是两个父体在一个随机的位置上进行交换。在遗传算法中有时会用到多点的交换，即在多个随机的点上发生交换。

c）对于产生的两个后代，分别在每个位置上按照概率 P_m（称为突变概率）发生突变。将两个后代放入新的染色体群。

d）如果 n 是奇数，可以随机地放弃一个新的后代。

步骤⑤生成 n 个新的染色体后，用新的染色体群代替原来的染色体群。

步骤⑥转向步骤②。

每次迭代这一过程称为一个世代。一个遗传算法的应用通常需要迭代 50～500 个世代，可以指定迭代的世代数作为算法的终止条件。显然，遗传算法具有一般离散动力学系统的一般特征。

所有世代的集合称为一族。迭代的最后结果中经常可以找到一个或多个具有较高适应度的染色体。但由于在每一族中随机性发挥了很大的作用，则如果两族使用的随机种子发生器不同，则迭代的结果在细节上会有所区别。遗传算法的研究经常会报告对于同一个问题的不同族的统计数字，诸如在一族中找到的最高适应度是多少，在第几个世代中找到具有最高适应度的个体等问题。

上述简单模型只是描述了大多数遗传算法所共有的基本步骤，仍有许多细节尚未涉及，例如初始染色体群中染色体的个数、交换概率、突变概率的取值应该是多少等，而遗传算法用于特定问题的成功与否往往取决于这些细节。这里所介绍的是最为普通的遗传算法模型。

遗传算法中进行选择操作时通常使用一种称为“适应度比例选取”的方法。在这种方法下，每个个体都有可能被选中用来繁殖后代，该个体被选中次数的数学期望值等于它的适应度与群体的平均适应度的比值。这与生物学中所称的生存选择是一致的。

遗传算法是解决搜索问题的一种通用算法，对于各种搜索问题都可以使用。搜索算法的共同特征是：①首先生成一组候选解；②依据某些适应性条件测算这些候选解的适应度；③根据适应度决定保留某些候选解，放弃其他的候选解；④对保留的候选解进行某些操作，生成新的候选解。遗传算法中上述几个特征以一种特殊的方式组合在一起：基于染色体群的并行搜索，带有猜测性质的选择操作、交换操作和突变操作。这种特殊的组合方式将遗传算法与其他搜索算法区别开来。

遗传算法除了具有以上离散动力学系统的一般特点外，还有以下几方面的特点：

(1)遗传算法的处理对象不是参数本身，而是对参数集进行了编码的个体。此操作使得遗传算法可直接对结构对象进行操作。

(2)许多传统搜索方法都是单点搜索算法，容易陷入局部的最优解。遗传算法同时处理群体中的多个个体，即对搜索空间中的多个解进行评估，减少了陷入局部最优解的风险，同时算法本身易于实现并行化。

(3)遗传算法基本上不用搜索空间的知识或其他辅助信息，而仅用适应度函数值来评估个体，在此基础上进行遗传操作。适应度函数不仅不受连续可微的约束，而且其定义域可以任意设定。这一特点使遗传算法的应用范围大大扩展。

(4)遗传算法不是采用确定性规则，而是采用概率的变迁规则来指导它的搜索方向。

(5)具有自组织、自适应和自学习性。遗传算法利用进化过程获得的信息自行组织搜索，适应度大的个体具有较高的生存概率，并获得更适应环境的基因结构。

前面所描述的遗传算法的模型非常简单，但是在这一基本型上加以改进后，遗传算法在地球系统科学领域可以得到广泛的应用。

3.3 地球系统的随机性

随机性是复杂地球系统的重要特征之一。地球系统演化在开放条件下，除用非线性方程描述外，常常还采用非确定性方程来描述。必然性和偶然性，现实需要两者，本节将在随机过程和随机涨落基本概念基础上，简单介绍随机网络模型。

3.3.1 随机过程与随机涨落

3.3.1.1 随机过程

若一个系统的状态演化可用一个随时间变化的随机变量 $X(t)$ 来描述，则称该系统状态为一随机过程。在数学上，若对于每个 $t\in T$（T 是某个参数集），$X(t)$ 是个随机变量，则称随机变量族 $\{X(t), t\in T\}$ 为随机过程。下面简要介绍地球系统与随机过程有关的基本概念。

1) 随机过程的概率密度

我们用

$$P_n(x_n, t_n; x_{n-1}, t_{n-1}; \cdots; x_1, t_1)$$

表示随机变量 X 在 t_1 时刻取 $x_1,\cdots,t_n$ 时刻取 x_n 的联合概率密度，显然 P_n 具有以下性质：

(1)正定条件，$P_n \geqslant 0$；

(2)对称条件，交换任意两对(x_κ,t_κ)和(x_j,t_j)时 P_n 不变；

(3)可约条件，

$$\int P_n(x_n,t_n;x_{n-1},t_{n-1};\cdots;x_1,t_1)\mathrm{d}x_n = P_{n-1}(x_{n-1},t_{n-1};x_{n-2};t_{n-2};\cdots;x_1,t_1) \quad (3.73)$$

(4)归一化条件，$\int P_1(x_1,t_1)\mathrm{d}x = 1$。由于利用 P_n 可计算各阶矩，如

$$\begin{aligned}&\langle X(t_1)X(t_2)\cdots X(t_n)\rangle \\ &= \int x_1,x_2\cdots x_n P_n(x_n,t_n;x_{n-1},t_{n-1};\cdots;x_1,t_1)\mathrm{d}x_n x_{n-1}\cdots x_1\end{aligned} \quad (3.74)$$

因此，联合概率密度描述了随机过程的统计规律性。由联合概率密度还可以定义条件概率，我们用

$$P_{n,m}(x_n,t_n;x_{n-1},t_{n-1};\cdots;x_{m+1},t_{m+1}\mid x_m,t_m;\cdots;x_1,t_1)$$

表示固定$(x_1,t_1;x_2,t_2;\cdots;x_m,t_m)$时，随机变量 X 具有$(x_{m+1},t_{m+1};x_{m+2},t_{m+2};\cdots;x_n,t_n)$的联合概率密度，称为条件概率，它由以下恒等式定义

$$\begin{aligned}&P_{n,m}(x_n,t_n;x_{n-1},t_{n-1};\cdots;x_{m+1},t_{m+1}\mid x_m,t_m;\cdots;x_1,t_1) \\ &\equiv \frac{P_n(x_n,t_n;x_{n-1},t_{n-1};\cdots;x_1,t_1)}{P_m(x_m,t_m;x_{m-1},t_{m-1};\cdots;x_1,t_1)}\end{aligned} \quad (3.75)$$

2) 平稳性

如果一个随机过程对一切 n 和 τ 均有

$$\begin{aligned}&P_n(x_n,t_n;x_{n-1},t_{n-1};\cdots;x_1,t_1) \\ &= P_n(x_n,t_n+\tau;x_{n-1},t_{n-1}+\tau;\cdots;x_1,t_1+\tau)\end{aligned} \quad (3.76)$$

则称该随机过程是平稳的。将上式代入(3.74)得

$$\langle X(t_1+\tau)X(t_2+\tau)\cdots X(t_n+\tau)\rangle = \langle X(t_1)X(t_2)\cdots X(t_n)\rangle \quad (3.77)$$

特别有$\langle X(t+\tau)\rangle = \langle X(t)\rangle =$常数。因此，平稳随机过程又可以定义为各阶矩不受时间平移影响的过程。

3) 随机过程的统计参数

随机过程的主要统计参数除各阶矩外，还有时间自相关函数、方差函数和自相关时间。自相关函数的定义是

$$\begin{aligned}K(t_1,t_2) &\equiv \langle\langle X(t_1)X(t_2)\rangle\rangle = \\ &\langle\{X(t_1)-\langle X(t_1)\rangle\}\{X(t_2)-\langle X(t_2)\rangle\}\rangle = \\ &\langle X(t_1)X(t_1)\rangle - \langle X(t_2)\rangle\langle X(t_2)\rangle\end{aligned} \quad (3.78)$$

它描述了随机变量 $X(t)$在不同时刻取值间的相关性。若 $t_1 = t_2$，则称

$$K(t,t) = \langle X^2(t_1)\rangle - \langle X(t_2)\rangle^2 = \sigma^2(t) \quad (3.79)$$

为方差函数或均方涨落。

平稳随机过程的自相关函数仅依赖于 $\tau = t_2 - t_1$ 的绝对值，且不受从 $X(t)$中扣除常数$\langle X\rangle$的影响，故可用

$$K(\tau) = \langle X(t+\tau)X(t)\rangle \quad (3.80)$$

表示。若当$|\tau| > \tau_0$ 时，$K(\tau) = 0$ 或 $K(\tau)$小到可以忽略不计，则称 τ_0 为自相关时间。

4) 马尔可夫过程

马尔可夫过程是最重要的一类随机过程。考虑任意 n 个相继时刻 $t_1<t_2<\cdots<t_n$,若有

$$P_{n,n-1}(x_n,t_n \mid x_{n-1},t_{n-1};\cdots;x_1,t_1) = P(x_n,t_n \mid x_{n-1},t_{n-1}) \tag{3.81}$$

即给定了 t_{n-1},x_{n-1},则在 t_n 的条件概率被惟一确定,与更早时刻随机变量 $X(t)$ 的取值无关,我们称这样的随机过程为马尔可夫过程。换句话说,马尔可夫过程是一种只对最后的历史数据有记忆的过程。$P(x_n,t_n|x_{n-1},t_{n-1})$叫做跃迁概率。

利用马尔可夫过程定义(3.81)有

$$\begin{aligned}&P_3(x_3,t_3;x_2,t_2;x_1,t_1)=\\&P_{3,2}(x_3,t_3|x_2,t_2;x_1,t_1)P_2(x_2,t_2;x_1,t_1)=\\&P(x_3,t_3|x_2,t_2)P(x_2,t_2|x_1,t_1)P_1(x_1,t_1)\end{aligned} \tag{3.82}$$

继续进行可得

$$\begin{aligned}&P_n(x_n,t_n;x_{n-1},t_{n-1};\cdots;x_1,t_1)\\&=\prod_{i=2}^{n}P(x_i,t_i \mid x_{i-1},t_{i-1})P_1(x_1,t_1)\end{aligned} \tag{3.83}$$

因此,马尔可夫过程完全由 $P_1(x_1,t_1)$和跃迁概率 $P(x_i,t_i|x_{i-1},t_{i-1})$决定。许多物理过程具有这一性质,可使问题简化,从而马尔可夫过程得到广泛应用。

3.3.1.2 随机涨落

1) 随机涨落现象

定态解是一个关于随机变量 N_1 的分布函数,盒 A 中的球数不是完全确定的,即不可能概率为 1 地在盒 A 中找到 $N/2$ 个球。总有一定的偶然性,出现 A 中球数 $N_1\neq N_2$,这就出现了涨落给定初态 N_0,系统总有可能回到这个特定的初态 N_0,整个系统并不是趋向惟一的平衡态 $N_1=N_2$[图3-44(a)]。当 N 非常大时,定态分布函数是围绕 $N_1=N/2$ 的很尖锐的峰,分布函数实际上近似于一个 δ 函数,即使有涨落,偏离 $N/2$ 很大的情况是罕见的[图 3-44(b)]。

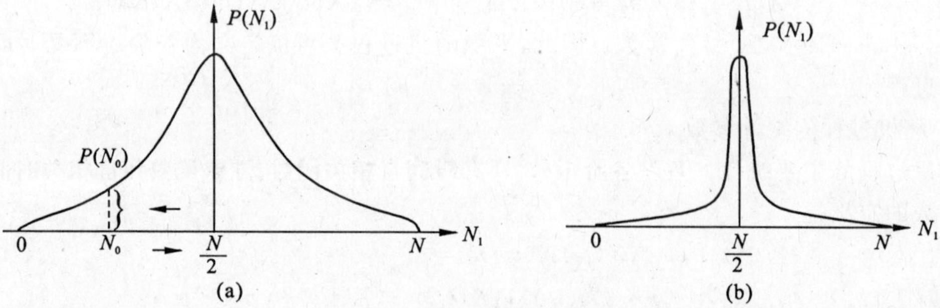

图 3-44 随机变量 N_1 的定态解

2) 涨落的度量

涨落在地球系统中总是存在的。为了描述系统定态分布的尖锐程度,换句话说,涨落的大小,我们用方差和协方差这两个具有统计性质的量来度量。方差用来度量对于均值涨落的重要性,协方差用来度量系统中不同空间区域之间相关的程度。实际上,所谓平衡状态下的均匀体系存在着涨落,由方差公式可以求出表征涨落重要性的公式——统计离散度 σ

$$\sigma=\sqrt{\frac{\langle \delta X^2\rangle}{\langle X\rangle^2}} \tag{3.84}$$

现在回到物理系统的宏观参数上，一个物理系统是由千千万万个分子组成的，系统的宏观变量如温度、密度、能量和熵等都是众多微观粒子的统计宏观效应。大数定理告诉我们，统计上独立 n 个随机变量的算术平均值 $\bar{X}$ 按概率收敛于其统计平均值 $\langle X\rangle$。因此，这时候宏观参数对于统计均值的偏离很小，涨落是微涨落。

3）涨落的作用

涨落对于地球系统结构演化起着重要作用，适应性和可靠性是它的主要作用。设系统处于某种状态 q_1（图 3－45），涨落驱使系统去探索新的状态 q_2。若没有涨落，系统决不会认识到 q_2 是一个更稳定的状态。若涨落存在，可通过扩散过程使系统从 q_1 到 q_2。状态 q_2 是一个更能适应周围环境的状态，原来的状态 q_1（暂时）被淘汰。这是一种选择，涨落和选择之间的作用导致系统的演化，适应新的竞争环境。另一方面，涨落的出现使系统可靠性降低。可是，由于涨落作用，系统可能漂移到状态 q_1，使其丧失储存功能。因此，涨落具有两面性：适应性要求大些涨落和平坦的势曲线，而可靠性要求小些涨落和深谷势曲线或近似于 δ 函数的尖峰定态分布。通过降低势垒，使系统从 q_1 状态到 q_2 状态，当系统进入 q_2 状态时，再提高势垒，使系统继续保持在 q_2 状态，即通过外部的作用和微涨落放大而使系统演化。

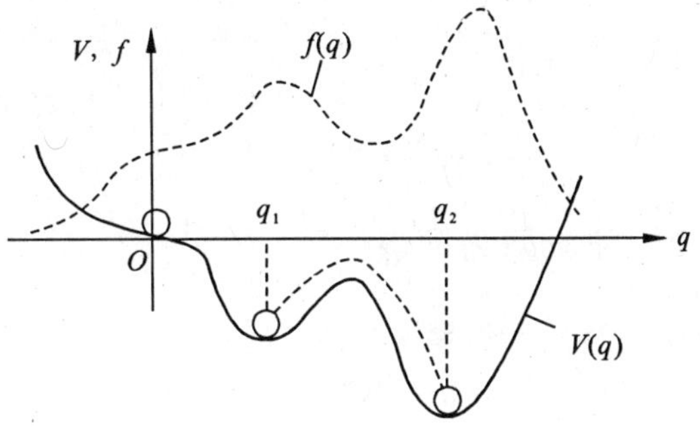

图 3－45　$V(q)$为势函数，$f(q)$为定态解

微涨落放大还可以通过分岔引起稳定性交换来说明。正常情况下，涨落对于统计均值是一个小量，不会影响原结构的稳定性。然而在临界点处，情况就不同了，这时候微涨落放大，有可能形成巨涨落，涨落的效应达到了宏观的等级。以叉式分岔的随机模拟为例，当模拟次数 n 很大时，对于叉式的叉柄段，定态分布如图 3－46(a)，近似于 δ 函数，$\kappa>\kappa_c=0$，有惟一统计吸引子 $\bar{X}$，统计离散度 $\sigma=0$，代表典型的无序状态。当控制参量变化，系统到达临界点 $\kappa=\kappa_c=0$ 时，定态分布由于临界慢化（critical slowing-down）转变为扁平状态[图 3－46(b)]。最后，在 $\kappa<\kappa_c$ 的区域，定态分布变为双峰状态[图 3－46(c)]。定态分布的极大值分别对应于分岔后出现的两个新的吸引子。设双峰分布的极大值出现在 $X=X_1$ 和 $X=X_2$，X_1 和 X_2 被一对应于极小值的 $X=X_0$ 所分开。为计算方便，我们仍用两个 δ 函数进行简化，计算均值、二次矩和方差分别为

均值：
$$\langle X\rangle=\frac{1}{2}(X_1+X_2) \tag{3.85}$$

二次矩：
$$\langle X^2\rangle=\frac{1}{2}(X_1^2+X_2^2) \tag{3.86}$$

方差：
$$\langle \delta X^2\rangle=\langle X^2\rangle-\langle X\rangle^2=\frac{1}{4}(X_1-X_2)^2 \tag{3.87}$$

统计离散度为

$$\sigma=\sqrt{\frac{\langle \delta X^2\rangle}{\langle X\rangle^2}}=\frac{X_2-X_1}{X_2+X_1} \tag{3.88}$$

这种微涨落放大效应，十分明显地违背了中心极限定理，无论如何不能视为统计独立的任意变量之和了，说明系统内出现了相干行为，系统内出现相干的原因是由微涨落放大所引起的。

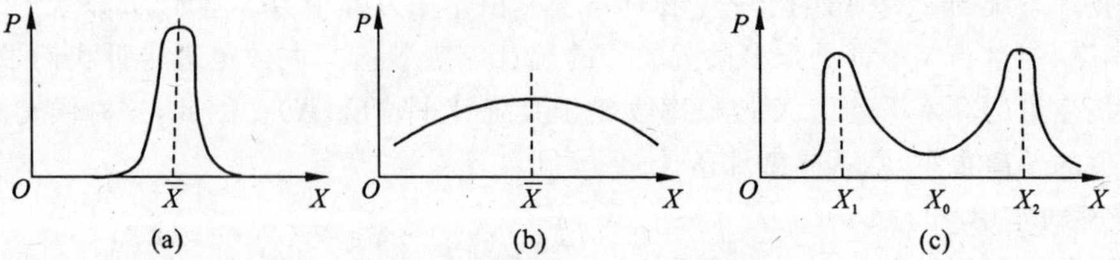

图 3-46　叉式分岔的随机模拟

3.3.2　随机网络模型

3.3.2.1　整体建模框架

传统的评价建模效果的方法是基于“拟合良好性”准则。然而，由于我们研究的模型缺少有关原型的定量信息，难以运用传统的方法。确切地说，“最好的模型”应该十分像原型，就像是原型的复制品。然而，如果一个模型与原型相似到不能将两者分辨开来时，这个模型将和原型一样复杂，用它来解释原型的行为就失去了意义。因此，我们只对原型的某些方面进行建模。当然，我们可以建立许多这样的模型，它们与原型的某个或某些方面相似。这就引出了模型的“整体”概念。假定我们掌握了被建模的原型或现象的局部细节，但是没有充足的时间是不可能知道它的全部复杂性。我们希望建立一些模型来反映典型的局部细节，同时对原型的全局行为有更多的了解。研究表明，根据原型局部细节建立的模型，表现出来的全局行为与该原型所表现出来的全局行为相似是合理的。

我们为什么要研究从符合局部细节的模型集合中如何产生“整体”呢？首先，构造原型的模型组成的模型集合非常大，模型表现出来的全局行为很多，也有许多全局行为与原型不相符。因此，通过将模型集合划分开来，我们试图定义“整体”，使得对不同的整体，其行为各不相同，再从这些整体中找出全局行为与原型相似的整体。其次，将考虑的模型按结构说明和(或)功能控制分成不同的等价类，结构说明和(或)功能控制可看成是原型局部细节的静态描述。这些等价类定义了我们的“整体”。如果有一个整体集合，并且知道原型的一些全局行为，则必定有某些整体与原型比较相符。我们可以描述整体集合中的每个“典型”整体行为。模型的等价类自身通常比较大，因而穷举描述是不可行的，我们应该从每个等价类中抽样来得到“典型”行为。幸好，等价类的数量通常是合理的。

可以应用常用的统计描述方法(如经验分布、期望、方差等)来检验典型的整体行为，从而判断不同的等价类对应的典型行为是否存在差异。如果差异不存在，则这样定义的等价类是无效的，需要寻找新的等价类定义。如果差异存在，则我们还希望可将这些差异按结构说明和(或)功能控制的级别排序。我们可以寻找其典型行为与原型最相似的整体，实际上，没有一个整体的行为与原型充分符合。在这种意义下，如果整体在结构说明和功能控制的不同级别上都产生了多样的行为，那么这样的整体是令人满意的。我们接受一个事实，即原型的未知细节导致整体的变化。我们需要用原型局部细节的静态描述来产生整体的多样性。

假定整体足够多，如果想以一种特定的方式更改原型的行为，这意味着寻找其典型行为，并按恰当的方式更改整体，反过来，也可以认为整体行为的范围描述了原型行为的范围。结构和功能控制级别的变化或扰动若导致模型行为发生变化，则也会导致原型的行为发生变化。

这样，我们就可以通过以某些方式作用于模型，来得到原型合乎需要的行为以及它对外部扰动的反应。

上面表述了整体方法的本质，说明了我们应用这种方法最希望得到的结果。整体方法的目的是掌握整体的行为以便对原型的行为有更好的理解(图 3－47)。为了了解整体建模方法，我们以开关网络模型为例加以说明，即从模型整体中对模型进行随机抽取的思想出发，研究一类随机网络模型，这隐含着分析的整体方法。

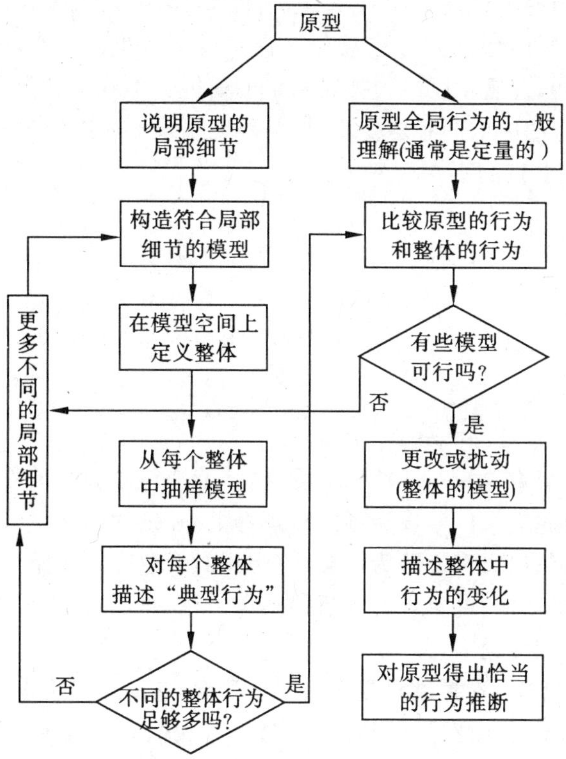

图 3－47　整体建模方法流程图

3.3.2.2　开关网络模型

开关网络模型在概念上是简单的，但是，它在行为上却具有多样性和复杂性。对该模型的期望行为的研究，体现了上面提到的整体建模方法，从而提供了一般系统建模中所涉及到各类部件的微观视角。简单开关网络在理论上是复杂系统的有吸引子的例子。首先区别一下静态和动态网络描述。静态网络描述是指说明网络结构，动态描述是指说明网络在不同时刻的行为。

1) 基本定义

开关网络：我们把二进制开关网络看成一个带有布尔变换相关集合的网络。假设网络没有外部输入，即网络是自治的。形式上，这样的网络是一个二元组(N,K)，表示 N 个节点，K 是 $N\times N$ 连接矩阵，表示节点间的连接情况。K 中的元素只能是 0 或 1。当 $K(i,j)=1$ 时，表示从 i 节点到 j 节点有一个连接；而当 $K(i,j)=0$ 时，表示没有连接。K 中对角线上的元素，即 $K(i,j)$为 1 表示“反馈”，即第 i 个节点的一个输入来自其自身的输出。

连接：其含义是节点间直接相连。

连通：一个节点可以中间经过几个节点到达另一个节点，我们称这样的节点是连通的。称 i 与 j 是 p 步连通的，是指在 K^p（通常是矩阵乘法）中 $K^p(i,j)=1$。即 i 节点经 p 步与 j 节点相连。

出度与入度：定义矩阵 K 的第 i 行元素之和为第 i 个节点的出度，第 i 列元素之和为第 i 个节点的入度。固定的出度与入度 κ，意味着 K 的每列（行）具有相同的 κ。如果网络具有固定的输入和输出连接，则说明它是齐性的，即到每个节点的输入连接数与发自该节点的输出连接数相等。如果 $\kappa=N$，则网络是充分连接的。当出度＝入度＝2 时，可以形式化为一个"邻接"网络。关于输出连接，自然就联想到神经网络的研究。但在开关网络中，输入连接是更为关键的，在定义每个节点的响应的布尔变换时，需要明确地输入连接数量。通常规定输入连接 κ 固定不变，输出连接随节点的不同而变化。

2）布尔变换集

开关网络不只是一个网络，我们定义一个相关的布尔变换集，网络中的每个节点都有这样的变换集。布尔变换函数是一种映射或规则，对每个具有出度和入度 κ 的输入节点，在各种输入值向量下，规定相应的输出值。由于输入值和输出值都是二进制的，因此，映射 f 可以表示为

$$f: \times \{0,1\} \xrightarrow{\kappa} \{0,1\}$$

只有所有布尔变换集中选择一些特殊的变换，才能获得模型的多样、复杂的行为。选择布尔变换时的各处约束使我们可以对模型施加可解释的、复杂的控制。

开关网络模型。网络研究可以分为两类：一类是对 κ 的确定选择，这是经典图论的研究内容；另一类是对 κ 的随机选择，这隐含着分析的整体方法，即从模型的整体中对模型进行随机抽取的思想。我们只限定讨论后者。

在讨论开关网络模型时，连接结构是个重要的概念，它通过随机选择机制被赋值。该机制只限于输入连接 κ 固定不变的情形。因此，κ 的选择是我们对网络所做的惟一的结构控制。

3.3.2.3 开关网络模型行为的理论结果

1）完全随机网络

为了得到行为标准并从理论上说明施加控制的必要性，我们首先考虑完全没有控制的开关网络。这意味着对网络元素之间的相互连接结构和对每个元素的布尔函数的选择都没有限制，对每个元素而言，它对输入信息的反应为 0 或 1 的可能性相同，而且，一个元素的反应不会影响其他任何元素的反应。这些局部性假设保证了网络中元素的反应可以被看成是 2^N 个独立相同分布的贝努利变量（$p=0.5$），贝努利分布为两点分布离散型概率分布。因而，不管网络的当前状态是什么，它的下一个状态可能为 2^N 个状态中的任何一个，即

$$P(\text{当前状态为 } x_i\text{，下一个状态为 } x_j) = \left(\frac{1}{2}\right)^N, \quad j = 1,2,\cdots,2^N$$

这样得到的网络称为完全随机网络，简称随机网络。

对有 n 个状态的随机网络，考虑 $n \times n$ 随机变量矩阵

$$\begin{bmatrix} D_{11}^n & D_{12}^n & \cdots & D_{1n}^n \\ D_{21}^n & D_{22}^n & \cdots & D_{2n}^n \\ \vdots & \vdots & \vdots & \vdots \\ D_{n1}^n & D_{n2}^n & \cdots & D_{nn}^n \end{bmatrix}$$

其中

$$D_{ri}^n = \begin{cases} 1 & \text{若状态 } x_i \text{ 在长度为 } r \text{ 的循环上} \\ 0 & \text{其他} \end{cases}$$

2) 强制性、内部齐性和临界值

理论分析和实验研究的结果表明，当元素数量 N 增大时，完全随机网络在行为上是没有吸引子的。因此，如果要利用开关网络来对实际现象进行建模，就需要对循环空间施加控制，来减少循环数量，并使循环长度更加合理。可以考虑局部控制，即控制单个节点对输入信息的反应。这是通过对决定单个节点状态的布尔函数的选取施加限制来实现的。下面我们将定义几个限制的概念，并说明它们之间的关系。

(1) 强制性：我们称一个映射对给定的某个输入是强制的，若该输入的某个给定状态“强迫”映射的输出为某个确定值，而不管其他输入的值，则称这个给定的状态为强制状态。

(2) 内部齐性：内部齐性 I 为一个映射的映射值表中 0 的数量和 1 的数量较大的那一个，即 $I=\max\{0 \text{ 的数量}, 1 \text{ 的数量}\}$。显然，$2^{\kappa-1}\leqslant I\leqslant 2^{\kappa}$。

(3) 临界值：对某个有 κ 个输入的映射，若 L 个或 L 个以上输入取同一个确定的值时，映射的取值相同，则称 $L(1\leqslant L\leqslant \kappa)$为该映射的(扩展)临界值。称映射的输出值为对应输入值的临界状态。输入值可指定为 0 或 1，对应的临界状态也为 0 或 1。显然 L 是上面的定义成立的最少输入量。

怎样利用这些概念进行局部控制呢？沃克(Walker)等人发现，节点的布尔函数表中相同值的数量(即内部齐性)增加时，循环的长度将缩短。考夫曼发现，输入的数量与循环长度密切相关，他描述了一种蕴涵在循环行为被称为强制性的性质。对某个有 κ 个输入的映射，若有 L 或多于 L 个输入取同一个确定的值时，映射的取值相同，称 $L(1\leqslant L\leqslant \kappa)$为该映射的临界值，称映射的输出值为对应输入值的临界状态。在理论上，强制性、内部齐性和临界值之间存在一定的内在关系，它们都是进行局部控制的方式。

3.4 地球系统的自组织

自组织是地球系统科学的一个重要概念，它是地球复杂系统演化时出现的一种现象。在本节，作为概念，我们分析其与他组织的联系与区别，作为复杂地球系统演化时出现的现象，我们讨论自组织过程前后系统状态的特点，分析如何用有序、无序来标识它们。我们讨论研究自组织现象的理论——自组织理论，我们也对自组织现象进行分类、规范，以使人们对地球系统演化的这类新的现象有一个全面、准确的了解。

3.4.1 自组织与他组织

3.4.1.1 组织

组织指“按照一定目的、任务和形式加以编制”。组织是一个过程，在地球系统科学中，系统的演化是系统的一种主要行为，组织属于一类特殊的演化过程。通过大量事例的分析，我们可以体会出组织过程和形成的结构（组织结构）具有以下特点：

(1) 组织结构相对于组织前的状态讲，其有序程度增加，对称性降低。组织的这一特点明显地体现在组织过程形成的事物中，也称为组织结构。在地球系统科学中，我们将这种结构统称为有序结构，它与在地球系统科学中讨论的系统状态的有序、对称性等性质可建立对应关系，这样就可以从地球系统科学角度，从状态有序无序变化来分析组织结构。

(2) 组织过程是系统发生质变的过程，是系统有序程度增加的过程。当采用演化方程描述系统演化时，对组织过程的讨论，也可以分析系统的演化方程。但在利用演化方程分析系统组织的过程时，通常无法采用分析其演化轨道的方法，而是对方程进行定性分析，讨论方程解的个数、状态的稳定性，讨论参量变化如何影响系统状态稳定性发生变化等。

在实际讨论中，组织现象有多种形式，各种人类社会组织、经济组织是组织，而蚂蚁、蜜蜂的社会组织，生物链组织，甚至地球围绕太阳的旋转，沉积岩浆凝固形成的花样等也全是组织，它们都具有组织的特点。进一步对组织过程分析，人们发现，可以将它们分成两类。一类是系统之外有一个组织者，整个地球系统的组织行为和做法按照组织者（外界主体）的目的、意愿进行，在组织者（外界主体）的设计、安排、协调下，地球系统完成组织行为，实现组织结构。平时所讲的组织多是这一类，如人工制造的各类机器、电子设备，设计的各种结构等，通常称为他组织。还有一类，我们无法在系统外找到组织者，实际过程是在一定的外界条件下，地球系统"自发地"组织起来，形成一定的结构，如蚂蚁、蜜蜂的社会组织，生物链组织等，称之为自组织。

3.4.1.2　他组织

他组织必须要有一个系统以外的组织者，通常事前有一个目标，有预定的计划、方案等，组织者组织系统使其按事前确定的计划、方案变化，达到预定的目标。他组织现象中组织者与被组织者的关系就是一个控制、管理的关系。他组织过程与控制是紧密相连的，或者说它们是对同一问题从不同角度进行分析。通常他组织是强调系统的行为，强调系统对组织者的响应，研究系统状态发生质变的过程等。而控制是强调组织者的行为，讨论如何才能使系统发生变化，控制者的输入怎样影响系统的输出、输入和输出的关系等。控制作用强调组织的目的，控制是指驾驭过程，它研究如何构建系统机制，如何输入信息使系统按照既定的目标演化。控制过程存在一个外界作用，即控制作用；还存在一种响应机制，即在控制作用下系统的变化如何。控制就是研究如何选择控制作用，以及在一种控制作用下系统的响应机制是什么，在这两者的共同选择下使系统达到我们的目的。在地球系统变化的过程中，控制主要研究使地球系统变化的条件，研究在某一种外界条件下，地球系统会发生怎样的变化。

在研究控制作用时需要区别自然界的控制作用和人工控制作用。自然界的控制作用实际上就是我们所发现的系统与外界环境之间的各种因果关系，如外力的大小、方向、作用点控制了系统的机械运动（牛顿第二定律）；天气的情况控制着农作物的生长，决定了当年的收成；地球上的环境决定了各地域不同的物种。在很多情况下，自然界控制作用不作为控制问题进行研究，人们研究自然规律，就是对它们进行讨论。

人们更关心的是人工控制现象，控制现象决定于两方面因素：①控制的内容、控制的大小、控制的形式等；②被控制对象的响应机制。人工控制就是研究在一定目的之下，如何设计制造系统即选择什么样的响应机制，再给出什么样的控制作用，能够使系统达到我们的目的。

这里我们要特别提出反馈这一概念。在一个控制系统中，将输出信号的一部分作为输入，再来控制系统的输出，称为反馈。换句话说，就是把表征行为结果的量变成进一步行为的原因。在讨论地球系统演化过程中，反馈是一种重要的机制，从反馈结果来看，可以分成正反馈、负反馈两种。正反馈是系统的激励机制、信息的放大机制。负反馈是系统的抑制机制、稳定机制、信息的衰减机制。从反馈的实施形式来看，反馈又可以分成开环控制和闭环控制两种。闭环控制指反馈控制回路与外界无关，输入的反馈信号，仅由系统的输出决定。在电子线路中的自激振荡部分就可以看成一个闭环正反馈系统。开环控制是指输入的反馈信号，不仅由系统的输出决定，而且还与外界有关。经常研究的控制系统是开环反馈控制系统，就是讨论当环境变化、系统偏离目标时，将输出信号与目标信号进行比较，作为反馈信号，再输入控制系统，使系统仍能向原来既定的目标演化。

3.4.1.3　自组织

自组织是地球系统存在的另外一类组织现象。在地球系统实现空间的、时间的或功能的结构过程中，如果没有外界的特定干扰，仅是依靠地球系统内部的相互作用来达到的，我们便说地球系统是自组织的。这里"特定干扰"一词是指外界施加作用、影响的形式、特点与系统的形成的结构和功能之间存在直接的联系。自组织指地球系统形成的各种结构并非是外界环境直接强加给系统的，而外界是以非特定的方式作用于系统。从效果上看，自组织与他组织现象一样，都是系统达到了一定的目的，都是实现了某种确定的状态。而它们之间的根本区别在于：同样对于系统状态的出现、新功能的形成、一定目的的达到，其原因不同。对于他组织，出现这些现象的原因在于系统之外。自组织则不同，之所以出现组织结构，其直接原因在于系统的内部，与外界无关。如物种的进化，它是由系统内部的遗传和突变功能造成的。

当然，一个系统必然与外界联系，每个系统的演化也都是在一定外界环境中进行的。仅从系统组织起来的原因是外界提供的还是内部产生的，来确定系统是他组织还是自组织，是不够的。可以说，内因决定了系统演化（发生质变）所得到组织的形式、状态性质、特点等，外因决定系统组织进程能否实现。哲学上将此说法规范为："外因是事物变化的条件，内因是事物变化的根据。"正如同上面我们在谈系统他组织（控制）时，不仅谈到外界控制，还谈到系统响应一样，控制与响应共同决定了系统的性质，也就是需要同时考虑外因、内因两个方面；在自组织问题上，要研究系统内部机制，还要分析外界条件，同样是外界条件与系统机制共同决定的自组织系统的性质。从这个角度上看，区别他组织与自组织并不是一件容易的事。另外，地球系统科学告诉我们，系统和环境的划分是相对的。一个问题中某种因素，在这种系统中它是内因，而在另一种系统划分下，又可以是外因。决定系统演化的因素被划在系统之外，外因可以看成控制，看成控制就可以运用他组织的理论进行分析；将控制系统演化的因素划在系统之内，若研究内因之间的关系，则需要用自组织的理论来分析。

在讨论问题时，由于系统的划分不同，影响系统演化的原因可能是外部环境，也可能是内部因素，这就进一步决定我们选择他组织理论，还是选择自组织理论。因此，我们在区别他组织和自组织时还有一条重要的根据，就是把能够通过简单的分析，找出某种因素对系统演化有影响，并可确定相互之间控制与响应的关系，通过划分系统与环境，则将此因素划在系统之外，看成他组织系统。如天气的好坏控制了庄稼收成的高低，飞行员控制了飞机的飞行等。对于无法找出外界的环境条件如何影响系统组织状态的出现，无法分析相互之间的控制与响应关系，则把该因素或者划在系统之内，或者当成某种外界条件，此时称为自组织，如贝纳尔对流。贝纳尔对流是指 1900 年法国青年物理学家贝纳尔在其博士论文中公布的实验（图 3－48）。

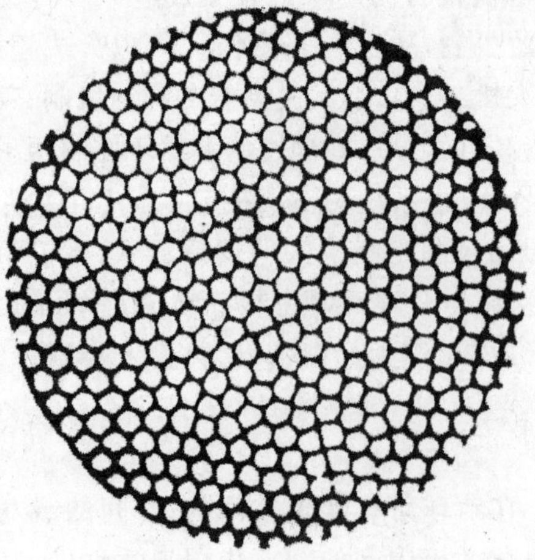

图 3-48　贝纳尔对流平面图

系统状态发生突变，这也使我们无法分析“控制”与“响应”之间的关系。对这种“控制”下系统的演化我们仍称为自组织。在这种情况下，外界作用不称为控制，而称为实现自组织的条件。

客观实际是统一的，自组织和他组织都是对在一定外界环境下系统状态发生质的变化这样一类现象的两种不同描述方法。严格地说，自组织与他组织是我们在研究方法上对系统的一种分类，将系统列到不同的范围内，采取的办法也不同。同一个现象，我们既然可以说它是自组织现象，又可以说它是他组织现象。如果把它看成自组织现象，就利用自组织理论来处理；如果把它看成他组织现象，就利用组织理论（控制理论）来处理。

从目前来看，我们将能够分析出外界控制与系统响应之间关系的系统，称之为他组织系统；无法说清楚关系的系统，我们称为自组织系统。按此观点，有些现在看来是自组织系统，将来可能是他组织系统。或者更准确地说，有些现在用自组织理论处理的现象，将来可能会用他组织理论来处理。对于贝纳尔对流系统，将它作为自组织的典型实验，已在不少著作中进行过讨论。最近，也有人将它作为一个组织问题，利用流体力学的纳维-斯托克斯方程（Navier-Stokes equation）进行分析，已经得到了很好的结果。

也有人把输入、输出关系已经确定的系统称为他组织系统。对于这样的系统，有一定的输入，根据系统确定的响应关系，就可以得到系统预想的输出行为。同样，将输入确定，输出行为不确定的系统称为自组织系统。对于贝纳尔流体系统，虽然确定的温度差可以使系统一定出现花样，但花样出现的位置却是无法预见的，在空间某一位置上，流体微团可能向上运动，也可能向下运动，这样无法确定输入输出关系的系统，则是自组织系统。

自组织是地球系统存在的一种形式，在研究系统与环境关系时，我们发现它也是系统存在的一种最好形式，是系统在一定环境下最易存在、最稳定的状态。因此即使对于那些可以当作他组织研究的系统，我们也应该使其达到自组织状态。对于生态系统，我们不能人为“组织”，破坏生态平衡，大量围湖造田，把湖边沼泽“组织”成良田。这样破坏生态，就将造成环境恶化，危害人类。我们要维持生态平衡，不过量采伐树木，使之可以自我繁殖；不大量产生工业废气，保护地球表面臭氧层等，使其达到自组织状态。现在人们已经意识到应使自己的行为限制在生态系统的自组织范围内活动。在经济系统中，我们也不能随心所欲地组织生产、安排经济活动，必须符合经济规律，这就是要求使经济系统处在自组织状态。

3.4.2　两种有序原理

3.4.2.1　序的一般概念

自然科学中，序实际上就是对两个元素之间关系的确定。针对这一本质，数学上严格定义了偏序（即是我们通常所讲的序），认为它是一种具有传递性、反对称性和自反性的二元关系。

这里的偏序关系是我们下面讨论的基础。可以理解为，子系统之间有偏序关系的两个系统可以比较其有序程度，不存在偏序关系的系统，不能比较其有序程度。后来人们进一步发展用有序、无序来描述客观事物的状态，来描述具有多个子系统组成的系统的状态。所谓有序，指事物内部的诸要素和事物之间有规则的联系或转化；即在系统内子系统之间存在某种类似数学的偏序关系。反之，所谓无序，指事物内部诸要素或事物之间混乱，且无规则的组织，在运动转化上的无规律性。单个要素或单个事物在相应的层次上不存在联系或排列，是无所谓有序或无序的。晶体空间点阵上原子(或离子)有规则地排列，行星围绕恒星有规律地运动，原子中电子有规则地分布在不同能级壳层上，人体的各个器官有规则地分布在人体不同位置，具有不同功能，相互配合完成人体新陈代谢的任务，我们说这些是有序的。反之，无序的状态或运动很难加以描述或区别。在研究事物时，总是找到事物内部诸因素之间排列的序，并按某种序来确定一事物与它事物之间的关系。从这里我们看到，有序概念是利用数学上偏序关系来区别两个系统或两个事物之间的差别，子系统之间具有某种偏序关系的系统，可以认为是有序的；子系统之间不具有偏序关系的系统，我们认为是无序的。

在理解序概念时有几点需要特别加以注意：

(1) 有序、无序是对比较而言的，只有一件事物或某事物中仅包含一个元素，都是无法谈论有序或无序的。序是指多个事物的一个比较，我们讲某个状态是有序的，一定是相对另一个状态而言的，是两个状态比较而言的。绝对的有序或无序是不存在的，A 相对 B 来讲是有序的，但 A 相对于 C 来讲可能就是无序的。

(2) 两个事物相比较谈论有序、无序总是根据一定规则的，规则确定以后才能将事物规则排队，也才能确定其有序、无序。确定的规则不同，其有序、无序程度也可能是不同的。用不同的规则要求来分析事物的有序性，可能会得到完全不同的结果。因此，我们谈论、比较两个事物的有序程度也是指按某一标准的要求来进行的。我们谈论晶体有序是指按照原子(或离子)空间排列来分析，我们谈天体运行有序是指分析日出日落、四季变化在时间上有周期变化的性质。

(3) 有序和无序在一定的条件下是可以互相转化的。有序、无序的转化也可以看成是系统的演化行为，而且是地球系统更高级的演化行为。一般情况下，研究地球系统在有序状况不改变的条件下所呈现的演化行为，通常反映事物量的变化，反映地球系统状态的渐变行为。而当地球系统演化时出现了有序、无序的转变，实际上是出现了功能、结构的变化，出现了质变。如无序的自然光在光泵作用下变成了有序的激光，呈周期规则排列的雪花在加热时丧失了有序性成了一团无序运动的水蒸气，这些都反映了有序、无序是可以相互转化的。在讨论一个复杂系统演化时，其演化轨迹可能是很复杂的，而且不易讨论清楚，这时我们往往讨论地球系统有序程度的转变情况，在一个较高的层次上来分析地球系统的演化，从而得到具体结果。物理学中讨论的各种相变，就是研究在一定条件下系统有序、无序之间的改变及其所遵从的规律。

3.4.2.2 对称性与有序

有序、无序是一个较普遍的哲学范畴，有序、无序的种类也很多，可以是空间有序、时间有序，也可以是功能有序，不同种类的有序是根据不同的规则来确定的。当前，地球系统科学在研究地球系统演化，特别是进行定量分析，尤其是对无生命系统的有序、无序进行分析时，是通过对称性来认识状态的有序、无序，通过对称破缺来分析有序、无序的转化。为此我们有必要对对称概念进行讨论。

对称是自然科学常用的概念，某事物或运动以一定的中介进行某种变换时，若变换后结果保持不变，则称该事物或运动在该中介变换下是对称的，否则是不对称的。对称性是人们研究、分析宏观事物时经常采用的一种手段。对称性越高的事物，越可以用较少的语言将其描述清楚。例如对正方形，只给出边长即可，而对于对称性低于正方形的长方形来讲，则必须给出两条边长。物理上对此有更明确的定义，它讨论的对称性是指如果在某种对称操作下(如沿某轴旋转180°)系统的状态保持不变，则称系统对这种操作保持对称性，或具有该种操作的对称性。例如贝纳尔对流，在上下温度梯度未达到规定阈值时，具水平方向上平移任何距离的对称性，在温度梯度到达阈值出现对流花样时，则仅具有平移一个或数个对流花样距离的对称性，其余对称性都失去了。系统状态发生变化时，若从无序均匀分布状态变化为有序结构，对称性降低了，物理学上称之为对称破缺。在耗散结构理论中，不论系统的有序结构如何，不论是通过外界的何种作用使之发生变化的，我们统一用对称性的高低来表示系统有序程度的多少，用对称破缺来表示系统状态的突变。有了统一的标准，就可以比较表面上看来联系不大，甚至毫不相关的两个状态之间的有序程度及它们的“进化”关系。当然，对称破缺也限制了我们对一些状态之间有序程度的比较，或者说，我们比较两个状态之间的有序程度，必须要说明是在什么样的对称操作下其对称性的变化情况，不能随意比较。

最直观、最普遍的对称形式是形象对称，除了形象对称外还有结构对称。无论是形象对称还是结构对称都指空间对称。我们进行各种操作，如旋转、反射、平移等，使事物位置发生变化，若操作前后事物的状态未发生变化，则称该事物对此操作是对称的。如对一个正方形图形，进行过中心且垂直图形的轴旋转$\frac{\pi}{2}$、π、$\frac{3\pi}{2}$、2π后，与原来形状一样，则称正方形图形具有绕中心旋转$\frac{\pi}{2}$、π、$\frac{3\pi}{2}$、2π 4种对称性；但对同一轴，正方形旋转$\frac{\pi}{4}$后，与原来形状不再重合，则称它不具有$\frac{\pi}{4}$的旋转对称，而一个圆盘则具有$\frac{\pi}{4}$的旋转对称性。事物除空间上形象和结构的对称以外，还可具有时间对称。时间对称是指事物每运动变化一段确定时间以后的状态，与原来状态保持一致。系统状态若用$f(t)$表示，时间对称可写为$f(t)=f(t+mT)$，其中m为任意整数，T为对称周期。时间对称通常有时间平移对称、时间反演对称等。

对称既是我们对系统状态性质的描述，又是研究系统的方法，在讨论系统状态或状态变化时，常常要分析其对称性。一般地说，具有对称性的状态可以较方便地进行描述，时间上的对称性又可以使系统演化轨道变得简单。特别是，在地球系统演化过程中若它具有一种对称性，则对应着系统满足一种守恒律。对物理系统，可以有非常具体的关系，一个系统具有时间平移不变，则一定满足能量守恒；而具有空间平移不变的系统将满足动量守恒，具有空间旋转不变的系统满足动量矩守恒；等等。根据系统对称性的分析，我们可以对系统性质有更深刻的认识，可以了解系统在机制上的很多特点。

在比较两个状态的有序程度时，定义对称性低的状态更有序，对称性高的状态更无序。在系统演化时，由对称性低的状态向对称性高的演化称为退化；反之，称为进化。之所以这样规定，在于我们的概念是建立在热力学基础上的。按照热力学的分析，高熵状态所包含的微观态数多，即在此态中分子相互交换的可能性大。通常认为这样的系统状态更无序，其原因在于，在这样的状态下，子系统变化可有更多的自由度，即运动更加混乱。某状态包含的微观态数多，则表明它可以在更多的对称操作下保持不变，也即具有更大的对称性，故我们用对称性多的状态来代表无序状态是很自然的，地球系统从无序状态向有序状态的演化是地球系统不断地对称破缺的过程。我们讨论的热力学平衡态是系统熵最大的状态，是最无序的状态，它所满足的对称性也最多，无论采取什么样的操作，系统的状态均不发生改变，即具有各种对称性。平时我们有一种错觉，认为似乎有序程度越高的状态其对称性也越高，比如晶体比高温下其转变成的气体更有序，且通常又说晶体有某些对称性，似乎对称性高和有序是正相关。实际上是不对的。对于晶体和其转变成的气体，之所以出现对其对称性与有序性关系上认识的错误，在于既未看到气体具有更多对称性，又忽略了晶体与气体相比由于对称破缺失去了大量的对称性，仅仅保留了某些有限的对称性。通常在分析晶体时，不指出均匀气体具有各种物理操作的对称性，也不讨论晶体与气体相比失去的对称性，仅指出晶体还保留的那一部分对称性，这才给人们造成错觉，认为部分对称性是均匀气体所没有，而是晶体所特有的。

有序与地球系统的对称性、描写地球系统演化方程的不变量三者之间有着密切的关系。为了进一步分析这些问题，我们从地球系统演化的基本问题出发。在数学上，用一组微分方程来描写地球系统的运动，在给定初始条件，即给定 $t=0$ 时的 $x_i(0)$ 值，可由演化方程求出地球系统的演化情况。

设地球系统演化方程组为

$$\frac{dx_i}{dt}=f_i(x_1,x_2,\cdots,x_n),\quad (i=1,\cdots,n) \tag{3.89}$$

若系统存在某种对称性，则对应一个不变量，此不变量为状态变量的某种函数

$$g(x_1,x_2,\cdots,x_n)=C \tag{3.90}$$

将式(3.90)代入式(3.89)中，可消去一个变量如 x_n，得到 $n-1$ 维系统的演化方程组。维数降低有利于求解方程，对于一个 n 维系统如果可以找到 $n-1$ 个不变量，则可简化得到 1 维微分方程，使系统演化问题完全可解。

在地球系统科学里也要利用上述关系来分析地球系统的演化，我们利用系统对称性主要在两个方面：①利用对称性与有序之间的关系，根据系统状态对称性的多少来判定系统状态的有序程度，再利用状态有序程度的变化来讨论地球系统的演化方向等问题，系统是向着有序程度增加的方向演化，还是向着有序程度降低的方向演化，这方面研究与熵概念紧密联系在一起；②利用系统的对称性来求解地球系统的演化方程。后面我们将讲到，一个系统的演化方程可以形式地写成一个算子方程。算子对函数的作用可以看成对系统的一个操作，系统具有一种对称性，就存在一个不变量，也就是该不变量对应的算子对系统状态函数作用后，状态函数不发生变化。利用算子方法来求解系统演化方程，就是讨论某演化算子对系统实行操作，系统状态如何变化。后面我们将此分析思想作为一种数学方法进行讲解。

3.4.2.3 两种有序

仔细分析会发现，自然界和社会都存在着两种有序现象，地球系统科学必须认真加以区别。一块食盐晶体与同样大小的一块橡胶相比，食盐比橡胶更有序。橡胶分子杂乱无章分布，可以认为它具有多种多样的平移、旋转等对称性；而食盐晶体中的离子规则排列，它们仅保留了平移一个晶胞距离或数倍晶胞距离的对称性，食盐晶体出现了空间排列对称性的破缺。没有外界环境干扰，食盐的有序排列结构将会一直维持下去，这是一种有序现象。同时，前面我们介绍了另一种有序现象，贝纳尔图样与平静的水相比也是有序的，可以认为水分子杂乱无章分布，具有多种多样的平移、旋转对称性，贝纳尔图样仅保留了平移一个花样或数个图样的对

称性。但是我们可以看出:食盐晶体的有序(或失去了某些对称性)与贝纳尔图样所表现出的有序有着明显的不同。我们将前者称为静态有序,其所形成的结构称为平衡结构;而称后者为动态有序,其所形成的结构称为非平衡结构或称为耗散结构。动态有序是地球系统科学更重视和更深入研究的一种有序现象。

除了前面所说的贝纳尔对流以外,动态有序广泛存在于地球系统,一年四季的变化、地球上的昼夜交替、各类动植物的生长发育以及它们躯体构造的分布都是动态有序。在人文社会科学领域中也可以到处见到动态有序的例子,经济发展的周期,稳定的社会组织形式,人的思维活动,都可以从动态有序的角度分析。我们把不同领域中的动态有序现象加以总结,可以发现它们与静态有序存在明显区别。这些区别在地球系统科学对地球系统进行分类,特别是将系统演化行为与系统内部机制联系起来讨论有着重要的意义。

首先,我们发现在结构的形式上,平衡结构是死的、宏观不变的结构,是由微观粒子(子系统)的规则排列构成的;耗散结构是活的结构,微观上每个子系统在不停地变化运动,是微观的不停运动构成了宏观上稳定的结构。平衡结构一般没有空间尺度的限制,只要在宏观范围内,一块 NaCl 晶体,当将其打碎改变尺度后,仍呈现为规则的 NaCl 晶体结构;耗散结构在改变系统尺度以后其形式会改变,就是在改变观察尺度后,也看不到原来的花样。对贝纳尔流,如果是在一个圆形扁平容器内观察,可以从顶向下看到一个一个六角形花样,从侧面看到类似于"蛋卷"的图形。对于方形扁平容器则只能观察到其他形式的花样。特别是当观察尺度缩小到一个正六边形内时,则只能看到流体微团的流动,而不能发现它原来结构的形式了。另外,由于耗散结构是"活的"结构,因此结构形式除了与平衡结构一样,有空间有序结构外,还存在时间结构(某个物理量随时间周期振荡)、时空结构(某个物理量像波一样,同时随时间、空间周期变化)等,比平衡结构丰富多彩。

其次,我们发现,活结构不仅在形式上与静止结构(平衡结构)不同,而且在形成机制、维持结构稳定条件上也与静止结构不同。人们对静止结构的特点是比较熟悉的,静止结构的形成需要确定的外界环境,如一定的温度、压强等,在结构形成过程中系统与环境状态参量不一致时,也与外界有能量、物质的交流,最终达到一致,不再变化,系统形成静态结构;然而一旦形成结构,则与外界再无任何交换,而且此时与外界的任何交换,只会破坏系统的结构和有序程度。可以肯定地说,只要外界环境不再"破坏"系统,系统的有序结构将永远保持下去。活结构则不然,不仅只有在系统远离平衡态,在外界环境物质和(或)能量对系统的作用下,才能使系统形成活的有序结构;而且形成结构以后,也仍然需要与外界环境进行交流,才能使结构维持下去,如果减少与外界的交流,甚至取消交流,已经形成的结构必将遭到破坏。维持一个活的结构需要"新陈代谢",没有"新陈代谢"系统就会死亡,有序结构随之丧失。

两种结构形成的机制显然不同,物理学中讨论的一级相变(冰变水,水变汽等)、二级相变(顺磁、铁磁之间的变化等)均是对静止有序结构变化的研究,也称为平衡相变。过去我们较重视对这类静止结构变化的研究,而忽视了对活结构的研究。为了强调活结构的形成和维持需要消耗外界的物质、能量等,普利高津形象地将这种结构称为耗散结构,并且把研究这种结构形成、演化的学说称为耗散结构理论。也可以说,耗散结构理论实际上就是讨论耗散结构产生、维持的条件、所具有形式特点及演化规律的理论。

第三,对于静止结构的系统,它的每一部分是不变的,所谓结构就是它们的一个规则排列。而对于活结构来讲,从宏观上看,系统有确定的形状、规律;然而从微观上看,子系统又是在不断变化的。贝纳尔图样是水分子微团不停运动而形成的一个宏观稳定的图形,图形的每一个局部是由保持同样运动状态的水分子逐个替代而形成的。一个动植物的宏观体形也是由细胞的不断生长、发育、死亡,而不断替代形成的。动植物体的每一部分,其旧细胞不断死亡,新细胞不断成长,而在宏观上保持一定的形状。

在地球系统科学中,如果不作说明,通常情况下讨论有序结构是指讨论活的结构即耗散结构。在分析系统有序与无序时,人们通常考虑结构排列上的结构序以及在实现不同功能上有一定先后的功能序。在结构序上,人们经常分析下述几种有序情况:①空间序,指系统或其子系统在空间分布上的规律性。任何事物都有确定的空间分布,这种分布既不是完全均匀同一的,也不是杂乱无章、随机分布的。高分子有机化合物中各种原子或离子的空间分布、贝纳尔流体中稳定的六角形空间分布花样等,这些都是空间序。②时间序,指系统发展变化时,时间上的先后次序以及周期性的变化,我们称这种确定的时间进程为时间序。地球围绕太阳旋转、钟表中摆锤或游丝的运动都具有时间序。③时空序,指系统在时空4维坐标系中周而复始的变化。单纯从时间或者从空间上来分析系统变化的周期性均不明显,而将时间与空间结合起来以后,则可以看到很有规律的变化。树木年轮的生长、各种波的现象都是具有时空序的例子。

目前随着研究问题的深入,除了研究结构序的上述3种形式外,还讨论功能序,或称功能结构。功能结构指系统具有某种新的功能。对于复杂的地球系统我们研究演化不仅关心它的演化轨迹,更主要关心它所反映出来的功能,而系统功能的发挥有时也有一定的顺序关系,例如人体四肢功能依靠脑功能来支配,大脑既支配眼睛的视觉功能,又接受眼睛提供的信息来判断外界的事物,这些都是功能序。在地球系统演化过程中某些组织结构没有变化或变化不明显,而其功能发生变化时,采用功能结构讨论问题很方便。当然由于数学工具的缺乏,对于这方面研究的进展速度较慢。我们相信随着研究的深入和其他学科的发展,对功能有序或其他形式的动态有序将会有更深入的讨论。

3.4.2.4　有序与系统演化

由于地球系统的复杂性、多样性,其演化的方式、特点、方向也是多种多样的。系统的有序性不仅是我们对系统状态划分的有力工具,可以根据有序性来区别系统,对系统进行比较,论述哪些是有序的,哪些是无序的,我们还可以根据系统演化时间进程中系统有序性的变化来分析系统的演化方向。如果在系统演化过程中,随时间系统状态的有序程度越来越高,我们称系统朝有序方向演化或称进化。反之,随着时间系统朝着有序程度越来越低的方向演化,我们称之为退化。

实际上自然界还存在着大量相反方向演化的现象,系统演化有可能向着对称性低、有序程度更高的方向演化。达尔文(Darwin)生物进化论讨论的几乎全是此类现象,从原始的草履虫发展到现在的高级哺乳动物,更进一步进化为人;从宇宙中的新星爆发到出现大量无机物,进而合成有机物,这些全是地球系统进化的表现。我们不去研究整个宇宙究竟如何进化和退化,而是强调指出,地球系统科学抓住地球系统进化和退化两个方向作为讨论地球系统演化与其机制的主要内容,是完全正确的。

在统计物理中,人们建立了熵与有序度之间的关系,即系统的统计物理熵大,则其有序程度低;反之,系统的有序程度高,则其熵小。这样我们就能利用熵与有序度的关系,用物理量熵来描写系统演化的方向。热力学第二定律指出了孤立系统自发地朝对称性高、有序程度低的方向单调演化，也可以表达为：孤立系统的熵在系统演化过程中是不会减少的(有时热力学第二定律也称为熵增加原理)。在简单巨系统中我们具体分析如何建立其熵概念，进而讨论如何用熵来分析系统演化的方向。对于更复杂的系统，虽然目前我们还没有办法建立熵概念来定量分析系统演化的方向，但是利用系统的有序、无序来分析系统的演化问题，却是定性分析地球系统演化的有利工具。

3.4.3 自组织理论

自组织理论是研究地球系统中自组织现象的产生、演化等的理论。由于自组织现象非常丰富，且它们的形成大多与系统的非线性相互作用密切相关，而目前对于大多数系统的非线性相互作用，还不能提出一种普遍适用的处理方法，因此自组织理论也未形成一种完整规范的体系，仍处于构建阶段。通常人们将普利高津的耗散结构理论(尼科里斯等，1986；普利高津，1986；普利高津等，1987；宋毅等，1986)和哈肯创建的协同学理论(哈肯，1988，1990；Fang et al.，1977；魏宏森等，1991)统称为自组织理论。耗散结构理论与协同学理论都是从物质运动的简单形式，如物理运动、化学运动等形式中总结出来的，它能够很好地解决物理学、化学中一些自组织运动的问题，比如激光、时间振荡化学反应等。但是将它推广到一般系统，作为描述一般系统的自组织理论，还有一个不断完善的过程。因此，我们在这一小节介绍的，还仅仅应称为自组织理论的初级理论。自组织理论是研究解决自然界和社会现象中自组织现象的理论工具。前面我们已经讲过，一个真实客观现象往往很难区别它是自组织现象还是他组织现象。因此，按此逻辑，也就无法判断是否需要采用自组织理论。通常是，我们根据个人的思考，人为认定它是自组织现象，进而选用自组织理论进行分析；出现矛盾，其原因不在于自组织理论本身，而在于该现象可能不属于自组织现象。

3.4.3.1 耗散结构形成的条件

前面我们已经讲述了自组织现象，特别是讲了一个系统在自组织的过程中，有序程度不断增加，最终达到一个稳定状态，其有序程度较自组织过程初始要高，因此形成有序结构是我们关心的重点。在自组织理论研究中，我们着重分析对系统有序程度的描述，分析有序程度变化的原因、机制等。普利高津在研究了大量系统的自组织过程以后，总结、归纳得出，系统形成有序结构需要一定条件(沈小峰等，1997)。

(1) 系统必须开放。热力学第二定律已经指出：孤立系统的熵不可能减少。对于一个孤立的系统，其演化结果必然是达到熵最大的平衡态，物理学所讨论的扩散等现象，不论其微观机制如何，从宏观上讲，它们可以被看成孤立系统，故最终要达到平衡态。因此要想使系统朝着有序的方向发展，系统开放是必要条件。

系统开放这一条件可以更具体地从熵 S 的变化上来讨论。一个开放系统的熵改变可以分成两部分，$dS=d_iS+d_eS$。d_iS 表示由于系统内部原因，使系统熵发生改变的部分，与外界无关。在孤立系统中已经确认，无论系统内部发生什么变化，均有 $d_iS>0$；对于开放系统，只要不考虑外界对系统熵改变影响的部分，仅分析系统内部机制作用对熵改变影响的部分，无论什么样的外界作用，仍有 $d_iS>0$。d_eS 表示由于系统与外界有联系，所形成系统熵发生改变的部分，若与外界无联系，$d_eS=0$，否则 $d_eS\neq0$。系统与环境的关系各式各样，其对系统熵的影响 d_eS 可正、可负。系统总熵变化等于这两部分之和。因此，在开放系统中只有 $d_eS<0$，同时 $|d_eS|>d_iS$，才有

$$dS = d_iS + d_eS < 0 \tag{3.91}$$

整个系统的熵减少，系统变得有序，或者说，只有在这时才有可能使系统从无序状态向有序状态转化。归纳起来可以认为，系统开放与外界有物质和(或)能量交换时，由于交换使系统熵减少，且其变化数值大于系统内自发过程引起的熵产生时，整个系统的熵可能减少，系统向有序方向转化。

(2) 远离平衡态。按热力学定义，平衡态是孤立系统经过无限长时间后，稳定存在的一种最均匀无序的状态。系统离开平衡态后，状态要发生演化(变化)，其演化方向是什么呢？普利高津给出的最小熵产生原理告诉我们：在非平衡线性区即近平衡区，系统演化的最终结果是到达熵产生最小的、与平衡态类似的非平衡定态，当环境使系统逐渐接近孤立系统时，此非平衡定态将平滑地变为平衡态，系统根本不可能形成有序结构。只有在远离平衡态时，系统处在力和流的非线性区，才有可能演化成为有序结构。远离平衡是系统出现有序结构的必要条件，而且是对系统开放的进一步说明。开放系统在外界作用下离开平衡态，开放逐渐加大，外界对系统的影响变强，将系统逐渐从近平衡区推向远离平衡的非线性区，只有这时，才有可能形成有序结构，否则即使系统开放，也无济于事。实际上，系统出现耗散结构的上述两个条件，是从熵改变大小与离平衡态远近两个不同的角度，对系统进行的讨论，应该有一致的结果。

(3) 非线性相互作用。前面已经指出，组成系统的子系统之间存在着相互作用，一般来讲，这些相互作用是非线性的，它们不满足叠加原理。因此子系统在形成系统时，会涌现出新的性质。自组织理论与前面讨论一致，自组织也是系统演化涌现出新性质的一种，自然与子系统之间非线性相互作用有关。这里我们还必须强调如下几点：非线性相互作用是系统形成有序结构的内在原因，分析相互作用机制在建立系统演化模型中是最重要的工作，非线性相互作用在系统演化方程中体现为方程是非线性微分方程。在建立模型时，会碰到分析、讨论一些不易分清内部相互作用的系统，若能肯定系统一定会出现耗散结构，则其必存在非线性相互作用，其演化方程必为非线性方程。此时，在建立且不断修正模型过程中，往往需要进行简化、近似，但作任何近似时，都不能用线性微分方程来表示系统的演化，这就给我们建立模型提供了可依据的原则。

(4) 涨落现象。涨落是统计物理中已经讨论过的现象，在平衡态时，系统存在涨落，涨落大小与粒子数平方根成反比，对于由大量粒子组成的系统，涨落可以忽略不计。同时，当系统由于某种原因偏离平衡态时，涨落也会使系统很快地恢复到原来的状态。涨落既是对处在平衡态上系统的破坏，又是维持系统在稳定的平衡态上的动力。在系统发生相变时涨落更起着重大的作用。处在临界点处的系统，原来的定态解失稳，但系统不会自动离开定态解，只有涨落才使系统偏离定态解，偏离范围不论多少，只要有偏离就会使系统演化到新的定态解上，因此可以说，涨落是使系统由原来均匀定态解到耗散结构演化的最初驱动力。可以设想没有涨落存在，那不论在什么条件下，系统也不会自行脱离原来的不稳定的定态解，而实现新的有序的耗散结构。

涨落是随机的，没有确定的方向，没有准确的发生时间，随时都可以发生。涨落可以由系统内部引起，一个由大量子系统构成的系统，整个系统宏观状态确定以后，各子系统仍可以随机运动，子系统的随机运动造成了描写系统整体物理量的涨落；涨落也可以是由于环境的随机变化引起的，环境变量处在不停的变化当中，对系统的影响也总是在某一确定值上下摆动，最常见的是空气扰动对系统状态的影响，这就是外涨落。在实际系统中，虽然涨落在系统由无序均匀态向有序态的转变过程中起着非常大的作用，但是由于耗散结构理论讨论由大量子系统构成的简单巨系统的性质，内涨落总是存在的，总能满足系统出现耗散结构的条件，故在实际应用中并不着重讨论它。

上述这些条件是相互紧密联系的。不向外界开放，系统无法与外界进行物质、能量、信息的交流，系统就不能远离平衡态，系统内子系统之间的任何非线性相互作用也不能使系统脱离平衡态，系统的涨落也仅能起稳定系统，使之处在平衡态的作用，而无法形成有序状态。没有远离平衡态，系统开放也是没有用的，系统仅能在平衡态附近，与外界交流也仅能是类似微扰的作用，不能使系统发生本质的变化。非线性相互作用是系统内部发生质变的基础，从研究的历史来看，以前物理学是建立在线性相互作用的基础上的，系统满足叠加原理，在这样的理论框架下，系统不可能形成耗散结构，任何计算分析也无法讨论实际系统向有序结构演化的结果。涨落机制对于由多子系统组成的系统总是存在的，虽然在有关理论计算中涨落不起太大的作用，但实质上涨落是系统从一个定态解变为另一个定态解，系统发生质变的一个基础。没有涨落，其他条件再具备，系统也不会出现有序结构，而且没有涨落系统的稳定状态也不能维持；对于一个稳定的系统，各子系统之间相互作用的传递也必然会出现误差，必然存在涨落；否则，对于一个复杂系统，任何一点小的变化，不论是外界的随机扰动，还是系统内部的各种误差，都会在系统内长期存在，无法消除，使系统处于“病态”，可以说没有涨落，复杂系统就不能存在。

3.4.3.2 自组织的状态描述

自组织系统内各子系统的状态变量很多，无法逐一加以描述，而在自组织的过程中，各子系统变量之间紧密相连、相互影响，自组织的过程就是各状态变量相互作用，形成一种统一的“力量”，使系统发生质变的过程。我们分析系统也要从这一特点出发。哈肯提出序参量的概念，为我们描述系统的自组织过程提供了方便的办法(哈肯，1988)。

通过研究发现，在描述地球系统状态的众多变量中，有某一个或几个变量，它在系统处在无序状态时，其值为零，随着系统由无序向有序转化，这类变量从零向正有限值变化或由小向大变化，我们可以用它来描写系统的有序程度，并称其为序参量。序参量与系统状态的其他变量相比，它随时间变化缓慢，有时也称其为慢变量；而其他状态变量数量多，随时间变化快，被称为快变量。

序参量不仅可以用来描写地球系统的有序程度，而且在系统众多变量中它的个数比较少，系统中绝大多数变量都是快变量。在系统发生非平衡相变时，序参量的大小决定了系统有序程度的高低；它还起支配其他快变量变化的作用，序参量的变化情况不仅决定了系统相变的形式与特点，而且决定了其他快变量的变化情况，在这个意义上讲，序参量也可以称为命令参量。由于系统的不同，系统序参量的确定、产生也不同。一些较为简单的系统，在它的各种变量当中，即存在一个明显比其他变量变化慢的变量，它就是序参量。

另一类较复杂的系统，在描写其状态的变量中，无法区分出它们随时间变化的快慢程度，但可以通过坐标变换，得到新的状态变量，在新的变量中，可明显地看出序参量。

序参量确定以后，我们讨论系统的演化只研究序参量即可，序参量将整个系统的信息集中概括起来提供给我们，序参量给我们了解、认识系统提供了一把钥匙。然而我们看到序参量的确定并不是一件简单的工作，它需要我们对系统性质有深入的分析，确定系统序参量的过程也就是对系统进行讨论、认识的过程，而且要对具体系统进行具体分析。可以说只有确定序参量的原则，而无确定序参量的具体规范方法。

3.4.3.3　役使原理

在序参量确定的过程中，我们已经看到，不少系统的序参量是在自组织的过程中形成的。因此我们可以说，在系统自组织的过程中，众多变量形成序参量，反过来，序参量又役使其他状态变量的变化。序参量支配、主宰、役使系统状态的其他变量，它本身一般又是由系统的其他变量形成的。系统相变过程是一个由系统状态变量形成系统序参量，序参量又役使系统其他状态变量的过程。哈肯将相变过程中，系统状态变量里序参量与其他快变量之间役使、服从关系称为役使原理。

对于自组织过程的描述就是对于地球系统演化过程的分析。描述系统演化须建立一个多变量的微分方程组，其中包含有序参量时，可以应用役使原理。哈肯在役使原理数学表示分析的基础上，给出了求解系统演化方程的快变量浸渐消去法。其方法的思想基础在于系统演化过程中序参量（慢变量）变化慢，决定着系统演化进程。可以认为快变量演化快，先期到达相变点，呈现相变后的数值（新的稳定状态的数值）不再发生变化。此思想的数学体现为将演化方程中快变量的导数取为零（相应方程变成代数方程），求出快变量与慢变量之间关系，进而可能仅研究慢变量的微分方程。由于慢变量个数少，实际上可以仅求解少数微分方程，就能得到变量复杂系统的演化结果，使工作大大简化。对于少数慢变量满足的方程，可以按照系统的性质进行分析。

3.4.4　自组织的几种形式

自组织是在一定条件下，由于地球系统内子系统的相互作用，使系统形成具有一定功能和结构的过程。自组织研究中最重要的是分析自组织所形成的，比自组织之前的状态更为有序的稳定状态的特点。特别是通过研究模式的特点，研究它与子系统相互作用的关系，使我们有可能把自然界的自组织现象人为给“组织”出来，也可以使我们深入了解地球系统整体性质特点与子系统相互作用之间的关系，对此前面我们已经进行过简单的讨论，主要是从有序程度上进行分析，从时间、空间、功能 3 个方面，将模式与自组织过程以前系统的稳定状态进行比较，通过比较得出了系统可以形成空间有序、时间有序、时空有序、功能有序等稳定状态。利用有序程度的大小，分析系统自组织过程，利用有序状态的种类，来划分系统的类型，这使我们对自组织前后系统的变化有了较深入的了解。

然而我们知道自组织过程是一个动态过程，这个动态过程不仅表现在自组织过程前后系统状态的变化，表现为系统从一个均匀、简单、平衡的状态，转变为一个有序、复杂、非平衡的稳定状态，而且这一过程也体现在自组织过程以后，系统形成的稳定状态的特点。在多种情况下，自组织过程形成的状态也是一个随时间不断变化的状态，这种变化不同于自组织过程前后系统状态的变化。自组织过程前后系统状态的变化是有序程度的变化，是质变，物理上也称为相变。而自组织过程后所形成的状态虽然也会发生变化，但一般它不具有有序程度变化的相变特点。例如前面所讲的贝纳尔对流现象，自组织过程前，系统状态为水平方向无任何差别、上下存在温度梯度、宏观为静止的状态；自组织过程后，系统呈现从顶向下看的六角形花样，液体从每个六角形中心流上来，再沿着 6 个边流下去，是一个不断流动的液体图像。

19 世纪达尔文提出进化论，从系统与环境关系和种群层次上对生存竞争、物种起源进行了研究。孟德尔（Mendel）等人从遗传、突变角度，在细胞层次上对生物系统进行分析。这些是对生物系统演化行为的最初研究。通过研究，他们得到在一定的外界条件下，利用遗传保持物种特性，使每一种生物都能稳定地存在；在不断地适应环境中种群中的某些特征得以不断巩固和强化，而一些不适应环境的特征逐渐弱化，直至消亡，这就形成丰富多彩的生物世界。从系统自身来看，每一稳定存在的物种，都有一套固定的基因。在时间演化过程中，基因不断复制，系统性质不变，子体与母体保持一致，这样一代一代演化，保持该物种独立存在下来。另一方面，在基因复制过程中，会出现错误，即出现生物学上称之为突变的现象。基因突变的出现使生物体发生改变，发生突变的个体又会将突变后的特点、性质，再通过基因复制保存下来，逐渐发展，形成新的物种。从种群来看，由于环境也是不断变化，如地球演化过程中出现过几次冰河期，环境的变化就会影响种群，种群也要随着环境的改变而发生变化，形成新的种群。生物体就是这样在遗传、突变过程中，种群在适应环境的改变过程中，既使物种得以保持，又使物种不断发展变化，最终形成现在丰富多彩的大千物质世界。

这里我们不去论述上述问题，而把注意力集中在系统自组织过程以后出现的模式上。这些模式的类型很多，我们不去一个一个描述不同模式，而是将各类不同的自组织进行归类，从不同角度、不同侧面突出自组织的共同特点，且又强调了自组织现象的某一方面特征。这里仅对人们常见的几种自组织形式进行说明，以利于对个别自组织现象的分析。下面讨论的几种形式，并没有严格的定义，而且不同学科也有不同说法。我们从地球系统科学的角度，作一大致的分析。

3.4.4.1 自创生

自创生是从在自组织过程形成的新状态与原有的旧状态对比角度，对自组织状态的一种描述。在地球系统演化过程中，自组织过程类似于相变化，在一定的外界条件下，系统原来无序态失稳，由于系统内子系统之间的相互作用，自发产生新的结构和功能，相对于自组织过程前系统不存在这种状态，我们称之为自创生。比如在流体中，我们前面分析的贝纳尔对流花样，就可以看成在温度梯度达到一定临界值，在系统内出现一组新的六角形花样，被称为系统的自创生。在生物进化中，每一新物种的出现全可以看成是自创生的例子。没有自创生就不可能有生物的进化。

自创生是从自组织过程前后状态之间的关系来分析自组织。自创生的特点在于自组织的过程中，系统出现了原来不曾有的新的状态、结构、功能，而新出现的状态、结构、功能又不能用某种组织理论来分析它与过程前系统状态之间的关系，不能简单地利用控制响应理论找出新状态与组织者控制的关系，组织者无法按事前决定的方案控制系统，让其呈现某种特定的状态。

3.4.4.2 自复制

自复制是从在自组织过程中，子系统之间如何相互“作用”，才能保证系统形成某种新的、有序的、稳定状态的角度，来对自组织过程的一种描述，它是对自组织所形成的状态特点的一种描述。前面所讲，系统自组织过程形成的时间结构可以看成自复制的最简单情况。在化学振荡反应中，我们讨论了这类时间周期振荡的耗散结构。自复制是从自组织的时间过程，从系统状态之间的关系来分析得出的特点。在自组织过程中系统演化呈现出的有序状态，从时间变化分析，某一图形经过一段时间，新呈现出来的图形与原来图形是一样的。我们称为自复制。

我们讨论由多个子系统组成的地球系统。对于自组织过程中形成的稳定状态，从地球系统的层次来看，系统的状态是不变的，仍然保持原来的情况；从子系统层次来看，其状态又是变化的，每个子系统都在变化，有生有灭。所谓自复制，在多数情况下，是对系统中的子系统而言的，指系统中具有某种性质的子系统个数不因个别子系统状态的改变而改变。自复制是系统自组织过程中所形成的状态能稳定存在的原因。化学振荡反应也可以看成具有某种性质的离子每隔一分钟被自复制出来，致使整个系统颜色每隔一分钟变换一次，离子的定期自复制造成溶液浓度颜色的周期变化。

3.4.4.3　自生长

自生长是从地球系统整体层次角度，对系统自组织过程所形成状态随时间演化情况的一种描述。这是对地球系统整体状态的分析：系统整体除了“体积”变大以外，其形状、性质、特点均不发生变化，系统保持不变的结构、功能。体积是一个形象的比喻，生物体自身生长发育，从小苗长成参天大树，从小鸡长成大鸡，都称为自生长，尽管它们的结构、功能也有一些小的变化。在社会问题中组织规模的扩大，子系统数目的增多，也是自生长。当然在这里，自组织理论讨论的自生长，与向气球内充气使气球体积变大、与对振动系统输入能量使其振幅变大不同。自生长是指系统演化过程中“体积”大小的增长在系统层次不能用通常的简单规律得出。当然，自生长也要依赖于一定的环境，但这是外界环境条件，不能按控制论进行分析。包括物质、能量、信息的输入一定要通过系统的自组织，通过子系统之间的相互作用，而“平均地”变成整个系统发展的动力，使之整体扩大，比如人体的自生长，是将环境的氧气、水、各种食物“吸进”人体以后，经过人的新陈代谢作用，转化为人生长所必需的成分，这些成分促进人体各部分仍按一定结构相应长大，这中间完全是系统的一个自组织过程，是一种自组织的生长壮大作用。系统的自生长可以由同样性质的子系统数目增多来实现，这可以看成是子系统的自复制，造成了系统的自生长。自生长也可以是存在于子系统层次上，每一个子系统均保持一定的结构、功能，其在演化过程中不发生变化，而发生变化只是大小，这样由子系统的自生长实现系统的自生长。一般来说，多数情况下，子系统的自复制是系统自生长的原因。

3.4.4.4　自适应

自适应是从系统与外界的关系角度，对系统自组织过程的一种描述。它强调在一定的外界环境下，系统通过自组织过程适应环境，而出现新的结构、状态或功能。自适应与自创生都是对整个自组织过程的分析，都是研究自组织过程前与自组织过程后系统状态的差别。但自创生是从自组织系统本身的性质来分析，从自组织过程后，系统出现了新的结构、功能的角度来分析，是对系统本身状态的描述，是对系统内部机制的探讨。而自适应是从系统对外界环境刺激的应答、对外界环境的响应角度，是从系统与环境关系的角度，来分析系统的自组织性质。因此可以说，同样一个实际例子，强调系统内部相互作用，可称为自创生；强调系统与环境关系，可称为自适应。

实际工作中，为讨论问题方便，往往把与自组织过程前系统无结构、杂乱无章状态相比，出现新的结构称为自创生，而将系统原来具有一定结构的系统，在外界环境发生变化时，结构又发生改变称为自适应。虽然从实质上来分析，上述两者区别不大，自创生产生的状态，从与环境关系来分析是自适应，自适应状态从系统出现了新的结构来看，也是自创生。但是，我们把前者称为自创生，是为了更强调自组织过程相对于自组织过程前状态来讲，是系统内部相互作用“涌现”出新的状态；而把后者称为自适应，是强调即使系统形成有序结构，只要环境发生改变，有序状态也将随之改变，体现系统有适应环境的能力。如贝纳尔流体花样出现，我们称为自创生;花样形成后,系统边界形状改变,或圆形或方形,其花样的形式也要随之改变,称为自适应。

上述讨论是从不同角度和方面对自组织过程进行的描述与分析,实际的自组织过程是复杂的,很多情况下它是上述多种分析描述的一个综合。比如一株麦苗的生长过程是一个自组织过程,在它不断生长发育阶段是自生长,二氧化碳、水、养料在植物机体内,经过光合作用,"自组织"成麦苗生长发育的养分,使麦苗植株变大。麦苗生长过程是植株整体的自生长,这里既有每一个细胞(子系统)的自生长,又有细胞的自复制,细胞数量增多,使麦苗机体扩大。一旦天气变旱,土壤中的水分减少,麦苗又要适应环境,其根系更加发达,以吸收更多水分,维持自身生长需要,这是植物的自适应。同时,在这一过程中,还存在自创生,麦苗逐渐长出麦穗,出现了新的结构。因此,我们在分析实际系统自组织时,需从不同角度进行分析。

3.5 地球系统的简单巨系统

前面已经讨论过,地球系统科学从系统局部与整体的关系出发研究地球系统,并按复杂程度将系统分为4类:简单系统、简单巨系统、复杂巨系统、特殊复杂巨系统。我们认为简单巨系统是我们的研究基础和起点。普利高津、哈肯等人创立的自组织理论,给研究简单巨系统提供了很好的工具。在这一节,我们运用自组织理论来研究简单巨系统,使我们对这一类系统有一个基本的认识,对其获得更深入的了解。

3.5.1 简单系统与简单巨系统

虽然简单系统不是地球系统科学研究的重点,但为了认识的系统性,为了解各类系统之间的关系,我们仍有必要对简单系统的性质进行简要的总结。

3.5.1.1 简单系统

简单系统是指不需分层次或者说仅有一个层次的系统。也可以认为,用牛顿力学理论来讨论的系统即是简单系统。简单系统一般仅包含一个子系统或少数几个子系统,现在有了计算机,对于包含几百个子系统的系统,计算它们的演化行为也不困难,有时将一些由几百个子系统组成的系统也划为简单系统。后面我们将看到子系统数目的多少不是划分系统的主要标准,只是一种参考。

判断一个系统是否是简单系统的主要标准,在于此系统是否可以采用牛顿力学的办法来刻画系统的演化。牛顿力学描写系统的演化要求系统满足叠加原理,力的叠加原理、速度叠加原理、加速度叠加原理等在牛顿力学中是显而易见的,因此通常也把是否满足叠加原理作为能否应用牛顿理论的一个判据。

一个质点的系统是简单系统,一个质点组的系统也是一个简单系统。我们研究质点组主要讨论两个方面的问题。首先研究质心运动,对质点组的质心可以根据牛顿定律分析它的加速度与质点组所受合外力之间的关系。其次也可以利用微分方程组讨论每个质点所受外力已知时,各个质点运动的加速度,这与对单个质点系统的讨论是一样的,至于对质点组系统内子系统与系统之间的关系,一般不作重点讨论。我们谈论一个质点组系统的运动状态,就是指在这个系统中的各个质点的运动状态总和。在牛顿力学中,有时我们也讨论简单情况下子系统与系统之间的关系,但只是讨论已知所有子系统的状态,利用叠加原理来求出整个系统在一定约束条件下的状态;而相反的过程(从已知系统的状态出发,求出子系统的状态)一般是不易得出结果的,除非系统在静止状态时,且也满足叠加原理,我们才可按叠加原理进行分解,从已知系统整体状态,求出每个子系统的运动状态。

在微观领域中,一个原子中电子围绕原子核按电磁相互作用关系运动,在一定近似条件下也可看为一个简单系统。对于氢原子,可以严格求出电子运动的规律,虽然得到的是一个概率规律。在量子力学看来,可以得到系统的定态解,以及在不同定态之间的跃迁概率,这就是对系统演化的确定性描述。对于两电子系统——氦原子或氢分子,也可在一定近似条件下,计算出确定的结果。近一个时期,人们用电子计算机设计出不少程序,对于多电子的原子,其运动状态也可以计算出来,甚至包括一些大分子结构的计算。特别是,计算有机大分子的结构对于化学(主要是有机化学)研究有很大作用。这些是简单系统的例子。

在宏观天体现象的研究中,人们也可以按简单系统的理论来分析问题。通过万有引力分析计算太阳系内各行星的运动轨道,可以得到非常准确的结果。通过分析,周期为 76 年的哈雷彗星运动轨道,人们可以非常准确地计算出来,并与观察结果非常一致。

以上这些例子说明,对于简单系统的理论应着重在以下几个方面理解:

(1) 简单系统是一个模型,是对一类系统的总称。它可以包括从宏观天体系统一直到微观原子系统在内的一大类系统。

(2) 简单系统的特征不在于它包含子系统数目的多少,特别是现在有了电子计算机等先进的计算工具以后,大型计算对于人们不再困难,人们更看重分析方法与分析思想。当然子系统数目的多少,对于判断一个系统是否是简单系统也是重要的,一般子系统为几百个左右,可以通过计算机实际算出每个子系统的运动状态来,即可认为是简单系统。

(3) 简单系统的子系统与系统之间满足叠加原理。子系统与系统之间的关系明确,可以从所有子系统的运动状态进行叠加,得到系统的运动状态;也可以从系统整体的运动状态通过分解,得到各个子系统的运动状态。系统整体就是所有子系统的叠加。

(4) 简单系统不需层次概念,或者说,只进行一个层次的分析研究。所有子系统运动状态的总和就是系统的运动状态,对系统整体的运动状态的描述就是要描述所有子系统的运动状态。我们说太阳系统运动,就是认为太阳不动,把九大行星的运动状态全讲清楚;所谓原子系统的运动状态,就是清楚地认为原子核静止时,原子中各个电子绕其运动。

真实的系统很少有完全符合简单系统的。据现在考察,在宏观中,存在万有引力作用的两个物体组成之系统、弹簧振子系统和微观中氢原子系统可以认为是简单系统,其他系统均必须在作了若干近似以后才能被看成简单系统。这里所说近似主要有两点:①当非线性作用非常小,可以忽略,其相互间的作用力可以近似为线性作用力;②子系统之间产生的相互作用,可以认为仅发生在两个子系统之间,即所谓二体问题,其他子系统的存在与此二体之间相互作用无关,可以忽略。在此情况下,我们可以把系统看成一个简单系统,其他则不成。

对于一个简单系统可以得到对系统状态描述完全确定性的结果。在一定的作用力之下系统保持稳定的运动,时间在这里仅是一个描述系统状态的参量,它没有方向,是完全对称的。给定系统一个初始状态,我们可以很准确地预测系统的未来,也可以很准确地说清楚它的过去。不同的初始状态表示了过去不同的历史,也预测了不同的未来。从在一定作用力之下系统状态是完全确定的角度来看,可以认为系统不存在演化,是完全"静止的"。

完全由简单系统组成的"客观世界"是一个非常简单的世界,在这里没有任何随机性,没有变化,有的只是周而复始的运动,这也就是牛顿体系的世界。可以说牛顿体系的运动客体是简单系统,简单系统的运动框架是牛顿体系。在这个体系中"世界"是不变的。

现实的宇宙系统不是如此,整个宇宙是演化的,每一个系统都有它存在的历史,有出生、成长、壮大,然后衰落,直至死亡。因此客观世界也就不能是由简单系统组成。简单系统只是人们在认识自然、认识客观世界初始时期,得到的最简单的一种近似。

3.5.1.2 简单巨系统

简单巨系统是比简单系统复杂,人们研究也比较深入的一类系统。简单巨系统仍然是一种理论模型。

简单巨系统内子系统的数目一般很多,通常多到无法一个一个地描写每一个子系统的运动。如我们讨论热力学系统,在 1mol 体积中包含有 6.02×10^{23} 个分子,对此类热力学系统我们无法讨论一个分子的运动情况,而是要从地球系统的整体进行描写。

简单巨系统内子系统之间的相互作用一般不太复杂,在多数情况下,相互作用是已知的,是确定的,人们可以用确定的规律来描写各子系统之间的作用。然而子系统之间的具体作用形式通常是非线性的,这将给我们讨论系统演化问题带来新的困难,主要在于对存在非线性相互作用的系统,其子系统数目多于两个以后,通常无法对这类系统中的每一个子系统演化行为作出准确的描述,地球系统的整体性质不能从子系统叠加得出,而会出现新的性质,对此我们称之为"涌现"出新的性质。这是简单巨系统与简单系统之间的根本差别。即使讨论一个孤立的太阳系,实际上也不是一个简单系统,地球、金星、木星等之间均存在万有引力(非线性作用)。我们无法按牛顿定律精确计算出各个行星的运行轨道。只是太阳质量非常大,在与太阳引力相比,行星之间的万有引力忽略不计以后,太阳系才能近似作为一个简单系统处理。

由于简单巨系统整体要涌现出新的性质,在这类系统中也出现了层次概念。简单巨系统至少可以分成两个层次,即系统层次和子系统层次。两个层次之间一般不存在叠加原理。不同层次上对系统演化的描述是不同的,如热力学系统,在系统层次通常采用温度、压强、体积等物理量,而在子系统层次则要用分子的动能、速度等物理量。两类物理量分别只描写各自层次上系统的性质。对于热力学系统中的分子无法谈论温度、压强;反之,对于系统整体也无法说动能、速度等。

简单巨系统也不再适用叠加原理,简单巨系统两个层次之间物理量不能通过叠加原理得出,通常是在各层次上独立进行分析,得到结果;在分析两个层次之间关系时,应根据具体系统的特点,逐一进行分析。当然,由于现在叠加原理仍然是探索自然绝大多数理论的基础,因此目前在大多数简单巨系统的理论中需要定量计算时,还经常采用叠加原理。需要指出,在简单巨系统中运用叠加原理与在简单系统中运用叠加原理有两个区别:①简单巨系统的子系统数目特别多,在进行叠加时,经常要取 $N\to\infty$ 的热力学极限,数学计算中运用满足大数定律的一些公式;②对于一个简单巨系统利用叠加原理得到的结果,只适用于这一个系统,并不能随意地用到一般简单巨系统中去,其适用条件必须加以说明。

简单巨系统出现了层次,这就使得我们在状态描述及分析计算上与简单系统有了很大的区别。这里从一个简单的例子进行说明,一个由 N 个质点组成的质点组是一个简单系统。我们可以依据牛顿定律列出每个质点的动力学方程

$$F_i+\sum_{j\neq i}F_{ij}=m_i\frac{\mathrm{d}^2x_i}{\mathrm{d}t^2} \tag{3.92}$$

其中，F_{ij} 为第 j 个质点对第 i 个质点的作用力，F_i 为质点组外对质点 i 的外力和。只要这些力是已知的，就可以求出每个质点的状态随时间的变化。实际问题中各质点之间的作用力和反作用力，$F_{ij}=F_{ji}$，各质点的位移 x_i 相互之间也有一定的关系，因此对质点动力学问题可以得到较好的结果。牛顿力学的任务就是求出各质点运动状态随时间的变化情况。

牛顿力学对质点组还讨论了质心运动定律，并可以给出

$$\sum_i F_i = M\frac{\mathrm{d}^2 x_c}{\mathrm{d}t^2} \tag{3.93}$$

从质点组所受合力求出质心位移随时间的变化规律。特别需要指出的是，在简单系统中，质心运动定律是作为质点组各个质点运动规律的一个推论。在牛顿力学中(3.93)关于质心运动规律的表达式可以从表示质点组内各个质点运动的表达式(3.92)推导出来。这就表明质心定律在简单系统的理论中仅是使对系统运动状态、运动定律的描写更简单、更方便，而没有更深刻的内容。

前面已经论述，简单系统、简单巨系统都是一种模型。当然，也可以将质点组看成简单巨系统，这一系统分成两个层次。在系统层次(质点组层次)，描写系统状态变量为质心的位置、速度等，分析系统所受外力与质心位置、速度关系，可以建立质心运动定律。在子系统层次(质点层次)，描写系统的状态变量为各个质点的位置、速度等，分析各个质点所受外力(有些在质点组层次来看属于内力)与质点的位置、速度之间的关系，建立质点运动定律。这是两个不同层次上的定律，应该认为它们是相互独立的。只是对于机械运动这类具体运动形式，在一定条件下，可以建立两个层次之间的联系而已。

对于一般简单巨系统，我们应该建立类似于质心运动定律(如在机械运动中)的系统演化方程，分析研究系统的运动规律，也同样应该建立类似于质点运动定律的子系统演化方程，分析研究子系统的运动规律。如果能找到宏观层次(系统层次)与微观层次(子系统层次)之间的关系，则可进一步分析系统性质；如果找不到相互之间的关系，只分别给出两个层次上系统的变化特点与规律，对于简单巨系统也是很正常的事情。而且在多数情况下，由于子系统数目很多，我们往往仅在系统的层次上讨论系统的行为，无法在子系统层次讨论系统的行为，进而也就无法分析两个层次之间运动状态的联系了。

3.5.2　熵——简单巨系统的基本概念

简单巨系统是一类涉及力学、物理学、化学、地质学以及社会科学等多个领域的系统，在这些领域中系统之间的具体形态与功能有着非常大的差别。如何描述简单巨系统的状态呢？我们认为简单巨系统的特点在于子系统数目多，相互之间关系简单。在这种情况下，选择用来描述各个子系统对系统总体性质贡献大小的物理量——熵。为加深对熵概念发展历史的了解和对熵物理量性质的认识，我们总结有关方面的知识，并在此基础上，提出简单巨系统熵的定义，分析它的性质。

3.5.2.1　玻尔兹曼熵

作为一个物理概念，熵最早在热力学中由克劳修斯引入。在热力学中熵(S)是作为热力学系统演化过程中不可逆性的一个量度：在孤立的热力学系统，自发演化过程中熵不可能减少，系统最终达到一个熵最大的状态。在演化过程中，两个状态之间的熵变化的具体数值，由联系两个状态之间可逆等温过程中系统吸收的热量(ΔQ)温度(T)后的商值表示

$$\Delta S = \frac{\Delta Q}{T} \tag{3.94}$$

这里的分析对于理解简单巨系统的熵概念并无直接意义，而只是帮助我们认识熵概念的起源和最初定义下的性质。从中我们可以看出熵一开始就是作为一个描述系统状态的量，但这里仅仅给定系统状态之间的差值，对每一个状态仅确定到一个待定的常数 S_0。

玻尔兹曼(Boltzmann)在统计物理学中讨论由大量微观粒子组成的系统，他通过平衡态时系统的热力学关系(热力学第一定律)，在给定了一个熵的零点值以后，得到了一个热力学系统某一状态的熵值 S，其具体数值可写为

$$S = \kappa_B \ln W \tag{3.95}$$

其中，κ_B 为玻尔兹曼常量，W 为该宏观状态下对应系统的微观状态数。式(3.95)是式(3.94)在一定限制条件下的具体结果。当然，也可以把式(3.95)作为熵的定义。这时，它描写平衡状态下系统的某种性质，这种性质反映系统某一宏观状态所包含的微观状态数的多少。热力学系统的一种微观状态，就是分子的一种分布排列。对于系统某一宏观状态来讲，其包含的微观状态数多，系统该状态的熵值高，表明其混乱程度大；相反，包含微观状态数少，系统该状态熵值低，则表明其混乱程度小。若某宏观状态仅包含一种微观状态，熵值为零，则系统状态完全不混乱。对于玻尔兹曼定义的统计物理熵，在系统满足统计物理假设(等概率假设)并给定熵的零点 $S=-\kappa_B \ln N$ 以后，可以证明，它与热力学熵是等价的。

从上面的定义可以看出，对于每一个状态可以求出一个熵值，不同状态有不同熵值。系统熵值大小与演化过程无关，熵是系统的态函数。热力学熵表达式中虽然与可逆等温过程紧密联系，但它只表明可以通过这一具体过程计算出热力学熵，并不表示熵与过程有关。还可以看出统计物理熵仅适用于平衡态，因为只有在平衡态，各种物理量如温度(T)、压强(p)等才有意义，否则无法进行定义。为了描述更多类型的系统状态，玻尔兹曼将熵概念又推广到非平衡态。一个处在非平衡状态的系统，熵等于其各个局部分别处在各自平衡态上的熵之和，即

$$S = \sum_i S_i \tag{3.96}$$

这里有两个要求：①要求系统各个局部处在平衡态，即系统要满足局域平衡假定，这里只是再强调说明，局域平衡假定是一个要求并不太强的假定。大多数系统，只要不是处在高真空条件或不进行如爆炸之类的剧烈反应，它们都满足局域平衡假定。②要求系统满足叠加原理，这里不要求每个子系统满足叠加原理，而是要求每个局部在构成系统整体时满足叠加原理。

3.5.2.2 概率测度熵

要建立简单巨系统的熵概念仅了解统计物理熵还是不够的，还必须了解信息熵。

信息熵是香农在讨论通信问题时引入的，这里我们要指出，人们进一步将信息熵进行推广，建立在概率论的基础上，最终规范形成完整的数学定义，这可称之为概率测度熵。

假定一样本空间 X 有 n 个事件 X_i，每个事件出现概率(具有的概率测度)为 $P_i(i=1,2,\cdots,n)$，存在基本关系 $\sum_{i=1}^{n} P_i=1, P_i \geqslant 0$。若有一函数 $H(P_i,\cdots,P_i)$ 要求它满足下述条件，则将此函数定义为熵。

(1) 对于固定的 n 来说，H 是 $P_1,\cdots,P_n$ 的连续函数；

(2) 若 $P_i=\frac{1}{n}, i=1,\cdots,n$，则对应的 $H\left(\frac{1}{n},\cdots,\frac{1}{n}\right)$ 就是 n 的单调递增函数；

(3) 若将一试验分解成多个相继的试验，则原先的 H 值应为分解后多个试验相应各个 H 值的加权和。

可以证明存在如下表达式

$$H = S = -\kappa\sum_{i} P_i \log P_i \tag{3.97}$$

其中，κ 为比例系数，它取决于各物理量的单位选取，若 S 取比特为单位，对数以 10 为底，则 $\kappa=1$；i 取和遍及整个系统。概率测度熵是反映上述测度空间整体的不确定性。一个系统内每一个元素的概率测度，即不确定性用 P_i 来表示，而整个系统整体的不确定程度用式(3.97)表示出来。所以用这样的表达式定量表示，是为了使此不确定性定义满足我们对不确定性的定性认识，也只有这样才有可能满足我们对两个系统之和不确定性程度应等于各自满足不确定程度之和的愿望。

此表达式虽然与信息熵表达式一样，但信息熵仅适用于通信系统。而这里，第一它适用于一般系统，而且有了更明确的物理意义，即描述了系统整体的不确定性；第二概率测度熵的表达式(3.97)是从定义推出来的结果，更基本的含义应是反映整体不确定性要求的 3 个条件。

对于一个具有 n 个子系统的集合，其各个子系统的测度全同 $P_i(x_i)=1/n$ 时，则利用式(3.97)，可有

$$S_{测} = -\kappa \ln n \tag{3.98}$$

当 κ 取 $\kappa_B/\lg e$ 时，式(3.98)与式(3.95)一样。亦即，可以认为玻尔兹曼熵是概率测度熵在各子系统出现概率一样的特殊情况。实际上我们知道统计物理建立的基础就是等概率遍历假说，因此得到这样的结果是丝毫不奇怪的。

有了概率测度熵概念，对非平衡态的统计物理熵也可以不从局域平衡假设出发，再利用熵的广延性，由叠加原理得出。我们可以将非平衡系统看成一个在外场作用下的平衡态系统，对于这一"平衡系统"，其各个微观状态出现概率不相等，利用概率测度熵公式就可求出非平衡态的玻尔兹曼熵。

概率测度熵的核心思想，是描写集合整体的不确定程度。在此概念基础上，人们对于可测变换定义了科尔莫戈罗夫熵，描写可测变换的不确定程度；对于拓扑变换定义了拓扑熵，描写拓扑变换的不确定程度。

一个包含有 N 个子系统的系统，从子系统层次来看，当每个子系统存在概率测度，它可以看成是子系统的不确定性，那么系统整体层次也必然存在不确定性，这个不确定性是由子系统的不确定性造成的。如何衡量系统的整体不确定性？首先，它们之间要满足叠加原理，这就是我们在定义中第三条所要求的。如果一个系统不满足叠加原理，我们则从基础上就无法给出整体不确定性的熵概念。其次，前述定义给出了一个自洽的表达式，即满足上述 3 个条件可推出熵一定会写成表达式(3.97)；如果存在式(3.97)，则它必然满足 3 个条件。这 3 个条件是我们在讨论系统整体不确定性问题上需要其具有的。根据这里的讨论，简单巨系统中的一部分具有可加性的系统，或对于系统中具有可加性的物理量，可以建立熵概念。而对于开放的复杂巨系统，由于其不满足叠加原理，故无法建立熵概念。

3.5.2.3　简单巨系统熵定义

在概率测度熵概念的启发下，我们对于一个简单巨系统，描写它整体与局部之间的关系，描述系统整体确定以后，其局部的变化情况，可以给出熵的概念。

对于一个由 N 个子系统组成的简单巨系统，考察系统具有可加性的某性质 $\mathscr{F}$，其测得总量为 X，每个子系统的测量值为 X_i，它对总量的贡献为 $P_i=\dfrac{X_i}{X}$，则系统关于性质 $\mathscr{F}$ 的熵值为

$$S = H\mathscr{F} = -\kappa\sum_{i}P_i\lg P_i \tag{3.99}$$

首先，对于上述定义，有一定的适用范围。在前面简单巨系统的定义中，我们并未要求简单巨系统内子系统与系统之间满足叠加原理，一般来讲，系统可能“涌现”出子系统没有的一些新的性质，对于涌现出的新性质，无法讨论从子系统的性质如何得到系统的新性质，也就无法从熵的角度来衡量这些新性质；熵只能衡量那些满足叠加原理的简单巨系统，或者更准确地讲，熵只能衡量那些具有可加性性质的整体与局部之间的关系。

其次，对于一个简单巨系统可以定义多个熵。针对系统每一个具有可加性的性质，我们都可以定义一个熵，来反映整体的不确定性，或反映整体与局部的关系。前面所讨论的信息熵，可被认为是针对简单巨系统（通信系统）信息量这一性质，讨论构成总信息量时，各个子系统（字符）所提供贡献的分布情况；玻尔兹曼熵是讨论热力学系统（也可看成简单巨系统）。对于一般简单巨系统，可以存在多种性质，对于每一种性质，我们都能讨论它对应的熵值，讨论对于此种性质，系统整体与局部之间的关系。

3.5.2.4　简单巨系统熵对系统的描述

由于简单巨系统熵是从玻尔兹曼熵、信息熵、概率测度熵概念上发展起来的一个基本概念，因此它与上述熵一样，也可以描述系统的状态，是态函数。一个状态对应一个函数值，而不管这个状态是从哪里演化来的。其次，它的熵函数零点也已经被指定，即当系统该性质数值仅由其中一个确定的子系统提供，其余子系统对该性质的贡献为零时，系统对该性质的熵定为零。这与信息熵、玻尔兹曼熵、概率测度熵的定义也都是一样的。

地球系统科学更重视研究系统的演化情况。简单巨系统的熵也同样可以描写系统以该物理量为标志的演化方向。地球系统科学认为系统总要与外界之间进行物质、能量、信息的交流，因此不着重讨论孤立系统的演化。在简单巨系统与外界交流进行演化时，其熵值增加，表示系统向着各子系统对系统该性质均匀进行贡献的方向发展；熵值减少，则表示系统向着某一单个个体对系统该性质主要进行贡献的方向演化。可以用熵增加或减少来表示系统演化是朝着各子系统均衡，还是各子系统差别加大方向发展。

3.5.3　数学模型

客观世界的对象多种多样，地球系统科学与其他科学一样，它的一种理论也仅适用于一类系统，若将这一类系统的特点归纳提炼出来，就形成一个模型。从这个意义上来说，每一种理论都是针对一定的模型的。简单巨系统是我们对一类系统的概括，它也是一种模型，简单巨系统理论是对简单巨系统模型适用的理论，前面我们已对这类系统的各种性质进行过分析。一个系统必须满足简单巨系统的性质，才能被称为简单巨系统，也才能用简单巨系统的理论进行研究。因此建立模型是我们选择所采用理论和数学分析方法的前提，是我们能否解决问题的关键。而在具体研究简单巨系统时，又要根据系统的不同特点，根据选择的方法来建立不同的模型。每一类数学模型，对应一类数学方法，可解决一类问题。下面我们按照建立模型方法的不同，来分别介绍几类简单巨系统的模型。

3.5.3.1 唯象方法:宏观唯象演化模型

这是对简单巨系统最常用的一种建模方法。它根据系统的宏观性质,不考虑系统的内部机制,直接利用系统宏观层次上功能的特点建立演化方程。在这种系统模型中,不仅无法了解系统的微观机制,无法了解系统微观与宏观之间的关系,而且对系统在宏观上结构的特点也很难分析。但是这种模型形式简单,较容易分析系统的功能。也正是因为如此,对于不同结构的系统,只要它们的功能一样,就可建立起一样的模型。以前利用唯象方法分析简单巨系统多是集中在非平衡统计物理和非平衡热力学领域中,一般主要讨论和分析化学反应系统,通常人们也把唯象模型称为反应扩散方程模型。建立模型的具体方法是,利用化学反应式将系统的功能表示出来,再根据化学反应式写出系统演化的唯象模型。

1) 捕食者-被捕食者系统

我们以捕食者-被捕食者演化系统来分析如何建立一个系统的反应扩散方程。一个捕食者-被捕食者系统的功能特点可以表示为

$$\begin{aligned} &A + X \rightarrow 2X \\ &X + Y \rightarrow 2Y \\ &Y + D \rightarrow 2E \end{aligned} \tag{3.100}$$

上式中 X 表示一个子系统(被捕食者子系统),Y 表示另一个子系统(捕食者子系统);被捕食者 X 的增加依赖于外界食物的供给,由第一式表示;第二式表示捕食过程,被捕食者减少,捕食者增加,而它们增加减少的程度与其数量成正比;被捕食者的数量减少由第三式表示。这样的表达式也可表示一个化学反应,X、Y 分别表示反应中两种中间产物,每一个式子表示一步反应。

根据反应式(3.100)我们可以建立系统随时间演化的数学模型。针对上述反应式子,我们可知组分 A、D 由外界条件控制,维持其浓度的变化,组分 X、Y 浓度的变化完全依靠系统内的动力学过程。上述 3 个反应可分别有 3 个反应速率系数 κ_1、κ_2、κ_3,一般为常数。系统总的演化方程为

$$\begin{cases} \dfrac{\mathrm{d}X}{\mathrm{d}t} = \kappa_1 AX - \kappa_2 XY \\ \dfrac{\mathrm{d}Y}{\mathrm{d}t} = \kappa_2 XY - \kappa_3 BY \end{cases} \tag{3.101}$$

经过适当变换,取 $a=\dfrac{\kappa_1 A}{\kappa_2}$,$b=\dfrac{\kappa_3 B}{\kappa_2}$,$\tau=\kappa_2 t$,得到标准的洛特卡-沃尔泰拉方程

$$\begin{cases} \dfrac{\mathrm{d}X}{\mathrm{d}t} = aX - XY \\ \dfrac{\mathrm{d}Y}{\mathrm{d}t} = XY - bY \end{cases} \tag{3.102}$$

其中,a、b 为可调参数,仅与反应物 A、B 及反应速率系数有关。

从建立洛特卡-沃尔泰拉模型的过程可以总结出,在以化学反应形式表现系统内各量相互作用方式时,构造其演化方程的一般方法在于:确定演化方程中变量 X、Y 的变化率要依次考察每一步化学反应,化学反应前后某物质数量有变化,该反应才对该物质演化方程右端有影响,需要列出一项,否则无影响;若该步反应使 X(或 Y)物质数量增多,则方程右端对应项为正,否则为负:X(或 Y)演化方程右端该项的具体形式由对应参加反应的物质及反应速率常数

决定，多种物质参加反应时，其对该项的贡献为各种物质浓度的乘积，若某种物质如 X 物质参加反应时为两个分子，则其贡献为 X^2 因子。按此建模原则，只要能从实际系统演化过程中得到类似化学反应的表达式(3.100)，就可以很方便地写出地球系统演化的数学方程。

3.5.3.2　微观方法：分析微观作用建立模型

我们以激光为例讨论微观方法的特点。简单巨系统的演化方程通常是在系统层次描写整体的性质的变化，所谓微观方法是从子系统之间的相互作用出发，建立演化方程，并在其过程中加入适当约束条件，得到系统整体的性质(Haken，1977)。

1) 建立微观方程

激光系统是光场与原子之间的作用。在微观层次，光场可用电场强度 $E(X,t)$表示，将其写成不同频率的行波的叠加：

$$E(X,t)=\sum_{\lambda}\sqrt{\frac{2\pi\hbar\omega_{\lambda}}{V}}\left[b_{\lambda}\mathrm{e}^{i\kappa_{\lambda}X}-b_{\lambda}^{*}\mathrm{e}^{i\kappa_{\lambda}X}\right] \tag{3.103}$$

其中，V 是系统的体积，$\sqrt{\frac{2\pi\hbar\omega_{\lambda}}{V}}$为归一化因子，$\kappa_{\lambda}$ 为 λ 波对应的波矢量，$b_{\lambda}=b_{\lambda}(t)$为 λ 波的复振幅，光场行为可由振幅 b_{λ} 表示。研究激光问题仅注意某一频率的光波，下面选择 b_{λ} 为变量。原子的行为分别由单个原子状态(用原子偶极矩 α_{μ})和能级上的原子数(两能级之间的粒子数反转 $\mathfrak{z}_{\mu}=(N_2-N_1)_{\mu}$)表示。根据光场与原子之间的作用，列出上述 3 个变量随时间的演化方程。

光波振幅 b_{λ} 满足振动方程

$$\dot{b}+\kappa b+i\left[\omega b+\sum_{\mu}g_{\mu}\alpha_{\mu}\right]=F(t) \tag{3.104}$$

为简单，省略了下脚标 λ，κ 为阻尼系数，ω 为固有频率，g_{μ} 为原子偶极矩与光场之间的作用系数，$F(t)$为作用在光波 b 上的随机力。

原子偶极矩 α_{μ} 也满足类似的振动方程

$$\alpha_{\mu}+\gamma\alpha_{\mu}+i\left[\nu\alpha_{\mu}-\sum_{\lambda}g_{\mu\lambda}^{*}b_{\lambda}\mathfrak{z}_{\mu}\right]=\Gamma_{\mu}(t) \tag{3.105}$$

其中，γ 为阻尼系数，ν 为固有频率，$\Gamma_{\mu}(t)$为作用在原子偶极矩 α_{μ} 的随机力。

粒子数反转 $\mathfrak{z}_{\mu}$ 的演化受到随机力 $\Gamma_{\mathfrak{z}\mu}(t)$、与平衡态时粒子数 d_0 的偏离多少、光场与偶极矩相互作用三者的影响，写出演化方程为

$$\dot{\mathfrak{z}}_{\mu}=\gamma_{11}(d_0-\mathfrak{z}_{\mu})+2i\sum_{\lambda}(g_{\mu\lambda}\alpha_{\mu}b_{\lambda}^{+}-c\cdot c)+\Gamma_{\mathfrak{z}\mu}(t) \tag{3.106}$$

为方程形式简单，定义 $\tilde{\kappa}=\kappa+\mathrm{i}\omega$、$\tilde{\chi}=\gamma+iv$，且以下书写去掉"～"号，则式(3.104)、式(3.105)成为典型的非线性演化方程

$$\dot{b}=-\kappa b-\left[\sum_{\mu}ig_{\mu}\alpha_{\mu}\right]+F(t) \tag{3.107}$$

$$\dot{\alpha}_{\mu}=-\gamma\alpha_{\mu}+\left[i\sum_{\lambda}g_{\mu\lambda}^{*}b_{\lambda}\mathfrak{z}_{\mu}\right]+\Gamma_{\mu}(t) \tag{3.108}$$

2) 从微观方程推导系统的宏观模型

先假定 b、$\mathfrak{z}_{\mu}$ 与时间的关系是已知的，对于激光，可仅考虑单一频率，从(3.108)式可直接求解，积分得出

$$\alpha_\mu(t) = \mathrm{i}g_\mu^* \int_{-\infty}^{t} e^{\gamma(\tau-t)}(b\mathfrak{z}_\mu)_\tau \mathrm{d}\tau + \hat{\Gamma}_\mu(t) \tag{3.109}$$

其中，$\hat{\Gamma}_\mu(t)=\int_{-\infty}^{t} e^{\gamma(t-\tau)}\Gamma_\mu(\tau)\mathrm{d}\tau$。

假定原子偶极矩 α_μ 的弛豫时间远小于光场 b 及反转数 $\mathfrak{z}_\mu$ 的固有弛豫时间(这在通常情况下是满足的)，我们在式(3.109)中可将 $b\mathfrak{z}_\mu$ 作为常数提至积分号外，有

$$\alpha_\mu(t) = \frac{i}{\gamma} g_\mu^* b\mathfrak{z}_\mu + \hat{\Gamma}_\mu(t) \tag{3.110}$$

将式(3.109)代入式(3.106)，有

$$\dot{\mathfrak{z}}_\mu = \gamma_{11}(d_0 - \mathfrak{z}_\mu) - \frac{2}{\gamma} g_\mu^2 b^+ b\mathfrak{z}_\mu + c\cdot c + \Gamma_{\mathfrak{z}\mu}(t) + H_\mu(t) \tag{3.111}$$

其中，$H_\mu(t)=2ig_\mu b^+\hat{\Gamma}_\mu(t)$。

进一步比较可知，反转数 $\mathfrak{z}_\mu$ 的弛豫时间要小于光场 b 的弛豫时间，可以仅讨论 $\mathfrak{z}_\mu$ 定态解条件下系统的性质，取 $\dot{\mathfrak{z}}_\mu=0$，且在光场较弱时，对小量 bb^+ 展开后，式(3.112)成为

$$\mathfrak{z}_\mu = d_0\left(1 - \frac{4g^2 bb^+}{\gamma_{11}\gamma}\right) \tag{3.112}$$

为简单用 g 表示 g_μ，将式(3.110)、式(3.112)代入式(3.107)，可有

$$\begin{aligned}\dot{b} &= -\kappa b + \sum_\mu g^2 \frac{b\mathfrak{z}_\mu}{\gamma} + \hat{F}_\mu(t) \\ &= -\kappa b + \frac{g^2}{\gamma} bD_0 - \frac{4g^4}{\gamma_{11}\gamma^2} bb^+ bNb_c + \hat{F}_\mu(t)\end{aligned} \tag{3.113}$$

其中，$\hat{F}(t)=F_\mu(t)-\hat{\Gamma}_\mu(t)$，第二项中平均值 d_0 由实际值 d_c 代替。利用 $Nd_c=\frac{\kappa\gamma}{g^2}$，进一步可得

$$\dot{b} = -\alpha b - \beta b^3 + \hat{F}(t) \tag{3.114}$$

其中，$\alpha=\kappa-\frac{g^2}{\gamma}D_0$，$\beta=\frac{4g^2\kappa}{\gamma_{11}\gamma^2}$。这是激光微观演化方程。讨论宏观性质，对光场取平均值，方程(3.114)是一个规范的尖拐突变方程，是否发生相变，决定于 α 取值的正负。

当系统反转数小，满足 $D_0<\frac{\kappa\gamma}{g^2}$时，方程(3.114)只有一个定态解($b=0$)，各个原子随机发射光子，形成自然光；当系统反转数大到一定程度，满足 $D_0>\frac{\kappa\gamma}{g^2}$时，方程有 3 个定态解，$b=0$ 定态解不稳定，两个 $b\neq 0$ 定态解稳定，系统可以存在非常强的、稳定的、某一频率的光波，即激光。

在建立激光系统演化方程(3.114)中，我们有如下体会，它也是微观方程建立系统演化模型过程需考虑的步骤。

(1) 首先进行微观相互作用分析，这里对微观原子与光场的相互作用进行分析。

(2) 从微观分析得出的关系，进行加总取和，得到系统整体的性质。

(3) 在加总过程中，根据具体情况，进行适当近似。对于激光系统，我们的近似为：光场看成各种行波的叠加；原子偶极矩的弛豫时间最小，光场的驰豫时间最长；驰豫时间小，变量变化快，根据哈肯役使原理，可令其导数等于零。

3.5.3.3 统计物理方法:统计静态模型

反应扩散方程系统的唯象模型仅能反映系统在宏观上的性质,但是无法分析系统整体与局部的关系,对系统的描述也不全面,同时宏观分析无法讨论涨落及更深入的问题;直接从分析微观相互作用建立系统演化方程,对一般系统很难做到,因此我们选择统计物理方法,建立系统微观运动和宏观性质之间的关系。

一般情况下,一个物理、化学系统包含有大量子系统,如单一气体的热力学系统,1mol 体积气体中包含了 $M=6.02\times10^{23}$ 个分子,按每个分子有 3 个自由度计算,完全描写该气体需要 $6M$ 个状态变量。按照一般力学理论,同一运动系统,可用不同变量描写,但不论如何选择变量,描写系统状态变量的个数不会改变。宏观层次上讨论系统演化选择 n 个宏观变量(各种组分浓度、压强等),一般 $n\ll 6M$,因此宏观层次上用 n 个量不能反映系统的全部性质。为了充分描写系统,必须考虑 $6M-n$ 个变量的作用。只有分析 $6M-n$ 个变量的作用才能讨论诸如随机涨落对相变的作用,讨论当系统存在多重定态时,系统会向哪个定态上转化等问题。

对于由大量子系统组成的系统,由于 $6M\gg 0$,我们无法用动力学的方法通过讨论众多方程来研究系统的性质。上面利用微观子系统相互作用机制建立系统演化方程,仅对少数几类系统,如激光系统适用。对大多数系统,人们利用统计物理学,采用等概率假设,计算在各种条件下系统的配分函数 Z,建立系统宏观变量与系统内子系统微观运动之间的联系。现在,通常讨论系统处在平衡态的 3 种情况,并建立 3 种系综(ensemble),给出相应配分函数。在统计物理中,根据系统物理约束机制求出其概率密度,有了概率密度,就可以利用系统的微观性质来计算热力学量。所谓微观性质是指组成系统的粒子的重量、相互作用势以及粒子的统计性质等。概率密度的归一化因子就是系统的配分函数,在数学计算上利用配分函数来求系统的热力学性质往往更方便。因此不少书中均给出不同情况下系统的配分函数形式。

系统与外界无任何交流,孤立系统无限长时间后,处于平衡状态。对此状态,统计物理学建立微正则系综来描写系统的性质,给出概率分布

$$\rho(q,0)=C \tag{3.115}$$

系统仅与一个恒温大热源(温度为 T)接触,外界对系统不做功,相互无物质交换,仅存在能量交换,时间无限长后,系统处于平衡态。对此状态,统计物理学建立正则系综来描写系统的性质,给出概率分布、配分函数

$$\rho(q,0)=\frac{1}{Z}\mathrm{e}^{-\beta E_s},Z=\sum_s\mathrm{e}^{-\beta E_s} \tag{3.116}$$

系统与一个恒温、恒密度粒子源(温度为 T,密度为 N)接触,外界对系统不做功,相互间仅存在物质、能量交换,时间无限长后,系统处于平衡态。对此,统计物理学建立巨正则系综来描写系统的性质,给出概率分布、配分函数

$$\rho(q,0)=\frac{1}{\widetilde{Z}}\mathrm{e}^{-\beta E_s-\alpha N},\widetilde{Z}=\sum_s\sum_N\mathrm{e}^{-\beta E_s-\alpha N} \tag{3.117}$$

利用不同系综的配分函数可以计算在相应不同情况下系统的各种性质、宏观量与微观量之间的关系,例如通过计算可以找到描写系统无序程度的宏观变量熵 S 与系统微观可能存在的状态数 W 之间的关系

$$S=\kappa\ln\frac{W\{W_\kappa\}}{M!} \tag{3.118}$$

其中，$W\{W_\kappa\}$为某种分布下，有标记粒子所具有的微观状态数。利用统计物理学可以建立宏观 n 个变量与微观 M 个变量之间的关系。

3.5.3.4　随机层次方法：随机层次演化模型

统计物理学方法目前只适用讨论平衡状态和近平衡状态下的输运过程。对于一般非平衡状态，特别是讨论远离平衡态的非平衡态系统宏观的性质，上述方法不适用。有人建议采用与平衡态统计物理一样的方法，通过配分函数 Z、密度矩阵 ρ 等量建立宏观量与微观量的联系，从而分析系统的涨落等性质。苏联学者祖巴列夫(Zubarev，1982)按此观点进行工作，建立了一套以非平衡统计算符为核心的非平衡统计理论。这套理论虽然可以得到不少有益的结果，但是在讨论某些问题时，遇到了一定困难。更多的学者认为：远离平衡态的系统，各处粒子数密度虽然满足局域平衡假设，但是也不能得到密度函数的形式，因此不能像平衡态统计那样建立微观量与宏观量之间的联系，也不能由此使人们对系统的宏观认识更深入一步。特别是统计物理方法仅能给出系统某一时刻 t 的状态，给出在此状态下各物理量之间的关系，却无法描写系统的演化行为，无法给出系统性质随时间如何变化。

在宏观层次上反应扩散方程反映系统演化性质不充分，在微观层次上对多数系统人们还无法提出描写系统性质的规范方法。为了解决这一问题，采用在随机层次上描写系统的演化行为是适宜的。一个需要 $6M$ 个变量描写的系统，确定了 n 个宏观变量以后，还有 $6M-n$ 个变量可以变化，系统状态必然要受到 $6M-n$ 个变量的影响，而 $6M-n$ 个变量的影响无法逐一确定。因此，把原来描写系统状态的 n 个宏观变量看成随机变量，统一考虑 $6M-n$ 个变量对系统演化的影响，这是解决问题的可行办法。研究系统的演化规律就是分析系统 n 个随机变量满足的演化方程，系统的宏观性质由这些随机变量的平均值确定。由于系统中包含的子系统数目很大，把系统宏观变量看成随机变量的研究方法，虽不是直接从微观分析出发，建立宏观与微观之间的桥梁，但是这种研究方法比宏观方法深入一步。可以认为建立随机层次系统演化的模型是在宏观、微观两个研究层次之间的一个中间层次模型，是人们为了更彻底地从微观上研究系统，建立微观、宏观之间联系的一个中间台阶。

随机方法是在随机层次上讨论系统的运动，建立随机层次系统模型，采用随机变量描写系统状态，选择随机微分方程来讨论系统的演化，具体方案可以有很多种。通常用主方程来作为描写简单巨系统演化的主要形式，系统状态用概率分布 $P(\{X_j\},t)$表示，其中$\{X_j\}$表示系统状态随机变量的集合，$P(\{X_j\},t)$表示在 t 时刻，系统随机状态变量取值为$\{X_j\}$的概率(对于随机变量连续取值的系统，$P(\{X_j\},t)$表示 t 时刻，随机变量取$\{X_j\}$单位间隔内的概率密度)。本书一般讨论单变量系统，可写为 $P(x,t)$。

我们仅讨论系统状态变化符合最简单的马尔可夫过程的演化形式。若一个随机变量的分布函数在变化过程中，某一时刻的取值只决定于它前一时刻的状态，而与以往的历史无关，这样的过程称为马尔可夫过程。马尔可夫过程是无记忆过程、无系统后效性的过程。对于马尔可夫过程可以利用系统的一步转移概率从给定初始状态得到以后所有的状态。布朗运动(Brownian motion)就是一种马尔可夫过程。自然界发生的绝大多数过程都是马尔可夫过程，或可以看成近似马尔可夫过程。

对于此类系统的演化，可以根据概率守恒得到系统概率分布 $P(\mathscr{H},t)$满足的运动方程——主方程。对于随机变量离散取值的系统，可得到

$$\frac{\mathrm{d}P(x,t)}{\mathrm{d}t}=\sum_{x}[W(x'\rightarrow x)P(x',t)-W(x\rightarrow x')P(x,t)] \tag{3.119}$$

其中，$W(x'\rightarrow x)$表示 t 时刻该系统状态从取值 x' 向取值 x 的转移概率，它反映系统内相互作用的性质，一般与时间无关。$\sum$表示取和遍及随机变量的所有可能取值。

在随机层次除了主要采用主方程作为系统演化模型以外，人们还根据不同问题和不同需要采用了其他方程(尼科利斯等，1986；哈肯，1988)。

(1) 福克尔-普朗克方程。当随机变量 x 连续取值、概率分布函数记为 $P(x,t)$时，若已知系统状态平均值所受的漂移力 $f(x)$，同时考虑系统随机涨落强度为 ε，可以列出$P(x,t)$的演化方程

$$\frac{\mathrm{d}P(x,t)}{\mathrm{d}t}=-\frac{\partial}{\partial x}[f(x)P(x,t)]+\frac{1}{2}\varepsilon^{1/2}\frac{\partial^2 P(x,t)}{\partial x^2} \tag{3.120}$$

它是一抛物型偏微分方程，通常 $f(x)$是 x 的非线性函数，则称为非线性漂移项的福克尔-普朗克方程，或简称非线性福克尔-普朗克方程。

(2) 朗之万方程。对于随机变量 x，若其平均值变化规律已知为

$$\frac{\mathrm{d}\langle x\rangle}{\mathrm{d}t}=f(\langle x\rangle) \tag{3.121}$$

随机扰动满足$\langle \eta(t),\eta(t')\rangle=\varepsilon\delta(t-t')$，$\langle \eta(t)\rangle=0$，则随机变量 x 满足方程

$$\frac{\mathrm{d}x}{\mathrm{d}t}=f(x)+\varepsilon^{1/2}\eta(t) \tag{3.122}$$

称为朗之万方程。

上述 3 类方程(模型)在所依据的思想和考虑系统的机制上基本一样，但由于方程形式不一样，故其在反映系统演化特点、建立办法、求解难易程度等方面也有所不同。

朗之万方程物理意义明显，它就是在决定论宏观层次的方程[形式与式(3.122)一样，普利高津称为反应扩散方程]中加上随机项，认为原来宏观变量是随机变量即可。但是求解此类方程很困难，需要应用随机微分方程的性质与解法。

主方程很容易根据概率守恒得到，对于多数系统，能方便地得到主方程具体表达式。但是在不少情况下，它与系统宏观演化方程的关系不易看出，通常是在求解主方程后，才讨论系统随机变量与宏观变量之间的联系，而且由于随机变量离散取值，使计算也较困难。

福克尔-普朗克方程是一抛物型偏微分方程，有规范的求解方法，较易得到方程的解，但方程建立必须依赖于系统宏观演化方程，很难直接在随机层次上建立起方程。

在研究具体问题时，通常是要利用 3 类模型(方程)之间的等价性，发挥每类方程的优点，综合利用各类方程，最终得到结果。

3.5.4 地球系统演化的分析方法

简单巨系统演化性质一般是由非线性微分方程解的特点来反映的，因此我们讨论系统的性质，主要是讨论方程解的性质。在数学上非线性微分方程通常无法给出精确解的解析表达式。如何解决这一问题，求出方程解，进而说明系统演化的特点，是简单巨系统理论要解决的问题；现在已经提出多种方法来讨论这一问题。首先，可以利用计算机进行数值模拟，在较短时间内计算出所给定数学模型的解，且根据需要画出各种图形。这方面工作从理论上讲属于计算数学、计算机科学的内容，系统理论不专门讨论它。其次，利用微分方程稳定性理论可以

定性分析系统性质,它在理论研究以及在实际应用上都有重要的意义,是解决非线性微分方程的重要方法之一。可以预言,随着要处理的简单巨系统实际问题的增多和科学的发展,人们还会不断总结出新的处理方法,充实到简单巨系统演化的数学分析内容中来。

3.5.4.1　微扰论——渐变分析方法

本小节以振动方程为例介绍微扰法的基本步骤,假定振动方程为

$$\ddot{x} + \omega_0^2 x + \mu x^3 = 0 \tag{3.123}$$

其中,$\mu(0<\mu<1)$为小数。

将 x 写成 μ 的幂级数

$$x(t) = x_0(t) + \mu x_1(t) + \mu^2 x_2(t) + \cdots$$

代入式(3.123)有

$$\ddot{x}_0 + \omega_0^2 x_0 + \mu[\ddot{x}_1 + \omega_0^2 x_1 + x_0^3] + \mu^2[\ddot{x}_2 + \omega_0^2 x_2 + 2x_0^2 x_1] + O(\mu^2) = 0 \tag{3.124}$$

$O(\mu^2)$表示较 μ^2 更高阶的小量,下同。

按 μ 的不同幂次可将式(3.123)写成微分方程组

$$\ddot{x}_0 + \omega_0^2 x_0 = 0 \tag{3.125a}$$

$$\ddot{x}_1 + \omega_0^2 x_1 = - x_0^3 \tag{3.125b}$$

$$\ddot{x}_2 + \omega_0^2 x_2 = - 2x_0^2 x_1 \tag{3.125c}$$

式(3.125a)为标准简谐振动方程,ω_0 为振动频率,解为

$$x_0(t) = A\sin(\omega_0 t + \varphi) \tag{3.126}$$

其中,A 为振幅,φ 为初相位,均由初始条件决定。将解 x_0 代入式(3.125b),使之成为一个带有驱动项的振动方程

$$\begin{aligned}\ddot{x}_1 + \omega_0^2 x_1 &= - A^3\sin^3(\omega_0 t + \varphi) \\ &= - \frac{3}{4}A^3\sin^3(\omega_0 t + \varphi) + \frac{1}{4}A^3\sin^3(3\omega_0 t + 3\varphi)\end{aligned} \tag{3.127}$$

方程解为

$$\begin{aligned}x_1(t) = {} & B\sin(3\omega_0 t + \varphi_1) + \frac{3}{8\omega_0}A^3\cos^3(\omega_0 t + \varphi) \\ & - \frac{1}{32\omega_0^2}A^3\sin^3(3\omega_0 t + 3\varphi)\end{aligned} \tag{3.128}$$

其中,B、φ_1 为由初始条件决定的待定常数,此解中第二项随时间增加而无限增大,称为久期项。从有关数学理论可知(3.123)乃是一个非线性恢复力的振动方程,其解应反映系统在有限范围内运动,这里出现矛盾的原因在于解的级数性质。运用微扰论方法求解系统必须解决由于出现久期项而使方程解发散的问题。

在近似求解振动方程中,如何去掉久期项是使用微扰方法是否能够成功的关键,在式(3.128)中希望类似第二项,即与 t 成正比的项不出现。从系统演化机制上分析,若外加周期驱动力的频率与系统振动固有频率一致,则振动振幅不断加大,直至无穷。对于非线性振动,由于非线性恢复力的存在,系统振动变得更加复杂,它不可能仍以线性恢复力所给出的固有频率 ω_0 振动,这又给如何判断外界驱动力对系统产生共振作用的部分带来困难。为同时从机制上处理这两方面的问题,我们首先把系统振动频率 ω 也写成一幂级数,且当 $\mu=0$ 时此频率就

是 ω_0，然后在具体求解 x_1 及后面的方程中，将驱动力中与固有频率 ω_0 一样的部分之系数取为零。

上述规范的数学方法是由天文学家林德斯泰特(A. Lindstedt)于 1883 年提出，庞加莱于 1892 年完善的，也称为微扰论的林德斯泰特-庞加莱方法(Lindstedt-Poincaré method)，它的适用条件是 μ 为小量，否则所选用级数不收敛。

对于 $\mu>0$，但 μ 不是小量时，舒哈特(J. Shohat)于 1944 年提出微扰论的另一种方法。此时 μ 不是小量，取 $\rho=\frac{\mu}{1+\mu}$，则 ρ 为一正的小量，对 ρ 进行类似于林德斯泰特-庞加莱方法的分析，可得到较好结果。现再讨论形如(3.123)的振动方程，仍可写出

$$x=x_0+\rho x_1+\rho^2 x_2+\cdots \tag{3.129}$$

$$\omega=\omega_0+\rho\bar{\omega}_1+\rho^2\bar{\omega}_2+\cdots \tag{3.130}$$

$$\tau=\omega \tag{3.131}$$

因为

$$\mu=\frac{\rho}{1-\rho}=\rho(1+\rho+\rho^2+\cdots) \tag{3.132}$$

对 ρ 进行类似于林德斯泰特-庞加莱方法的分析，所得结果再换成 μ 的表达式，可得到较好结果。从以上分析可以看到微扰论的思想很简单，在实际应用时主要困难在于计算繁杂，现在解决实际问题时往往用计算机进行计算，可以得到较好结果。当然微扰论仅适用于没有奇点的系统，若系统演化存在奇点，在奇点附近微扰论方法就不再适用了。

对于更复杂的系统，当它的运动可以看成是多种简单运动的叠加，一般微扰论无法给出较好的结果，这时候可以采用多时间尺度微扰分析方法。多时间尺度方法的思想是将原来时间 t 单变量的函数，看成是多变量时间 t 与 $\varepsilon^n t(n=1,2,\cdots)$ 的函数，实际运算时，只看成变量 t 与 εt 的函数就可以了。原来对时间 t 的复杂演化特点可以看成对时间 t 与 εt 两变量的简单关系。如天气变化，我们可以从小时来分析天气的日周期变化，也可以从月来分析天气的年周期变化特点，实际天气温度的变化为这两种周期变化的叠加。

3.5.4.2 平均值分析——变量相关性讨论

平均值方法是讨论地球系统演化方程的另一种方法(Puccia et al.，1985)。按照数学理论，我们可以定义一个变量的平均值 $\bar{X}$、涨落 $\mathrm{Var}(X)$，以及两个变量的关联 $\mathrm{Cov}(X,Y)$。

变量 $X(t)$ 在 $t=0$ 到 $t=t$ 时间间隔内的平均值(或称数学期望)记为 $E_t[X]$，定义为

$$E_t[X]=\frac{1}{t}\int_0^t X(\tau)\mathrm{d}\tau \tag{3.133}$$

当讨论时间无限长，且极限 $\lim\limits_{t\to\infty}E_t[X]$ 存在时，则此极限被称为对应变量 X 的平均值，记为 $E[X]$ 或 $\bar{X}$。

对函数的导数同样可按上述定义求平均值

$$\begin{aligned}E_t\left[\frac{\mathrm{d}X}{\mathrm{d}t}\right]&=\frac{1}{t}\int_0^t\frac{\mathrm{d}X}{\mathrm{d}\tau}\mathrm{d}\tau=\frac{1}{t}[X(t)-X(0)]\\&\leqslant\frac{1}{t}[\max(X)-\min(X)]\end{aligned} \tag{3.134}$$

其中，$\max(X)$ 与 $\min(X)$ 为在[0,1]区间上函数 X 的最大值和最小值。若一个演化过程是有

限的，即在整个过程中，不论 t 取何值，X 的值均不会为无穷，则可有

$$E_t\left[\frac{\mathrm{d}X}{\mathrm{d}t}\right]=\lim_{t\to\infty}\frac{1}{t}[X(t)-X(0)]\leqslant\lim_{t\to\infty}\frac{1}{t}[\max(X)-\min(X)]=0 \tag{3.135}$$

我们下面研究的所有问题都指满足式(3.135)的情况。利用导数平均值为零的性质，我们可以讨论某些系统，特别是一些生物化学系统演化方程的性质。

生物的生存竞争是地球系统中最普遍的现象之一，不仅生物界而且其他如经济、军事、社会等领域的很多现象也都可以建立起与生物界生存竞争类似的模型，我们这里用平均值方法讨论不同形式的捕食者与被捕食者模型，找出变量之间或变量与含时参量之间的关系。

洛特卡-沃尔泰拉模型是最简单、最基本的捕食者与被捕食者模型，对此模型前面已作过讨论，这里不再重述，仅将其演化方程写出

$$\begin{cases}\dfrac{\mathrm{d}X}{\mathrm{d}t}=aX-bXY\\ \dfrac{\mathrm{d}Y}{\mathrm{d}t}=bXY-cY\end{cases} \tag{3.136}$$

在这里对方程稍微做一改动：将捕食者的增长率 aX 改成 $I(t)$，这可理解为由某种外界因素控制，X 按某已知规律增长；同时认为被捕食者受到环境影响，自身存在某一确定的死亡速率 C；捕食者的演化机制不变。这样演化方程为

$$\begin{cases}\dfrac{\mathrm{d}X}{\mathrm{d}t}=I-(PY+C)X & (3.137\mathrm{a})\\ \dfrac{\mathrm{d}Y}{\mathrm{d}t}=Y(PX-Q) & (3.137\mathrm{b})\end{cases}$$

其中，I 是时间函数 $I=I(t)$。

此时较难利用定态解的线性稳定性分析方法进行讨论。我们利用平均值方法可有

$$E\left[\frac{1}{Y}\frac{\mathrm{d}Y}{\mathrm{d}t}\right]=P\bar{X}-Q=0\text{ 或 }\bar{X}=\frac{Q}{P} \tag{3.138}$$

同样

$$E\left[\frac{\mathrm{d}Y}{\mathrm{d}t}\right]=0=\bar{Y}(P\bar{X}-Q)+P\mathrm{Cov}(X,Y) \tag{3.139}$$

两式比较可有

$$\mathrm{Cov}(X,Y)=0 \tag{3.140}$$

这表明在此模型中，虽然 X、Y 是被捕食者与捕食者，但是它们两者之间并无关联，即一物种数量的变化并不影响另一物种数量的变化，各自以自身的规律趋近于各自的定态解。从(3.137a)还可有

$$E\left[\frac{\mathrm{d}X}{\mathrm{d}t}\right]=0=\bar{I}-(P\bar{Y}+C)\bar{X}-P\mathrm{Cov}(X,Y)$$

将式(3.140)代入可有

$$\frac{\bar{I}}{\bar{X}}=P\bar{Y}+C \tag{3.141}$$

利用式(3.138)可有

$$\bar{Y}=\frac{\bar{I}}{Q}-\frac{C}{P} \tag{3.142}$$

容易看出此系统 X、Y 变量的平均值与 I 为常数时的定态解一样，在 I 随时间变化时，只需将 $I(t)$ 用其平均值 $\bar{I}$ 代替即可。我们考虑这可能与在 I 为常数时方程定态解 X^*、Y^* 是稳定的有关系。

进一步由式(3.137a)可有

$$\bar{I}\left(\overline{\frac{1}{X}}\right)=(P\bar{Y}+C-\mathrm{Cov}\left(1,\frac{1}{X}\right) \tag{3.143}$$

根据函数性质分析[在某一闭区间内，当函数为单调增函数，且 $f'(x)<0$、$f''(x)<0$ 时，则有 $\overline{f(x)}>f(\bar{x})$]，可有

$$\left(\overline{\frac{1}{X}}\right)>\left(\frac{1}{\bar{X}}\right) \tag{3.144}$$

比较式(3.143)与式(3.142)可知，仅在 $\mathrm{Cov}\left(1,\frac{1}{X}\right)<0$ 时才能使式(3.144)成立，即被捕食者数量 X 与其增长率 I 是正相关的(因为 I 与 $\frac{1}{X}$ 应是负相关的)。

再讨论 I 与 Y 之间关系，用 $(PX-Q)$ 乘式(3.137b)可有

$$(PX-Q)\frac{\mathrm{d}Y}{\mathrm{d}t}=Y(PX-Q)^2$$

考察此式右端，Y 取值非负，$(PX-Q)^2$ 不可能有负值，故取平均值时为正。

$$E\left[(PX-Q)\frac{\mathrm{d}Y}{\mathrm{d}t}\right]=PE\left[X\frac{\mathrm{d}Y}{\mathrm{d}t}\right]-QE\left[\frac{\mathrm{d}Y}{\mathrm{d}t}\right]>0 \tag{3.145}$$

利用变量导数平均值为零可有

$$E\left[X\frac{\mathrm{d}Y}{\mathrm{d}t}\right]>0 \tag{3.146}$$

再利用 XY 积函数变化的有界性可有

$$E\left[X\frac{\mathrm{d}X}{\mathrm{d}t}\right]<0 \tag{3.147}$$

式(3.137a)乘 Y 后取平均值并利用式(3.147)可有

$$\mathrm{Cov}(Y,I)-P\mathrm{Cov}(Y,XY)-C\mathrm{Cov}(X,Y)<0 \tag{3.148}$$

式(3.137b)乘 Y 后再取平均可有

$$P\mathrm{Cov}(Y,XY)-Q\mathrm{Cov}(Y)=0$$

将此关系及式(3.140)代入式(3.148)可有

$$\mathrm{Cov}(Y,I)-\mathrm{Cov}(Y)<0 \tag{3.149}$$

此关系表明存在两种情况

$$0<\mathrm{Cov}(Y,I)<Q\mathrm{Cov}(Y) \tag{3.150}$$

即得到结论：外界控制被捕食者 X 增长的速率函数 I 与捕食者 Y 之间如果不是负关联，其关联的程度也不能大于捕食者 Y 的涨落量与 Q 的乘积。

3.6　地球系统的复杂巨系统

系统科学的先驱者贝塔朗菲于20世纪40年代末就已经提出研究复杂性的问题，并预见到系统科学本质上是研究复杂性的科学。信息论创始人之一的韦弗在同一时期提出有组织复

杂性和无组织复杂性的划分，把有组织复杂性作为系统科学的研究对象，对其后的科学发展产生了深刻影响。但总的来说，那个时期复杂性研究尚无实质性进展。在 20 世纪五六十年代，系统科学获得重要进展的分支是运筹学、控制论、信息论等技术科学，研究对象基本属于简单系统，尚未触及真正的复杂系统。20 世纪 70 年代以后，关于简单系统的理论日趋成熟，系统科学才真正转向以复杂性为主要研究对象，试图建立关于复杂系统的一般理论，如美国的圣菲研究所，欧洲大陆的自组织理论，英国的复杂性论坛，中国的系统学等。本节主要讨论地球系统科学的复杂巨系统理论。

3.6.1　关于复杂性

按照传统的理解，简单与复杂是相对的，一个事物在未被认识之前是复杂的，一旦被认识就成为简单的了。从人类认识事物的过程看，这种情形是常见的。但现代科学技术的发展表明，不能把复杂性全部归结为认识过程的不充分性，必须承认存在客观的复杂性，真正的复杂性应当具备自身特有的规律性，即使已被人们认识，并找到解决办法，但它仍然是复杂的。就是说，应当找出简单性与复杂性之间某种根本性质的区别，使复杂性科学具有相对确定的研究领域。复杂性建立在多样性、差异性之上，应当承认不同意义上的复杂性，承认不同层次有不同的复杂性，允许使用不同的复杂性定义。据劳埃德(Lloyd)统计，西方学者已提出 45 种复杂性定义，如香农信息、费歇尔(Fisher)熵、信息、共有信息、玻尔兹曼熵、分数维、逻辑深度以及算法复杂性、同源复杂性、随机复杂性、时间计算复杂性、空间计算复杂性、复杂适应系统、混沌边缘等(霍根，1997)。这些定义大多数与信息的定量刻画有关，明显反映了提出者们试图沿袭定量化、形式化的传统方法描述复杂性，代表复杂性研究的一种思路。复杂性研究要取得具体成果，必须注重各种特定的可以检验的机理，分门别类进行研究。所以，这些探索都是有益的。但是，单纯用定量化、形式化方法描述和解决复杂性问题只是对传统还原论方法的修正，不可能引向科学方法论的革命性变革。这一点也反映出复杂性研究的不成熟，尚未找到真正克服现有科学方法论局限性的有效途径。不过，其中有几项试图超越传统的思路，在复杂性探索中有重要启迪作用，值得稍加讨论。

西蒙的分层复杂性概念是 1962 年提出来的。在此之前，贝塔朗菲把等级层次原理作为一般系统论的支柱之一，表明他已意识到等级层次与复杂性有联系。西蒙把等级层次结构与复杂性明确联系起来，从 4 个方面给复杂性以系统阐述，指出等级层次结构是复杂性的重要来源。他从系统演化的角度讨论复杂性，论证复杂系统的结构是在演化过程中"涌现"出来的。西蒙还讨论了按照层次结构组织起来的系统的动态性质，把复杂性与系统动力学特性联系起来。这些思想对其后的复杂性研究起了积极的推动作用。

普利高津、哈肯等人的贡献是用演化的、生成的、自组织的观点解释复杂性。传统观点认为复杂性出现于生物以上的层次，物理层次无复杂性可言。普利高津提出，复杂性存在于一切层次，不同层次的复杂性既有差别，又有同一性，物理层次已经具备"最低限度的复杂性"。平衡态、线性关系、可逆过程只能产生简单性，远离平衡态、非线性关系、不可逆过程是产生复杂性的根源。复杂性是自组织的产物，在远离平衡、非线性、不可逆的条件下，通过自发形成耗散结构这种自组织而产生出物理层次的复杂性，在此基础上才可能通过更高形式的自组织产生出生命、社会等层次的复杂性。基于这个认识，他们认为"物理学正处于结束'现实世界简单性'信念的阶段"(普利高津，1980)，用复杂性科学表述正在兴起的新型科学。

20世纪90年代,盖尔曼提出有效复杂性概念,把它定义为"用来描述其(指复杂适应系统——引者)规律性的图式的长度",仍然属于西方学术界用定量化、形式化方式刻画复杂性的传统方法,决定了这个概念只能应用于较窄的范围。但他指出原始复杂性和算法复杂性不能表示通常理解的复杂性,反对就复杂性概念研究复杂性,主张把复杂性研究同复杂适应系统的研究联系起来。盖尔曼围绕有效复杂性讨论所提出的种种议论,包含深刻的系统思想。

所有这些工作都有助于从某个侧面理解复杂性,为我们研究复杂性问题提供了综合集成的资料、构件、局部的方法。但总的来看,复杂性还不能算作一个严格的科学概念,人们也没有给出一个公认的复杂性定义。

大体在同一时期,钱学森通过对系统科学及其应用的探索和研究,特别是在建立系统学的过程中,逐步认识到复杂性研究的重要理论和实践意义。"复杂性的问题,现在要特别重视。因为我们研究系统,都是复杂的问题。""解决这些问题,科学技术就会有一个很大的发展。我们要跳出从几个世纪以前开始的一些科学研究方法的局限性。"他明确指出:"凡是不能用还原论方法处理的或不宜用还原论方法处理的问题,而要用或宜用新的科学方法处理的问题,都是复杂性问题,复杂巨系统就是这类问题。"(许国志等,1996)

从研究方法上区分简单性与复杂性,是一个很有价值的新观点。钱学森明确提出:"所谓'复杂性'实际是开放的复杂巨系统的动力学,或开放的复杂巨系统学"(王寿云等,1996)。从一开始就把复杂性研究明确纳入系统科学范围,这是钱学森有别于国外学者的一大特点。

3.6.2 把复杂性当作复杂性处理

科学研究对象从简单性和简单系统转向复杂性和复杂系统,要求在方法论上实现根本转变。经典科学相信客观世界本质上是简单的,复杂性是披在简单性之上的面纱,随着科学的发展必将揭开这层面纱,把复杂性还原为简单性。因此,在面对复杂的问题时,总是设法把复杂性简化掉,即把复杂性当作简单性处理。当对象是典型的简单系统,或者属于不够典型的复杂性问题时,这样处理是可行的或近似可行的。当对象属于真正的复杂性问题时,这样处理必然把产生复杂性的根源简化掉,得到的结果不再能够反映对象的固有特性。把复杂性当作复杂性处理,是复杂性研究的方法论原则。这并非否定复杂性研究也需要简化,而是强调存在不同的简化路线或指导思想。过去400年中发展起来的简单化理论和方法,不适用于正在兴起的复杂性科学的需要。复杂性问题要求性质不同的简化路线,即必须在保留系统产生复杂性之根源的前提下进行简化。一种简单化处理即使理论上十分漂亮,只要它没有保留系统产生复杂性的根源,就不是复杂性科学的简化方法。普利高津提出"结束现实世界简单性"的命题,圣非研究所要建立复杂性科学,目的都是强调把复杂性当作复杂性处理这个新的科学方法论原则。

鉴于复杂性尚无统一定义,我们选就几类特殊的复杂性来分别说明这个原则。

1) 把非线性当作非线性处理

经典的简单性科学包含许多非线性问题,但基本的处理办法是把问题线性化,用线性模型近似代表非线性的原型,这就是把非线性当作线性处理。线性化无疑把问题大大简化了。但同时也就把非线性产生的许多非平庸特性(如自激振荡、分岔、突变、混沌等)给简化掉了。当对象具有强非线性,特别是本质非线性时,系统研究真正关心的恰是这些非平庸特性,线性化处理无法保留这些非平庸特性,失去实际系统具有的本质特征。必须采取全新的简化方法,在保留非线性的前提下寻找描述非线性的简化方法。非线性科学就是把非线性当作非线性来研究的科学，也必须在把非线性当作非线性的前提下进行必要的简化处理。

2) 把远离平衡态当作远离平衡态处理

经典科学视平衡态为系统的惟一正常状态，把非平衡态理解为干扰因素造成的非正常状态，力求将平衡态下获得的结论线性地推广于非平衡态。但普利高津发现，系统在平衡态及其附近只能表现出简单的平庸行为，在离开平衡态足够远时才能够表现出各种非平庸的复杂行为。他率先突破平衡态物理学观点的束缚，把远离平衡态当作远离平衡态处理，创立了耗散结构论，给自组织现象以深刻的理论说明。

3) 把混沌当作混沌处理

简单性研究认为系统的定态只可能是平衡态或周期态，把非周期运动视为一种过渡态，随着系统逼近定态就会逐步消失。由于这种观念的束缚，尽管 19 世纪中叶以来的科学家不断接触到混沌现象，却总是把它们当作随机噪声。混沌学家的非凡之处在于率先摆脱这种传统见解，摒弃了把混沌性简化为非混沌性来处理的惯用方法，承认确定性系统可能内在地产生出随机性，非周期运动也可能是系统的一种定态，并着手建立描述这种奇异行为的新理论。把混沌运动固有的不规则性、复杂性当作表面现象忽略掉，简化为规则的周期运动，或者当作随机扰动，是经典科学的方法论原则。其结果是把一般非线性系统固有的混沌运动人为地排除掉。从描述系统行为的非周期性入手，把混沌当作混沌来处理，是混沌学的方法论原则。

4) 把分形当作分形处理

分形有两个基本特征，一是粗糙性(不规则性)，二是自相似性(部分与整体相似)。按照经典科学的方法处理，就是选定一个适当尺度，把小于这个尺度的一切曲折性、不规则性忽略掉，化复杂的分形图形为至少是分段光滑的规整图形。这样做固然大大简化了问题，同时也就人为地消除了它固有的粗糙性和自相似性。芒德布罗反其道而行之，把粗糙性和自相似性当作这类对象的本质特征对待，即把分形当作分形来描述，创立了全新的分形几何学及其方法论。

5) 把模糊性当作模糊性处理

事物类属的不分明性即亦此亦彼性，称为模糊性。对于模糊性，有两种截然相反的处理方法。经典的方法是强行划定界限，人为地使每个对象都有明确的类属，即把模糊性简单为精确性来处理。另一种方法是承认事物固有的模糊性，用元素对集合的隶属度逐步变化来反映事物从属于某类到不属于该类的逐步变化，以模糊集合作为模糊事物的基本数学模型。从方法论看，这就是把模糊性当作模糊性来处理。依靠这种科学方法论，札德(Zadeh)创立了有深远影响的模糊理论。

非线性、远离平衡、混沌、分形、模糊性都是复杂性的某种表现。把非线性当作对线性的偏离，把远离平衡态当作对平衡态的扰动，把混沌当作复杂的规则运动，把分形当作复杂的规整图形，把模糊性当作复杂的精确性，都是把复杂性当作简单性来处理，结果只能是失败的。把非线性当作非线性，把远离平衡态当作远离平衡态，把混沌当作混沌，把分形当作分形，把模糊性当作模糊性，都是把复杂性当作复杂性来处理，都带来科学的重大进步。系统产生复杂性的根源多种多样，如开放性、不可逆性、不可积性、动力学特性、智能性、人的理性和非理性等。在每一种情形下都有两种截然不同的简化处理方式，只有在保留这些因素的前提下进行简化，即把复杂性当作复杂性处理，才是复杂系统理论所要求的简化。

非线性、远离平衡、混沌、分形、模糊性在简单巨系统中都可能出现，对这些复杂性的处理仍然有路可寻,因而还不是最高层次的复杂性。生命、社会、思维等领域的复杂性,通常出现在地球复杂巨系统中,要比上述几种复杂得多,研究它们尤其需要实行把复杂性当作复杂性处理的方法论原则。坚持这个原则首先遇到的是方法论问题。对于这类系统,用还原论方法来处理是不行的(如果处理的是一个层次的系统问题,还原论方法可能还是适用的),因为从可观测的整个系统到子系统层次很多,中间的层次又不完全清楚,甚至有几个层次都无法确定,即使各个层次都清楚了,整个系统功能也不等于子系统功能的简单叠加。

在军事系统工程和航天系统工程成功实践的基础上,从20世纪70年代末开始,钱学森努力把系统方法推广应用于社会生活各方面,提出建立和发展社会系统工程。但组织管理社会系统的社会工程技术要比工程系统工程复杂得多,前者绝不是后者的简单推广。这里也需要在应用中坚持把复杂性当作复杂性来处理的原则,反对那种为建立漂亮数学模型而对实际问题作强制性简化的主观主义做法。

3.6.3 开放的复杂巨系统

3.6.3.1 巨系统

开创时期的系统科学所研究的大多是由少数基本环节构成的小系统。随着更多的实际系统进入研究范围,人们发现如果以组分(元素、子系统)数目作为系统的规模,则规模的不同也是造成系统性质不同的一个因素。基于这个认识,20世纪60年代末提出大系统概念和建立大系统理论的任务,随着社会经济、生态环境等系统成为研究对象,人们发现还存在比大系统的规模大得多的系统。20世纪80年代末,钱学森等在论述社会系统工程时指出:"这不只是大系统,而是'巨系统',是包括整个社会的系统。"强调这类问题的范围之大和复杂程度之高是一般系统所没有的。这是学术界第一次提出巨系统概念。

按照上述定义,系统规模显然是一个模糊语言变量,它的基本变量(系统组分的数目)可以取任何正整数,规模小、规模大、规模巨大等是其基本语言值。按照规模对系统分类,得到小系统、大系统、巨系统3个基本类别,这只是一种模糊的分类,彼此之间不存在截然分明的界限。大系统理论至今没有给出大系统的精确范围,也表明了这一点,但它并未影响对大系统的研究。对于巨系统概念,同样需采取这种方式处理,不应苛求给出精确的分界线。大体上说,由几个、十几个元素或子系统组成的是小系统,由上百个、上千个元素或子系统组成的是大系统,如果元素或子系统数量极大,成万上亿,上百亿,上万亿,那就是巨系统。

组分数目多到巨型规模,就使系统的整体行为相对于简单系统来说可能涌现出显著不同的性质。"量变可以引起质变:Haken等人的协同学证明这是可能的,即巨系统的统计理论说明巨系统中会出现简单系统中没有的现象,如自组织现象"(钱学森等,1988)。巨系统通常有宏观与微观的层次划分,系统在这两个层次上的行为特性有性质上的区别,这是不同于小系统和大系统的重要特点。巨系统是一个新的科学概念,代表系统思想的新高度,一种新的系统观点。对象性质的不同必然要求不同的研究方法。巨系统问题要求建立巨系统理论和方法。

3.6.3.2 复杂巨系统

巨系统在地球系统中是广泛存在的。不同巨系统之间在规模上仍可能有显著差别。如贝纳尔流作为物理系统,微观组分的数量级为10^{23},社会系统的规模要比它小得多。中国是世界上人口最多的国家,微观组分(人)接近13亿,即1.3×10^{9},两者相比,前者的规模似乎比后者大得多。但众所周知,后者的描述要比前者困难得多。大脑作为系统,空间占有十分有限,所

包含的神经元约 10^{11} 数量级，比贝纳尔流的组分少 12 个数量级；若从行为特性看，它的复杂性是贝纳尔流无法比拟的，属于典型的复杂系统，而贝纳尔流不属于复杂系统。这些事实表明，在巨系统这个等级上，再按照系统规模来分类已无实际意义，需要按照复杂性对系统进行分类。

从系统结构看，一方面是系统组分和种类的多少，另一方面是系统组分之间关联关系的复杂程度和层次结构。在巨系统中，如果系统组分种类不多，只有几种、几十种，相互关系又比较简单，应称为简单巨系统，如贝纳尔流和激光系统。对于简单巨系统，由于组分数量非常多，从组分间相互作用出发，直接综合成整个系统运动特性的处理方法，显然是不行的，即使使用巨型机也不能解决问题。直接综合方法不行，人们就想到统计力学的巨大成就。把亿万个分子组成的巨系统功能略去细节，用统计方法概括起来，取得了成功。这就是哈肯和普利高津建立自组织理论所用的方法，即从微观到宏观的统计综合方法。

在巨系统中，如果组分种类繁多（几十、上百、上千或更多），并有层次结构，它们之间的关联方式又很复杂（如非线性、不确定性、模糊性、动态性等），这就是复杂巨系统。这类系统无论在结构、功能、行为和演化方面都非常复杂，在时间、空间和功能上都存在层次结构，以至于到今天还有大量问题并不清楚。如人脑系统，由于记忆、推理和思维功能以及意识作用，其输入-输出反应特性极其复杂。人脑可以利用过去的信息（记忆）和未知的信息（推理），以及当时的输入信息和环境作用，作出各种复杂反应。从时间角度看，这种反应可以是实时反应、滞后反应，甚至超前反应；也可能是虚假反应，甚至没有反应。所以，人的行为并不是简单的"条件反射"。人脑系统吸引了众多科学家研究，其微观结构在细胞层次上正被逐步研究清楚，但在宏观层次上却涌现出思维、意识等极为复杂的整体功能，它的机制至今尚未探明。这个事实也说明，应把人脑作为复杂巨系统，把微观与宏观结合起来进行研究。

总之，系统理论和方法是发展的，不同类型的系统要用不同的方法。大系统理论不能用来解决巨系统问题，简单巨系统理论不能用来解决复杂巨系统问题。

3.6.3.3　开放的复杂巨系统

从贝塔朗菲起，系统研究就强调系统对环境的开放性。控制论等技术科学把开放性表述为系统的输入、输出和干扰，自组织理论把开放性表述为控制参量数对系统的影响和涨落的作用。但随着系统研究的深入发展，随着人类对工业文明造成的环境污染、资源匮乏、生态破坏的严重后果的认识，人们发现关于系统开放性的现有表述还很不够，有必要重新认识系统与环境的关系，进一步发展系统科学的开放性理论。因此，几乎在同一时期，国外有所谓"开放系统科学"的提法（Hewitt et al.，1991），在国内钱学森提出开放的复杂巨系统概念，积极探索建立开放的复杂巨系统理论。

在开放的复杂巨系统概念中，钱学森等给"开放的"一词赋予新的内涵。"开放的"不仅意味着系统一般地与环境进行物质、能量、信息的交换，接受环境的输入和扰动、向环境提供输出，而且还具有主动适应和进化的含义。首先是组成系统的个体或子系统，它们通过主动行为而获得信息，通过相互作用交换信息，具有一定的"预见性"，能够在行动中学习，积累经验，获得知识，主动地、适应地改变自己的行为，不断进步。这就使得子系统之间关系不仅复杂，而且随时间及情况不同有极大的易变性。在个体主动性适应的基础上，形成整个巨系统在环境中的学习和适应性行为，因而系统的动力学特性也具有进化的含义，通过进化以更好地适应环境。

"开放的"还意味着在分析、设计或使用系统时，要重视系统行为对环境的影响，把系统运行与保护环境结合起来考虑。从简单系统到大系统，再到简单巨系统，现有的各种系统理论都只考虑环境对系统的塑造作用(而且作了极大的简化)，不提及系统对环境的塑造作用。但处理开放的复杂巨系统问题时，必须同时考虑系统行为对环境的塑造，把系统发挥功能与保护环境结合起来，反对以牺牲环境为代价的系统优化，强调把系统优化与环境优化结合起来。这是系统思想的重大发展。

"开放的"还意味着系统不是既定的、不变的、完成了的，而是动态的和发展变化的，不断出现新现象、新问题，地球系统科学要求研究者必须以"开放的心态"对待问题。

3.6.3.4　几类典型开放的复杂巨系统

从前面的讨论可以看出，开放的复杂巨系统广泛存在于地球系统中。例如，人脑系统、人体系统、社会系统、地理环境系统和行星系统等。

现代科学技术的发展已经取得巨大成就。今天，人类正在探索着从渺观、微观、宏观、宇观到胀观5个层次时空范围的客观世界(图3-49)。宏观层次就是我们所在的地球，其中又产生了生命、生物，出现了人类和人类社会。开放的复杂巨系统分布在宏观及宏观以上的层次，宏观以下的层次属于盖尔曼所说的简单性问题，自然不是开放的复杂巨系统理论研究的对象。

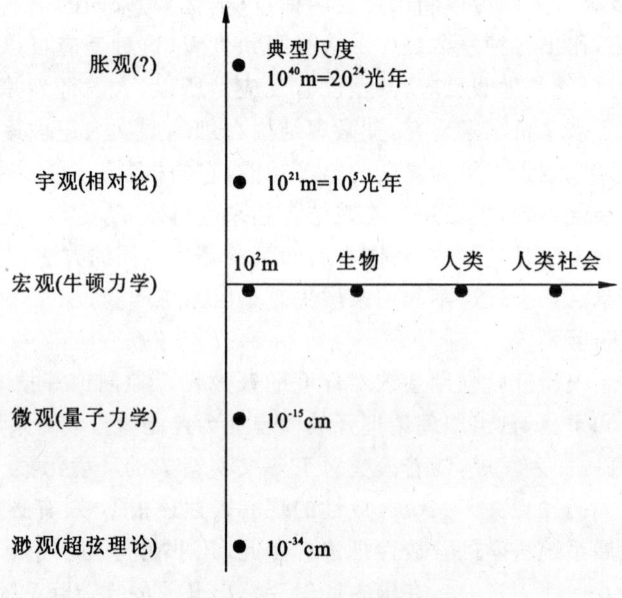

图3-49　时空范围层次图

在开放的地球复杂巨系统中，社会系统是最复杂的一类，又称为特殊复杂的巨系统。

3.6.3.5　社会——开放和特殊复杂巨系统

社会系统的微观组分是人，人本身就是开放的复杂巨系统。这就使得社会系统具有其他复杂巨系统所没有的复杂性质。

用系统观点研究和认识社会，提出社会系统概念，一方面是对社会实际的一种科学概括，另一方面有了这样的概念就为应用系统科学的理论、方法和技术去研究和解决社会问题提供了新的途径和方法，使它不同于现有的社会科学。但现有的社会科学中的一些概念、理论和方法，对于制定社会系统理论、方法和技术还是有价值的，钱学森就是根据社会形态这个概念从整体上研究了社会主义建设的系统结构、组织管理问题，提出社会系统工程及其实践形式。

社会形态这个概念是马克思首先提出来的。后来列宁(Lenin)又进一步指出：一分析物质的社会关系……立刻就有可能看出重复性和常规性，就有可能把各国制度概括为社会形态这个基本概念。只有这种概括才使人有可能从记载(和从理想的观点来评价)社会现象进而以严格的科学态度去分析社会现象。

社会形态是一定历史时期的社会经济制度、政治制度和思想文化体系的总称，是一定历史阶段上生产力和生产关系、经济基础和上层建筑的具体的、历史的统一。把社会形态的概念和社会系统结合起来，尽管社会系统很复杂，"但从宏观角度看，这样复杂的社会系统，其形态，即社会形态最基本的方面有3个，这就是经济的社会形态、政治的社会形态和意识的社会形态"(钱学森等，1985)。经济的社会形态指经济制度，包含社会生产方式(生产、分配、交换、消费方式)、经济制度等；政治的社会形态指社会政治制度，包含国家政权性质、管理体制、法律制度等；意识的社会形态指思想文化体系，包含哲学、宗教、伦理道德，以及教育、科技、文学艺术等，社会形态3个侧面相互联系、相互作用、相互影响，从而构成一个社会的有机整体，形成社会系统结构。按照马克思列宁主义理论，经济的社会形态是基础，它决定了政治的社会形态和意识的社会形态。意识的社会形态不仅受经济的社会形态的影响，而且还要受政治的社会形态的制约。同时，意识的社会形态对政治的社会形态和经济的社会形态又有相对独立性和能动的反馈作用。政治的社会形态对经济的社会形态有强大的反作用，正如恩格斯所说：它可以沿着同一方向起作用，在这种情况下就会发展得比较快；它可以沿着相反方向起作用，在这种情况下，像现在每个大民族的情况那样，它经过一定的时期都要崩溃；或者是它可以阻止经济发展沿着既定的方向走，而给它规定另外的方向——这种情况归根到底还是归结为前两种情况中的一种。但是很明显，在第二和第三种情况下，政治权力会给经济发展带来巨大的损害，并造成人力和物力的大量浪费。

从社会进步和发展角度看，社会形态的3个侧面都处在不断运动和变化之中，而飞跃式的变化就是我们通常说的革命。"经济的社会形态的飞跃是产业革命，政治的社会形态的飞跃是政治革命，意识的社会形态的飞跃是文化革命……社会形态的变化、飞跃就是社会革命，但社会革命可能由不同侧面所引起，而且具有不同性质。产业革命、政治革命和文化革命都是社会革命"(钱学森等，1988)。人类社会的发展，从原始社会、奴隶社会、封建社会、资本主义社会、社会主义社会到共产主义社会，都是从政治的社会形态来说的。

从社会发展和文明建设来看，相应于社会形态的3个侧面，也有3种文明建设，这就是经济建设即物质文明建设，政治建设即政治文明建设，思想文化建设即精神文明建设。结合我国社会实际情况，钱学森提出我国社会主义建设的系统结构：①社会主义物质文明建设，包含科技经济建设、人民体质建设。②社会主义精神文明建设，包含思想建设、文化建设。③社会主义政治文明建设(通称民主与法制建设)，包含民主建设、法制建设、政体建设。这就是我国社会主义文明建设的3个方面。但国家和社会发展还要受到所处地理环境的影响，这就是系统科学讲的系统与其环境的关系。社会系统的环境是地理系统，为使社会系统和地理系统协调发展，必须进行地理系统建设，即地理建设。④我国社会系统环境建设就是社会主义地理建设，包含基础设施建设、环境保护和生态建设。综合起来，我国社会主义现代化建设包含上述社会主义3个文明建设和地理建设，共4大领域、10个方面。在这10个方面中，科技建设是中心，体现了邓小平提出的经济建设为中心和科学技术是第一生产力的思想。

由于社会形态3个侧面相互联系，社会主义3个文明建设之间也相互联系、相互影响、相互作用。物质文明建设是基础，决定和制约着政治文明和经济文明建设；同时，精神文明和政治文明建设对物质文明建设又能产生巨大反作用，既可能起推动作用，也可能起阻碍甚至破坏作用，它们是物质文明建设的精神动力，并决定着物质文明建设的方向与速度。环境建设为社会主义物质文明建设提供持续而稳定的物质基础和优良的环境条件，也就是当今全人类共同关心的可持续发展。

按照系统理论，系统组分之间以及系统与环境之间只有相互协调，才能获得最好的整体功能。从这个角度看，社会主义3个文明建设之间必须协调发展，形成良性循环，才能使我国社会主义建设的速度更快、效率更高、效益更大。反之，如果不协调，社会主义建设就会受到影响，甚至造成巨大损失。我国的改革开放，从根本上说，就是改革那些影响4大领域和10个方面建设以及它们之间不协调发展的体制与机制。

3.6.4 从定性到定量综合集成方法

20世纪80年代末，钱学森明确提出，处理开放的复杂巨系统的方法论是“从定性到定量综合集成方法”（以下简称综合集成方法），后来又发展到“从定性到定量综合集成研讨厅体系”的实践形式（以下简称综合集成研讨厅体系）。这套方法论是从整体上研究和解决问题的方法，采取人机结合以人为主的思维方法和研究方式，对不同层次、不同领域的信息和知识进行综合集成，达到对整体的定量认识。实践证明，这套方法论在应用中是有效的，而且必将随着应用的发展而不断发展。

3.6.4.1 综合集成方法的提出

20世纪80年代初，结合现代作战模型的研究，钱学森提出处理复杂行为系统的定量方法学。这种定量方法学是半经验半理论的，是科学理论、经验和专家判断力的结合。与此同时，钱学森大力推动系统工程在社会系统中的应用。系统工程在工程中的应用已被实践证明是非常有效的，如美国的“阿波罗”计划，中国的“两弹一星”，都是成功的范例。但用这些方法解决社会系统工程问题显然是不够的。即使像数学这样广泛使用的理论和方法，也遇到严重困难，因为复杂巨系统特别是社会系统无法用现有的数学工具描述出来。“当人们寻求用定量方法学处理复杂行为系统时，容易注重于数学模型的逻辑处理，而忽视数学模型微妙的经验含义或解释。要知道，这样的数学模型，看来‘理论性’很强，其实不免牵强附会，从而脱离真实。与其如此，反不如从建模的一开始就老老实实承认理论不足，而求援于经验判断，让定性的方法与定量的方法结合起来，最后定量。这样的系统建模方法是建模者判断力的增强与扩充，是很重要的”（王寿云，1988）。

这个方法的实质是把专家体系、数据和信息体系以及计算机体系结合起来，构成一个高度智能化的人机结合系统，这个方法的成功应用，就在于发挥了这个系统的综合优势、整体优势和智能优势。它能把人的思维，思维的成果，人的经验、知识、智慧以及各种情报、资料和信息等通通集成起来，从多方面定性认识上升到定量认识。按照我国传统说法，把一个复杂事物的各个方面综合起来，达到对整体的认识，称之为“集大成”的智慧，所以钱学森把这个方法称为“综合集成工程”（meta-synthetic engineering）。

这个方法体现了“精密科学”从定性判断到精密论证的特点，也体现了以形象思维为主的经验判断到以逻辑思维为主的精密定量论证过程。所以，这个方法是走精密科学之路的方法论。它的理论基础是思维科学，方法基础是系统科学与数学，技术基础是以计算机为主的信息技术，哲学基础是实践论和认识论。

需要指出的是，应用这个方法论研究问题时，也可以进行系统分解，在系统总体指导下进行分解，在分解后研究的基础上，再综合集成到整体，实现一加一大于二的涌现，达到从整体上严密解决问题的目的。从此意义上说，综合集成方法吸收了还原论和整体论的长处，同时弥补了各自的局限性，它是还原论和整体论的结合。

3.6.4.2　综合集成方法的特点

综合集成方法作为一种科学方法论，有其自身的特点，它是在现代科学技术发展这个大背景下提出来的。"现代科学技术不单是研究一个个的事物、一个个现象，而是研究这些事物、现象发展变化的过程，研究这些事物相互之间的关系。今天，现代科学技术已经发展成为一个很严密的综合起来的体系，这是现代科学技术的一个很重要的特点"(钱学森等，1988)。从中可以看到人类知识体系由3个层次的知识所构成：①经验知识、感性知识以及不成立的实践感受，即前科学。这部分知识的特点是只知道是什么，还不能回答为什么，尽管如此，这部分知识对于我们是很宝贵的，也要珍惜，而且这类知识经过研究、提炼也将成为科学知识。②科学知识。这类知识的特点是，不仅知道是什么，还能回答为什么。今天，这部分知识已发展成为11大科学技术部门和3个层次所构成的体系，而且随着科学技术的发展，还会有新的科学技术部门产生。这个体系对于我们尤为可贵，是我们科教兴国的基础力量。③哲学知识。哲学不仅是知识，还是智慧，特别是马克思主义哲学是人类知识的最高概括，也是人类智慧的最高结晶。

现代科学技术体系是一个相互联系、相互影响的有机整体。科学是认识客观世界的知识和学问，技术是改造客观世界的知识和学问。不同科学技术部门、不同学科、不同领域之间的相互交叉、结合与融合，就能大大增强我们认识世界和改造世界的能力。交叉科学、边缘科学不断地产生，也说明现代科学技术正向着综合和整体化的方向发展。在这个方向上，综合集成方法能发挥其重要作用。

下面以决策支持研究为例，说明综合集成方法的应用，见图3－50。

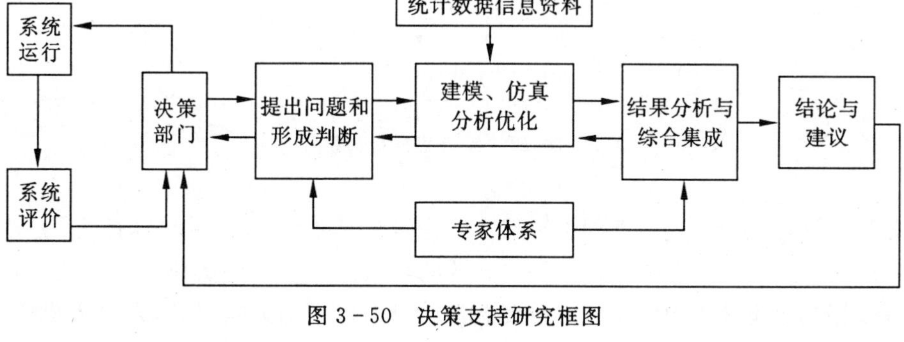

图3－50　决策支持研究框图

3.6.5　综合集成研讨厅体系

结合系统学理论和人工智能技术的发展，钱学森又提出综合集成研讨厅体系的构想，这是综合集成方法运用的实践形式和组织形式。

3.6.5.1 综合集成研讨厅体系结构

1992 年,钱学森提出的综合集成研讨厅体系(Hall for Work Shop of Meta - synthetic Engineering,简称 HWSME),是把下列成功的经验汇总和升华了:

(1) 几十年来世界学术讨论的 seminar 经验。

(2) 从定性到定量综合集成法。

(3) C^3I 及作战模拟。

(4) 情报信息技术。

(5) 人工智能。

(6) 灵境(Virtual Realitu)技术。

(7) 人机结合的智能系统。

(8) 系统学。

(9) 第五次产业革命中的其他技术。

这个研讨厅体系可以看作由 3 部分组成:以计算机为核心的现代高新技术的集成与融合所构成的机器体系、专家体系、知识体系,其中专家体系和机器体系是知识体系的载体。这 3 个体系构成高度智能化的人机结合体系,不仅具有知识与信息采集、存储、传递、调用、分析与综合的功能,更重要的是具有产生新知识和智慧的功能,既可用来研究理论问题,又可用来解决实践问题(图 3-51)。

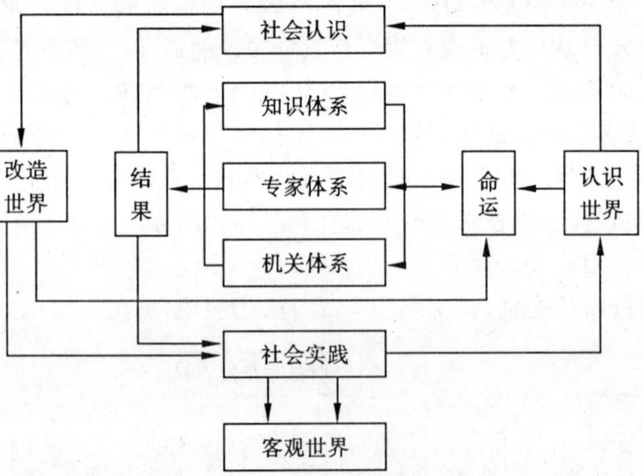

图 3-51 综合集成研讨框图

建设研讨厅按照分布式交互网络和层次结构组织起来,就成为一种具有纵深层次、横向分布、交互作用的矩阵式研讨厅体系,为解决开放的复杂巨系统问题提供了规范化、结构化的形式。这里要指出灵境技术的应用具有重要意义。以上谈到的人机结合,还是人机优势互补的结合,人与机尚未合一,而由灵境技术开始的这种结合则是事例,是更高层次的人机结合。

开放的复杂巨系统具有科学与经验的本质,综合集成方法和研讨厅体系实际上是遵循科学和经验相结合、智慧与知识相结合的途径,去研究和解决开放的复杂巨系统问题。从这个角度来看,综合集成研讨厅体系本身就是个开放的、动态的体系,也是个不断发展和进化的体系。

3.6.5.2　总体设计部

应用综合集成方法(包括综合集成研讨厅体系)必须有总体设计部这样的实体机构。如果说综合集成方法是研究开放的复杂巨系统的方法论,那么总体设计部是实现这个方法论所必需的体制和机制,两者是紧密结合在一起的,不同于传统科学研究中的个体研究方式。正如钱学森(1995)指出的:"我们把处理开放的复杂巨系统的方法定名为从定性到定量综合集成方法,把应用这个方法的集体称为总体设计部。"

从应用角度来看,总体设计部由熟悉所研究系统的各个方面专家组成,并由知识面比较宽广的专家负责领导,应用综合集成方法(或综合集成研讨厅体系)对系统进行总体研究。总体设计部设计的是系统的总体方案和实现途径。它把系统作为它所属的更大系统的组成部分来进行研究,对它们的所有要求都首先从实现这个更大系统相协调的观点来考虑;总体设计部把系统作为若干分系统有机结合的整体来设计,对每个分系统的要求都是首先从实现整个系统相协调的观点来考虑,对分系统之间、分系统与系统之间的关系,都首先从系统总体协调的需要来考虑,进行总体分析、总体论证、总体设计、总体协调、总体规划,提出具有科学性、可行性和可操作性的总体方案。

思考题

1. 何为地球系统的连续动态系统?
2. 线性与非线性动态地球系统的区别是什么?
3. 何为相轨道?
4. 状态空间与参量空间的区别是什么?
5. 暂定与定态的区别是什么?
6. 初态与终态的区别是什么?
7. 如何认识稳定性与定态稳定性?
8. 如何理解线性系统稳定性与非线性系统稳定性的区别?
9. 何为吸引子与吸引域?
10. 简述地球系统的相图。
11. 如何理解非线性系统的自激振荡、他激振荡与回归性非游荡集的区别?
12. 何为结构的稳定性、分岔与极限环分析?
13. 简述 1 维和多维系统的典型分岔类型及逐级分岔序列与多样性。
14. 如何认识渐变与突变的区别? 初等突变的基本类型有几种?
15. 举例说明何为尖拐突变。
16. 简述参量空间的相图分布。
17. 连续混沌的概念是什么? 混沌的特点有哪些? 混沌的类型有哪些?
18. 何为地球系统的离散动态系统?
19. 什么是离散映射?
20. 自动器网络模型有几种?
21. 离散混沌包括哪些内容?
22. 简述周期倍化通向混沌。
23. 什么是元胞自动机?

24. 什么是布尔网络神经网络和 L-系统？
25. 遗传算法的概念是什么？如何实现遗传算法？
26. 什么是随机、随机过程和随机涨落的数学描述？
27. 何为随机网络模型？
28. 简述地球系统的自组织与他组织的概念，何为自组织理论？自组织有几种形式？
29. 简述序和对称性关系。
30. 什么是地球系统的简单巨系统？描述熵——简单巨系统的基本概念。
31. 简单巨系统描述有几种主要数学模型？
32. 简述地球系统演化的分析方法。
33. 什么是复杂性？什么是地球系统的复杂巨系统？复杂巨系统的处理方法是什么？
34. 什么是系统集成？
35. 综合集成研讨厅体系有哪些内容？

第 4 章　地球系统科学子系统与学科分支

4.1　行星系统

太阳系是由太阳、九大行星和它们的卫星、众多的小行星、彗星和流星体以及行星际物质组成的天体系统，除了太阳之外，此天体系统的主要成员是行星，常称作行星系。本节从整体上叙述太阳系的概况，并简述太阳的基本知识以及太阳系在宇宙中的地位，以提供全书的背景知识和常用概念及理论基础。

4.1.1　太阳系概况

古代人观察星空，注意到大多数星星的相对位置长期不变，好像嵌在天球上一起东升西落，就把它们称作恒星；也注意到 5 颗亮星在众恒星之间游荡，称作行星，并分别称之为金星、木星、水星、火星和土星。约在公元 140 年，古希腊天文学家托勒密在《天文学大成》中总结了前人对宇宙的看法，提出“地心体系”或“地心说”，认为地球不动地位于宇宙中心，每颗行星在称为本轮的小圆形轨道上匀速转动，本轮中心在称为均轮的大圆形轨道上绕地球转动，又加上其他一些假设，就可以解释行星在众恒星之间的视运动，并推算行星在天球上的视位置。在古代观测精度不高的情况下，这种描述行星视运动的方法还是相当好的，应当肯定托勒密的历史功绩，只是后来被宗教统治者作为工具而利用，败坏了托勒密的名誉。人类的认识总是不断发展的。波兰天文学家哥白尼总结和分析了前人对日、月和行星的观测资料并做了大量观测研究，于 1543 年发表了《天体运行论》，提出“日心体系”或“日心说”，得出如下的科学结论：地球也是一颗行星，跟其他行星一样绕太阳公转；日月星辰的东升西落是地球自转的反映；月球是地球的卫星，绕地球转动，并随地球绕太阳公转。这是人类认识史上的一次大飞跃，把自然科学从神学中解放出来。

通过实践检验，日心说得到进一步证实和发展。1609 年意大利著名科学家伽利略第一个用望远镜观测星空，发现了木星的 4 颗卫星（常称作伽利略卫星）。1781 年英国天文学家威廉·赫歇耳发现天王星，后又发现天王星和土星有卫星。17 世纪初，德国天文学家开普勒分析了第谷的大量观测资料，得出行星运动三大定律。17 世纪 80 年代，英国著名科学家牛顿发现万有引力定律，奠定了天体力学的基础，用以由观测资料推算行星轨道和编算星历表。18 世纪初，英国天文学家哈雷计算出 20 多颗彗星的轨道（谷神星）后，接连发现多颗小行星。年轻的英国天文学家亚当斯和法国天文学家勒威耶各自独立地推算并预报了海王星，于 1846 年由德国天文学家伽勒找到。预报哈雷彗星回归和海王星的成功都是科学史上的奇迹。经过推算和长期搜寻，终于在 1930 年由美国天文学家汤博发现了冥王星。太阳系的概念经过几代学者的探索就这样建立和扩充了。

1755年德国青年哲学家康德、1796年法国科学家拉普拉斯先后独立地提出了太阳系起源的两个星云假说，论述太阳系有其形成演化的发展历史，在宇宙万物不变的僵化自然观上打开了第一个缺口，导致人类认识史上又一次飞跃。

太阳系的早期研究，主要是观测行星等天体位置和计算轨道，也描述用望远镜看到的特征。19世纪以来，由于照相术、光度测量和分光学的发展，天体物理学兴起，开始了太阳系天体的性质和过程的观测研究时期。20世纪以来，现代技术和理论的发展，在太阳系天体的观测研究方面取得很多重要发现和成果。然而，行星和卫星等天体毕竟离我们很远，在望远镜中也仅仅看到不大的视面，难于分辨细节。近30年来，一方面地面观测技术有了更大发展（例如，红外和射电观测技术），更重要的是航天技术的发展，探测器已飞临除冥王星之外的八大行星及其卫星，作近距探测，对月球、火星、金星作了着陆考察，取得大量的新资料。

太阳是太阳系的中心天体，太阳质量（以符号 $M_\odot$ 表示）占整个太阳系总质量的99%以上，在它的万有引力作用下，太阳系其他天体都绕它公转（图4-1）。太阳系有九大行星，按离太阳平均距离由近到远，它们是水星、金星、地球、火星、木星、天王星、海王星和冥王星。除了水星和金星没有卫星之外，其余7颗行星都有卫星，卫星绕行星转动，同时随行星绕太阳公转。地球有1颗天然卫星——月球，火星有2颗卫星，木星有16颗卫星，土星有21颗（或23颗）卫星，天王星有15颗卫星，海王星有8颗卫星，冥王星有1颗卫星，至今已发现的卫星总数达64颗（或66颗）。行星和卫星都有自转。除了土星有美丽的光环外，近年还发现木星、天王星和海王星都有由小物体组成的转动环系。行星和卫星在大小、质量和性质上参差不一，最大的是木星，其半径是地球的11.209倍，其质量约为地球的318倍，平均密度为1.33g/cm³；其次是土星，其半径和质量分别是地球的9.449倍和95.2倍，平均密度为0.69g/cm³；冥王星是九大行星中最小的，其半径和质量分别为地球的0.18倍和0.002 2倍，平均密度为2.03g/cm³；地球是九大行星中较小的，其半径为6 378km，质量为 5.976×10^{24}kg；其平均密度（5.52g/cm³）是行星中最大的；最大的卫星是木卫三，其半径为2 631km（大于水星和冥王星），其质量为 1.48×10^{23}kg（也大于冥王星），平均密度为1.94g/cm³；木卫二是很小的，平均半径约6km，质量为 1.8×10^{15}kg，平均密度约1.7g/cm³。图4-2给出太阳、行星及某些卫星的大小比较。

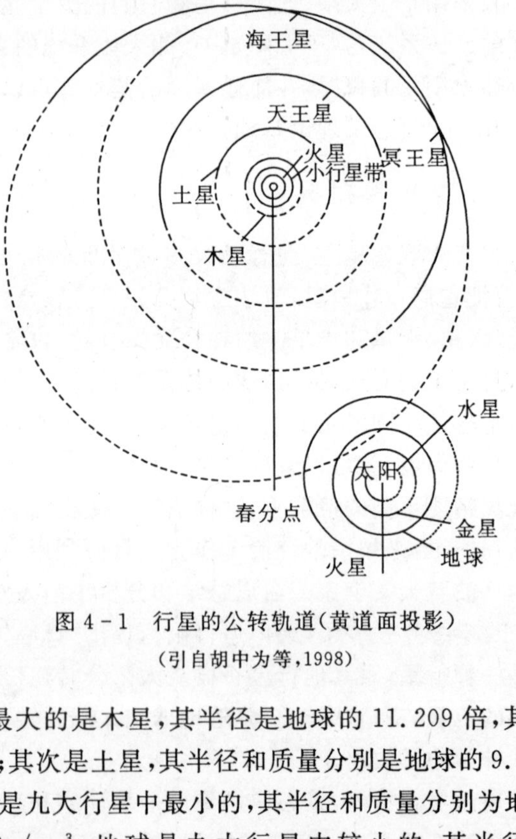

图4-1 行星的公转轨道（黄道面投影）

（引自胡中为等，1998）

小行星都是独立绕太阳公转的固态小天体，大多在火星与木星的轨道之间，称为小行星带。最大的小行星是谷神星，其直径约1 000km，最小的小行星直径甚至只有1km大小。已算出轨道并编号的小行星有4 000多颗，估计实际数目还要多得多。有些小行星还有伴星或小卫星。彗星是绕太阳公转的另一类小天体，其主体是脏雪球彗核，直径一般在10km以下，

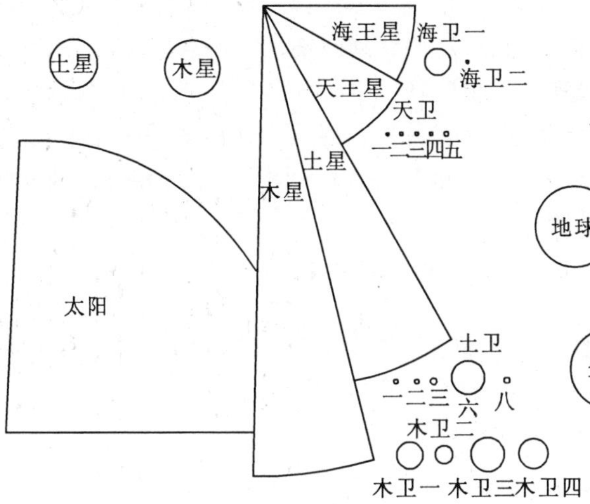

图 4-2　太阳与巨行星(左)、行星与卫星(右)的大小对比

(引自胡中为等,1998)

多数在扁长轨道上绕太阳公转,当走入太阳系内部时,受到较强的太阳辐射,从彗核表层蒸发出气体和尘埃,形成体积庞大的彗发和长长的彗尾。已观测到的彗星有 1 600 多颗。多数彗星来自离太阳 5 万~10 万天文单位(天文单位是太阳到地球的平均距离,它等于 1.495 978 7 $\times 10^8$ km)的彗星库(常称作奥尔特云),估计那里有上千亿颗彗星。流星体是绕太阳公转的更小物体,实际上最小的小行星和彗星跟大的流星体之间并没有明确界限。流星体的质量为 $10^{-16}\sim 10^8$ g,微小的流星体又称作“行星际尘”或“宇宙尘”。当流星体高速闯入地球大气时,会燃烧发光,形成流星现象,烧不尽的残骸落到地面而成为“陨石”。行星际还有极稀疏的气体、质子和电子等粒子以及电磁场,统称作行星际物质。

4.1.2　太阳系在宇宙中的地位

九大行星所占的空间范围不到 50 天文单位,奥尔特云达 10 万天文单位,太阳系的最大引力范围(“希尔范围”)为 23 万天文单位,再往外就是恒星际空间了。离我们最近的恒星是半人马(星)座的比邻星,距离为 27 万天文单位或 4.22 光年(1 光年=63 240 天文单位=9.460 5$\times 10^{12}$ km)。

太阳系是更大的天体系统——银河系的成员。银河系的物质密集部分称作“银盘”,其外形呈现运动员所掷铁饼状,直径约 85 000 光年,厚约 2000 光年;银盘中央的扁球状部分称作“核球”,直径约 15 000 光年,其中心致密区称作“银核”。包围银盘的是近球形的“银晕”,物质密度较小。银晕外面还有物质密度更小的“银冕”,直径约 68 万光年。银盘有“旋臂”结构,是气体、尘埃和年轻恒星密集的地方。银河系有 4 条旋臂和几条短的臂段。

从观测见到的物质推算出银河系总质量约为太阳质量的 1 400 亿倍,其中约有 3 000 亿颗恒星,占总质量的 90%,而由气体和尘埃组成的星际物质约占 10%。近年还从其引力影响推断出银河系外部存在不可见的暗物质,其质量可达可见物质的 4 倍。因此,银河系总质量超过 $6\times 10^{11} M_{\odot}$。这些暗物质是什么,现在还不清楚。

太阳位于银盘中央平面——银道面附近,离银河系中心(“银心”)约 25 000 光年,在银道面北约 26 光年，在猎户旋臂附近。太阳带领行星系绕银心转动，速度约 250km/s，约 2 亿年转一大圈。正是由于太阳系处于这样的地位，我们看到的银盘在夜空呈现为亮带的银河或天河。太阳附近的银河系物质(包括恒星和星际物质)的平均密度约为8.8×10^{-24} g/cm^3。

宇宙有很多银河系级别的天体系统，称为星系。离我们最近的星系是大麦哲伦云和小麦哲伦云，距离我们分别为 17 万光年和 21 万光年，它们与银河系一起组成三重星系，星系又组成星系群、星系团等更大的天体系统。

4.1.3　行星的轨道运动

4.1.3.1　开普勒定律和牛顿万有引力定律

17 世纪初，德国天文学家开普勒继承了第谷·布拉赫的长期观测资料，经过分析和推算，总结出行星运动的三定律：①行星绕太阳公转的轨道是椭圆，太阳位于椭圆的一个焦点上；②连结太阳到行星的直线(向径)所扫过的面积跟所用时间成正比，或单位时间扫过的面积相等，这称作面积定律(图 4-3)；③行星绕太阳公转的平方跟轨道半径的立方成正比。

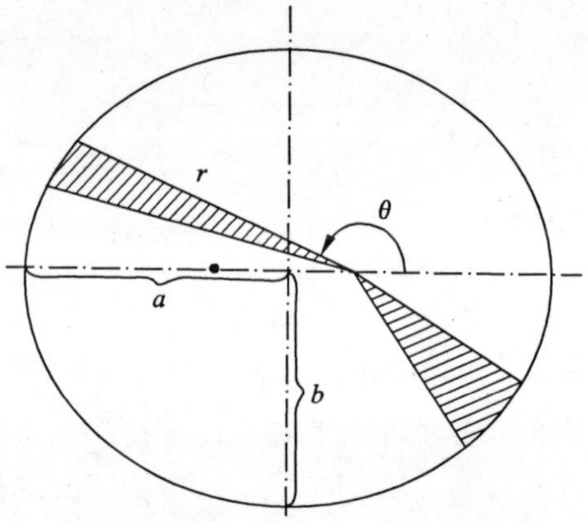

图 4-3　行星椭圆轨道和面积定律

牛顿从开普勒定律导出了万有引力定律，奠定了天体力学的理论基础，并用于计算行星的轨道。按照万有引力定律，质量为 m_1 和 m_2 的两个天体，距离为 r 时，它们之间的引力为

$$f = Gm_1m_2/r^2 \tag{4.1}$$

其中，$G=6.6720\times10^{-13}\,\text{N}\cdot\text{cm}^2/\text{g}^2$，是万有引力常数。

4.1.3.2　轨道要素

由于行星的质量都远小于太阳质量，且距离差别不太大，因而行星之间的引力远小于太阳对每颗行星的引力。于是，作为很好的近似，可以忽略行星之间的引力，而只考虑每颗行星在太阳引力作用下的运动，也就是作为天体力学的二体问题来处理。从万有引力定律可以导出行星的 6 个轨道要素来表示。从运动方程解得出，行星轨道面是平面(地球轨道面称作“黄道面”)，轨道是椭圆(图 4-3)，其方程是

$$r = \frac{a(1-e^2)}{1+e\cos\theta} \tag{4.2}$$

太阳位于椭圆的一个焦点上，这正是开普勒第一定律。6 个轨道要素如下：

(1) 轨道半长径 a，即椭圆的半长轴，它表示轨道的大小，常称作行星到太阳的平均距离。

(2) 轨道偏心率 e，它是焦点到椭圆中心的距离与半长径之比，即 $e=\frac{\sqrt{a^2-b^2}}{a}$($b$ 为半短轴，见图 4-3)，它表示轨道的形状。

(3) 轨道(面)倾角 i，常取行星轨道面对黄道面的倾角(图 4-4)。

(4) 升交点黄经 Ω。行星轨道面与黄道面的交线称作交点线，行星从南向北运动过交点

线上的“升交点”。从太阳到春分点(春分点是地球赤道面与黄道面交线上的升交点)方向与到行星轨道升交点方向的交角，称作升交点黄经。轨道倾角 i 和升交点黄经 Ω 表征得星轨道面空间的位置。

(5) 近日点角距 ω。行星轨道椭圆长轴上有一端点离太阳最近，称作“近日点”，而另一端点是“远日点”。从太阳到近日点方向与到升交点方向的夹角，称作近日点角距 ω，它表示轨道椭圆长轴的方向 。通常称 $\Pi=\Omega+\omega$ 为近日点黄经。

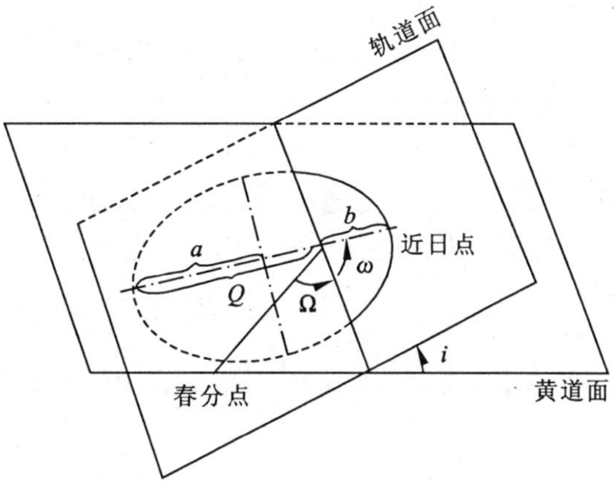

图 4-4　行星轨道要素

(6) 过近日点时刻 τ，可以取行星任何一次经过近日点的时刻。

由于其他行星的引力作用(这远小于太阳的引力作用，因而称作摄动)，行星轨道要素并不是不变常数，而是随时间缓慢变化的，精确的行星轨道要素表都注明相应时刻(称为“历元”)的瞬时(或吻切)要素，例如，表 4-1 给出 1992 年 6 月 27 日历元的行星轨道要素。

经常还用另一些量表述行星的轨道特征，它们可以由 6 个轨道要素算出来，例如

近日距　$$q=a(1-e) \tag{4.3a}$$

远日距　$$Q=a(1+e) \tag{4.3b}$$

公转周期　$$T=\frac{2\pi a^{3/2}}{[G(M_\odot+m)]^{1/2}} =\left[\frac{(M_\odot+m_\oplus)}{(M_\odot+m)}\right]^{1/2}a^{3/2}\,(\text{a}) \tag{4.4}$$

表 4-1　行星的轨道要素(1992 年 6 月 27 日)

行　星	轨道半长径 a		公转周期		偏心率	倾角(°)	升交点黄经	近日点黄经	历元时平黄经
	天文单位	km	恒星周期	会合周期(日)					
水　星	0.387	57.9	87.97 日	116	0.206	7.0	48.2	77.3	180.7
金　星	0.723	108.2	224.70 日	584	0.007	3.4	76.6	131.7	104.8
地　球	1.000	149.6	365.26 日	…	0.017	0.0	—	102.7	275.4
火　星	1.524	227.9	686.98 日	780	0.094	1.8	49.5	335.9	357.1
木　星	5.203	778.4	11.86 年	399	0.048	1.3	100.4	15.6	166.2
土　星	9.522	1 424.5	29.46 年	378	0.054	2.5	113.6	93.5	318.0
天王星	19.201	2 872.4	84.01 年	370	0.048	0.8	74.0	171.8	280.8
海王星	30.074	4 499.0	164.79 年	367	0.007	1.8	131.7	50.6	288.2
冥王星	30.725	5 942.8	247.69 年	367	0.253	17.1	110.2	223.7	227.8

其中，$M_\odot$、$m_\oplus$ 和 m 分别是太阳、地球和行星的质量，a 为行星轨道半长径(以天文单位表示)。式(4.4)是修正的开普勒第三定律，若忽略比 $M_\odot$ 小得多的 $m_\oplus$ 和 m，则式(4.4)就简化为 $T^2/a^3=$ 常数，这就是开普勒第三定律。

4.1.3.3　行星的轨道速度、角动量和能量

从行星运动方程可得出一个积分——“活力公式”，即行星离太阳 r 远时的轨道速度 v 的

公式

$$v = G(M_\odot + m)(2/r - 1/a) \tag{4.5a}$$

由于行星轨道椭圆很接近于圆，$r \approx a$，所以近似地，有

$$v^2 \approx G(M_\odot + m)/a \approx v_\oplus^2 /a \tag{4.5b}$$

这里，$v_\oplus^2 = 29.79\text{km/s}$ 是地球的平均轨道速度，而行星轨道半长径 a 应以天文单位表示。

从行星运动方程还可导出行星轨道运动的角动量(J)公式

$$J = \frac{mM_\odot}{m + M_\odot}\sqrt{G(M_\odot + m)a(1 - e^2)} \tag{4.6a}$$

其中，J 为矢量，其方向与向径 r、速度 v 成右手螺旋。考虑到 $m \ll M_\odot$，$e \ll 1$，近似地得到

$$J \approx m\sqrt{GM_\odot a} \tag{4.6b}$$

开普勒第二定律(面积定律)的物理意义就是轨道角动量。

行星轨道运动的动能为 $mv^2/2$，引力势能为 $-G(M_\odot + m)m/r$，借助活力公式(4.5)，可得出行星轨道运动的总能量 E

$$E = \frac{1}{2}mv^2 - \frac{(GM_\odot + m)m}{r} = -\frac{G(M_\odot + m)m}{a} \tag{4.7}$$

式(4.2)、式(4.5)和式(4.7)是非常有用的基本公式，它们不仅适用于椭圆轨道，也适用于双曲线和抛物线轨道，但式(4.2)中的分子应改为 $2q$ 代替 $a(1-e^2)$。事实上，从运动方程可得出三种圆锥曲线解——椭圆、抛物线和双曲线，有些彗星的轨道就是抛物线或双曲线。3 种轨道的主要特性列于表 4-2 和图 4-5。

表 4-2　3 种轨道的特性

类型	a	e	E
椭圆	$a>0$	$0<e<1$	$E<0$
抛物线	$a=0$	$e=1$	$E=0$
双曲线	$a<0$	$e>1$	$E>0$

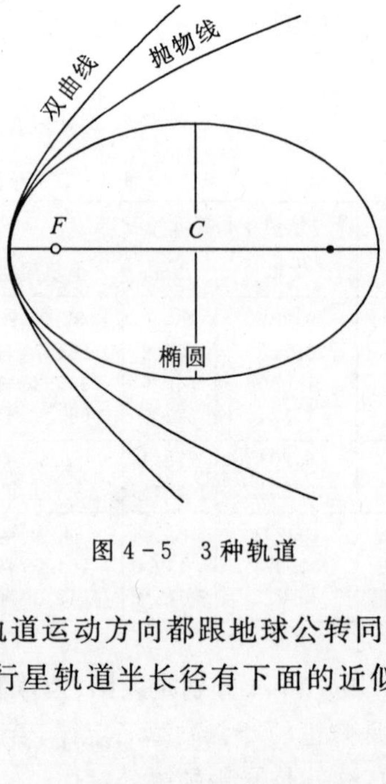

图 4-5　3 种轨道

4.1.3.4　行星轨道运动的一般特征

行星轨道要素的变化是缓变的，主要是周期性变化，还不能肯定长期变化是否存在，但至少可以说长期变化是微小的。从行星的平均轨道来看，有以下的一般特征：①近圆性，九大行星的轨道偏心率 e 值都很小，轨道近于圆($e=0$)；②共面性，各行星的轨道倾角 i 值都很小，轨道面都与黄道面相近，而且太阳的赤道面与黄道面交角也不大(7°15′)；③同向性，各行星的轨道运动方向都跟地球公转同向，而且跟太阳自转方向相同；④距离规律或提丢斯-波得定则，行星轨道半长径有下面的近似经验关系

$$a_n = 0.4 + 0.3 \times 2^{n-2} \quad (\text{天文单位}) \tag{4.8}$$

其中，n 为行星的序号：水星 $n=-\infty$，金星 $n=2$，地球 $n=3$，火星 $n=4$，木星 $n=6$，土星 $n=7$，天王星 $n=8$，海王星 $n=9$，冥王星 $n=10$，但后两颗行星的计算 a_n 值与观测值很不符合。距离

规律也可用其他经验公式表示，如 $a_{n+1}/a_n \approx 1.73$。

由于各行星都绕太阳公转，而且轨道速度不同，这可从式(4.5a)或(4.5b)看出，从地球上看去，其他行星有时近、有时远，它们在众恒星之间不断游荡。行星相对于地球的运动有会合周期性，正如沿环形多条跑道的长跑运动员有周期性会合一样，会合周期 $T_{合}$ 可以近似地用行星公转周期 T 与地球公转周期 $T_{\oplus}$ 来计算

$$\frac{1}{T_{合}} = \left| \frac{1}{T} - \frac{1}{T_{\oplus}} \right| \tag{4.9}$$

例如，金星的会合周期是 583.92 天，火星的会合周期是 779.94 天。行星与太阳的地心黄经相等时称作“合”，若地球与行星位于太阳的两侧则为“上合”，这时它离地球最远；若行星位于太阳与地球之间则为“下合”，这时它离地球最近。合的时候，因行星与太阳一起升落，一般观测不到行星；若内行星(水星或金星)刚好经过太阳地球之间，从地球看到行星从日面经过——称作“凌日”。从地球上看去，内行星与太阳的角距星最大时称作“大距”，如行星在太阳之东则为“东大距”，在太阳之西称“西大距”，由于行星轨道为椭圆，大距时内行星与太阳的角距在一个范围内变化：水星在 18°～28°之间，金星在 45°～48°之间。由于行星本身不发出可见光，我们仅看到它被太阳照亮的部分，因此，在一个会合周期内，水星和金星呈现有如月相的盈亏变化。外行星(火星、木星、土星等)与太阳的地心黄经相差 180°时，称作冲，冲前后外行星离地球近，是整夜可观测的好时机。

4.1.4　行星的基本物理性质

4.1.4.1　行星的质量

式(4.4)对行星绕太阳公转和卫星绕行星转动都适用，它们可写为

$$T_{行}^2 (M_{\odot} + m_{行}) G = 4\pi^2 a_{行}^3 \tag{4.10}$$

$$T_{卫}^2 (m_{行} + m_{卫}) G = 4\pi^2 a_{卫}^3 \tag{4.11}$$

其中，$a_{卫}$ 和 $T_{卫}$ 分别是卫星绕行星转动的轨道长半径和绕转周期。由这两式易得出

$$\frac{M_{\odot} + m_{行}}{m_{行} + m_{卫}} = \left(\frac{a_{行}}{a_{卫}}\right)^3 \left(\frac{T_{卫}}{T_{行}}\right)^2 \tag{4.12}$$

考虑到，$m_{行} \ll M_{\odot}$ 和 $m_{卫} \ll m_{行}$，则近似地有

$$\frac{M_{\odot} + m_{行}}{m_{行} + m_{卫}} \approx \left(\frac{a_{行}}{a_{卫}}\right)^3 \left(\frac{T_{卫}}{T_{行}}\right)^2 \tag{4.13}$$

因此，可由行星和卫星的轨道长半径及轨道周期算出行星质量。对于无卫星的行星，可以由它对其他天体的引力摄动从天体力学算出其质量。

4.1.4.2　行星的大小和平均密度

由观测可得到行星的赤道角径和两极角径，利用三角关系及地球到行星的距离，可求出行星的赤道半径 $R_{赤}$ 和极半径 $R_{极}$。两星近于绕极轴的旋转椭球体，其体积

$$V = \frac{4}{3}\pi R_{赤}{}^2 R_{极} \tag{4.14}$$

由行星的质量 m 和体积 V，很容易算出其平均密度

$$\rho = \frac{m}{V} \tag{4.15}$$

通常用几何扁率 $e_{扁}$ 表示行星形状

$$e_{扁} = \frac{R_{赤} - R_{极}}{R_{赤}} \tag{4.16}$$

4.1.4.3 行星的自转

行星都有自转。由行星表面特征的运动、行星光谱线及雷达回波的多普勒位移等观测方法,可得到行星的自转情况。行星的自转用两个参数来表征:①自转的(恒星)周期,这是以天球上的春分点为基准来度量行星自转一圈的时间间隔;②行星赤道面与轨道面的交角 ε,$\varepsilon<90°$表示行星自转方向与地球相同(正向自转),$\varepsilon>90°$则表示相反(逆向自转)。金星和天王星都是逆向自转,其余七大行星正向自转。木星和土星呈现较差自转,赤道区自转快,高纬自转慢。行星自转角动量都小于轨道角动量。

4.1.4.4 行星表面重力加速度

若行星是正球体且无自转,则其表面重力加速度 g 为

$$g = \frac{Gm}{R} \tag{4.17}$$

其中,m 和 R 分别是行星的质量和半径。实际上,行星既非正球体,又有自转,其表面重力加速度需用更复杂公式计算。一般地说,重力加速度公式的主要项就是式(4.17),再加上改正项(跟自转角速度和纬度有关)。

4.1.4.5 行星表面逃逸速度

把活力公式(4.5)用于绕行星(质量 m)转动的小物体(其质量 $m'\ll m$),则有

$$v^2 \approx Gm\left(\frac{2}{r} - \frac{1}{a}\right) \tag{4.18}$$

若小物体作 $r=a=R$ 的圆轨道运动,则速度为

$$v_c = \sqrt{\frac{Gm}{R}} \tag{4.19}$$

这称作环绕速度。地球的环绕速度是 8km/s,又称作第一宇宙速度,这是发射人造卫星所需的最小速度。

若小物体从行星赤道表面沿抛物线轨道($a=\infty$)飞到行星际,则由式(4.18)得到

$$v_e = \sqrt{\frac{2Gm}{R}} \tag{4.20}$$

这称作逃逸速度或脱离速度。对于地球,$v_e=11.2$km/s,又称作第二宇宙速度,是发射行星际飞船所需的最小速度,也是流星体进入地球大气时的最小速度。地球人造卫星的运动速度在 $v_c=11.2$km/s 与 $v_c=8$km/s 之间。

4.1.4.6 行星的分类

九大行星可按其轨道特性或物理性质进行不同的分类。

第一种分类是以地球轨道为界,把离太阳较近的水星和金星称作"内行星",而把离太阳更远的火星、木星、土星、天王星、海王星和冥王星称作"外行星"。内行星轨道小,从地球上看去,它们离太阳的角距小(水星<28°,金星<48°),只在拂晓前(或黄昏后)作为晨星(或昏星)被看到。外行星离太阳的角距可在 180°内变化。

第二种分类是以小行星带为界,把水星、金星、地球和火星称作"(带)内行星",而把其余 5 颗行星称作"(带)外行星"。

第三种分类根据行星的物理性质,把体积和质量小、平均密度大的水星、金星、地球和火星

称作“类地行星”。过去把木星、土星、天王星和海王星称作“类木行星”，它们的体积和质量大，但密度小。近年来，更好的分类是把木星和土星称作“巨行星”，它们的体积和质量最大，而密度最小；把天王星、海王星和冥王星称作“远日行星”，它们的密度介于巨行星和类地行星之间。实际上，行星的平均密度反映其物质组成，类地行星主要由固态岩石物质组成，巨行星主要由氢、氦气体物质组成，而远日行星含大量冰物质（水冰、氨冰、甲烷冰等）。

4.1.5 行星的结构

一般说，行星的结构可分为内部、表层和大气3部分，这里仅简述行星结构的一般情况。

4.1.5.1 行星大气

研究不同环境条件（如大气成分、自转、能量收支）下的各行星大气，有助于认识地球大气的形成、演化及气象、气候变迁。木星、土星、天王星、海王星都有浓厚大气，主要成分是氢和氦，这些大气可能是形成后就保存下来的原始大气。另一方面，类地行星的原始大气都在漫长的历史演变中逸散到行星际空间了，现在的大气主要是从内部排出或俘获的次生大气。金星的大气浓厚，主要成分是二氧化碳，表面气压达 9×10^6Pa；火星的大气稀疏，主要成分也是二氧化碳，表面气压约700Pa；水星几乎没有大气，仅有从太阳风俘获的少量氢、氦气体，以及从内部放射元素衰变放出的氦、氩、氙等气体，表面气压小于 2×10^{-7}Pa。地球的大气主要成分是氮（N_2），其次是氧（O_2），不同于其他行星，现在的地球大气与生命有密切关系。

行星大气影响其热量收支状况，大气中的二氧化碳和水蒸气有“温室效应”，使金星、地球和火星的表面温度平均提高500℃、35℃和5℃。各行星的大气中有不同的环流和气象情况，金星大气中有浓厚的硫酸云，云量近100%，几乎完全笼罩其全球，从光学观测难识其表面；地球大气中有水蒸气凝结的云，平均云量约50%；火星大气中有二氧化碳及水汽凝结的云，云量很小，但常发生尘暴；木星和土星有氨（NH_3）、氢硫化铵（NH_4SH）和水冰晶的浓云，呈现为平行其赤道的亮带和暗带纹的彩带，还有一些卵形斑，最突出的是木星的大红斑；天王星和海王星也有类似木星和土星的云带，但特征不明显；冥王星的大气稀疏，可能是甲烷和氨所组成，其表面气压约1Pa。

4.1.5.2 行星的表层

木星、土星、天王星和海王星都没有固态的表层，在浓厚大气之下，木星和土星的外层是液态的氢分子（H_2）和氦（He）表层，天王星和海王星的外层可能是液态或气态的 H_2 和 He 表层，至今还没有直接的探测。冥王星的表层可能是冰壳。

类地行星都有起伏不平的固态表层，是目前探测和研究的重点，形成了一门新学科——行星地质学（Planetary geology）或天文地质学（Astrogeology），研究内容包括表层物质成分、性质及地质演化过程。类地行星的表层有3类岩石：火成岩、沉积岩和变质岩。火成岩是由熔融态的岩浆冷却凝固直接形成的，按其化学成分组成（尤其是 SiO_2 含量）分为长英质岩（SiO_2 含量66%）、中性岩（SiO_2 含量52%～66%）、铁镁岩（SiO_2 含量45%～52%）和超铁镁岩（SiO_2 含量<45%）。一般来说，岩石含 SiO_2 愈多，颜色愈淡，密度愈小。铁镁岩和超铁镁岩一般富含铁、镁、钙，因而颜色深，密度更大。岩石暴露于大气或水环境时，会被化学的或机械的风化作用破坏，被风、流水或冰搬运到他处沉积下来，胶结成沉积岩变质岩是上两类岩石因改变物理-化学环境（高压、高温、化学的活动的流体）而产生的，在矿物组成、化学成分或结构构造上发生了变化（称为“变质作用”），一般是因地质过程埋入深处或接触岩浆的结果，后又返回表

层。沉积岩的形成跟大气圈和水圈有关，没有大气圈和水圈的行星（如水星）就可能没有沉积岩。变质岩的形成跟火山或构造活动或陨石高速撞击（“冲击变质作用”）有关。火成岩和变质岩较普遍存在于类地行星表层，尤其是火成岩更重要。

岩石是由一种或几种矿物（极少数由天然玻璃）组成的集合体，具有一定的化学成分和矿物成分、结构和构造。矿物一般是具有相对固定的化学成分的自然单质（如金刚石、自然金等）和化合物（如石英，长石等），除少数呈气体（如火山喷发的气物质）或液态（自然汞）之外，绝大多数矿物均呈固态，具有确定的内部结构，类地行星表层岩石中以硅酸盐矿物为主。岩石记录了行星的演变史。行星的表面特征反映了有关的地质过程，各行星的地质情况有相当差异，但也有某些相似性。一般地说，行星的地质过程可分为两大类：内成过程和外成过程。内成过程包括火山活动和构造活动。外成过程有大气圈和水圈的作用及陨石撞击作用。每种过程都产生特定的地貌特征，常由行星表面特征与地球表面特征的类比来辨识行星的地质过程，但类比时应谨慎小心地作结论，因为不同的过程往往可能产生相似的特征（例如，火山口与陨石坑的外貌相似），其他行星的表面特征也可能是地球上没有的过程所造成的，或者地球上有独特的过程（如板块构造是其他行星上没有的）。研究行星的地质过程还应结合岩石、矿物、化学成分等有关资料来进行。

4.1.5.3 行星的内部

虽然迄今缺乏行星内部的直接探测资料，但是从行星的大小、质量、平均密度、重力场、转动惯量、磁场、热流、行星（地）震等资料，结合理论计算，可以建立行星的内部结构模型，即内部的物质密度、压力、温度、化学成分的分布及圈层构造等。一般地说，行星的内部物质以不同程度向中心密集，形成核、幔（或中间层）和壳（或外层）的圈层构造。

地球的有关资料很多，因而地球内部结构模型较好，其次是月球。其他行星的内部结构只有大体轮廓，各学者的模型结果有相当大的差别。类地行星的核可能以铁镍成分为主，并含有一定量的较轻元素（硅、硫、氧），至少过去有过熔融。现在的地球内核为固态，而外核为液态，其他类地行星的核可能也是固态的。类地行星的幔主要由硅酸盐组成，在上层压力下可能是部分熔融或具可塑性对流。类地行星的外壳是以硅酸盐为主的固体壳。各个类地行星的核、幔、壳的比例及具体情况是不同的。

巨行星（木星和土星）的核可能是岩石或岩冰的固态核，中间层主要是由金属态的氢、氦组成，外层是液态的分子氢和氦，其外层跟浓厚大气的下层没有明显界限。

天王星和海王星的核可能也是岩核，中间层由冰（水冰、氨冰、甲烷冰）组成，外层可能是气态或液态的分子氢和氦组成，也与浓厚大气的下层相连。冥王星的内部可能分为岩核、水（或冰）幔及冰壳 3 层。

4.1.6 卫星和环系的一般特征

如前所述，除了水星和金星之外，其余 7 颗行星都有卫星，每颗卫星有其代号和专有命名（有几颗尚未正式命名）；木星、土星、天王星和海王星各有其不同的环系。一般地说，卫星和环系的小物体主要受其主行星的引力作用，绕行星转动，它们相对于主行星的轨道运动类似于行星绕太阳的公转轨道运动，作为近似，可用前面天体力学二体问题的结果和公式。但是卫星和环系的小物体的绕转实际轨道运动比行星更复杂，这是因为其他行星和卫星的引力摄动作用较大，从而卫星的绕转实际轨道变化较大。同时，卫星又随主行星绕太阳公转。

4.1.6.1　引力范围、起潮力和洛希极限

相对于太阳的引力而言，行星有一定的引力(作用)范围，在此范围内的物体以受行星的引力为主，而受太阳的引力是次要的。若行星的质量为 m，轨道半长径为 a，太阳质量为 $M_{\odot}$，则行星的引力范围近似是半径 x 的圆球

$$x=\left(\frac{m}{3M_{\odot}}\right)^{\frac{1}{3}}a \tag{4.21}$$

例如，地球的引力范围半径为 1.5×10^{6} km。卫星都在其主行星的引力范围内。

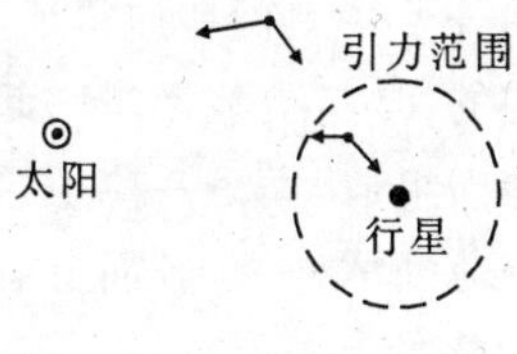

图 4-6　行星的引力范围

起潮力 F_t 是质量 m 天体中心和表面上的 A(或 B)点上单位质量受到质量 M 天体的引力差(图 4-6)，

$$F_t=GM\left[\frac{1}{(D-r)^2}-\frac{1}{D^2}\right]\approx\frac{2GMr}{D^3} \tag{4.22}$$

其中，D 是两天体中心的距离，r 是天体 m 的半径。相对于天体 m 的中心 O' 而言，A 点所受起潮力的方向则相反。于是，在天体 m 的向、背天体 M 的两侧形成潮汐隆起。天体 m 表面上的其他点受到的起潮力应当是该点与 O' 受到 M 天体的引力矢量差(图 4-7)。月球对地球上海水的潮汐作用最大，太阳对地球的起潮力次之，而在阴历初一或十五恰是太阳和月球起潮力叠加最大时，会发生大潮。

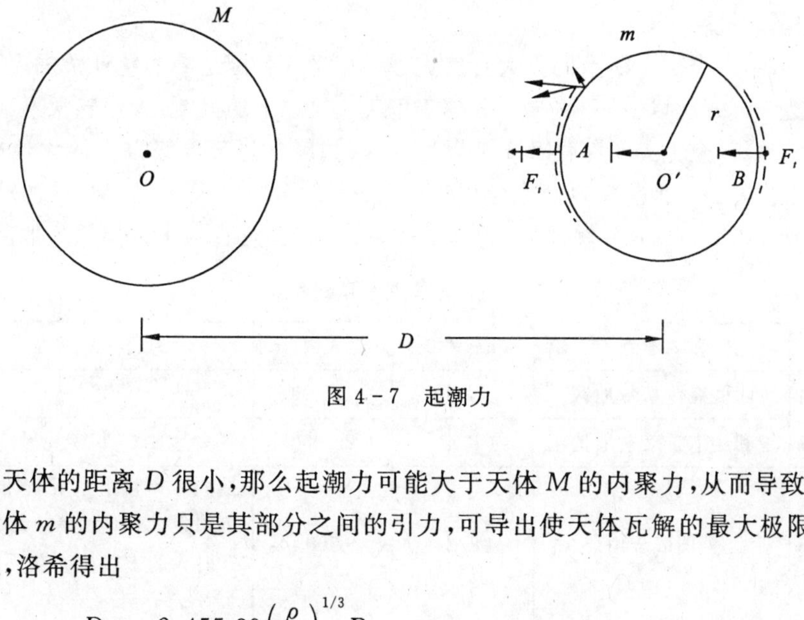

图 4-7　起潮力

如果两天体的距离 D 很小，那么起潮力可能大于天体 M 的内聚力，从而导致天体 m 瓦解破碎。若天体 m 的内聚力只是其部分之间的引力，可导出使天体瓦解的最大极限距离 D_R，称作洛希极限，洛希得出

$$D_R=2.455\,39\left(\frac{\rho}{\rho'}\right)^{1/3}R \tag{4.23}$$

其中，ρ 和 R 是天体 M 的平均密度和半径，ρ' 是天体 m 的平均密度。一般说来，在行星的洛希极限内的卫星会被行星的起潮力瓦解为碎块。因此，行星的洛希极限内一般不存在卫星，而可能存在有小物体组成环系。行星-卫星和环系的实际情况大致如此。

4.1.6.2　卫星的轨道特征

行星-卫星系统好似小规模的太阳-行星系，但两种系统也有差别。太阳-行星系中行星的轨道运动有共面性、近圆性、同向性及距离规律的特征，而行星-卫星系则不完全有这几种特

征。按卫星绕行星转动的轨道特性,可把卫星分为两类:①规则卫星,它们的轨道偏心率和(对行星赤道面)倾角都很小,离行星的距离较规则;②不规则卫星,它们的轨道偏心率和倾角很大,距离不规则。属于规则卫星的有木卫一至五、土卫一至七及土卫十、天卫一至五等。

4.1.6.3 卫星的物理性质

卫星的质量、半径和平均密度资料,除了月球和少数卫星,这些资料往往还测定得不准确。火卫一、火卫二、木卫五等卫星的形状不规则。卫星也有自转,多数卫星是同步自转的,即自转周期等于绕主行星的轨道周期。仅就物理性质而言,卫星与行星没有本质的不同,许多卫星是固态的,常与类地行星一起称作"类地天体"。就平均密度和化学成分而言,一些卫星主要由岩石物质组成,而另一些卫星(主要是外行星的卫星)主要由冰物质组成。最大的卫星是木卫三,它有薄的冰外壳,表面上有年轻的陨击坑,也有古老的陨击坑,还有来自构造活动的沟槽和断层。第二大的卫星是土卫六,它有浓厚大气,主要成分是氮,其表层可能是液态甲烷的海洋。各卫星的演化程度不同,例如木卫一上甚至有活火山,而木卫四的表面却很古老,从而为卫星乃至太阳系的形成演化提供重要线索。

木星、土星、天王星和海王星的环系在形貌和物理性质上也各不相同。明亮的土星光环是由冰块组成的,而木星和天王星的环系则由暗尘组成,海王星的环系中也有冰块。

4.1.7 地球系统科学与地震

4.1.7.1 地震的概况

地震,是威胁人类生命财产的重大自然灾害。据世界各国记载的统计数据表明,全球每年发生的地震达 100 万次以上,但绝大部分属于里氏 2 级以下的微震,人们感觉不到。强度在里氏 2 级以上的地震,全世界每年高达 1.2 万次左右;强度在里氏 6 级以上的大地震,则平均每年要发生 100 次左右。地震活动百余年以来(1900—2007)年平均值为:M(震级)$\geqslant$6.0 级 159 次;$M\geqslant$7.0 级 17 次;$M\geqslant$8.0 级约 0.7 次(1～2 年一次)。近百年来世界重大地震见表 4-3。

表 4-3 百年来世界重大地震

时间	影响地点	震级(里氏)	死亡人数(人)	损失
1905-04-04	印度克什米尔地区	8.0	18 800	
1906-08-17	智利瓦尔帕莱索港地区	8.4	20 000	损失达 2.56 亿美元
1906-04-18	美国旧金山	8.3	700	造成城市供水系统破坏,并因火炉倾倒引发大火,大火持续 3 天 3 夜,将 10km² 的市区化为灰烬,直接经济损失 5 亿美元
1908-12-28	意大利墨西拿	7.5	85 926	墨西拿市全毁
1915-01-13	意大利阿布鲁齐	7.5	32 600	
1920-12-16	中国甘肃	8.6	200 000	伴有大山崩,甘肃省境内就有 40 多个县遭受直接破坏损失
1923-09-01	日本东京,横滨	8.3	142 800	横滨全毁,东京半毁,并引起特大火灾,其中震毁房屋 25.5 万间,烧毁房屋 44.7 万间,经济损失达 28 亿美元

续表 4－3

时间	影响地点	震级(里氏)	死亡人数(人)	损失
1927－05－22	中国西宁	7.9	200 000	
1932－12－25	中国甘肃玉门	7.6	70 000	
1934－01－15	尼泊尔、印度边境	8.3	10 700	
1935－05－30	印度奎达	7.5	30 000	
1939－01－24	智利奇廉	8.3	28 000	损失 1 亿美元
1939－12－27	土耳其埃尔津詹	8.0	32 700	埃尔津詹市被毁
1948－10－05	土库曼斯坦阿什哈巴德	7.3	19 800	整座城市几乎毁灭
1950－08－15	印度阿萨姆邦	8.7	1 500	
1960－02－29	摩洛哥阿加迪尔	5.9	12 000	1.2 万人受伤，城内现代化商业区有 80％的建筑物倒塌，住宅区的房屋几乎全部毁坏，经济损失达 1.2 亿美元
1970－01－05	中国云南通海	7.7	10 000	损失 27 亿元人民币
1970－05－31	秘鲁北部	7.8	66 794	损失 5.07 亿美元
1976－02－04	危地马拉危地马拉城	7.5	22 778	损失 10 亿美元
1976－07－28	中国唐山	7.8	240 000	唐山市 97％以上的建筑倒塌，全市交通、通讯、供水、供电中断，直接经济损失 30 多亿元人民币
1978－09－16	伊朗塔巴斯	7.4	25 000	
1980－10－10	阿尔及利亚阿斯南	7.7	5 000	8 000 人受伤，40 万人受影响
1980－11－23	意大利那不勒斯	6.9	4 800	坎帕尼亚区和巴西利卡塔区南部地区 3 万人无家可归
1983－10－30	土耳其东部	6.9	6 400	147 个村庄毁于一旦
1985－09－19	墨西哥墨西哥城	6.8	9 500	损失 50 亿美元
1988－12－07	苏联中亚亚美尼亚共和国中部	7.7	25 000	损失 100 亿卢布
1990－06－20	伊朗拉什特	6.1	50 000	损失 6.3 亿美元
1991－10－20	印度新德里附近	6	1 600	至少 2 000 人受伤
1993－09－30	印度马哈拉邦	6.7	10 000	
1994－01－17	美国洛杉矶	7.2	57	9 000 多人受伤，25 000 人无家可归，毁坏建筑物 2 500 余座(加上严重受损约 4 000 余座)，损失 170 亿美元
1995－01－17	日本阪神地带	7.6	6 000	2 万多栋房屋倒塌、烧毁，34 万人无家可归，损失 960 亿美元

续表 4-3

时间	影响地点	震级(里氏)	死亡人数(人)	损失
1995-05-27	俄罗斯涅夫捷戈尔斯克	6.1	2 000	损失 3 300 亿卢布
1998-02-04	阿富汗东北部塔哈尔省	7.1	4 500	14 个村庄被毁
1998-05-30	阿富汗东北部塔哈尔省	7.6	3 000	数万人无家可归，大约有 50 个村庄被毁
1999-09-21	中国台湾南投	7.4	3 000	伤 8 722 人，失踪 39 人，倒塌各种建筑 9 909 栋，严重破坏 7 575 栋，受灾人口 250 万，灾民 32 万，财产损失 92 亿美元
1999-08-17	土耳其西北部城市伊兹米特	7.9	17 000	直接经济损失 200 亿美元
2001-01-26	印度古吉拉特邦	5.8	13 000	
2002-03-25	阿富汗	6.2	5 000	
2003-05-21	阿尔及利亚北部	6.3	2 300	1万余人受伤，其中 9 名中国员工遇难
2003-12-26	伊朗巴姆古城	8.1	30 000	位于古丝绸之路的巴姆古城有 70% 的住宅被夷为平地，有 2 500 多年历史的著名砖体建筑巴姆古城堡基本坍塌
2004-12-26	印度尼西亚苏门答腊岛西北近海处	8.7	300 000	引发巨大海啸，波及东南亚和南亚诸多国家，其中仅印尼就有至少 17 万人死亡。2006 年 3 月 28 日，这一海域又发生了 8 级以上地震，造成巨大损失
2005-10-05	南亚次大陆，震中位于巴基斯坦伊斯兰堡东北，波及印度、阿富汗等国家	7.8	860 000	联合国宣布，可能有超过 100 万人在这次地震中受到影响
2007-06-03	中国云南普洱	6.4	3	562 人受伤，逾百万人受灾，直接经济损失 25 亿元人民币

资料来源：《不列颠百科全书》、《大美百科全书》、《中国大百科全书》、《20 世纪灾祸志》(1999，李原、黄资慧著，福建教育出版社)以及《公元前 2000 年—公元 1979 年全球重大地震目录》(1988，R. A. 甘斯、I. B. 纳尔逊编，卢振恒、冯浩译，地震出版社)。大部分内容由中国科学院自然科学史研究所李斌整理。

我国的地震活动频度高、强度大、分布广，受灾率很高。在全国百万人口以上的大城市中，有 70%位于烈度为 7 度或高于 7 度的地震区，加上震源浅，建筑物抗震性能差，因而城市地震灾害后果严重。历史上的 1556 年关中 8 级大地震，人员死亡竟达 83 万；1920 年海原 8.5 级大地震，死亡 23 万人；1976 年唐山 7.8 级强烈地震，95%的建筑物倒塌，生命线工程全部失效，使一座百万人口的新兴工业城市变成了一片废墟，24.8 万余人死亡，约 16 万人受伤，直接经济损失不下 100 亿元人民币。

2008 年 5 月 12 日 14 时 28 分在四川汶川发生的 8.0 级强烈地震，严重震灾播及成都、绵阳、德阳、映秀、北川、青川等广大地区，在全国范围内除新疆和东北地区外均有不同程度的震感。

"5·12"汶川大地震发生在地质构造复杂的龙门山活动断裂带，震级高，震源深度浅，属于主震余震型，后续余震多、广、强，破坏性极大。据中国地震网，该主地震为 8.0 级，震源深度 33 km。主震后 4 天内，大于 3.5 级的后续余震有 120 多次，其中约 35%的为 5 级以上，大于等于 6 级的有 3 次。这些后续余震沿断裂带分布，北至青川以北的甘、川交界地区，东达断裂带东侧成都平原西部及断裂带的山前地段，整个地震区带长约 350 km，最宽可达 50 余 km。遇难人口超过 69 180 人，失踪 17 400 人，受灾人口达 4 561 万。部分城市建筑物倒塌率几乎达 95%，平均可达 80%以上，造成的经济损失要达数千亿元人民币。地震灾害的破坏是多方面的：活动断裂带延伸数百公里，山崩地裂，崩塌、滑坡、高山深谷、地形畸变。铁路、公路被切断；城镇、村庄被摧毁，河流水系被改道，堰塞湖出现，威胁河流下游人民生命财产安全。植被、森林生态服务价值损失达 1 000 亿元，长期难以自然修复。

地震与其他自然灾害的不同之处，不仅在于它的破坏力猛烈，破坏力集中，更为严重的是突发性强。当今强烈地震灾害已构成威胁着我国经济发展和人民生命财产安全的严重自然灾害之一。"5·12"这次沉痛的灾难，催促我们在地震灾害的预测和预防方面加倍地努力，使得所有地震科技工作者在地震预测的方式方法上去寻求切入点，深化研究，提高地震预测的准确度；与此同时还必须在不断深化认识地震预测的基础上，强化防震、抗震，以达最大限度地减少地震给人类带来的灾难。

4.1.7.2　地震机理

为了对地震作出准确的预报，实现防震减灾之目的，历代科学家们为其付出了不懈的努力。由于地震的复杂性及天文学、地球物理学基础理论建立在假说基础之上，因此这一愿望始终无法实现。

一般认为地震成因类型主要有三大类：构造地震、火山地震和人工诱发地震。在构造地震成因假说中占重要地位的是断层学说，其理论核心为弹性回跳说、流体孔隙压力说及粘滑说。它们最基本的模式都是地应力在一定条件下不断积累和加强，超过某一临界值后迅速释放而引起地壳震动。至于地应力产生、加强的原因，主要源于板块运动、断块运动等。火山地震则是由于火山的强烈喷发引起地壳震动。人工诱发地震主要受人为因素影响。

但是这些只是地震成因最直接的表现形式，就如同静止的物体总要受到一个外力的作用才能开始运动一样，地球上板块及断块的运动以及岩浆运动导致火山喷发也需要有原动力。李四光先生在 1967 年就提出天文为影响地震的外因："地震是地球上的震动，是由于地球内部和作为天体中成员变化而引起的。天文方面我看不能忽视。"徐道一等(1994)认为，是地球自转速度的变化引起地球表面应力场的变化。当地球旋转速度变化时，极区所受压力大小亦随之改变，行星极区所受挤压力的大小与它的角速度的平方成正比。因此后者的变化势必引起地球表面应力状态的变化。贾晋康(1981)等对比了 1920 年全国 5 级以上地震，肯定了地球自转速率变化与地震的相关性，认为自转速率对平移断层错动发震有触发作用。此触发作用不仅取决于发震区的初始应力状态是否达到临界状态，还与地震所处的纬度、发震断层走向及错动方式有关。

4.1.7.3　型地震机理推测

地震的地点和强度主要来自地球的内部,而地震的时间可能受地球外天体的引潮力及辐射和磁场等外因影响。

1)印尼地震海啸——天王星轨道运动

在世界各国科学家对 2005 年 3 月 28 日深夜发生在印尼苏门答腊岛附近海域的大地震成因争执不下之时,德国发行量最大的《图片报》认为是太阳系九大行星中的天王星在沿着自身轨道运行时,对地球赤道附近的构造板块产生了强烈的吸引力,由此引发了一场天翻地覆的海底大地震。

报道援引了美国航空航天局(NASA)权威科学家的话,认为天王星拥有一个能量巨大的"四极磁场",对地球产生了强大的引力,使诸多地球构造板块离开了原来的地质基床。又因为天王星距离地球赤道较近,所以其引力对地球赤道附近的板块作用较大,天王星的吸力大到足以吸引地球赤道附近的带电尘粒,由此引发了地球外壳的变动,从而爆发了一波波海底地震,并在海上掀起了阵阵巨浪。

近年来天王星对地球的引力比以往要大得多,由于天王星运行轨道的变化,天王星与地球间的距离由原来 31.4 亿 km 到现在 25.9 亿 km。据估计,这种日益趋近的势头将一直持续到 2012 年。由此,《图片报》指出,未来 10 年,人类还将面临由于天王星引力增大而引发地震的威胁,直到天王星悄然退至"外太阳系"("内太阳系"包括太阳、水星、金星、地球和火星,"外太阳系"包括木星、土星、天王星、海王星和冥王星)。

在太阳系的九大行星中,天王星是距离太阳第七远的行星,它的体积位居第三,仅次于木星和土星,约为地球的 65 倍,质量相当于地球的 14.63 倍。天王星以每秒 6.81km 的平均速度绕太阳旋转,公转周期为 84 年。一直以来,天王星的奇特自转被称为太阳系起源中的难解之谜。其赤道的磁感应强度比地球略低,但内部磁场很强,所包含的能量是地球的 50 倍。

当然也有不同观点。中国科学院紫金山天文台研究员王思潮认为,从"起潮力"和"磁场"两方面推证,天王星引起地震、海啸的观点都无法成立。天王星与地球距离,是日地距离的 18 倍左右。起潮力大小与质量成正比,与距离的立方成反比。天王星质量是月球的 1 182 倍,但天王星与地球之间距离比地月距离远了 7 200 多倍。经粗略计算,天王星的起潮力只相当于月球的三亿分之一。即使当天王星在公转过程中到达距离地球最近的位置,它的起潮力也不到月球的二亿分之一。由于磁场作用的大小与距离的平方成反比,所以不难得出,天王星磁场对地球的影响尚不及太阳的千分之一,不到木星的三百分之一。对于地球来说,磁场影响比天王星大得多的太阳和木星尚且不能直接导致地球发生地震和海啸,天王星就更不可能了。

2)汶川地震——太阳月球引潮力

当太阳、月球和地球在空间的排列状况处于特殊的位置,月球和太阳对地球的合力将会出现一个临界点或转折点时,就有可能触发地震,这可能就是地震的天文外因。

广东天文学会专家分析,汶川大地震发生的时间,可能与天文因素有关。

(1)大地震日期恰好发生在上弦。

5 月 12 日这天,上弦时刻出现在中午 11 时 47 分。上弦时,太阳、地球和月球排列成一个直角三角形,地球位于直角点处,受到来自两个不同方向的引潮力影响。历史上有些大地震出现在上弦或下弦的前后:如里氏 9.1 级的美国阿拉斯加大地震,发生在 1957 年 3 月 9 日(农历二月初八——上弦);里氏 8.8 级的南美洲厄瓜多尔大地震,发生在 1906 年 1 月 31 日(农历正月初七,次日为上弦);里氏8级的我国甘肃古浪大地震,出现在1927年5月23日(农历四月廿三,次日为下弦);里氏7.3级的我国辽宁省海城县大地震,出现在1975年2月4日(农历十二月廿四,前日为下弦)。

(2)月球处于地球绕太阳处公转的轨道平面。

在平时,月球运行轨道与地球绕太阳的轨道不是处于同一个平面,而是有一个5°多的夹角。汶川大地震时,太阳、月球、地球3个天体处于同一个轨道面上,可能对地球地壳的某些板块产生共振的影响。

(3)月球和太阳位于同一条纬线。

汶川大地震前夕,月球和太阳位于同一条纬线上。5月11日,太阳位于天空北纬18°,而月亮由北往南掠过北纬18°。也就是说,5月11日有一瞬间,太阳和月球位于同一条纬线(北纬18°)上。日月两天体位于天空同一条纬线上,这种合力可能对地球的地震起引发作用。

地球系统科学认为,地球系统面临混沌的边缘,混沌系统对其初始条件异常敏感,以至最初状态的轻微变化,可能导致根本不成比例的巨大后果——"蝴蝶效应"恰好反映出地球系统的这种复杂性。由于各种自然灾害往往存在大量始料不及、非线性的变量间相互作用,要预测地球系统的未来发展趋势,仅仅搜集某一区域或者某一方面的数据变化,据此进行简单的线性模型计算,显然容易"只见树木不见森林",甚至会导致严重后果。例如,关于印尼海啸的原理推测,即使天王星的影响很小,哪怕只是蝴蝶动了一下翅膀,但由于地球系统的各个子系统、各个圈层之间相互作用,也有可能会酿成巨大的自然灾害。因此,我们更应该用地球系统科学的观点来看待整个地球系统,将灾害在未酝酿之前去掉灾害隐患或者规避风险。

4.1.7.4 地震与太阳系各星体的关系

地球系统科学把描述和认识行星尺度的变化作为自己的主要任务,以地球各学科为基础的地球系统科学,通过对行星尺度的演化和变化取得广泛的全球观念而将各学科综合起来。这种行星尺度的变化发生在一个相当宽的时间尺度内,并受所有时间尺度过程的驱动或改变。

地震是地球构造运动过程中能量积累和突然释放的过程,根据地球系统科学的观点,它孕育和触发必然受着太阳和其他星球运动及演化的影响。所以我们需要以整个行星系统为研究背景,对地震进行研究。通过对数十年的7.8级以上地震与天体引力关系的计算、分析研究发现,地震的发生源于日、月、行星等天体引力的共同作用。

宇宙间充满了磁场,地球就在这个大磁场中运行。由于行星、月球的阵形和方位的不同变化,会导致太阳对地球某一纬度的磁电感应强弱的变化,这种感应的强弱又可以造成不同纬度温度的变化,从而导致大气环流的变化。在一定条件下,这种"磁电感应"的强弱变化正是决定旱涝强弱等自然灾害产生的主导性因素。

1)地震与太阳之间的关系

通过对2007年3月13日至6月8日共计161次5级以上地震时刻日、月、地、行星相对位置做绘图分析,发现在"日下点"发生的地震约占10%,日、地、月形成的钝角三角形(即以地心为顶点)"角平分线"上发生的地震约占30%,这样的发震规律表明,太阳引力对地震的发生起着重要的作用。

太阳活动周期的变化导致行星间的磁场结构发生变化,地球的自转速度也就随之改变。地壳极易产生突发运动,引发地震。前苏联科学院地球物理研究所的科学家们将1928年—1964年以及1931年—1982年间的地震资料同太阳活动情况的数据进行对比研究,结果发现,大地震常常发生在太阳11年活动周期的高峰年期间。同时，科学家们还成功编制出了小规模地震次数的年周期表，并将其与地球的年自转速度变异情况联系在一起，进行了相关研究。

2)地震与月球及行星的关系

星球的潮汐力，太阳系的天体最明显的交互作用现象就是潮汐力(tidal force)，地球受到月球的万有引力，因为地球两端与月球的距离不同造成引力大小不同，其引力差就是“潮汐力”，最常见的现象是地球面向月球的一面海水涨潮，背对月球的一面也因为引力差而涨潮，两头涨潮形成椭圆状或橄榄状。此力的大小与起潮天体的质量成正比，而与天体之间的距离立方成反比(表4-4)。

资料表明，月球与地球间的引力是太阳与地球间引力的2.17倍，在太阳系中，对地震贡献最大的天体引力来自月球。行星对地球潮汐力的总和约是月球对地球的潮汐力的万分之一。由于月球绕地球运动及地球自转，月球引力作用“点”每天都会绕地一周并向前推进约12°。依据这样的月球位置变化与地震的发生时间规律来分析，月球是同周围的行星、太阳等发生相对位置变化，并出现行星冲月、合月等现象，可能导致了地震的发生。

表4-4 各个星体与地球间潮汐力的大小

地球	潮汐力大小与日地潮汐力的比值
月球	2.1倍
金星	113×10^{-6}
木星	131×10^{-7}
火星	23×10^{-7}
水星	7×10^{-7}
土星	5×10^{-7}
天王星	1×10^{-9}
海王星	2×10^{-10}
冥王星	1×10^{-7}

3)地震与彗星的关系

自古以来人们都将彗星视为灾难之星，因为它的出现往往意味着强地震等自然灾害的发生。由于彗星与地震之间没有完全一致的对应关系，因此不能被今天的地震研究所重视。相关资料表明，当大彗星出现并绕日远去后，它因受太阳风和太阳光压的作用，质量损失数十亿吨，这样大量的水蒸气在一定时间内存在于日地、月地、星地之间，可能会导致地震强度的增加。如果此时的星相有利于地震的发生，那么就可出现强地震高发期。例如，1957年4月及8月相继出现的阿连德-罗兰彗星和姆尔科斯彗星，1970年的贝内特大彗星，1976年的威斯特大彗星等，都导致了强地震高发期的出现。

灾难带来了巨大的恐慌，人们更加重视灾害预警系统的建立。一个全球性的预警机制，能从各种地震监测系统获取地壳运动的信息，通过电脑模拟出海啸可能形成的地点及移动方向，提前向可能遭受海啸袭击的国家通报海啸的规模、移动速度、可能袭击的区域以及预计到达的时间，使当地政府能够提前采取预防措施，减少人员伤亡和经济损失。未来我们也许能找到一种预报地震的手段，但目前还没有办法。我们现在能做到的是，记录各次地震的震波和震中，根据地球系统科学的复杂性理论，以及基于现代计算科学的地球系统模拟技术，研究地震的演化规律，及时发出预警。

4.2 地核和地幔系统

地球表层的最深钻井只有15km，约为地球半径的1/400，尚缺乏地球内部的直接资料。但是，根据地球科学(地球物理学、地质学、地球化学)、天文学及物理学等的资料和方法，可以建立地球内部结构模型，得出地球内部的物质密度、压力、温度及化学成分等随深度的分布。这些资料和方法有：①地震波资料和地震学方法；②地球半径、质量（平均密度）、转动惯量系数、自转等天文资料；③潮汐和重力资料（重力测量法）；④跟地震和重力方法联系的自由振荡；⑤由地球磁场资料导出的内部电导率分布（地磁方法）；⑥地热研究给出的内部热流及能量学特征标度；⑦陆地和海洋的地质资料及地球化学方法；⑧高压下物质状态实验和理论研究。每种资料都可作为参数，通过理论计算来建立内部结构模型。这样的模型往往不是惟一准确的，每种参数都是模型的约束，资料越多，约束越多，可允许的模型范围就越小，从而较好地代表实际情况。

4.2.1　地震资料与内部结构

地震资料是建立地球内部结构模型的最主要依据。

地震波是震源（大小为几千米到上百千米，深 100～750km）或人工爆炸（如核爆炸）产生的弹性波，主要有体波和面波两大类。体波又分为纵波（P 波）和横波（S 波）两种，它们的传播速度跟介质的密度 ρ 和弹性性质（体积弹性模量 K、切变模量 μ）有关，在固体中

$$V_p^2 = \frac{K + 4\mu/3}{\rho}, V_s^2 = \frac{\mu}{\rho} \tag{4.24}$$

在液体中

$$V_p^2 = \frac{K}{\rho}, V_s^2 = 0 \tag{4.25}$$

体波的波长大于几十千米，在传播中受到地表反射、内部各区边界的反射和折射，还发生纵波与横波之间的转变（图 4-9）。综合全球地震记录，可得出地球内部的波速-深度分布（图 4-10），表明地球内部有 3 大圈层：地壳、地幔、地核，又细分为 7 层（图 4-11、表 4-5）。地壳厚度很不均匀，海洋地壳平均厚度仅约 6km，大陆地壳厚度为 20～70km（青藏高原）。由于地壳体积只占地球总体积的很少部分（约 0.5%），可粗略地取地壳平均厚度为 33km（A 层）。地壳下有间断面——M 界面（莫霍面）与地幔分界。地幔分为上地幔（B 层）、过渡层（C 层）和下地幔（D 层）3 层。地幔底部由古登堡间断面跟地核分界。地核分为外核（E 层）、过渡层（F 层）和内核（G 层）。外核是液态的（V_s=0），内核则可能是固态的。地幔和地核分别占地球总体积的 83.2% 和 16.2%。

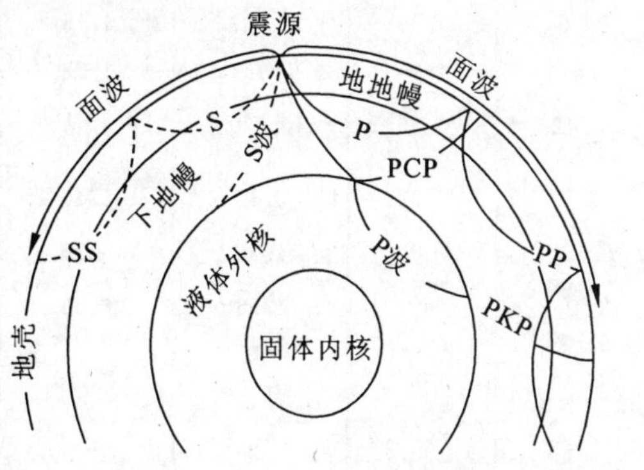

图 4-9　地震波的传播

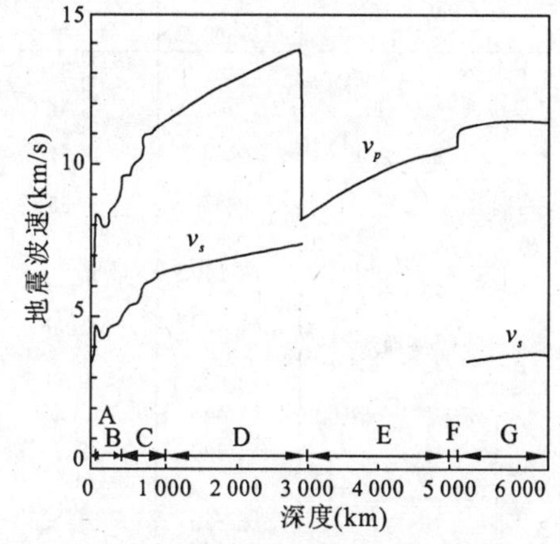

图 4-10　地震波速的深度分布

地震面波仅沿地表或界面附近传播，用于研究地壳和上地幔。大地震可激发地球的整个自由振荡，周期为 70～3 200s，可持续几天。

建立地球内部结构模型的一个基本方程是威廉斯·亚当斯(W. Adams)方程

$$\frac{\mathrm{d}\rho}{\mathrm{d}r}=-\frac{Gm\rho}{r^2\varphi} \tag{4.26}$$

其左端是密度 ρ 随地心距 r 的变化率，G 为万有引力常数，$m=\frac{4\pi}{3}\int_0^v \rho r^2\,\mathrm{d}t$ 是半径 r 内的质量，

$$\varphi=\frac{K}{\rho}=V_p^2-\frac{3}{4}V_s^2 \tag{4.27}$$

是单位质量的弹性模量。上面方程(4.26)假定地球内部处于流体静力平衡并遵从热力学关系下导出的。同时，还有质量方程和转动惯量(I)方程

$$\frac{\mathrm{d}m}{\mathrm{d}r}=4\pi r\rho \tag{4.28}$$

$$\frac{\mathrm{d}I}{\mathrm{d}r}=\frac{8\pi}{3}r^4\rho \tag{4.29}$$

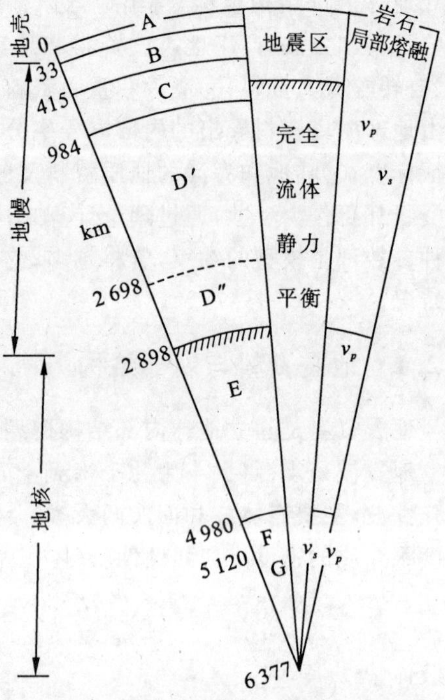

图 4-11　地球内部分层

用上述式(4.26)、式(4.28)、式(4.29)3 个方程和观测的地球半径、总质量、总转动惯量及平均密度，就可用数值计算求出地球内部的密度分布 $\rho(r)$、质量分布 $m(r)$、压力分布 $p(r)$ 等。用这种方法已算出多种地球内部结构的经典模型，但所用资料及具体算法不同，其结果也有差别。

实际上，地球的海洋和大陆表明其外层不完全对称，需建立更准确的模型。例如，捷万斯基(Dziewanski)等的参量地球模型(PEM)有 3 个模型：PEM－O(海洋)、PEM－C(大陆)、PEM—A(平均)，它们仅在深度小于 420km 范围不同，而在深度 420km 以下是相同的(图 4-12)。

表 4-5　地球内部结构(A 模型)

分层			深度(km)	ρ (g/cm³)	V_p (km/s)	V_s	P (10^6 bar*)	K
地壳		A	0	2.84	6.30	3.55	—	0.65
(莫霍面)			33	3.32	7.75	4.35	0.009	1.15
地幔	上地幔	B、C	413	3.64	8.97	4.96	0.141	1.73
			983	4.55	11.42	6.35	0.379	3.49
	下地幔	D′、D″	2 000	5.11	12.79	6.92	0.87	5.10
	(古登堡面)		2 898	5.56	13.64	7.03	1.36	6.39
地幔	外地核	E	2 898	9.98	8.10	0	1.36	6.55
			4 000	11.42	9.51	0	2.47	10.33
			4 890	12.17	10.44	0	3.20	13.26
	过渡层	F	5 120	12.25	9.4	—	3.28	—
	内地核	G	5 120	—	11.16	—	3.28	—
			6 371	12.51	11.31	—	3.61	—

* 1bar＝10^5Pa。

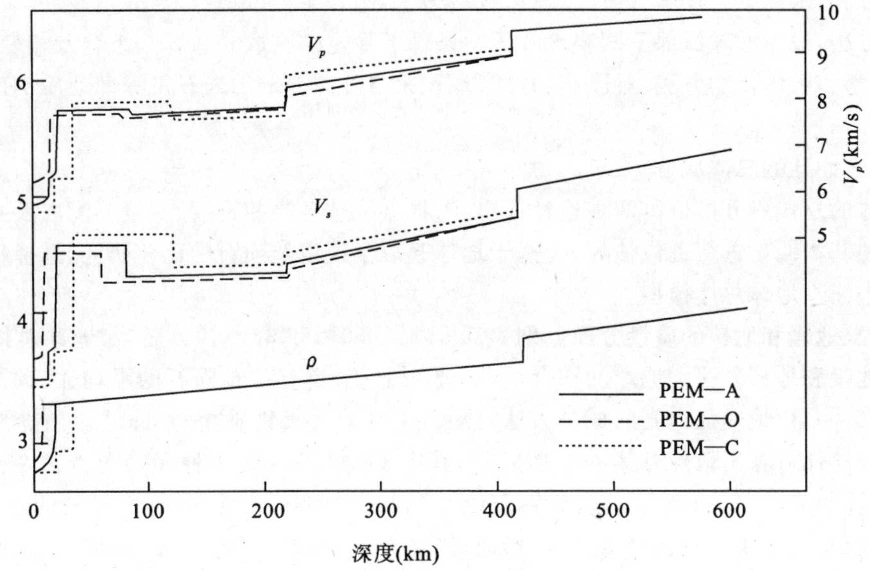

图 4-12　参量地球模型

地球内部的温度分布尚了解得不够准确，常由一些间接方法估算。一种是参考点方法，地球表层的温度平均梯度为 20℃/km，由此推算出深度 100km 处温度不超过 2 000℃，火山熔岩的熔点约 1 200℃，而地震波资料又表明地幔像固体，因此，由熔点曲线估计深度 100km 处温度上限为 1 500℃，由 $Fe_2SiO_4-Mg_2SiO_4$ 的相变研究，估算深度 400km 处约 1 600℃。由熔点估算，地核地幔界面温度约 4 000～5 000℃，外推出地心温度约 6 000℃。另一种方法由热传导方程估算，表 4-6 分别给出绝热和超绝热及熔点条件下的温度分布。

表 4-6　绝热和超绝热及熔点条件下的温度分布

深度(km)	绝热(℃)	超绝热(℃)	深度(km)	熔点(℃)
100	1 500	1 500	2 900(下)	4 300
200	1 575	1 680	3 000	4 900
600	1 800	2 340	4 400	5 650
1 000	1 950	2 700	5 000	6 050
1 800	2 160	3 300	6 370	6 300
2 900(上)	2 400	4 100		

根据地球磁场、热流等资料，还可以从理论上估算地球内部的其他参量(电导率、热导率、黏滞率等)，各人所得结果还有相当大的差异。

4.2.2　地球内部的物质成分及其状态

除了从上地幔流露的岩浆岩和地表岩石之外，占地球总质量和总体积绝大部分的内部物质成分尚没有直接资料。但是，通过天体化学、陨石学和比较行星学资料，高温高压物理实验和理论研究，以及地球物理学、地质学、地球化学资料，仍可近似地导出地球的化学成分。主要有3种方法：①地球物理学方法，以地震资料为主，结合重力、地磁、地热等资料的研究；②实验岩石学方法，模拟地球深部不同温度和压力条件下稳定矿物成分、结构、组合及相变；③地球化学、地质学和天体化学方法，对陨石、月球岩石、来自地球深部的岩石及深部地质剖面图进行研究。

4.2.2.1 地球的总体成分

地球的总体成分可以由两种途径得出：①根据地球各层的密度、质量分配以及对地幔与地核成分的基本假设进行近似估算；②基于地球起源学说以及陨石的比较研究，选择特定类型陨石成分来建立地球总体模型。

地壳、地幔和地核的质量分配分别为0.5%、67.0%和32.5%。显然，地球总体成分基本取决于地幔和地核。假设地球的铁合金(主要在地核)具有球粒陨石的平均铁、镍成分及FeS含量(5.3%)，而地幔加地壳的成分跟球粒陨石中平均含氧物质相同(硅酸盐加少量磷酸盐和氧化物)，从而可算出地球总体的平均成分，其中Fe、O、Si、Mg 4种元素含量占90%，Ni、Ca、Al、S含量大于1%。由此可知地球物质成分的某些特点，例如，由元素与氧的不同亲和力，MgO、Al_2O_3、Na_2O、CaO先于FeO而形成，当氧不足时，绝大部分铁镍呈非氧化态金属状态，各种氧化物结合成硅酸盐，因重力分异而形成致密金属地核和硅酸盐地幔。

摩尔根(Morgan)和安德斯(Anders)以太阳系元素丰度为基础，根据均一的(太阳系)原始星云凝聚过程，分析了各行星形成区的化学成分和物理化学条件，并参考已知陨石和行星的元素与同位素测定结果，提出了包括地球在内的类地行星模式化学成分。1976年黎彤根据地球化学、地球物理及模拟实验资料曾提出地球的总体及各层的元素丰度表。大体上说，除了挥发元素(H、O、C、S等)之外，地球的总体元素丰度跟球粒陨石相近。但是，从元素丰度来确定化合物或矿物集合的含量却难得到惟一确定的结果。从化学和物理学来看，地球内部主要是硅酸盐地幔和金属地核两部分，地壳是由地幔次生的。

4.2.2.2 地幔的物质成分

地幔的质量占地球总质量的67.0%。因此研究地幔的物质成分很重要。表4-7列出3种地幔主要化学元素的含量估计。

表4-7 地幔主要化学元素的含量表(据胡中为、王尔康，1998)

元素	"地幔岩"模型 (林伍德，1977)	原始地幔捕虏岩 (亚古茨等，1979)	部分熔化计算 (孙贤洣，1981)
Mg(%)	23.0	23.1	22.9
Al(%)	2.1	2.10	2.28
Si(%)	21.1	21.1	20.8
Ca(%)	2.2	2.50	2.50
Ti(%)	0.12	0.13	0.13
Fe(%)	6.1	6.08	6.5±0.8
Na(ppm)	4 167	2 420	2 890
K(ppm)		260	230
Mn(ppm)	1 095	1 010	1 100
Cr(ppm)	2 524	3 140	3 000
Co(ppm)	98	105	110
Ni(ppm)	1 694	2 110	2 000

注：1ppm=10^{-6}。

林伍德(Ringwood)根据金伯利岩和碱性玄武岩等资料，提出“地幔岩”模型，其成分介于玄武岩与橄榄岩之间。亚古茨(Jagoutz)等从各地的地幔捕虏岩中鉴别出“原始地幔捕虏岩”，并测定了其元素丰度。孙贤沐在研究太古代的科马提岩和洋底玄武岩的成分基础上，从地幔的部分熔化过程中元素在岩浆中含量变化理论公式，反推出未分异的地幔成分。

上地幔的最主要矿物是橄榄石，其次是辉石和石榴子石。地震波速的间断面可用矿物相变来解释。深度约 100km 的低速带是由于石榴子石橄榄岩层部分(0.2%～2%)熔融，使其上面的上地幔和地壳组成的刚性岩石圈板块可以滑动。在过渡带上界(深度 350～450km)，镁橄榄石转变为 β 相，密度增加 8%；往深处，压力继续增大，β 相转变为尖晶石，密度增加 2%；在深度 650km，尖晶石分解为钙钛矿相晶体结构的方镁石，密度增加 11%。在过渡带中，辉石和石榴子石的相变也不能忽视，它们可以转变为高压相超石英、钛铁矿相和钙钛矿相。类似地，下地幔中地震波速的小跳跃也可用相变来解释。表 4-8 根据橄榄石、辉石和石榴子石等主要矿物随深度发生相变的资料，来划分地幔矿物相带。

近年发现，地幔底部、靠地核为 200km 或 300km 层(称为 D″层)，在化学上不同于下地幔其余部分，它可能代表曾在地核中分解的物质，或者通过地幔沉降而不能沉入地核的较密物质，此层质量约占地球总质量的 3%，还有横向不均匀性。

表 4-8　地幔主要矿物与矿物相带划分

地幔分层及深度(km)		主要矿物相		
		橄榄石	辉石(+Al_2O_3)	石榴子石
上地幔	橄榄石带 33～400			
过渡带	尖晶石带 400～650	β 相尖晶石	石榴子石 尖晶石+超石英	铁方镁石+ 未知相(I)
下地幔	氧化物带 650～1 000 “钙钛矿”带 1 000～2 300	“钙钛矿”+ 铁方镁石	“钙钛矿”	“钙钛矿”

4.2.2.3　地核的物质成分

地核质量占地球总质量的 32.5%，其中外核和内核分别占 30.8% 和 1.7%。地震横波和自由振荡资料都表明外核是液态的，而内核可能是固态的，地核的地震波速度和密度都很大，一般认为主要是由铁镍组成的。近代用铁、镍等金属及硅化物的冲击波高压实验支持这种看法，但还需有约 10% 质量的轻元素，默锡(Murthy)认为含 10%～15% 的硫，林伍德认为含 FeO，布伦(Bullen)及索罗赫京认为含 FeO，也有人认为含金属化的地幔物质。外核由于高温高压条件以及合金熔点低而熔为液态，内部则由于压力更高而呈固态。

4.2.2.4　地壳的物质成分

地壳是固体地球最外层，介于莫霍面与地表之间，是迄今研究程度最高、资料最丰富的地球部分。大量的研究结果表明，地壳在横向和纵向上都不均一，情况极其复杂。这是因为地壳是地球漫长演化过程的历史产物，至今仍在不断变化中，包括跟地幔深部交换物质，也跟外层空间交换物质。

地壳最显著特征是分为物质成分和构造上截然不同的海洋地壳与大陆地壳，海洋地壳一般厚度为5～15km，占地球表面积的55%，各处都很年轻，固结年龄少于2亿年，在其上部沉积层之下主要由类似于月球和陨石中的玄武岩组成。虽然表现上类似月海玄武岩，但地球玄武岩的成因不同。海洋地壳是从地球内部沿一定裂谷或扩张中心（大洋中脊）上涌的岩浆形成的。

大陆地壳比海洋地壳厚、年龄老、密度低。大陆地壳厚度在20～70km范围。除了沉积盖层，大陆地壳主要是花岗岩。玄武岩和花岗岩都属火成岩，但它们的成分不同，花岗岩是在地表下更高压力下固结成的。此外，大陆地壳还有上千万甚至十亿年累积的沉积岩和变质岩。地球上最古老岩石都是在大陆地壳中发现的。

地壳总体的岩石和矿物类型分配的体积百分比列于表4－9。显然地壳主要岩石类型是花岗质片麻岩和镁铁质岩石或麻粒岩，而沉积岩仅占很少比例。大陆地壳在体积上占主导地位。

表4－9　地壳中的岩石和矿物类型分配体积百分比

岩　石	体积百分比(%)	矿　物	体积百分比(%)
砂岩	1.7	石英	12.0
粘土和页岩	4.2	钾长石	12.0
碳酸岩	2.0	斜长石	39.0
花岗岩	10.4	云母	5.0
花岗闪长岩、石英闪长岩	11.2	角闪石	5.0
正长岩	0.4	辉石	11.0
玄武岩、辉长岩、角闪岩、麻粒岩	42.5	橄榄石	3.0
超镁铁质岩	0.2	层状硅酸盐	4.6
片麻岩	21.4	方解石	1.5
片岩	5.1	白云母	0.5
大理岩	0.9	磁铁矿	1.5
		其他	4.9

4.3　岩石圈系统

地壳和上地幔顶部都是由刚性岩石组成，称为岩石圈。岩石圈的下界以地震波低速面（横波速度突然减小）与下面的软流圈划界。岩石圈的厚度各区域不同，为60～120km。

岩石是由一种或几种矿物（极少数由天然玻璃）组成的集合体，具有一定的化学成分和矿物成分、结构和构造，一般指性质坚硬的种类，广义的岩石也包括自然产出的松散砂泥和火山碎屑等。

矿物是指地质作用中各种化学成分所形成的自然界单质（金刚石、自然金等）和化合物（如方解石、石英等），一般具有相对固定的化学成分。绝大多数矿物呈固态，具有确定的结构，少数呈气态（火山喷出的气体物质）或液态（自然汞）。地球上矿物多达3 000种以上，大多数岩石由几种主要矿物组成，例如：

(1) 石英，化学成分为 SiO_2，这是常见的造岩矿物。

(2) 长石，是长石族矿物的总称，为钾、钠、钙(及少见的钡)的铝硅酸盐——$(K,Na,Ca)AlSi_3O_8$，是分布最广的造岩矿物。正长石富含钾，化学成分为 $K(AlSi_3O_8)$。斜长石富含钠或钙——钠长石 $Na(AiSi_3O_8)$、钙长石 $Ca(Al_2Si_2O_8)$，按钙长石分子含量不同又分为 6 种。

(3) 橄榄石，是橄榄石族矿物的总称，化学成分为 $(Mg,Fe)_2SiO_4$。

(4) 辉石，是辉石族矿物的总称，是镁、铁、钙、钠等的硅酸盐或铝硅酸盐。常见的有普通辉石，其化学成分为 $Ca(Mg,Fe^{2+},Al,Fe^{3+})[(Si,Al)_2O_6]$；顽辉石，其化学成分为 $Mg_2[Si_2O_6]$；透辉石，$CaMg[Si_2O_6]$；紫苏辉石，$(Mg,Fe)_2[Si_2O_6]$等。

(5) 角闪石，是角闪石族矿物的总称，是镁、铁、钙、钠等的硅酸盐或铝硅酸盐，在成分上以含(OH)区别于辉石族。如，透闪石 $Ca_2Mg_5[Si_4O_{11}]_2(OH)_2$；普通角闪石 $Ca_2Na(Mg,Fe)_4(Al,Fe)[(Si,Al)_4O_{11}]_5(OH)_2$；云母，这是云母族矿物的总称，为钾、镁、铝、锂等的铝硅酸盐，是分布最广的造岩矿物之一。例如，黑云母 $K(Mg,Fe)_3[AlSi_3O_{10}](OH)_2$，白云母 $KAl_2[AlSi_3O_{10}](OH)_2$。

岩石可按成因划分为三大类：火成岩、沉积岩和变质岩。

火成岩又叫岩浆岩，是由岩浆冷却和结晶形成的，火成岩占地壳岩石体积的 64.7%，火成岩又按所含矿物成分和颗粒大小来分类。大陆地壳主要是花岗岩，由地表下岩浆结晶形成，冷却缓慢，晶体大。花岗岩主要含富硅矿物(石英、正长石等)，属酸性岩或长英质岩，密度小(约 $2.7g/cm^3$)，浅色。海洋地壳主要是玄武岩或其对应的粗粒岩——辉长岩，含富钙长石(斜长石)、富铁镁硅酸盐(橄榄石、辉石)矿物，属基性岩或铁镁质岩，密度较大(约 $3.0g/cm^3$)，深色。大陆和海洋地壳下面富含铁镁矿物(主要是橄榄石，辉石)的超基性岩或超铁镁质岩，粗粒，密度更大(约 $3.3g/cm^3$)。

沉积岩又叫水成岩，是地表最多的岩石(占地表裸露岩石的 75%)，但只占地壳岩石的小部分(7.9%)。沉积岩是在外部营力(大气、水、生物)的地质作用下形成的，富含矿产资源(煤、石油、铁、铝、盐类等)。沉积岩可分两种：碎屑沉积岩和化学沉积岩，前者由风化过程形成的岩屑组成，后者由溶液(水)中沉积物或生物过程沉积物组成。沉积岩的特征是有层理。

变质岩是由火成岩或沉积岩在物理-化学环境(温度、压力、热液等)改造下形成的，其矿物成分和结构都发生一系列变化(这种为变质过程)。有因深埋的高温高压下形成的大面积的区域变质岩，因跟火成岩侵入岩浆的高温接触使围岩形成的接触变质岩等，还有因陨石高速撞击等形成的冲击变质岩。

4.3.1　大陆漂移、海底扩张和板块构造

4.3.1.1　大陆漂移

20 世纪早期，魏格纳(Wegener)发现大西洋两岸大陆的轮廓相似，可拼接起来(图 4-13)，进一步研究又发现各大陆在地层、构造、岩相、古生物、冰川作用遗迹等地质及古气候方面有多种相似性和连续性，又考查了大地测量、地球物理等证据，提出“大陆漂移”假说。他认为约 2 亿年前地球有一个统一的泛大陆，称为联合古陆，以后分裂为几块并各自漂移开。另一种看法认为古大陆有两块：北半球的劳亚古陆、南半球的冈瓦纳古陆。限于当时资料和理论水平，大陆漂移假说遭到反对被冷落 20 多年，但也有一些有远见卓识的学者支持这一假说并继

续探讨其真谛。例如霍姆斯(Holmes)提出地幔内的热对流来解释大陆漂移。到20世纪50年代中期,由于发现一些有力的新证据,大陆漂移假说复苏并发展了。新的证据有:①地球古磁极的迁移,不同大陆的同年代岩石所示的磁极位移不同,这表明各大陆有漂移,若各大陆拼合则各年代岩石磁性就一致了;②以大陆坡的水深约1km代替海岸线作为边缘,拼合结果更好;③存在平移断裂,如北美西部的圣安德列斯断裂在约1 000万年来至少错动了四五百千米,地磁测量发现海底断裂的水平错动比陆地还大(如门多新诺断层错动1 140km)。更强有力的证据是海底扩张。

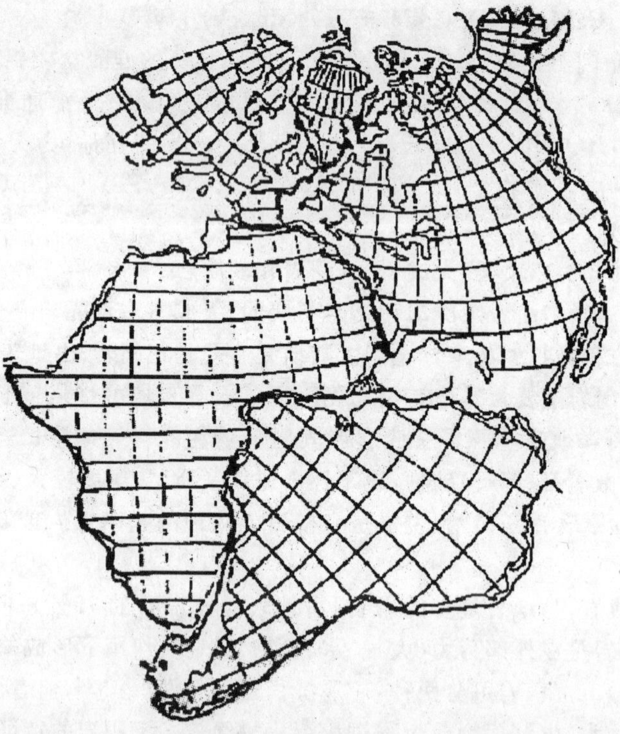

图4-13 大西洋两岸大陆的拼接

4.3.1.2 海底扩张

20世纪50年代以来,许多证据说明海洋地壳的运动。海底有巨大山脉——“海岭”或“大洋中脊”(洋脊),宽度为1 000～4 000km,高出洋底2～4km,全球洋脊绵延总长度64 000km,沿洋脊延伸方向有许多纵向断裂,中央裂谷把洋脊分成平行排列的峰脊。洋脊处的热流特别高,有火山和地震活动。海底岩石越靠近洋脊,年龄越轻,越远越老,但一般都少于2亿年。在靠近大陆边缘的海底有海沟,深达海平面下11km或低于邻近海底几公里,是热流小的地带,常伴有活火山和地震带。海底火山喷发物建立弧形分布的岛屿——岛弧,如太平洋北部、西部及西南部的阿留申群岛、库页岛、千岛群岛、日本列岛、印度尼西亚及新西兰的许多岛屿。20世纪60年代以来,发现洋脊两侧正、负磁异常呈条带分布,走向平行于洋脊,且两侧呈对称分布。

20世纪60年代初,迪茨(Dietz)和赫斯(Hess)分别提出海底扩张假说(图4-14),认为海岭位于地幔对流的上升带，热的地幔物质可以从海岭处涌出，导致海岭处热流大，形成隆起并造成上面岩石圈破裂；对流循环的水平运动带动顶部破裂岩石圈离散（扩张），从海岭涌出的地幔物质形成那里的新海底，结果导致不同年代岩石的对称分布。另一方面，海沟是地幔对流的下降部位——敛合带。海底随地幔对流而不断更新，整个大洋每 2 亿～3 亿年全部更新一次。海底扩张假说自然地解释洋脊两侧岩石磁异常的对称条带分布，即从海岭涌出的热物质冷却时被当时地球磁场磁化，成为新海底岩石向两侧扩张，由于地球磁场多次极性倒转，而凝固岩石又保留下当时磁性，故不同年代形成的岩石（距海岭不同距离）就呈磁异常对称条带分布。转换断层是海底扩张的另一佐证。洋脊被垂直其走向的横向断层错断（图 4 - 15），因海底扩张，仅断层的 *bc* 段是反向错动（这称为“转换断层”），而 *ab* 和 *cd* 段则同向移动，地震就发生在转换断层 *bc* 段上，而很少发生在 *ab* 和 *cd* 段。

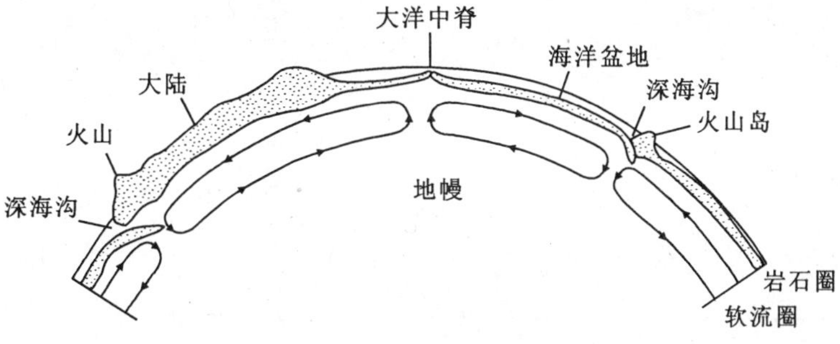

图 4 - 14　地幔对流与海底扩张

4.3.1.3　板块构造

在大陆漂移假说和海底扩张假说的基础上，20 世纪 60 年代末提出板块大地构造假说。地球的刚性岩石圈并非整体一块，而是被一些构造活动带割裂成几个单元——板块，它们驮在软流圈上面作大规模水平运动，致使相邻板块相互作用而在板块边缘地带产生强烈的地质活动。

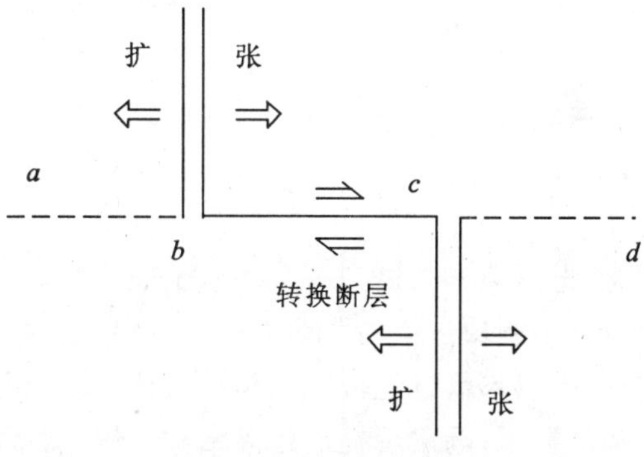

图 4 - 15　转换断层（示意）

板块边界以洋脊扩张带、消减作用带、转换断层等构造活动强烈地带来划分。洋脊扩张带是离散性（张裂性）的板块边界，也是生长性板块的边缘。消减作用带位于海沟，是敛合性或汇聚性的板块边界，其两侧板块相向运动，相互碰撞，一个板块俯冲潜没到另一板块下面而消减，挤压作用导致形成海沟、岛弧，引起强烈地震、岩石的构造变形及火山活动。转换断层两侧的板块作剪切运动，常跟洋脊或海沟共生。此外，大陆内还有一种特殊消减作用边界——地缝线，是两板块的碰撞带或焊接线，常造成高耸山脉，亦伴有强烈构造变形、岩浆活动及区域变质作用。

按以上边界，可将全球划分为以下板块：欧亚板块、非洲板块、印度一澳大利亚板块、太平洋板块、北美板块、南美板块、南极板块及一些较小板块（图 4 - 16）。这样的板块格局是地球演化到现阶段的产物，它将继续演化，例如非洲东北的红海位于印度洋洋脊延伸部位上，是岩石圈内部正在分裂扩张地带(次一级板块边界),进一步扩张将会形成大洋。至于板块构造活动始于何时,逆推是颇困难的,一般认为约始于 20 多亿年前。板块运动的典型速度为每年几厘米。

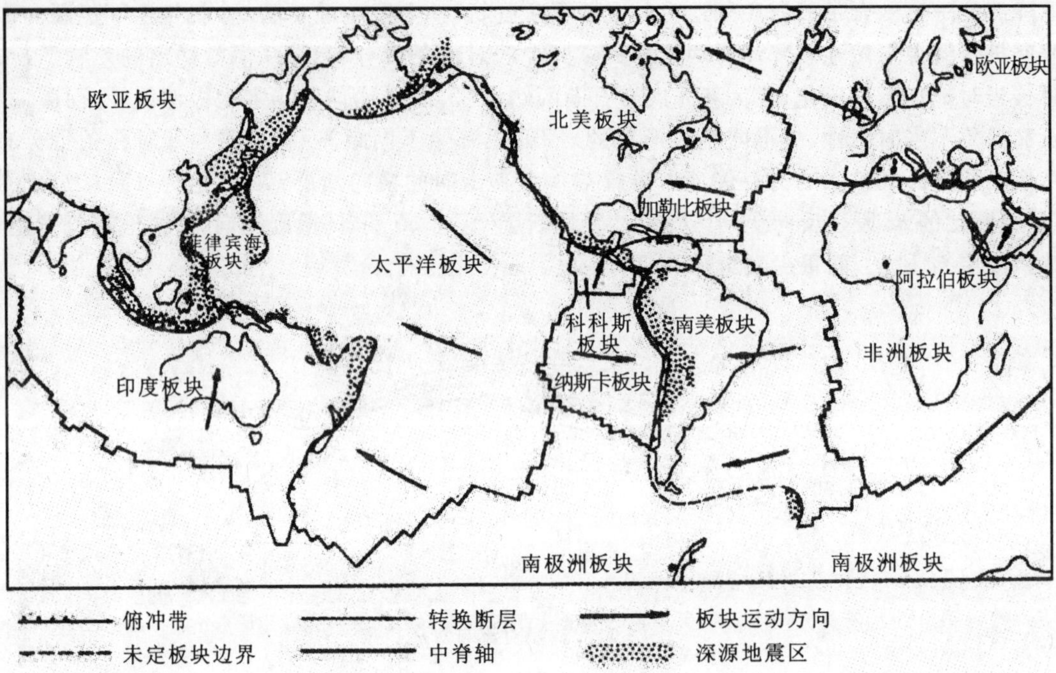

图 4-16 地球板块的划分

板块间相互作用不仅导致板块边界地带的大地构造活动,也造成板块内的地震活动,例如大陆块体内裂谷的生长,最显著的是东非裂谷,它从红海起走向西南经埃塞俄比亚、肯尼亚、坦桑尼亚,全长 5 000 多 km。板块大地构造学说刷新了过去仅从大陆地质研究所形成的一些传统观念,把地质学推进到一个崭新发展阶段。然而,板块构造学说也存在一些需深入探讨的问题,例如,①板块运动的驱动力问题,一般认为驱动力来自地幔对流,但还缺乏地幔如何对流的直接证据,仍不清楚地幔对流是浅对流,还是深对流或多种规模的对流;②针对洋脊的横向断层错动的原因,马宗晋提出板条结构理论;③板块大地构造的早期情况。

4.3.2 地质过程

地表特征(地貌)是长期地质过程的结果。地貌是多样和复杂的,是多种地质过程综合改造所形成的。就成因而言,地质过程(或地质作用)可分为两大类:内成过程和外成过程。内成过程包括火山活动和构造活动。外成过程包括大气圈和水圈的各种作用(风化、剥蚀、侵蚀、搬运、沉积)以及地外天体的陨击作用。

4.3.2.1 内成过程

地球的大型地貌是大陆和大洋盆地(洋盆),二级地貌有大陆上的山脉、洋盆上的洋脊和海沟。如前所述,这些地貌是海底扩张和板块大地构造的直接结果。大洋中脊是洋壳增生和板块分离处。海沟和其共生岛弧是两个板块相碰,一个俯冲到另一个下面所产生。俯冲板块部分熔融，生成海沟后面的复式火山链。两个大陆板块相碰，产生大型褶皱山脉。两板块之间的沉积物也被褶皱、断裂、岩浆侵入并挤压为褶皱山脉带。例如，喜马拉雅山脉是印度板块与欧亚板块碰撞产生的。板块相对运动和作用也导致地壳的大断层及错动，如大洋中脊上的许多转换断层和北美的圣安德列斯大断层。海底扩张和板块大地构造终究是地幔物质运动的内因造成的。地幔对流中的柱状上升流动，称为热柱或热涌流，热柱甚至深达地核-幔边界，其上方板块上形成火山或熔岩台地。当板块移过热柱，就形成线状火山链，例如夏威夷群岛，这些火山喷发玄武岩呈坡度小的盾形火山。内成过程的主要能源是放射性核素（铀、钍、钾）的衰变能。

4.3.2.2　外成过程

内成过程导致地貌的大格局，而外成过程则严重改造它。外成过程的主要成因或能源是太阳辐射和重力作用。地表岩石暴露于大气、水和生物产物的作用中，而发生分解和破坏，这种种作用统称风化。风化产物被各种媒质（流水、冰川、风、波浪）搬运和沉积，从而改变内成过程产生的地貌和形成新地貌。每种过程都有其地貌特征。

(1) 流水作用。太阳辐射蒸发地表水（主要是海洋），水汽进入大气，在大气中冷凝为雨雪，又降落到地表。由于重力作用，降水侵蚀地表并携带岩屑和土壤颗粒流动，从高处搬运到低处沉积下来，最终降水流入大海或再蒸发。估计每年搬运约 100 亿 t 物质沉积到海洋中。洪水和河流严重改造所流经区域的地貌。

(2) 冰川作用。冰川是在重力作用下从雪源（极地或高山）向下沿地表移动的冰体。现代冰川覆盖陆地总面积的 11%。冰川移动速度约每年几到几十米，但其地质作用相当重要。地球每年的季节变化，尤其是长期气候变化，冰川破坏地表，搬运碎屑物质至他处堆积，成为高纬区和高山地表改造的主要营力。冰川在调整地壳均衡、海平面变化、改造水系、生物变迁等方面起重要作用。

(3) 波浪及其他的海洋作用。波浪和潮汐侵蚀可破坏海岸，引起海岸沉积物的搬运和再沉积。饱含沉积物的水流也切割出大陆坡和海底谷，而沉积物覆盖起伏不平的洋底形成广阔的深海平原。

(4) 风成作用。风剥蚀尘埃和砂粒物质，并有搬迁和堆积作用，在干旱或沙漠地区尤为重要。

(5) 物质坡移。由于重力作用，斜坡上风化的岩石或松散堆积物会发生滑坡。无论何时，只要重力的下滑分力大于摩擦阻力和物质内聚力时，就发生坡移。坡移跟物质性质、坡度有关，水也是重要因素。例如，含水量增加可形成土流，永冻土带的融冻导致坡移、更严重的塌方及泥石流。

上述各种外成过程在地质学中有详尽论述，限于篇幅不再赘述。值得着重讲的是陨击作用，它在地球早期演化时期更为重要，但是在过去地质学上没有足够注意。近 30 年来，在地球上已认证出肯定是由地外小天体陨落形成的陨石坑近 100 个，还有许多地貌可能也是陨石坑。陨石坑多在较老的稳定地壳区域（地质区），例如，加拿大地盾区已认证出 20 多个陨击构造。在活动地壳区，可能因其他地质过程的破坏而难以认出陨石坑。已发现的陨石坑都是近 20 亿年以来形成的，地球早期必然也受陨击作用。如后面要讲到的，从比较行星学估计，地球早期应像月球和水星等那样经历过严重陨击作用，只是老的陨石坑已被后来地质过程破坏得面貌全非而无法认证了。虽然大的陨击事件不常发生，但一次大的陨击能够开凿几十亿吨岩石碎屑，这远超过其他外成过程几百万年的作用，陨击作用作为一种重要地质过程已开始被重视研究。

4.3.3 陨击坑和冲击变质作用

行星际运行的小天体(例如小行星、彗星、流星体)有时会陨落到行星或卫星上，在行星(卫星)表面撞击出陨击坑(crater)，因此，陨击是行星系的普遍而重要的地质过程。例如，流星体闯入地球大气时，地心速度为11.2～72km/s。虽然跟大气摩擦发生烧蚀发光的流星现象，但大量的流星体仍留下残骸——陨石撞击地表成坑，中国地质学家称为陨石坑，本书通称陨击坑。一个半径为10m的铁陨石(质量约32 000t)以速度10km/s陨击地表时，其动能 $E=(1/2)mv^2=1.6\times10^{17}$J，这相当于里氏5级地震的能量，或38万tTNT炸药爆炸能，相当于19个投在广岛的原子弹能量，产生直径约580m的陨击坑。

4.3.3.1 陨击成坑机制

通过对已知陨石坑、化学爆炸或核爆炸坑、高速子弹的弹坑等的研究，我们可以认识高速陨击成坑的机制和过程。陨击几乎使地表在瞬间产生机械变形(冲击波压缩)，接着是较缓慢地恢复原来条件(稀疏)。陨击成坑过程可分为3个阶段：压缩阶段、开掘阶段和成坑后变形阶段(图4-17)。在压缩阶段，弹(陨石)撞击靶(地表)时，产生冲击波(即激波)。把弹的动能传给靶。在弹中和靶中都产生激波。陨击速度为10km/s时，激波压力可达几百万bar，它产生的形变应力比岩石强度大几个量级。激波压缩岩石物质，产生热。激波压力约50万bar时，花岗岩就熔融，大于60万bar时，则发生蒸发。由于自由表面不能维持应力状态，激波后面就发展一簇稀疏波，使岩石物质从高压状态下减压，陨石与地表的熔融和蒸发物质从它们交界处高速(比陨击速度高多倍)喷出，成为压力大、温度高的喷射流。直到激波从陨石背侧反射时，才结束压缩阶段。实际上，压缩阶段很短，对于直径10m到1km的陨石，压缩阶段仅为1/1 000～1/10s。

仅压缩不会造成很大的坑，成坑机制的关键在于随之的开凿阶段，即激波后面形成的稀疏波使压碎的岩石减压并抛出。压缩阶段后的较低压力与抛出速度条件下，抛出大量物质，在坑外围形成抛出物沉积层。稀疏波后的物质从扩大着的坑穴壁切割飞出，发展成逆转锥状碎屑幕(抛出物锥)，且很快分开呈纤维图案，使坑外面呈辐射纹系统。抛出物沉积层的地层秩序与原来地表层序相反，即地表上层抛出物沉在底下，而后来从深层的抛出物沉积到上部且更靠近坑。陨击能量逐渐耗尽，最后有些碎屑未能抛出坑穴而回落坑底。大的陨击事件常可抛出一些较大碎块，落在主坑周围而产生次生坑。

大陨击坑成坑后，还有一个变形阶段，坑壁会发生崩塌，坑底会发生弹而隆起小峰乃至峰群，这将在陨击坑形态中叙述。

4.3.3.2 陨击坑的大小

陨击坑的大小跟陨石的性质[主要是大小，质量 m，动能 $E=(1/2)mv^2$，v 为陨击速度]和被陨击地表的性质(岩石或土壤等)有复杂的关系。假定单体陨击的全部动能用于成坑，陨击坑直径 D(km)与陨石动能 E(J)大致有如下关系

$$D = 1.96\times10^{-5}E^{1/3.4}$$

实际上，陨石的大部分动能，的确用于开凿陨石坑，仅小部分用于加热和熔融地表物质，坑内熔融物冷却再结晶或形成玻璃。用于加热和熔融地表物质的能量跟陨石的质量、速度以及

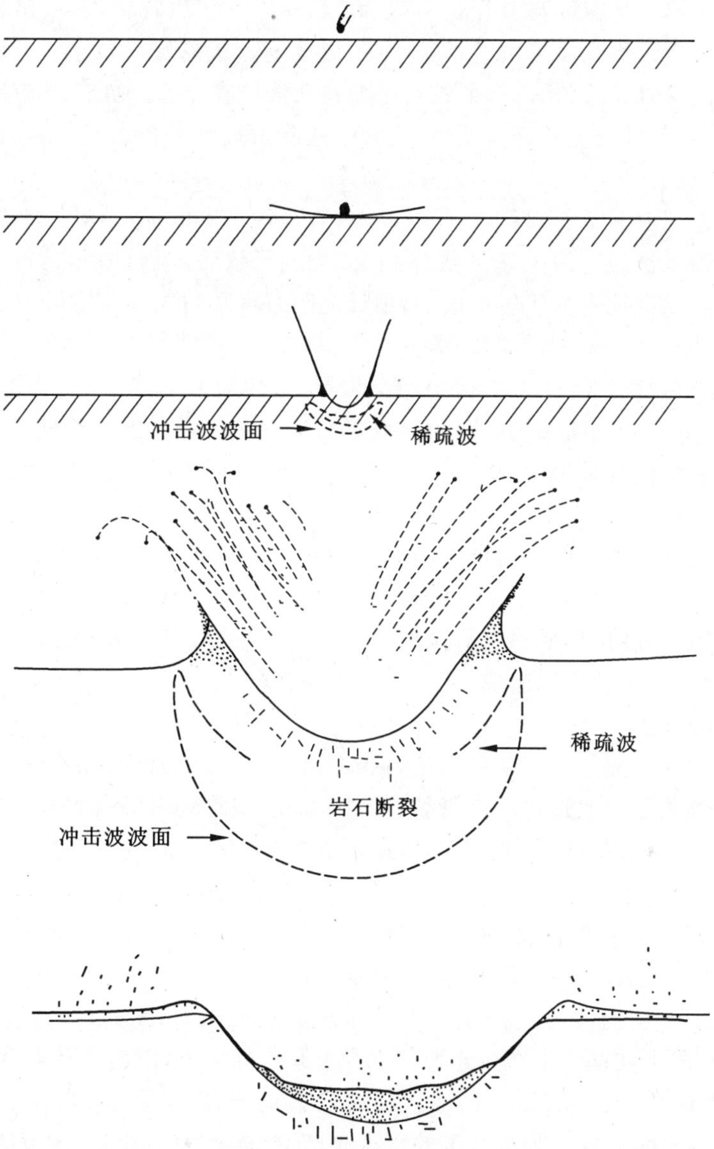

图 4-17　陨击成坑过程

陨石物质和地表物质的成分和状态有关。例如,陨石动能越大,地表物质的孔隙度越小,熔融得越多,陨击沙地比陨击岩石产生的玻璃多。

4.3.3.3　陨击坑的形态

在无大气的行星体上,甚至微小的宇宙尘也会在其表面岩石上陨击成微坑,例如,月球岩石样品上有小到 0.1μm 的微陨击坑。另一方面,月球表面上也有直径上千公里的陨击盆地。地球因有大气圈屏障,地表没有微陨坑,而许多老的陨击坑也被后来的地质活动破坏掉了。地球上已发现了的陨击坑可分为简单坑和复杂坑两类。简单陨击坑的直径小于 2～4km,形态如碗状。复杂陨击坑的直径大于 4km,一般有中央隆起或环状构造。

1) 简单陨击坑

刚形成的简单陨击坑深度与直径比一般为1/5～1/7,呈浅碗状,有抛出物沉积堆成的隆起坑缘。抛出物沉积延续到2倍坑直径远,沉积层厚度随远离坑而减小。近坑缘的沉积表面通常不规则、多丘。抛出物沉积的辐射纹可延伸到几倍坑直径远。坑底覆盖有回落的角砾层,大部分是碎屑,显示各种程度的冲击变质,也含一些陨击玻璃或再结晶的熔岩,其数量随直径增大而增多。

典型例子是美国亚利桑那陨石坑,呈碗状,其直径约1 200m,深180m,坑缘高出周围平原30～60m。抛出物沉积层与原来基岩层序相反,找到了镍铁陨石碎屑,估计总重量12 000t。经确认这是铁陨石陨击地表沉积岩形成的,估计此陨石直径约30m,重量约15 000t。

2) 复杂陨击坑

直径大于2km(沉积岩层上)或4km(结晶岩层上)的陨击坑都是复杂陨击坑,坑底部常有中央隆起(中央峰或环),坑围塌陷和断裂。直径大于30km的陨击坑呈地势高低交替的环状构造。大而复杂的陨击都是深度与直径比很小的,常常是回落的角砾岩覆盖在熔岩上面。已知陨击坑的研究表明,在大陨击事件中,用于冲击熔解的陨击能量较多,而用于开凿坑的部分较少。保留在坑内的熔解物似乎随坑大小而增多。许多简单陨击坑内没有熔岩层,而复杂陨击坑底则覆盖很厚的陨击熔岩。关于大陨击坑中央隆起的成因尚有争议,但成坑实验和结构关系表明,中央隆起是在坑形成终止阶段或稍后产生的,中央隆起可能成因有,坑底岩石因减压而回弹、开掘后坑壁物质崩塌造成,或者两者兼而有之。

3) 陨击坑的改造

地球上尚未见保留完好的复杂陨击坑,见到的是它们形成后受到地质过程改造乃至几乎破坏掉的形态。最重要的改造过程有滑坡、侵蚀、填充,或许还有均衡调整。陨击坑很陡的内壁易滑塌,使坑变大,滑塌物质覆盖坑底,坑缘形成台地。侵蚀使坑缘变低,其产物则填充于坑中,甚至填平坑底使之失去陨击特征。据估算,地球上直径20km的陨击坑经6亿年仍可辨认其陨击结构,而直径10km的只能保存3亿年,直径1km的经百万年就面目全非了。大陨击坑因抛出坑内物质,重力均衡调整而使坑底隆起。此外,火山活动、造成褶皱和断裂的构造活动也改造陨击坑。事实上,陨击坑的开掘减少了坑底基岩压力,使其易熔;陨击产生的热量也有助于岩浆形成;陨击在基岩中造成断隙可成为岩浆流的通道,因而某些火山活动可能被大陨击诱发。陨击诱发火山活动的一个例子是加拿大的萨德伯里(Sudbury)盆地,其直径为140km,它不仅面积大,而且有大量共生的贵金属矿,矿体在大小60km×27km的火成杂岩盆地内,已被改造和侵蚀,从1883年发现它以来,已找到价值几十亿美元的镍、铁、铜等金属。从钐-钕同位素年代测定,陨击发生于18.4亿年前。陨击与火山活动及矿产资源是否有关?有怎样关系?这是很值得研究的问题。

4.3.3.4 识别陨击的判断

陨击构造和陨击坑在外观上往往跟火山口相似,如何识别陨击坑呢?这确是相当困难的问题,近些年来已找到一些行之有效的判据。

对于较年轻的陨击坑,常可找到陨石碎块,这是陨击坑的最好判据。但是,陨石碎块容易很快被风化,仅在10多个地球陨石坑中找到了陨石碎块,而其他陨石坑很难找到。陨击构造有环状轮廓和隆起的坑缘(尤其层序颠倒的坑唇),坑周抛出物沉积层序也与原来地层相反,常伴有次生坑。大陨击坑内有陨击产生的角砾岩和熔岩、陨击玻璃(且常含来自陨石的镍铁小球)。陨击坑没有深部“根”,残留重力异常,磁性异常。此外,最好判据还有地表靶岩上的震裂锥和冲击变质效应。

冲击变质是指陨击事件时短暂的高压激波通过而造成岩石和矿物各种改变。冲击变质跟地质上的正常变质不同(表 4 - 10)。激波效应可分为 3 种:高压效应、高温效应、大的应变率效应。高压效应导致同质多相变体矿物,即矿物成分相同但有更致密的结晶构造。例如柯石英是 SiO_2 的高压多形体,密度为 2.93g/cm^3,而石英(SiO_2)密度为 2.65g/cm^3。高温效应包括:①熔融形成矿物玻璃(如焦石英是压力大于 50 万 bar,熔温 1 710℃的纯 SiO_2 玻璃)或熔岩(冲击岩);②把矿物分解或破坏为两种以上化合物,如,在温度 1 775～1 990℃锆石(Zr_2SiO_4)变为斜锆石(ZrO_2)和石英(SiO_2)。大应变率(激波通过时压力变化快)造成矿物结晶构造逐步破坏,各种矿物在激波通过时所受影响不同,大应变率效应包括形成晶面特征(冲击微页理)、完全破坏结晶构造而产生击变玻璃(如熔长玻璃)。击变玻璃是矿物不经熔化就直接转化成的玻璃,密度和折射比普通玻璃大。击变玻璃只存在于冲击变质岩中,因而是冲击岩的有力证据。

表 4 - 10　冲击变质与正常变质的对比

项目	冲击变质	正常变质
持续时间	几微秒至几分钟	约 10^5～10^7 年
峰　压	达几百万巴	一般小于 5 万 bar
温　度	可超过 2 000℃	一般小于 1 000℃
平衡状况	否	是

激波通过某些类岩石时会产生震裂锥,具有明显条纹的锥形构造,条纹高度从不足 1cm 到几米之间,条纹从锥顶到侧翼呈马尾状。震裂锥存在表明激波压力在 2 万～25 万 bar 之间。

4.3.4　地球的年龄和地质年代表

地球的年龄是指地球形成到现在所经过的时间间隔。地球年龄是个重要的基本问题,曾用多种方法来估算,结果有很大差异。例如,1862 年开尔文假定地球最初是炽热流体,以后冷却、凝固,他估算这只用了 2 000 万年到 4 000 万年,这无疑太短了。从地层沉积及海水所含钠(由河流带来)估算出地球年龄分别为 5 亿年和 2.5 亿年。现在最好的方法是放射性同位素衰变"钟",由岩石或矿物中放射性同位素及其衰变产物的含量,已测定出许多岩石和矿物的绝对年龄。从放射性同位素年代方法测出地球上最古老岩石的年龄约 38 亿年,个别矿物年龄也有 41 亿年的。所测古老岩石是火成岩,是由熔岩凝固的,因此所得年龄还不是地球年龄。由不同时代矿物和岩石中放射性 ^{235}U 和 ^{238}U 衰变产物铅 ^{207}Pb 和 ^{206}Pb 含量的测定,可建立它们的增长曲线,用统计方法得出地球年龄分别为(44.7±0.06)亿年和(45.0±1.7)亿年。由于地球演化中,地壳和上地幔中铀和铅并不完全构造封闭体系,因而所得年龄仍可能偏小。考虑到非衰变的原始铅同位素改正,现在普遍认为地球年龄跟月球及陨石年龄一致,即都是(45.7±0.03)亿年。

现在已用放射性同位素年代方法测出许多岩石、矿物及其相应地质事件的绝对年龄。另一方面，根据地层叠置原理、切割关系及古生物化石层序，又定出各地质事件的相对年龄。于是，可以把地质历史按年代次序编出“地质年代表”(表 4 - 11)，其内容包括地质年代单位、名称、代号、起止绝对年龄等，反映地壳中无机界(岩石矿物)与有机界(植物、动物)的演化顺序、

表 4 - 11 地质年代表

相对年代					绝对年龄	生物开始出现时间	
宙(宇)	代(界)	纪(系)	世(统)		/Ma	植物	动物
显生宙(宇)	新生代(界)Kz	第四纪(系)Q	全新世(统)	Q_h			←现代人
			更新世(统)	T_p	1.5±0.5		
		第三纪(系)R 晚第三纪(系)N	上新世(统)	N_2			
			中新世(统)	N_1			
		早第三纪(系)E	渐新世(统)	E_3	25±2		←古猿
			始新世(统)	E_2			
			古新世(统)	E_1			
	中生代(界)Mz	白垩纪(系)K	晚(上)白垩世(统)	K_2	67±3	←被子植物	←哺乳动物
			早(下)	K_1			
		侏罗纪(系)J	晚(上)	J_3	137±5		
			中(中)侏罗世(统)	J_2			
			早(下)	J_1			
		三叠纪(系)T	晚(上)	T_3			
			中(中)三叠世(统)	T_2	195±5		
			早(下)	T_1			
	古生代(界)Pz 晚古生代(界)Pz_2	二叠纪(系)P	晚(上)二叠世(统)	P_2	230±10	←裸子植物	←爬行类
			早(下)	P_1			
		石炭纪(系)C	晚(上)	C_3	285±10		
			中(中)石炭世(统)	C_2			
			早(下)	C_1			
		泥盆纪(系)D	晚(上)	D_3			
			中(中)泥盆世(统)	D_2	350±10		←两栖类
			早(下)	D_1			
	早古生代(界)Pz_1	志留纪(系)S	晚(上)	S_3			
			中(中)志留世(统)	S_2	405±10	←蕨类植物	
			早(下)	S_1			
		奥陶纪(系)O	晚(上)	O_3			
			中(中)奥陶世(统)	O_2			
			早(下)	O_1	440±10		←鱼类
		寒武纪(系)Є	晚(上)	$Є_3$			
			中(中)寒武世(统)	$Є_2$			
			早(下)	$Є_1$	500±15		←无颌类
隐生宙(宇)	元古代(界)Pt	震旦纪(系)Z	晚(上)震旦世(统)	Z_2	570±15		←无脊椎动物
			早(下)	Z_1			
	太古代(界)Ar				2500±		←蓝藻类

1967 年国际地质年代委员会推荐。

过程和阶段。从不同角度，地质年代表中用两种对应的单位：地质年代单位和年代地层单位。地质年代单位从大到小分 4 级：宙、代、纪、世，相应的年代地层单位为：宇、界、系、统。显生宙(宇)中各级单位的划分和名称是国际统一的，已研究得很清楚了，但寒武纪之前(总称前寒武纪的划分还较粗)了解得不够好。1989 年第 28 届国际地质大会公布的前寒武纪划分新方案

列于表 4－12,其中“Ma”即百万年。

最后,简述地球的演化。对于近 30 亿年来地球的演化,已在地学中有详细论述。对于地球早期 8 亿～10 亿年的演化,至今缺乏资料,仍有许多未解之谜,近年从比较行星学得到一些初步结果。地球的演化可分为 4 个阶段,各阶段的主要事件如下:

表 4－12　元古宙时代划分及命名表

EON宙	ERA代	PERIOD纪
PROTEROZOIC 元古宙	(Base of Cambrian) NEOPROTEROZOIC 新元古代	“Neoproterozoic III” “新元古III” 纪 650Ma CRYOGENIAN 覆冰纪 850Ma TONIAN 加宽纪
	1 000Ma	
	MESORPOTEROZOIC 中元古代	STENIAN 窄带纪 1 200Ma ECTASIAN 延展纪 1 400Ma CALYMMIAN 盖层纪
	1 600Ma	
	PALAEOPROTEROAOIC 古元古代	STATHERIAN 稳化纪 1 800Ma OROSI RIAN 造山纪 2 050Ma RHYACIAN 层侵纪 2 300Ma SI DERIAN 成铁纪
	2 500Ma	
ARCHAEAN 太古宙		

第一阶段,始于 46 亿年前,主要事件有:①地球从原始(太阳)星云吸积形成;②由吸积能(引力势能)和放射衰变能而很快加热;③原始大气逸散。

第二阶段,始于 45 亿年前,事件有:①内部第一次分异,形成地核、地幔、地壳;②从内部排出二氧化碳、水汽、氨、甲烷等,组成次生大气;③大的陨击破坏陨击处地壳;④形成海洋盆地,并由水填充。

第三阶段,始于 37 亿年前,事件有:①首批大地构造运动,海底扩张,形成火山和山脉;②地壳冷却和变厚;③海洋盆地大多已填充。

第四阶段,始于 6 亿年前,事件有:①第三阶段的过程较缓慢地继续;②洋盆扩大;③联合古陆的形成及后来的破裂。

4.4　水圈系统

地表水、地下水和大气中的水加在一起,构成地球的水圈。地表水约覆盖地球表面总面积的 71%,其中主要是海洋覆盖(70.8%)。在地球的全部水中,海洋中占 97%,陆地水不到 3%,大气中水仅占 0.001%。陆地水的 77%左右在冰盖(格陵兰和南极)和冰川中,其余的是地下水。水不仅是人类和生物生存所必需的,而且水在地质演化中起重要作用。海洋的研究和开发是近年来受重视并迅速发展的领域。

4.4.1 海洋的成分

众所周知，海水并非纯 H_2O，海水含盐（NaCl）还有许多溶于水的化合物（表 4－13），它们总共占海洋质量约 3.45％。在全部溶解物中，氯（Cl）占质量的 55％、钠（Na）占 31％、硫酸根（SO_4^{2-}）占 7.7％、镁（Mg）占 3.7％、钙（Ca）占 1.2％、钾（K）占 1.1％。这些物质来自火山的排气和岩石的化学分解。河流每年把约 3.5×10^{15} g 的溶解物带入海洋。现在海洋中溶解物总量约 5×10^{22} g。各大洋中溶解物的比例大致相同，每种溶解物含量代表流入（主要来自岩石风化和剥蚀）与沉积为海洋沉积盐之间的平衡。但是，近陆各海域则因雨量及河流注入多而含盐度不同，最高含盐度可达 40％。此外，海水中还会有铜、银、镍、金、铀、钴、钼等几十种微量元素，其中含量较高的有金（0.001～60mg/t）、铀（3.3mg/t）；海水中也溶解一些气体，主要有氧（O_2）和二氧化碳（CO_2），但海水含氧总量比大气中少，而含二氧化碳总量是大气中的 60 倍；海洋中还有大量生物。

表 4－13 海水中溶解盐的平均成分

盐	化学成分	千分比
氯化钠	NaCl	23
氯化镁	$MgCl_2$	5
硫酸钠	Na_2SO_4	4
氯化钙	$CaCl_2$	1
氯化钾	KCl	0.7
其他		0.8
合计		34.5

4.4.2 海洋温度和洋流

由于海水总质量多和热容量大，海洋成为巨大的热量储库。海洋的平均温度为 3.9℃，仅略高于冰点，虽然海洋表面的温度各处不同：赤道附近约 30℃，而极区冰盖在冰点以下；但海面 1km 以下的温度就很少随地区或季节变化了。

常按海洋与大气和陆地相互作用的不同，把海洋分为上部和下部。上部厚度小于 1km，一般较暖，通过热的或冷的邻近陆块大的海流系统而环流，上部海水吸收照射来的太阳光，光合生物兴盛。下部是黑暗宁静的世界，延深到洋底的密度较大、较冷的海水中仍有许多谜。洋流（或海流）主要有两类：① 表层海流，主要由大气环流（风）驱动，也受陆块影响；② 深水环流或热盐环流，是由温度或含盐度差别而造成的密度变化所驱动。归根结底，海流是太阳辐射作用的结果，因此海洋环流像大气环流一样由太阳能驱动。大多数深水环流由于高纬（尤其南极周围）表层水冷却而沉向海底，再流向赤道，也受科里奥利力影响。海平面的长期变化表现为海水大规模进或退。

海洋对全球大气环流和许多地区的气候异常也有重要影响。最显著的是厄尔尼诺事件。厄尔尼诺为西班牙语 El Niño，意为“圣婴”，是指秘鲁、厄瓜多尔沿海在圣诞节前后发生的海水增温，这种海水增温向西传至东经180°日界线附近，使整个东太平洋赤道附近的广阔洋面形成异常增温区。

4.5 大气圈系统

地球大气圈虽然就其质量而言只占地球质量的微少部分，但是却跟人类生活息息相关。人类从大气中呼吸氧而生存。大气屏蔽致癌的太阳紫外辐射，屏蔽高能宇宙线粒子及陨石的猛烈轰击，保护地表的生命，又通过风雨等气象过程和风化剥蚀过程改造地表，影响人类生活。另一方面，大气给天文观测造成障碍，因为大气会吸收要研究的天体辐射的一些波段（紫外线、X射线、γ射线、红外线），这些波段的天文观测不能在地面进行，而需要到高空或大气外观测。

4.5.1 地球大气的成分

地球大气在近地表层最密，随高度增加而越来越稀疏。大气总质量的99.9%以上集中于海拔高度50km以内，99%以上在高度32km内。海平面处的气压为1大气压，即1.013×10^5 Pa，气压和大气密度随高度的变化如图4-18所示，先是减小很快，然后减小得较慢。气压p随高度z变化遵从气压定律

$$p(z) = p_0 \exp\left[-\int_0^z \frac{\mathrm{d}z}{H(z)}\right]$$

$$H = kT/mg$$

$$p(z) = \int_z^\infty \rho(z) g(z) \mathrm{d}z$$

其中，H为标高，它与温度T、重力加速度g及分子量m有关；k为玻尔兹曼常数；ρ为质量密度。地球大气标高$H\approx8.4$km。

低层大气（高度100km以下）的气体混合得很均一，主要成分是氮（N_2），其次是氧（O_2），各种气体成分的体积混合率（所占体积的百分比，或组成的百分比）列于表4-14，水汽的体积混合率是随地域和时间变化的，二氧化碳及甲烷随人类活动在增加，此外，主要存在于20～30km高度的臭氧（O_3）的体积混合率（约12ppm）也是变化的，还有一氧化碳（CO）、二氧化硫（SO_2）等微量成分。

除了气体，地球大气中还有一些悬浮粒，称为气溶胶（aerosol），其成分有浓硫酸（主要是火山喷发产生的，分布在高度20～30km）、硫酸盐、硅酸盐、海盐、有机物及水滴、冰晶，它们主要分布在高度12km以下。此外，还有来自地外的宇宙尘（包括陨石烧蚀物）。

4.5.2 地球大气的性质和结构分层

地球大气的密度、压力、温度和化学成分等性质有的随高度变化（垂直分布），也有的随纬度或区域而变化（水平分布），还有的随时间而变化。其中以垂直分布特征最为显著，可以按照大气的温度、成分或电离程度的垂直分布进行结构分层（图4-18，图4-19）。

4.5.2.1 大气温度的垂直分布和结构分层

根据大气温度的垂直分布，常把大气分为4个圈层：对流层、平流层、中层和热层。

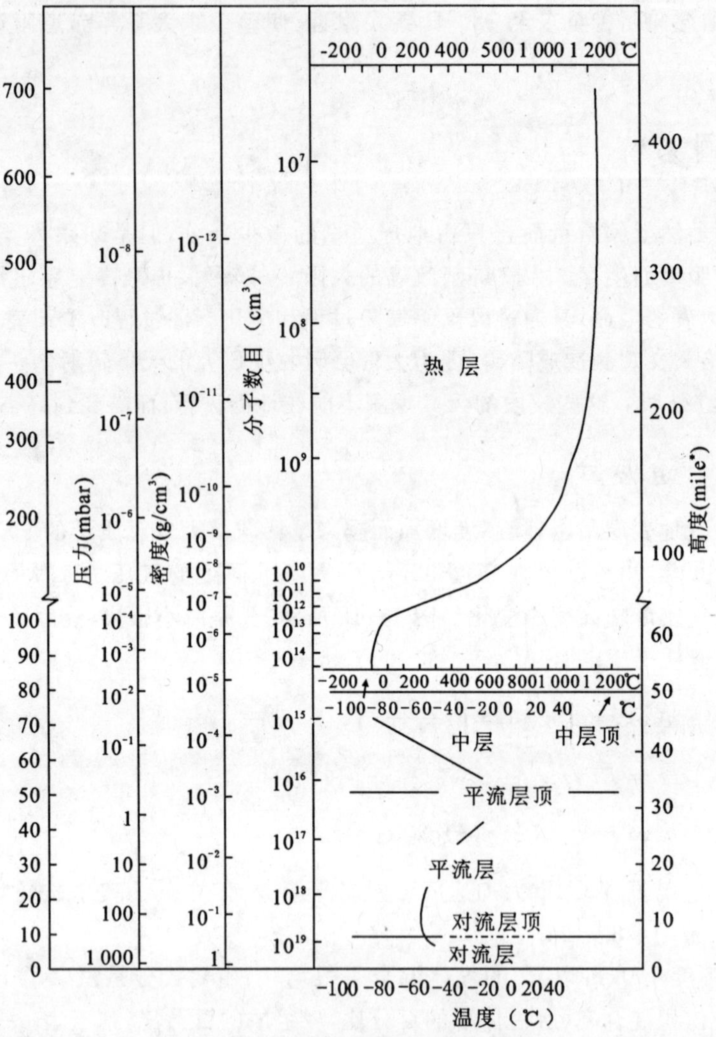

图 4－18　地球大气的温度与结构分层

＊　1mile＝1 609m

表 4－14　地球低层大气的成分

成　分	体积混合率
氮(N_2)	78.1%
氧(O_2)	20.9%
氩(Ar)	0.93%
氖(Ne)	18ppm
氦(He)	5ppm
氪(Kr)	1ppm
氙(Xe)	0.09ppm
氢(H_2)	0.5ppm
氧化氮(N_2O)	0.5ppm
水汽(H_2O)	0.1%～3%(变化)
二氧化碳(CO_2)	0.034%(增加)
甲烷(CH_4)	0.000 2%(增加)

＊ 1ppm＝10^{-6}。

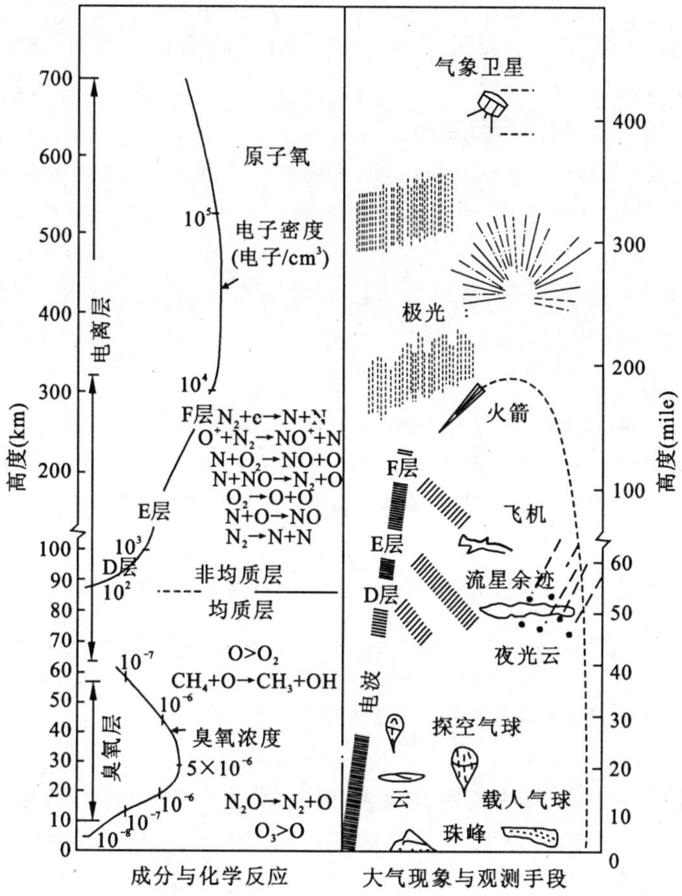

图4-19 大气性质的垂直分布

对流层是靠地表的最低层大气，温度随高度的增加而降低(6～10℃/km，平均为6.5℃/km)，到对流层顶降至－60℃。对流层厚度随纬度和季节等条件而异：就纬度来分，赤道区约16～18km，中纬度约10～12km，极区约7～8km；就季节来分，夏季一般比冬季厚。地球大气总质量的90%集中于对流层。对流层的主要特性是大气对流。太阳光照射使地表和下部大气变热，暖空气膨胀并上升，上部冷空气下沉，形成对流。水汽主要集中在近地表，云、雨等气象现象就发生在对流层内。

从对流层顶到高度约50km平流层，温度不再减小而随高度增加略有升高，这是由于臭氧层吸取太阳紫外线而变暖。平流层空气以水平运动为主。到平流层顶，温度为－10℃～－20℃，平均约0℃。

高度从约50km到约85km是中层，温度又随高度增加而减小，这主要是由于大气中二氧化碳的辐射而变冷。到中层顶温度降至约－80℃。

高度从约85km到约700km是热层，温度随高度增加而升高，这是由于大气吸收太阳的X射线和远紫外辐射而变热。到高度500km处温度可达1 100℃左右，到更大高度就升温不多了。

热层以上称为外大气层，大气已变得极稀疏，每立方厘米不到10^7个分子(而海平面处为

每立方厘米 10^{19} 个分子)，在高度 1 000km 以上，甚至可延展到60 000km，大气成分主要是氢和氦，由于大气中氢受太阳的 L_α(波长 1 216Å)辐射激发而有微弱辐射，这一极稀疏的气晕又称为“地冕”。

4.5.2.2 大气成分的均匀状况与分层

按照大气成分是否很好地均一混合，可把地球大气分为两层：均质层和非均质层。

高度 100km 以下是均质层，各种气体混合得很均一，其成分如表 4-14 所列，平均分子量是常数。

高度 100km 以上是非均质层，各种气体没有很好混合，分子量大的气体在下部所占比率大，而分子量小的气体则在上部多。

4.5.2.3 臭氧层

从高度 10km 至 50 多 km，大气中含有臭氧，故称为臭氧层。臭氧浓度与高度、太阳活动以及人类活动有关，约在高度 20～30km 臭氧浓度最大。虽然臭氧总含量不到均质层的 10 万分之一，对均质层的一般特征影响不大，但臭氧层能滤掉大部分对生命有害的太阳紫外线，对人类健康很重要。

臭氧层进行如下的臭氧形成与破坏的化学反应，决定臭氧浓度。

$$O_2 + h\nu \rightarrow O + O$$
$$O + O_2 + M \rightarrow O_3 + M$$
$$O + O_3 \rightarrow O_2 + O_2$$
$$O_2 + h\nu \rightarrow O + O_2$$

其中，$h\nu$ 为太阳紫外线光子，M 为某些其他(第三体)分子。顺带地说，地球大气中不发生其他化学过程，如图 4-20 所示。特别是人类活动排放到大气中的污染物——氟里昂($CFCl_3$、CF_2Cl_3)，在大气中离解出氯，通过下面的及其他反应破坏臭氧层。

$$\left.\begin{array}{l} Cl_2 + O_3 \rightarrow ClO + O_2 \\ ClO + O \rightarrow Cl + O_2 \end{array}\right\} \text{净结果 } O + O_3 \rightarrow 2O_2$$

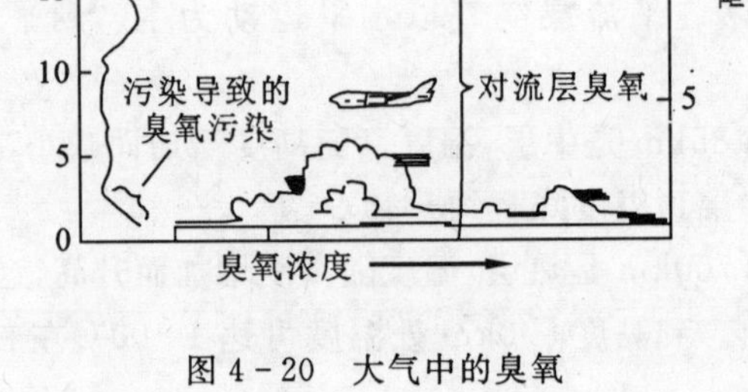

图 4-20 大气中的臭氧

近年在南极等地区上空出现的“臭氧洞”已引起国际上重视，防止大气污染造成恶果已成为人类共同关注的问题。

4.5.2.4　电离层

按照气体电离程度，地球大气可分为：中性层和电离层，高度 50km 以下是中性层，大气分子和原子处于中性状态。高度 60～1 000km 是电离层，在太阳 X 射线作用下，大气中的氧和氮失去外层电子，形成大量离子和电子组成的等离子体；同时，离子和电子也发生碰撞结合成中性气体。气体电离程度随高度变化。按照电子密度垂直分布的 4 个最大值，电离层分为 4 层：D 层（高度 60～90km）、E 层（高度 90～140km）、F_1 层（高度 140～200km）、F_2 层（高度约 300km 处电子密度最大）。各层的电离情况及高度在每年、每天及一天中不同时间都有变化，这些变化跟太阳照射及太阳活动有关。例如，日落后 D 层和 F_1 层消失，太阳耀斑期间抛出大量带电粒子流，跟高层大气作用，使 F_2 层发生异常变化——电离层暴。

电离层好像反射无线电波的镜子，电波借助于在地面和电离层之间多次反射而传播到远方。对于一定电子密度值的各电离层都有其反射无线电波的临界频率，只有低于临界频率的电波才能反射回地面。频率 3M～30MHz 的短波远距离通讯和广播就是借助电离层（尤其下层）反射而传播的，中波和长波（频率 3MHz 以下）则由 E 层和 D 层反射，而更主要是靠直接沿地面传播的地波，因而传播距离不远；频率 30M～300MHz 的超短波及 300MHz 的微波都能穿过电离层，用于宇航遥测、通讯及天体射电观测。

4.5.2.5　地球大气的能量收支

太阳垂直照射到 1 天文单位处每平方米面积上的能流称为太阳辐射，其值约 1 373±20W/m^2；它随太阳活动而变化。过去称为“太阳常数”，值为 1.98cal①/(cm^2 · min)。入射的太阳辐射能被地球大气吸收一部分，大部分穿过地球大气后到达地表。大气又以热辐射、反射和散射而损失能量，同时伴随发生一系列大气的物理过程和化学过程。大气与地表之间又有能量交换。实际能量收支情况是复杂的，地球的能量收支平衡大体情况如图 4 - 21 所示。

地球的能量平衡可分为短波和长波两方面来讨论。短波方面可说明太阳辐射穿入地球大气中发生的情况；长波方面则可解释地球吸收的能量如何再辐射掉。

假定入射到地球大气外边界的太阳辐射（主要在紫外和可见光波段）为 100%。①入射能量的 45%被云截留，包括云反射到空间 20%、云吸收 3%、云向下漫射 22%给地表吸收；②入射能量的 16%被大气吸收，主要是平流层中氧和臭氧的吸收；③入射能量的 24%左右可直接通过大气，被海洋和陆地吸收；④余下 15%被大气分子散射（11%）和地表反射（4%），大气分子散射中包括 6%散射到空间、5%散射到地表。由于分子散射蓝光比红光强，因而天空呈蓝色，而直接看到刚升起（快落下）的太阳或月球因穿过大气路途长而比当空时红且暗。星光穿过大气到地表时被减弱，这称为“大气消光”，而且变红些（这称为大气红化）。

总体而言，大气总共吸收掉入射太阳辐射的：3%（云吸收）＋16%（大气吸收）＝19%；地表总共吸收：22%（云漫射）＋24%（直接吸收）＋5%（大气散射到地表）＝51%；由大气和地表反射到行星际空间：20%（云反射）＋6%（大气分子散射）＋4%（地表反射）＝30%，这就是地球的总反射率。

地球大气和地表所吸收的太阳辐射（19%＋51%＝70%）以长波（红外）热辐射形式再辐射

---

① 1cal＝4.186 8J。

到行星际空间，其中，地表直接热辐射为 6%，大气热辐射为 64%，地球（大气和地表）的热辐射总损失为 6%＋64%＝70%，故整个地球的能量收支是平衡的（图 4－21 上部）。

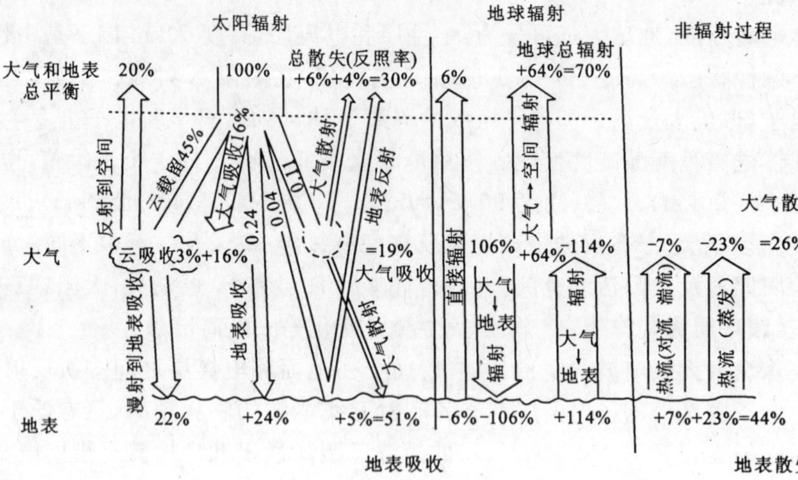

图 4－21　地球的能量收支平衡

在大气与地表之间的能量交换中，大气（热）辐射到地表 106%，表面辐射到大气 114%，通过热（对流、湍流）地表向大气转移能量 7%，地表通过蒸发向大气转移能量 23%（图 4－21），因此，地表总共损失能量为 6%－106%＋114%＋7%＋23%＝44%；大气总共损失能量为：106%＋64%－114%－7%－23%＝26%。

大气中的二氧化碳、水汽和微粒对长波辐射吸收较强，在调节地球的能量收支中起重要作用。它们好比温室（暖房）的玻璃窗，可以透过短波辐射，加热室内空气，但室内的红外热辐射却被玻璃窗阻留而透不出去，结果导致室内变暖，这称为“温室效应”。晴空夜晚的气温降至很低，若冬夜低空有浓云则气温就高些，这就是由于温室效应的缘故。温室效应可以使地表温度升高 5℃左右。人类活动大量排放二氧化碳到大气中，会使全球变暖，导致极冰溶化及海面上升，乃至淹没沿海较低地区（“海进”），这是目前全世界关注的重要问题。

4.5.2.6　大气环流

在大气圈中，由于各处空气的温度和压力有差别，从而驱使空气运动；地球自转、海陆地形等也影响空气运动，结果导致地球大气的极复杂运动。大气圈内空气的平均运动情况，或空气不同规模运动的总称叫“大气环流”。大气环流是大气中热量、动量、水汽等输送和交换的重要方式，成为各种天气和气候的主要因素。

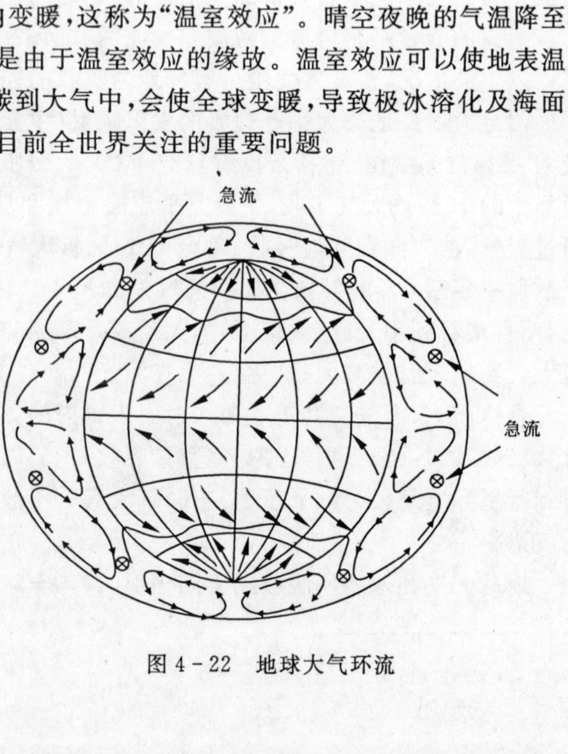

图 4－22　地球大气环流

地球的大气环流可以分为 4 种类型。第一种是哈德莱（Hadley）环流，主要是由于不同地理纬度的温差产生的。在赤道区，近地表的热空气上升，到高空流向较高纬度冷区并在那里下降，再从低处流向热区。地球南、北两半球各有 3 个环型(图 4-22)。如果地球没有自转，哈德莱环流就只沿经度圈(南北向)进行，地球自转导致气流受科里奥利力作用，结果使北半球的气流偏向右、南半球气流偏向左，表现为低纬区近地表的“贸易风”；而在中、高纬度，科里奥利力更大，甚至导致东西风。

第二种是斜压涡流，这是流体力学不稳定性使大尺度运动变为小尺度涡流。在中纬夏季和冬季天气起重要作用的气旋(低气压区)和反气旋(高气压区)就是这种涡流。典型的有 6 对气旋，对于向极方向和垂直向上转移热量起主要作用，它们往对流层上部转移动量来维持高速的东西向“急流”。

第三种是稳态涡流或驻波，由地形(如大的山脉脊)或海陆温差产生，其波长很长，典型的绕纬度圈仅 2～3 个波长。驻波把动量从对流层转移到平流层，影响平流层的环流。一般说，对流层的风有 3 种：在热带主要是沿经圈的平均环流；在较高纬区有气旋和稳态涡流。

第四种是热力潮，这是太阳直接照射区与未照射区之间温差产生的，地球大气的热力潮较弱。

4.5.3　地球磁场、磁层和辐射带

4.5.3.1　地球磁场

早在我国古代就已知道磁石的磁力作用并发明了指南针，指南针(磁针)指南(北)正表明地球是个大磁体。地球磁场的主要部分是偶极磁场，即像条形磁石周围那样分布的磁场(图 4-23)，但磁轴与自转轴并不重合，而有 11.5°交角；地球磁场还不对称于地心，而是偏离地心约 460km，因此，磁针方向垂直于地面(磁倾角 90°)的两磁极不对称于地心。例如，1970 年北磁极位于北纬 76°、西经 101°，南磁极位于南纬 66°、东经 140°；北磁极的磁场强度为 0.66Gs[①]。磁赤道的磁场强度约 0.31Gs。地球磁场的实际情况相当复杂，除了磁极磁场部分，还有非偶极部分(约占 20%)以及地外空间部分(不到 1%)；地球磁场有长期变化和短期变化。

除去短期变化部分的地球磁场，称为基本磁场。基本磁场有长期变化，其表现有：①西向漂移，例如，0°磁偏角(磁偏角是磁场水平分量与地理南北向夹角)线与赤道交点 400 多年中已西移 95°；②磁极移动，例如，北磁极每秒增加纬度 0.004°、西经增加 0.007°；③磁场强度衰减，最近 100 年中衰减 5%，如此下去，2 000 年后基本磁场会消失；④极性倒转，古地磁研究表明，近 350 万年至少发生 9 次极性倒转(即南磁极变为北磁极，北磁极变为南磁极，或者说磁场方向改变 180°)，例如，距今 69 万年至现在为正向，距今 243 万～69 万年为反向，每次倒转所需时间约为1 000～2 000 年。[①]

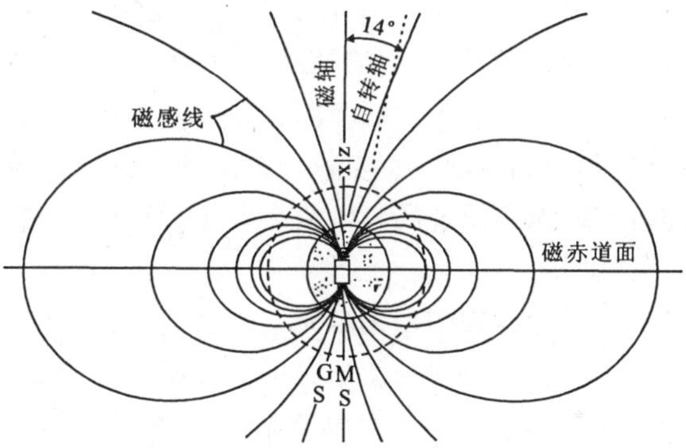

图 4-23　地球偶极磁场

① $1Gs=10^{-4}T$。

地球磁场的成因或起源尚不完全清楚，现在普遍认为地核(外核)是导电流体，由于流动或对流，使原来的弱磁场增强，这就是“自激发电机”理论，可以说明地球磁场的长期变化。

地球磁场的短期变化有：日变化、季节变化、跟太阳活动有关的干扰变化——磁暴。以磁暴时球磁场变化最显著，磁场强度变化可达百分之几高斯。

4.5.3.2　地球磁层

地球磁层的概念是查普曼在 20 世纪 30 年代提出的，他推测太阳喷发出带电粒子组成的微粒流，当微粒流经过地球时，带电粒子受地球磁场的偏转作用，于是在地球周围形成一个带电粒子包围的空腔。20 世纪五六十年代，从理论上和人造卫星探测证实了太阳喷发带电粒子流，并称作“太阳风”，而被太阳风包围的地球磁场控制区域(空腔)称作“地球磁层”，这是地球控制区域的最外层，也是直接受太阳风扰动的区域。

由于太阳风的压力，地球磁场的磁力线被推斥朝向远离太阳(图 4－24)。在太阳风的动压力跟地球磁场的磁压(其他因素，如太阳风的磁压、地球外大气的压力等是不重要的)平衡，决定了地球磁层顶的位置和形状。在宁静太阳风时期，磁层顶在日地联线上离地心约 10 个地球半径，在两极处磁层顶离地心 13～14 个地球半径；在背太阳方向，磁层顶呈扁筒状，成为延展很远的“磁尾”，其截面半径约 20 个地球半径，其长度可达几百个地球半径。在太阳活动剧烈时，太阳风增强，日地联线上磁层顶被压到离地心 5～7 个地球半径，磁层体积也被压缩。

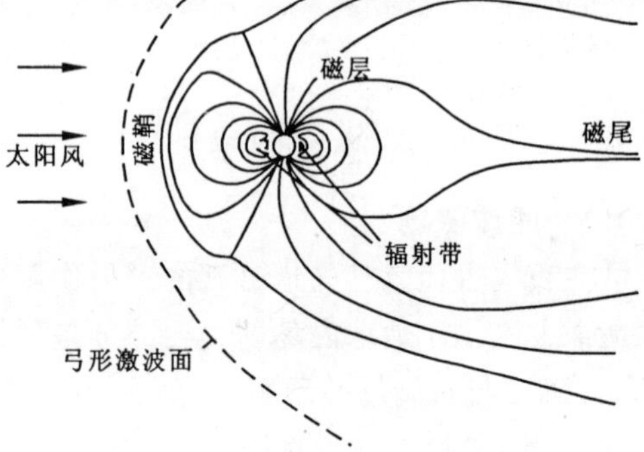

图 4－24　地球的磁层和辐射带

即使太阳宁静时，地球轨道处太阳风速度也高达 300～400km/s，当该处声速仅 30～40km/s，超声速太阳风带电粒子流受地球磁层阻挡，而在磁层顶上游形成“弓形激波面”。弓形激波面与磁层顶之间的过渡区，称为“磁鞘”，其厚度为 3～4 个地球半径。在磁层中央，磁力线拉伸很远，反向极力线之间存在等离子体中性片。如同地球大气随地球运动一样，地球磁层也随地球一起运动。带电粒子在磁场中流动或漂移而成 4 个大尺度电流系统：磁层顶电流、中性片电流、弧电流及场向电流。太阳活动剧烈时，太阳风扰动地球磁层电流系统，并造成地球磁场扰动。

4.5.3.3　地球辐射带和极光

太阳风、宇宙线与地球高层大气相互作用而产生大量带电粒子，它们绕地球磁场的磁力线作螺旋运动时，可以产生电磁辐射。地球磁场捕获大量带电粒子所集中的区域，称作“辐射带”，它呈环状在低纬和中纬高空环绕地球，环截面呈月牙状。辐射带的存在先被理论预言，1958 年由范艾仑利用“探险者”1 号卫星上仪器发现，故辐射带又叫范艾仑带。地球辐射带主要有两个带：内辐射带含高能质子多，平均下界高度约 600km，上界约 2 个地球半径，介于磁纬度±45°之间，质子能量高于百万电子伏；外辐射带含电子较多，高度为 3～4 个地球半径，磁纬度范围达 50°～60°。实际上，带电粒子分布在整个地球磁场内，辐射带并没有严格边界，辐射带的范围和形状受地球磁场制约，也跟太阳活动有密切关系。辐射带是磁层内主要等离子体区，又是多数航天器飞行范围，高能带电粒子会对人体和仪表材料造成辐射伤害。

在近地球磁极区的高空大气中常出现绚丽多姿的彩色发光现象，称为极光，生活在北半球的人看到的是磁北极区出现的北极光；南半球的人看到的是南极光。极光多出现在离磁极 12°～22°、高度 100km 到上千千米范围。极光是来自磁层或太阳的高能带电粒子受地球磁场作用而流向近磁极区，并激发那里高层大气的发光现象。

极光的景观十分壮丽，有带状、弧状、帘幕状及放射状等形态。极光的色彩缤纷，有红、绿、蓝、紫、白等颜色，好像闪烁的荧光灯，例如，绿光来自氧的荧光，红光来自氢原子，蓝光来自氮分子离子（N_2^+）。

4.6　生物圈系统

4.6.1　生物圈的组成

我们的地球已被认识和分类定名的生物近 200 万种。据估计生物总量可能有千万种以上，若把曾经在地球上生存过的生物也算上的话，至少有上亿种之多。

上面说的“种”是物种的简称，是生物分类中最低的一级，也是生物进化的基本单位。物种是自然界客观存在的，是生物进化的结果，而非人们随意划分的，只有同一物种的生物才能相互交配繁殖。生物分类的原则首先由瑞典科学家林奈（Linnaeus，1707—1778）于 1753 年提出，经过许多科学家补充完善后，现在采用的分类单位依次为界（Kingdom）、门（Phylum）、纲（Class）、目（Order）、科（Family）、属（Genus）、种（Species）。如现代人（*Homosapiens sapiens*）属于动物界，脊椎动物门，哺乳纲，灵长目，人科，人属，智人种。

“界”是地球上生物分类的最高层次，根据它们如何取得食料及细胞组成的特点，分为原核生物界（Monera）、原生生物界（Protista）、真菌界（Fungi）、植物界（Plantae）和动物界（Animalia）。

原核生物界是没有细胞核的单细胞生物，主要是细菌和蓝绿藻。细菌从分解其他生物尸体中获得营养和能量，少数对人体有害；蓝绿藻则可进行光合作用，自获营养和能量。已知物种在 4 000 种以上。

原生生物界是单细胞生物，但有细胞核，构造较原核生物复杂，包括某些细菌、藻和原生动物，如草履虫、变形虫等。已知物种超过 6.5 万种。

真菌界是低等的真核生物，没有叶绿素，不能进行光合作用，自己不能制造食物，而是从死亡腐烂的生物体上摄取营养，或寄生在活的生物体上。真菌界已被认知的有 8 万多种，分布广泛，如青霉素、蘑菇、木耳、灵芝等均属此界。

植物界的共同特征是有叶绿素或其他色素，能进行光合作用，自养生活。其下的蕨类植物和种子植物有维管组织（输导组织），通过维管能进行根、茎、叶之间的水分、营养物质的输送，适应陆地生长。种子植物是最高等的一类植物，也是现今最繁盛的一类，它的根、茎、叶分化更完善，受精是通过花粉管将精子直接送到卵细胞，并产生种子，这就使它更能适应陆地的生存环境。种子植物又可分为裸子植物和被子植物，裸子植物的种子是裸露的，大多数是常绿叶乔木，如松、柏等。被子植物的种子被一个硬壳包裹，使种子得到更好的保护，如向日葵、柳、水稻等。植物界已知的现存物种超过 30 余万种。

动物界是生物圈中最庞大的一类,目前已认知的动物物种约有130万种,它们都是细胞生物,生命体中的每一个细胞只执行一种功能。主要有无脊椎动物和脊椎动物,无脊椎动物的种类非常庞大,光昆虫就已超过70万种;脊椎动物下分有鱼类、两栖类、爬行类、鸟类和哺乳类。哺乳类动物中最高等的是人。

以上这些生物,分布在大气圈、岩石圈和水圈交汇的有限空间内,虽然有些细菌在百万米的高空和大洋底都可发现,但按质量计算,90%以上的生物量集中分布在陆地表面和海平面至水深200m的范围以内。

生物个体的形态和大小,差别可以很大,看起来各不相同,但实际上关系密切,相互依存,并自成系统,构成了介于岩石圈、水圈、大气圈之间的一个特殊的圈层——生物圈。生物圈是生物及其占领的空间的总称,是一个复杂的综合体。由于地球上各处环境的差异,形成了生物圈的多个次一级的单元,有的生命旺盛,如热带雨林;有的生命凋零,如沙漠。不同生存空间中还只容许特定的动植物生存,因此生物圈不像其他圈层那样能划分出比较均一的层次,而是以不规则的形态出现。

4.6.2 生命的特征

生命是什么?首先它是物质的一种存在形式,构成生命的都是地球上的元素,在人体中检测出50多种,其中碳、氢、氧、氮占95%以上,别的生物体也是以这4种元素为主的。从化学的角度来看,生物也是天然产出的元素及其化合物的集合体,但它们与矿物不同,是以核酸和蛋白质的大分子体系为主体,以细胞的形态出现在生物体中。这些细胞能够记载、传递和表达信息,是一种活的物质。

1665年,英国科学家胡克(R. Hooke,1635—1703)用显微镜发现了细胞,经过科学家们的持续探寻,到18世纪30年代,生物为细胞所组成,已成为科学界的共识。现在我们不仅知道细胞是构成生物体的基本单位,而且对它们的形状和大小,乃至内部构造都有了认识。这些细胞一般很小,肉眼难以观察到,直径一般为10～100μm,一个人身体中的细胞数以百亿计。细胞也有大的,一粒鱼卵就是一个细胞。

仅仅认识到细胞的存在,远不能回答物种为什么有自己的特征,并能世代相传,而古生物化石的发现又告诉我们,地球历史上不断有许多物种绝灭,同时又不断有新的物种产生,所以现今的物种与远古的差异很大。

1858年,达尔文(C. R. Darwin,1809—1882)和华莱士(A. R. Wallace,1823—1913)提出生物进化论,认为是环境的变化淘汰了不能适应的物种,同时使另一些物种得到发展。中国学者严复把这种理论概括译成“物竞天择,适者生存”。进化论比较合理地解释了物种的演变。但是,在同样的环境变化中,为什么有的物种能适应,有的却不能;有的进化了,有的还是老样子,如人类和猿猴有共同的祖先,但人类成长起来了,而猿猴还是猿猴?还有许多物种都已绝灭。这说明物种自身的内在因素也在起作用。1865年,奥地利生物学家孟德尔(G. J. Mendel,1822—1884)提出基因论,认为在生物体内部有一种控制遗传的基因。但它究竟是什么东西,存在生物体内什么地方,都未能解决,留下的仅是一种理念。后来发现这种遗传物质就是存在于细胞核中的脱氧核糖核酸(deoxyribonucleic acid),即今天大名鼎鼎的DNA。

进入20世纪初期,人类已认识到DNA普遍存在于动植物的细胞内。苏联的生物化学家列文(P. Levene,1869—1940)在20世纪20年代便已查明,DNA是由脱氧核糖(S)、磷酸盐

(P)与碱基 3 种分子组成的大分子，它的次一级单元是核苷酸。在核苷酸分子中，脱氧核糖居中，两端连接磷酸盐，而侧面连接碱基。多个核苷酸分子通过脱氧核糖和磷酸盐交替连接，形成多核苷酸链，两条多核苷酸链通过侧面的碱基配对连接就形成双螺旋形结构和 DNA 分子(图 4－25)。

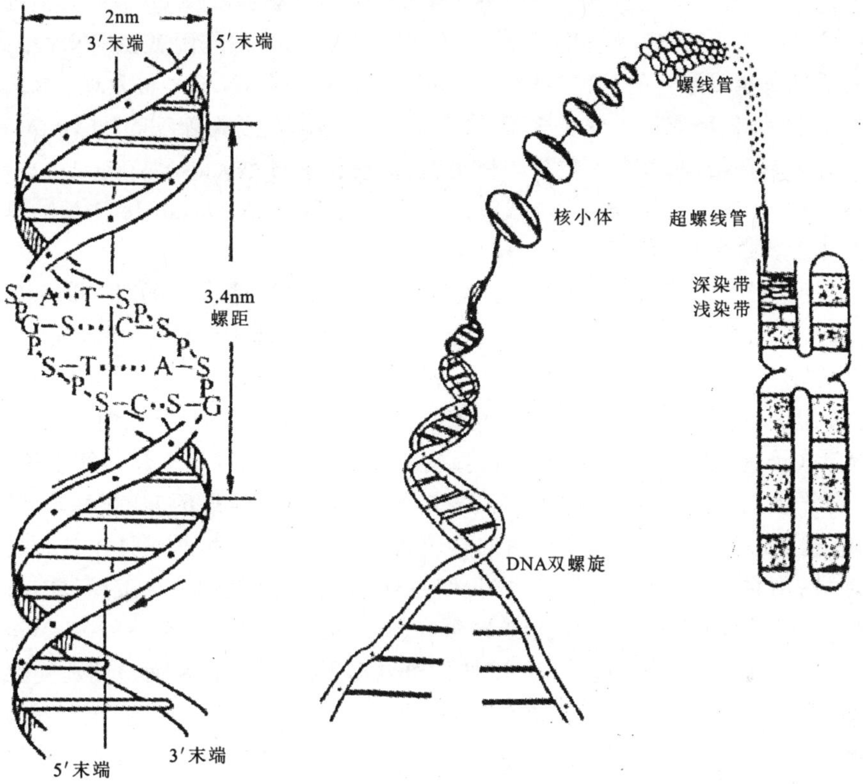

图 4－25　DNA 的分子结构和染色体的结构

(染色体图引自黄裕泉等，1989)

DNA 的这种结构形态，好似盘旋而上的"绳梯"，相连成对的碱基则好似阶梯上的"横板"。在 DNA 分子中，碱基只含有腺嘌呤(adenine)、鸟嘌呤(guanine)、胞核嘧啶(cytosine)和胸腺嘧啶(thymine)这 4 种，而且它们有严格的配对关系，即腺嘌呤(A)只能与胸腺嘧啶(T)配对，鸟嘌呤(G)只能与胞核嘧啶(C)配对。因此，在 DNA 分子中只存在 AT、TA、GC、CG 这 4 种组合形式。人们梦寐以求的基因或称遗传密码，就藏在其中。

在 DNA"绳梯"一条链上 3 个相邻的碱基就可组成 1 个密码子，这密码子就是基因。它们控制了天然蛋白质中 20 种氨基酸的形成，这些氨基酸是构成生命的物质基础。如果说 AT、TA、GC、CG 在 DNA 的语言中相当于 4 个字母，那这 20 种氨基酸可以说相当于 20 个字。字母和字数虽然都不多，但这 DNA 的"绳梯"很长很长，组成的句子仍可以多至无限，指令要多少就能写出多少，因而能形成各种各样的生物。

可惜当时人们对这些都茫然无知，列文的发现并未引起足够的注意，倒是与他同时代的遗传学家摩根(T. H. Morgan，1866—1945)，因发现在细胞核内的染色体能够控制遗传而轰动一时，并于 1933 年获得了诺贝尔奖。其实染色体就是由 DNA 螺旋盘绕而成的筒状体结构(图 4

-24),使 DNA 的长度几乎压缩了近万倍,因此它所含的遗传信息就特别丰富。人的一个染色体中的 DNA,最多可拥有 3 亿对碱基,由它们构成的基因可达 1 万个,孟德尔的发现得到了精确的验证。

到了 20 世纪 50 年代,电子显微镜和 X 衍射线仪这些先进技术的使用,使后来者在探索生命奥秘的道路上,得以加速前进。1952 年,美国基因学家赫尔歇(Hershey)和他的同事茜丝(M. Chase)发现了那 4 种碱基排列组合的意义,确认寻找已久的基因就在 DNA 中。随后,另一种对生命活动有重要意义的核糖核酸(ribonucleic acid),即 RNA,也被发现。RNA 与 DNA 的关键性的差别是,核糖取代了脱氧核糖,尿嘧啶(uracil)取代了胸腺嘧啶(thymine)。就结构而言,RNA 分子单链结构。RNA 包括 3 种类型:信使核糖核酸[mRNA(messenger RNA)]、核糖体核糖核酸[rRNA(ribosomal RNA)]、转移核糖核酸[tRNA(transfer RNA)],它们在生命活动中发挥着各自独特的作用。

在有生命的物质中,除了极少数病毒类型以 RNA 作为遗传物质外,99%以上都是以 DNA 作为遗传基因的。生命的形态与活动的不同,归根到底是因为各自拥有的 DNA 的不一样。为什么地球上会有丰富多彩的世界,同一家族的人相似却又不会完全相同,这一切都是因为有 DNA 在里面设计和指挥。DNA 在细胞核中从不离开,但 RNA 能在细胞核内外活动,于是全靠 RNA 来传达它发出的指令,并控制着蛋白质的形成。DNA 上储存的遗传信息,首先流入 RNA 分子上,这个过程称为转录。第二步是以获得遗传信息的 mRNA 为蓝图,控制蛋白质的合成,这个过程称为转译。蛋白质的合成是在 rRNA 所在的核糖体中进行的。合成蛋白质的氨基酸,则靠 tRNA 转运来。这样我们看到,一个细胞就像一个工厂,DNA 中的基因是总设计师和总指挥,mRNA 复制并带来图纸,rRNA 的核糖体是车间,tRNA 是运输原材料的工具。在 DNA 统一指挥下,这个工厂按照图纸合成蛋白质,生命从而得到延续、发展。

DNA 的发现及对其作用的认识,是 20 世纪分子生物学的突破,但这仅仅只是拉开帷幕的一角。进入 20 世纪 70 年代,人们进一步发现,在 DNA 长长的"绳梯"上,具有遗传意义即被称为基因的部分,仅是其中很小的片段。在人体 DNA 中约有 95%以上是"不起作用"的区段。但是真的是没有什么作用吗?实际上这只能表示,DNA 内仍有广大的我们尚未认识的空间。探索生命之谜,还有漫长的路要走。

4.6.3 生命的起源、演化和生物圈的形成

生命的起源一直是众多哲人争论不休的问题。腐草为萤,泥能生蛙,不仅在中国古代民间流传,古希腊学者亚里士多德也有类似的想法,提出过生命自然发生说,认为昆虫是从某些特定的软泥中生长出来的,等等。神学家的解释更简单,一切生命都是神所设计和创造出来的,就全都回答了。

科学是怎样认识的呢?首先得从无机物变成有机物,建立能自我复制的生物大分子系统——DNA 与 RNA,然后才是形成细胞,呈现原始的生命现象。

1922 年,俄罗斯生物化学家奥巴林(Oparin,1894—1984)提出,在早期大气中可以形成甲醛类、醇类等碳氢化合物,它们随着大气降水在地表聚集,形成"原始汤"。这些碳氢化合物在"原始汤"中发生反应,使碳原子链日益增长,分子逐渐复杂起来,形成蛋白质、核酸、类脂等生物大分子。这些生物大分子进一步形成"复合团聚体",再通过"时间组织化"(进行)过程产生细胞,生命就出现了。但在奥巴林的假说中,对有机物如何过渡成为细胞的问题并未解决,而

无机物转化成为有机物的设想，后来却得到一些验证。

1953 年，美国年轻的研究生米勒(Miller，1930)做了一次实验，他将甲烷、氨和水汽混合后放在真空烧瓶里，再把它们置于放电的条件下，结果培养出一系列有机物，包括氨基酸。后人用碳的氧化物、氢、水和氮等物质，在冲击波、紫外线或反复放电等作用下，也都可以形成一些复杂的有机物。这说明在地球上无机物经过自然本身的化学作用过程，变成有机物是可能的。因为甲烷、水汽和氨在早期的地球大气中都比较丰富，那时的火山活动强烈，也容易造成电闪雷鸣，能够满足米勒的实验条件。但是那时地表的紫外线强烈，这些有机物能否进一步合成生物大分子并保存下来，还是一个疑问。

以后继续有人从这个方向探索生命的起源，20 世纪 80 年代出现的从化学到生物学进化的阶梯式过渡模式(图 4-26)代表了这方面取得的成就。

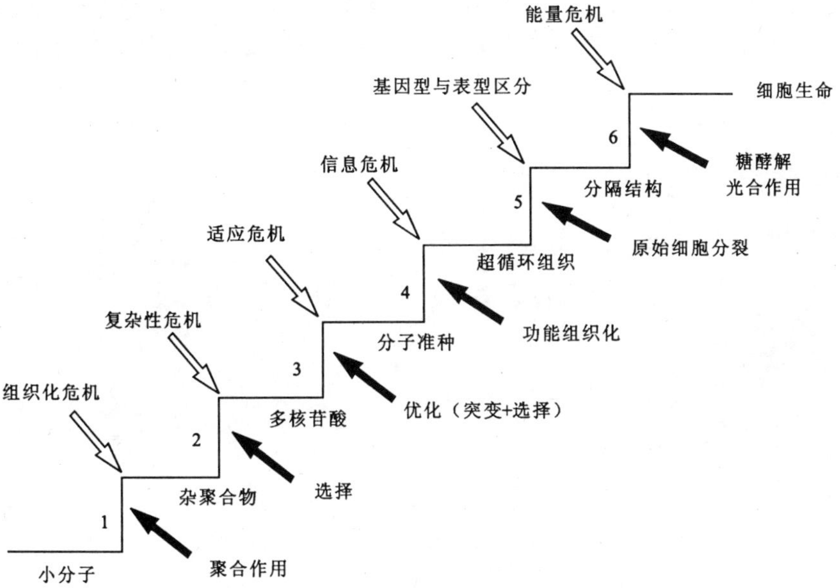

图 4-26　从化学进化到生物学进化的阶段式过渡模式图解

(引自陶世龙等，1999；据张昀，1998)

以数字标记的 6 级阶段代表 6 个关键性进化步骤，每一步所要克服的障碍(危机)和克服障碍的途径分别表示在图的左上方和右下方

近 20 年来对深海的探测，在大洋脊的热水喷口处(压力 30MPa，温度 250～350℃)发现了存在一种化能自养(利用硫化物和氢获得能量)的古细菌。这一发现使人们对生命发生在地球上产生了新的希望。大洋脊的热水出口处发生的一系列化学反应，能够造成氨基酸等化学合成物，并由海底逐渐向海水的浅处和表层扩展。

还有另外一种观点，认为生命来自地球之外。瑞典化学家阿伦纽斯(Arrhenius，1859—1927)曾设想，是宇宙空间中的生命(以孢子的形式存在)，在光辐射的推动下游动，某个时候一些孢子落到地球上并繁衍开来，于是有了今天地球上的生物界。这种用外来的偶然因素解释地球上生命的起源，曾被视为泛神论，但地球作为宇宙中的一个成员，不能排除外来的影响。对陨石化学成分研究表明，碳质球粒陨石含有生命所必需的物质——氨基酸。此外，还从星际尘埃微粒中分析出醇、醛、氨基酸、嘌呤、嘧啶等有机物，说明宇宙中存在可供生命产生的有机分子，太阳系和行星的形成阶段应具有形成有机物的条件。地球上的生命来自天外，有它的合理依据，但在地球形成的初期，地表处于高温熔融状态，这些有机物落到地球上，也可能很快被分解了。不过，如果在地表冷却之后，天外的有机物落到地上，从而演化出生命，就有可能。

要真正揭开生命起源之谜，需要充足的证据，而证据是如此难得。在这个问题上，人的现有认识与所要达到的目标之间的距离还十分遥远，因而给各种迷信邪说留下了很多空间，但也使科学真理探求者有了充分的用武之地。

生命出现以后的演化，尽管其中也有许多未知数，但因地层中保存有丰富的历史纪录，我们已能得到比较完整的认识。生命演化中的第一次突破，是有生命的物质出现，迄今为止找到的最早的生命记录，是保存在格陵兰由沉积岩变质而来的变质岩中的一些生物合成的有机碳。其年龄有 38 亿年，与地壳开始形成的时间相近(38 亿～42 亿年前)。

真正的化石记录发现在 35 亿年前的岩石中(澳大利亚的瓦拉伍那群和阿倍克斯玄武岩组的燧石层，南非的翁维瓦特群和无花果树群)，它们是些圆形或丝状的细菌和蓝藻(图 4－27)。

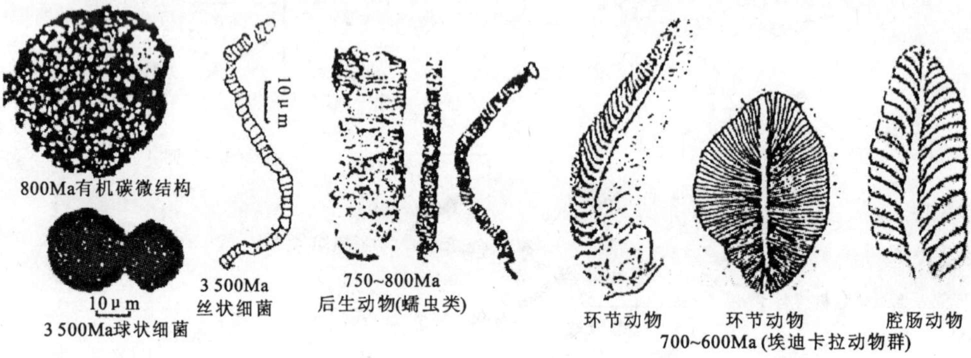

图 4－27　前寒武纪的生命类型

(引自陶世龙等；1999，据张昀，1998；Schopf，1983；Skinner 等，1994；孙卫国，1986，1993；康育义，1997)

生命演化中的第二个重大事件是真核细胞生物的出现，通常认为发生在19 亿～20亿年前。近几年来中国在 24 亿～25 亿年前形成的地层中，发现了真核生物化石的存在(朱士兴等，1996)。

生物演化中的第三个重大事件是多细胞生物的出现。过去一般认为多细胞植物出现在 9 亿～10 亿年前。朱士兴等(1995)在华北 18 亿年前形成的地层中，找到了叶状、匙状、带状的褐藻化石。而多细胞动物(也称后生动物)出现在 8 亿年前，并在 7 亿～6 亿年前发生第一次大发展，出现了很多的门类。这个时期的动物都是无硬壳的软躯体动物，如世界著名的澳大利亚埃迪卡拉动物群(Ediacara fauna)可以作为代表(图 4－28)。

到了元古宙的末期，一些具有硬壳的小型动物开始出现(6.7 亿～5.43 亿年前)，生物发展似乎进入了一个新阶段。到了寒武纪(5.43 亿年)以后，这种现象更为明显，生物化石猛然增多，这种现象被有的古生物学家称为“寒武纪生物大爆发”，在世界上许多地方都找到了证据，而以在我国云南澄江发现的动物群化石最具有代表性(5.3 亿年)(图 4－28)。

此后，生命演化完成了从无脊椎动物到脊椎动物，从海生生物到陆生生物的演化过程。到目前为止，已发现最早的脊索动物为尾海鞘，产在下寒武统底部。真正的脊椎动物是甲胄鱼，

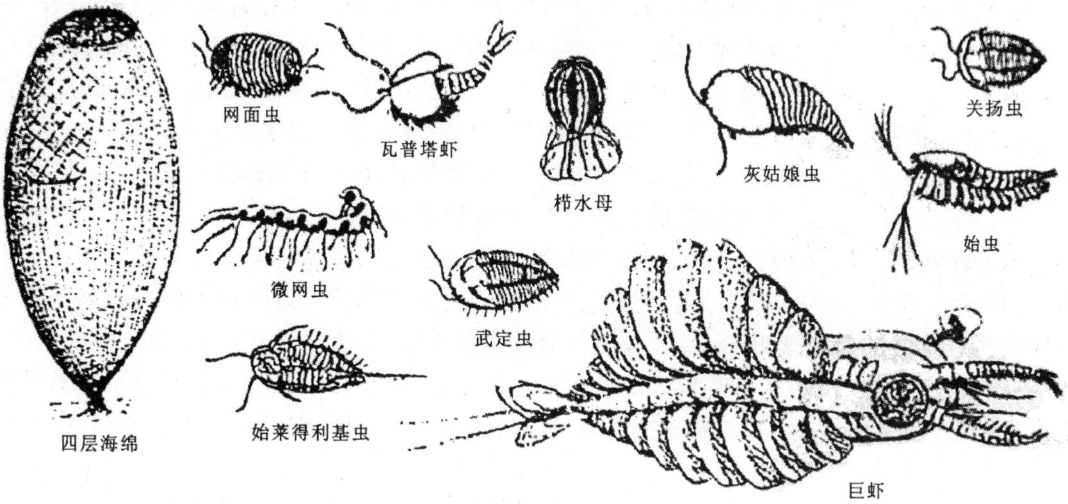

图 4-28　澄江动物群
(引自陶世龙,1999;据陈均远等,1998)
含有 120 余属中的 161 种,有三叶虫化石

最早的甲胄鱼目前发现在晚寒武世地层中,到志留纪开始兴旺,泥盆纪达到鼎盛。此后,脊椎动物经历了一条从鱼类→两栖类(晚泥盆世开始)→爬行类(晚石炭世开始)→哺乳类(晚三叠世开始)的进化路线。

为植物登陆开路的是元古宙苔藓植物,最早出现的陆地维管植物是裸蕨植物,大约在早志留世或晚奥陶世(4.5 亿年前)。后来更高等植物的出现和演化,都是在陆地环境中进行的。无脊椎动物的登陆时间略晚于植物(约 4 亿年前),脊椎动物则到泥盆纪的末期(约 3.6 亿年)才登上陆地。最早登陆的脊椎动物是鱼石螈,它是一种从总鳍鱼类演化而来的,介于鱼类与两栖类之间的过渡类型。

生命演化中的另一次重大事件是出现人类,时间已晚到 300 万年前。

纵观近 40 亿年来生命的历史,可以看出生物经过了从原核细胞到真核细胞,单细胞到多细胞,无脊椎动物到脊椎动物,水生生物到陆生生物的演变历程。它们是在不断地进化的。这种理论现已成为科学界的共识,但在当时提出时,对人的心理产生了极大的震撼,正如精神分析学的奠基者弗洛伊德(S. Freud,1856—1939)所指出的:“在过去的时间里,科学之手对于人类朴实的自恋有过两次重大的打击。第一次是认识到我们的地球并不是宇宙的中心,而是大得难以想象的世界体系中的尘埃。第二次是生物学的研究剥夺了为人类特制的特殊优越性,将人类废黜为动物的后裔”。然而人类只能接受科学的结论。

在生物圈和生态系统演化过程中,先后有 3 类生物起到了关键性的作用。第一种是蓝绿藻,它在 35 亿年前出现,延续到 7 亿年前海水表层生命出现,才退居次要地位。这是生物圈发展的第一个阶段。蓝绿藻在海洋中建立一个由浅海海底的微生物构成的生态系统,虽然规模不大,但它能进行光合作用,直接或间接地将大气和海水中的 CO_2 大量地转移到岩石圈中,同时释放出氧气,使大气圈中 CO_2 的浓度降低,而氧的含量增加,并逐渐形成了臭氧层,使到达地表的紫外线减弱。生物圈的发展由此进入海水的表层及滨海带,出现了浮游生物和滨海底栖生物,但这个时期生命的活动还是局限于海洋中。

第二种是维管植物，包括蕨类植物、裸子植物和被子植物，虽然统治时间不如蓝绿藻长(约4.5亿年前开始)，但它们所构成的陆地生态系统的生产力、能量和物质利用效率、自身以及对环境的调控能力比蓝绿藻生态系统要强得多。维管植物获得了对各种陆地环境的高度适应性，并创造了各种小生态环境，依靠植物生存的陆生动物随之繁盛起来。大气环境的改善，加上岩石圈变形与变位造成陆地大面积扩展，到古生代早期(约4亿年前)，生命就跨出了历史性的一步，从海洋登上陆地，建立起陆地生态系统，完整的生物圈最终才形成。

第三种就是人类，人的出现标志着生物圈的发展进入它的最高阶段。人类干预自然界的能力为别的生物所不能比拟，人类在生物圈中的作用正越来越强。人类对生物圈的影响完全不同于前两类生物，是主动积极的，尤其是科学技术的发展，如生物工程技术、电子技术等，对生物圈的未来带来何等的影响目前还难以预料。目前的一些生物工程技术已经显示出其对人类产生的积极影响，同时也威胁着一些生物基因的存在。生物圈，包括人类本身的命运，实际上已掌握在人类自己手中。

现在我们已经概括地了解到生物和生物圈的演变历史，特别是在寒武纪生物大发展以后我们看到了许多物种的绝灭与复苏。我们所说的绝灭是指一个物种从地球上永远地消失了，没有留下后裔。如果在一个稳定的时期内，物种的平均绝灭率维持在一个低水平上，并远低于新生率，这种绝灭叫做背景绝灭，这是生物演化的自身规律，就如人的生老病死。而与此相反，在某个短时期内生物发生大量绝灭，生物演化突然中断，使绝灭率剧升，而新生率降到很低，这种绝灭就称为集群绝灭。集群绝灭具有灾变的特点，这不是生物演化本身的规律所能决定的，可能与地球环境巨变有关。在地球历史上，已经发生过多次动物集群绝灭事件，如元古宙末的埃迪卡拉动物群的绝灭(5.43亿年前)、二叠纪末的四射珊瑚和三叶虫及菊石等大量海洋生物的绝灭(2.5亿年前)、白垩纪末的恐龙绝灭(0.65亿年前)等。

生命的诞生和物种的绝灭，都是地球外部各圈层间相互作用的结果，单就某一方面去寻找原因，很难认识，当把地球作为一个系统来研究时，认识就清楚了。

4.6.4 人类的由来

现在世界各地的人都属于同一物种，是高等哺乳动物中灵长类的一种，定名为现代人。黄种人、白种人、黑种人是人种的概念，而不是物种的概念。人种是根据肤色、毛发、眼睛等特征来区分的，而物种则是根据生物的起源、交配繁殖等来定义的。

人类的起源，时至今日仍是一个难解之谜。不过，人是从古猿逐步演化而来的，从树栖到陆地生活，从四肢行走到两足行走，脑容量由小到大，这种生物进化论观点，已有较多的事实可以证明。根据对化石的研究，人类的演化大致经历过腊玛古猿、南方古猿、能人、直立人、早期智人和晚期智人这几个阶段。当然不见得就是这种单线的祖裔关系，有人还认为腊玛古猿并不是人类的祖先，现代各处的人也不是从各地的直立人演化而来的。人类演化的一些关键环节还缺少化石记录。另一现象是直立人和早期智人共存，这也是人类学家感到费解的。不过根据现代分子生物学的研究，猿与猴的分离时间是在2 200万年前，猿与人的分离时间是450万年前，这大体上与已发现的化石记录吻合。

目前找到的最早的能人化石，产自东非的埃塞俄比亚和肯尼亚，时代大约在300万年前，最早的石器大约是240万年前，也是在东非发现的。我国目前找到的最早的直立人化石是200万年前的巫山人，北京猿人的时代要晚得多(约50万～24万年前)。1998年又在安徽繁昌发现了 200 多万年前的石器。除非洲外，亚洲也发现了直立人，但最近对人类及其人类化石的人分子生物学研究结果却使人们大吃一惊，很有可能世界各地的现代人，都是 20 万～15 万年前从非洲的直立人演化而来的，别处的直立人都没有留下他们的后裔。

4.6.5　生物圈系统及其平衡

地球上的生物形形色色，看起来互不相关，但它们却构成一个生物圈系统。它们是怎么构成一个圈层或系统的呢？的确，这是不容易认识的，但是经过观察研究，人们发现，在一定的空间和时间内，有一定的动植物群在生存，它们相互依存。用科学的眼光来看，它们已成为一种进行能量流动、物质循环和信息传递，能自我调节和自我组织的系统，这种具有生命力的系统被称为生态系统。阳光、气候、土壤、水、地理位置等环境条件，决定着不同生态系统的特性。

生态系统是构成生物圈的一级单位，包括这些动植物群落及其占有的空间中的非生物物质。其中的生物按其作用可分为生产者、消费者、分解者三大类，在它们之间起纽带作用的是食物链。

食物链是一个科学术语，从人们习惯的语言“大鱼吃小鱼，小鱼吃虾米”，“螳螂捕蝉，黄雀在后”中都可看到这种关系。这就是一种生物以另一种生物为食，通过食物为纽带形成的锁链关系。在这个食物链中，一种生物以另一种生物为基础而生存，同时它又是第三种生物生存的基础，形成环环相扣的关系。从表面上看，它们好像毫无相关，但实际上是一个谁也不能缺谁的有机整体。

营养级是指处于食物链同一环节上所有生物的总和。在一个食物链中，绿色植物是这个食物链中的第一个营养级，它把太阳能转化到植物体内储存起来，是供应食料的原始生产者；食草动物是第二个营养级，如牛、马、兔等，它们从第一个营养级获得能量；第三个营养级包括所有食肉动物。再往下细分，还可以分出第四个营养级、第五个营养级，等等。要划分得很清楚也不容易，因为其间存在着错综复杂的关系，而最后一切生物在它们死后都要被细菌分解，回归土壤或水体沉淀，又成为植物或低等动物的营养。能量也从一个营养级流到更高一层的营养级，一级一级流动下去，最终又回到宇宙空间。但能量从一个营养级转移到另一个营养级的转化率很低，只有 10%，通常把这一规律称为生态系统能量流动的“十分之一”原则。因此越低层的营养级所集聚的能量越多，越是高层的集聚的能量就越少。由于能量的流动和物质的循环，这条食物链可以循环往复地运转，但必须首先有植物从太阳获得能量，所以保护绿色植物的重要性也在于此。这种依靠层层相食建立的锁链关系，使人感到有些残酷，但正因为存在这种关系，生物圈内才能保持能量转换的平衡，各类生物也因此才能维持自己这个物种的生存。在生态系统中，只要这种生物能生存下去，就说明它有存在的道理。

由于各处的生态系统所处的地质地理环境不同，具有多种不同的特征，因此可以从不同的角度，把生态系统划分成多种类型，主要为陆地生态系统、淡水生态系统和海洋生态系统。

陆地生态系统包括森林生态系统、草原生态系统、荒漠生态系统、山岳生态系统、城市生态系统等；淡水生态系统可分为湖泊生态系统、河流生态系统、水库生态系统、沼泽生态系统等；海洋生态系统可分出海岸生态系统、河口生态系统、浅海生态系统、海底生态系统等。

森林生态系统是地球上一种非常重要的生态系统类型，为创造一个适宜人类生存的环境作出了重要贡献。森林是由乔木或灌木树林为主体组成的绿色植物群体，被称为地球的“肺”，或看不见的“水库”。森林生态系统的组成除植物外，还包括森林中的动物、微生物、阳光、土壤、大气等生物和非生物因子。其作用主要表现在固碳制氧、能量交换、涵养水源和清洁大气等方面，它每年固定的太阳能约占生物圈总量的一半，所产生的生物量约占陆地总生物量的72%，尤其是热带雨林，生长迅速、物质和能量的交换量大、速度快，这种作用最显著。科学研究表明，一棵树木的生态效益比砍伐它作为木材使用的经济效益大9倍之多。但受局部经济利益的驱动，森林的砍伐还是触目惊心的，森林覆盖率从18世纪初的约51%到现今已降为21.8%。

陆地上规模仅次于森林的生态系统是草原。本来它与森林所占面积大体相当，但由于它更易于开垦为耕地、放牧或变成荒漠，时至今日已远不如森林。动物的放牧，会引起草原生态的变化，如果适量，仍能保持平衡；而过量的放牧，就会使植物的生长赶不上消耗而萎缩。有些土地荒漠化的形成，就是这个原因。

海洋保存了地球上最大的生态系统，这不仅因为它有广度，还有深度。在海洋生态系统的食物链中，漂浮在水上的浮游植物是最重要的生产者，主要是藻类，它们的个体小到肉眼看不出，不过由于它们有蓝、绿、棕、红等颜色，可以从海水的颜色看出它们的存在，并从中可以观察海洋生态的变化。海洋中种类繁多的鱼类以及其他许多动物，都是以浮游植物以及浮游动物为生的，由于这些浮游生物随海水漂流，因此捕食它们的鱼类也追逐它们游动，不过海水的流动大体有一定的路径，所以它们仍有一定的活动范围。虽然海洋生态系统所占的空间比陆地要大得多，但它的生产力只有陆地的1/5。尽管如此，在为人类提供食物方面它还是作出了重要贡献。

海洋中也有空间相对稳定的生态系统，在岸边、海底，特别是在珊瑚礁生态系统，多种生物相互依存的关系表现得特别清楚。有珊瑚礁的海域，容纳的生物众多，鱼类特别丰富，它们都是依附珊瑚虫这种动物而生存的。而由于珊瑚虫只能在温暖清澈明亮的海水中，还要依托在岩石上才能生存，水深也不能超过30～40m，所以它的分布局限在南北纬20°范围以内的浅海中。若是某一方面的环境条件发生变化，珊瑚虫就容易萎缩直至全部死亡，珊瑚礁生态系统也就失衡或摧毁。现在一些地方珊瑚礁受到人为的破坏，捕鱼量也随之锐减，最清楚地说明了保持生态平衡的重要性。

又如湿地，这也是一种较为特殊的生态类型。从广义来说，湿地就是陆地表面有水体覆盖的地域，而在狭义上是特指地面湿润、积水、有植物生长的地区，如沼泽地。过去常嫌它没有经济价值而闲置，或改造开垦，或作它用，是因为没有认识到它的生态价值。湿地中的物种非常丰富，集水生生物、陆生生物以及飞禽于一体，是重要的生物基因库。同时还有调节水量，保护土地，维护水陆两边生态平衡的重要作用。要保护湿地，不能让它消失，我国在东北、内蒙古等地都已划出湿地保护区。

地球上的生态系统是非常复杂的体系，构成生态系统的每一个部分都不是多余的，都有它存在的必要性，它们是通过长期的磨合才形成环环相扣的锁链关系的。因此，不管是有意还是无意，人为地损伤某一个环节(营养级)都会导致生态系统的失衡。当然，生态系统也有它自身的调节能力，只要自然或人为的干扰因素没有超出它的调节能力范围，就不会导致生态系统的崩溃。在这里，生物的多样性是决定生态系统调节能力强弱的重要因素。生态系统中所包含的生物种类越多，其调节能力就越强；反之，就弱。所以说森林生态系统比草原生态系统调节能力强，草原生态系统又比荒漠生态系统强。这表明保护生物的多样性是何等的重要。

4.6.6 生物圈对地球外部圈层的作用

生物圈的形成是地球外部圈层(大气、水、生物与岩石圈表层)互相作用的产物,反过来,生物圈也可对地球外部其他圈层发生巨大的作用,使其物质成分或面貌发生变化。

前面我们已多次提到,是地球上生物的发生和发展,才使大气圈能有今天这样适于人类生存的性质,这主要是因为绿色植物起了作用。大气中氧气的积累、臭氧的形成、二氧化碳的降低、气温的调节等都有生物的贡献,如地球的历史记录所表明的,植物大发展与大气的 CO_2 含量呈反相关关系(图 4-29)。最后,大气中各种成分趋于平衡(植物—动物—地质作用三者间的平衡),暂时稳定在今天的状态。

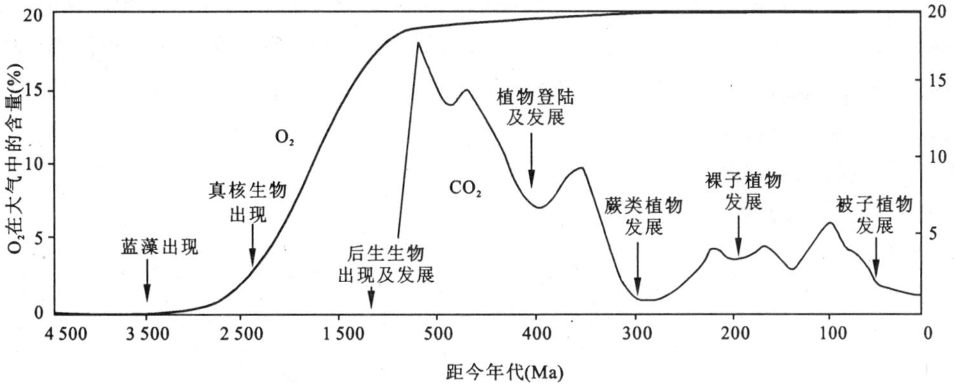

图 4-29　大气圈中氧气和二氧化碳浓度随时间的变化

(引自陶世龙等,1999)

人类,作为生物圈的组成部分,对现今大气环境的污染起了很明显的作用。人类把大量的有害、有毒气体和粉尘排入大气,但自然界的植物对大气中粉尘及有害气体却有清洁作用,否则我们现今的大气早就变得污浊而不适宜于人类生存。如乔木和灌木相结合的林带减尘率达95.7%,一些植物还吸收某些有害物质的特殊功能,刺槐、柽柳能吸收氯气,柳杉能吸收二氧化硫,茶树、山茶可除去氟化氢,杨树和桑树叶对铅粉尘有较强的吸附作用,等等。因此,控制城市大气污染的一个重要途径就是要发展绿地。

生物对水圈的依赖性很大,可以说有水才有生命,反过来,生物在水圈中这种无所不在的广泛分布,对水圈也必然会产生重大影响。一是影响一些元素在水中的迁移和沉淀过程;二是影响水圈的运动和循环。

在自然界中,水对金属、非金属元素的溶解作用、离子交换作用和沉淀作用,并不单单是纯化学作用,常见的是与生物活动密切相关的生物化学过程。放射虫、硅藻等生物吸收海水中的二氧化硅,成为控制海水中二氧化硅含量的主要因素,每年生物活动可从大洋中沉淀出 5×10^{14} g 的二氧化硅。浮游生物每年可以把大洋中 2×10^{11} g 的铅沉淀下来,相当于进入大洋中铅总量的一半。在浅海底大量形成的碳酸钙堆积(其中的碳酸钙成岩后就叫石灰岩;碳酸钙镁成岩后就叫白云岩),大多是在生物化学作用下形成的。在元古宙和古生代,这种作用曾使大气圈与水圈中的 CO_2 大量地被固定到岩石圈中。至于在浅海深部堆积的磷酸盐,则更主要是依靠生物体的吸附及其遗体埋藏才富集起来的。大洋中金属元素的浓度一般很低,远未达到这些金属元素在元素沉淀的饱和浓度值。然而，由于多种杆菌、鞘铁菌和一些纳米级的超微生物的生理作用，使锰、铁、铜、镍、钴等多种金属元素被吸收到生物有机体组织内，在生物死亡后，经过进一步的溶解和再凝聚，从而逐渐在洋底形成以锰为主的结核。它们构成了人类极为宝贵的、潜在的金属资源。生物体中的水通过被吸收和排除以及在生命系统内部的运动，参与着水圈的循环；尽管被吸收进去并留在生物体中的并不多，但经过生物体转运的水量却很大，如植物的根部从土壤中吸收 1 000g 的水，大约只有 1g 水被植物用在组织的建造上，99.9%的水通过蒸腾作用进入大气，它对大气的湿度有调节作用。因此，城市里的绿地不仅有降温防暑的作用，而且有湿润空气之功效。林带可大大地减缓地表水的运动速度，延长循环时间，这也是解决一些地区缺水的一个途径。

绿色植物是生物圈这个系统中获得能源的起点。这些能量主要来自太阳，也会有少量来自地球内部。这些能量通过食物链一级一级转换下去，成为维持生物圈存在的根本动力，而且也会和其他圈层发生转换。大量被绿色植物固定下来的碳和微生物遗体所造成的大量堆积，埋到岩石圈中就可成为煤、石油和天然气等化石燃料。

生物作为物质和能源在地球外部圈层之间循环转换的重要枢纽，在碳的循环上表现得最清楚(图 4－30)。

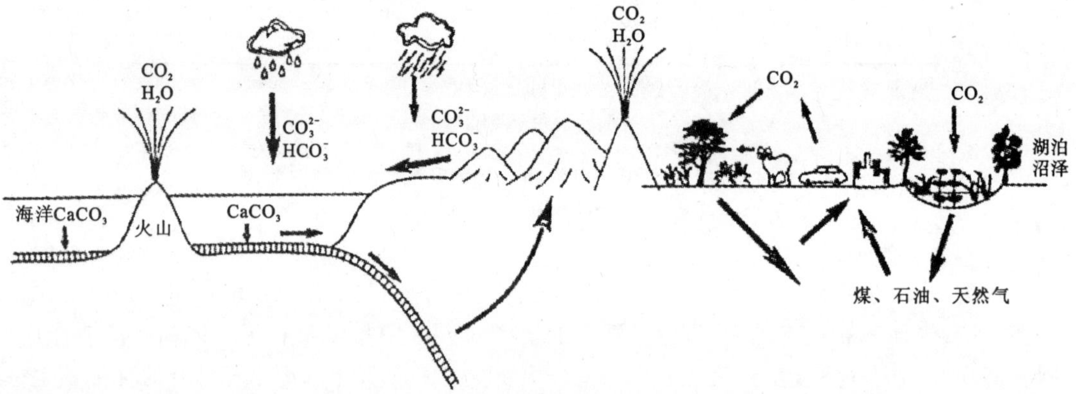

图 4－30　碳在地球表层中的循环

(引自陶世龙等，1999)

生物圈还能对岩石圈发生破坏作用，在风化作用中很容易看到这个过程。这种生物风化作用过程，既有机械的(物理的)作用，也有化学的作用。植物的根系深深地扎入岩石的缝隙，随着植物的生长，根系壮大膨胀，向周围的岩石施加压力，就是一种物理作用(称为根劈作用)；生物分泌出来的或在死亡后腐烂产生的有机酸和腐殖质，对岩石腐蚀，就是一种化学作用。有些微生物还能分解像铝硅酸盐那样难以溶解的矿物，有些细菌能吸收铜、铁、金等元素，促使闪锌矿、黄铁矿氧化等。马尾藻吸收金元素，最多可达细胞干重的 42%。

生物作用，是影响土壤形成的重要因素。通常所说的土，有的含有机质或腐殖质，有的不含有机质或腐殖质，而是矿物岩石的细微碎屑堆积物。而土壤则专指含有有机质或腐殖质的那部分土层，它是经过生物风化作用形成的。只是因为存在生物的活动，使有机质和腐殖质在土层中富集、分解，形成了具有肥力的土壤。各处土壤厚薄的差别(从几厘米到十几米都有)，也是取决于生物风化作用的强弱。当然也要受到气候、地形、水等其他因素的影响，不过生物在里面起了关键性的作用。

土壤的形成，有利于植物的生长，植物对土壤反过来又起保护作用，同时也保持了水。得到植物覆盖的陆地表面、流水或风对那里的土壤都难以侵蚀。因为植物的根系对松散土层有稳固的作用，植物的枝叶能阻滞风和流水的运动。多年观测的结果表明，裸露的地表比林地的水土流失量要大 100 倍。而水土留下来后，植物更为繁茂，土壤能变得更加肥沃，大气降水也会大量渗进土壤和岩层中。水、土壤(包括岩层)、大气和生物之间物质和能量的流动，在这里形成了良性的循环，此时生物可谓得其所哉，蓬勃发展。

生物圈不仅对岩石圈发生破坏作用，而且还能使某些有用元素或化合物在岩石圈内富集起来，形成对人类有用的矿产，这就是生物成矿作用。除前面已经提到的在浅海底堆积的碳酸盐、硅、磷等外，在嗜铁细菌的作用下还可形成鲕状或肾状赤铁矿堆积，嗜铜细菌的作用可造成沉积铜矿层。浅海底形成的黑色岩系，在浮游生物的参与下，常造成磷、钒、铀、钼等有用元素的聚集。至今仍是人类生活中最重要的能源——化石燃料(石油、天然气和煤)则更主要是靠生物(微生物或植物)的遗体埋藏在岩石圈上层，才得以聚集成不同的碳氢化合物或碳。近年来，更注意到海底扩张带热水溶液喷口附近，在 250～360℃的温度和 30MPa 压力的条件下，仍有大量微生物的存在。它们以摄取含多种金属元素(Fe，Mn，P，S 等)的流体为食料，而大量双壳类软体动物又以这些富含金属元素的微生物为食料。上述生物死亡后，堆积在喷口附近形成一些金属硫化物矿床。

总之，生物成矿作用近年来已经成为矿床形成过程研究中一个重要的前沿性方向。

4.7　地球系统科学学科分支

计算机、对地观测等高新技术的飞速发展以及全球性环境问题的出现，使得我们在继续深化对地球科学各分支学科研究的同时，更加重视地球系统整体行为的集成研究，地球系统各圈层间相互作用的研究，以及人类活动诱发的重大全球环境变化研究。全球变化中最活跃的物质碳和水，与人类生存的物质基础生物圈紧紧联系在一起，围绕全球碳循环、全球水资源与水循环、食物与纤维 3 大主题，在更高层次上开展综合集成研究，必将极大地推动地球科学及其新生长点——地球系统科学的发展。

地球系统科学的学科分支主要建立在对资源、环境、灾害的认识深度、广度和研究重点已发生了重大变化。对资源找寻的视野越来越大，逐步从地球表层走向深部，从陆地走向海洋，从单纯地注重矿产资源的找寻逐步转移到以可持续发展为目标的资源合理利用与环境保护并重上；对环境问题的关注已从局部走向全球；对自然灾害的研究也从单一灾害走向群发灾害的研究，从单纯的监测、预报走向集监测、预警、预报、灾情评估于一体的综合研究。技术学科的进步为地球系统科学研究提供了强有力的手段，数学、化学、物质科学的发展为地球系统科学的研究主题提供了新的方法和理论基础，地球系统科学内部学科的交叉以及与其他学科的交叉为生命和人类的起源与进化，地球的形成与演化注入了新的活力，使得地球的物质组成、地球系统的结构构造、地球系统动力学特征、陆地系统、大气系统、海洋系统、人类活动、地球系统的复杂性研究、可持续发展管理模式等成为新的研究热点。数字地球(地球系统数字学)将成为新世纪地球科学的重要特征，推动地球系统科学从对自然现象的定性描述向定量化方向发展。由于篇幅所限，学科分支内容不能在本书详细叙述，在此仅做一框架概述。

(1) 系统场——地球系统场理论，根据爱因斯坦统一场论的思想，结合系统科学、现代力学和数学、非线性科学和地球科学的理论基础，来描述和研究地球系统。主要内容有系统场理论基础、地球系统场基本类型、地球系统的引力场、生态场和地球系统场分析原理。

(2) 主体核心——地球系统构造学，也称统一构造理论，主要研究地球系统的结构和构造特征。

(3) 切入点——地球系统力学，是研究地球系统科学的切入点，主要研究地球系统各圈层间相互作用的运动学与动力学。

(4) 复杂现象——地球系统复杂性，研究地球系统复杂现象的形成机理、研究方法、分类和理论。

(5) 物质组成——地球系统物质学，主要研究地球系统中的物质组成与相互作用。

(6) 技术支撑——地球系统观测学，也称对地观测系统，主要利用3S技术和其他对地观测技术进行地球系统观测。

(7) 数字表达——数字地球(地球系统数字学)，构建数字地球模型、理论和技术方法，推动地球科学从定性向定量研究的方向发展。

(8) 行星地球——地球系统行星学，主要研究行星—地球系统的基本运动规律与特征，而深入认识行星系统。

(9) 陆地系统——地球系统陆地学，主要研究地理系统动力学特征、陆地资源、陆地环境和陆地灾害规律等。

(10) 大气系统——地球系统大气学，主要研究地球系统中大气圈的长期、中期和短期气候预测规律。

(11) 水圈系统——地球系统水文与海洋学，主要研究地球系统中水圈系统的运动学和动力学特征及各圈层间相互作用。

(12) 生物演化——地球系统生物学，主要研究地球系统中的生物演化规律和生态学特征。

(13) 人类活动——地球系统工程学，研究人类工程活动与地球系统各圈层相互作用及效应。

(14) 资源特征——地球系统资源学，主要研究地球系统中资源的形成机理、资源的类型、资源利用和资源总量。

(15) 环境变化——地球系统环境学，主要研究地球系统环境和人类社会关心的全球变化、环境类型与环境保护对策。

(16) 灾害规律——地球系统灾害学，主要研究地球系统灾害与人类社会，灾害发生机理、类型、规律和减灾与防灾对策。

(17) 可持续发展——地球系统科学与可持续发展。以地球系统科学为科学基础，开展资源、环境、灾害、经济、社会与可持续发展研究。

思考题

1. 地球系统科学子系统包括哪些内容?

2. 地球系统科学学科分支该如何划分?

第 5 章　地球系统科学技术

地球系统科学概念的提出是为了解决全球性的资源和环境问题的需要，是地球科学向综合集成方向转变的重要阶段。地球系统科学的方法学基础是系统论。它试图用现代系统论的思维方式和科学观，把地球系统作为一个有层次结构的、在社会环境系统中不断进化的极其复杂的自组织系统，并将这样一个复杂的自组织系统直接作为科学研究的对象。

但作为庞大复杂的地球系统，需要综合利用各种技术手段，加深对地球各个圈层及其相互作用的研究，从而实现全球的可持续化发展。

5.1　全球定位系统(GPS)

全球定位系统(Global Position System，GPS)是 20 世纪 70 年代由美国陆、海、空三军联合研制的新一代空间卫星导航定位系统。其主要目的是为陆、海、空三大领域提供实时、全天候和全球性的导航服务，并用于情报收集、核爆监测和应急通讯等一些军事目的，是美国独霸全球战略的重要组成。经过 20 余年的研究实验，耗资 300 亿美元，到 1994 年 3 月，全球覆盖率高达 98%的 24 颗 GPS 卫星星座已布设完成。

(1)全球定位系统的主要特点：全天候，全球覆盖，三维定速定时高精度，快速省时高效率，应用广泛多功能。

(2)全球定位系统的主要用途：①陆地应用，主要包括车辆导航、应急反应、大气物理观测、地球物理资源勘探、工程测量、变形监测、地壳运动监测、市政规划控制等；②海洋应用，包括远洋船最佳航程航线测定、船只实时调度与导航、海洋救援、海洋探宝、水文地质测量以及海洋平台定位、海平面升降监测等；③航空航天应用，包括飞机导航、航空遥感姿态控制、低轨卫星定轨、导弹制导、航空救援和载人航天器防护探测等。

(3)现代卫星导航定位系统：①NAVSTAR - GPS：Navigation System with Time and Ranging-Global Position System(美国)。②GLONASS：Global Navigation Satellite System(俄罗斯)。③ENSS：伽利略(Galileo)卫星导航定位系统(欧空局 2008 年完成)。

5.1.1　GPS 发展历史

为了解决海军舰艇的定位导航问题，自 1957 年人类发射第一颗卫星开始，美国海军就着手卫星定位方面的研究工作，研制了子午仪卫星导航系统(Transit)。尽管子午仪卫星导航系统得到了广泛的应用，并显示出巨大的优越性，但在实际应用方面仍存在缺陷，如观测时间较长，定位精度不高，只有经纬度，没有高程。鉴于子午仪卫星导航系统存在的缺陷，美国国防部制定了现在的 GPS(全球卫星定位系统)方案，该方案耗资 120 亿美元，由 24 颗卫星组成，这些卫星分布在互成 120°的轨道平面上，每个轨道平面平均分布 8 颗卫星。GPS 卫星提供了 P 码

(精码)和 C/A 码(粗码)两种定位服务。P 码为军方服务,定位精度达到 3m;C/A 码对社会开放,定位精度为 14m。出于自身安全的考虑,美国先后实施了 SA 和 AS 政策。SA 政策在 C/A 码中人为引入了误差,使定位精度下降到 100m;AS 政策则对 P 码实行加密。由于 GPS 对社会开放,因此各类接收机、测量设备如雨后春笋般涌现,并广泛应用于各行各业,彻底改变了传统的定位导航方式。

GPS 系统提供的两种服务:一种是 SPS(Standard Positioning Service,标准定位服务),它是供普通民用用户使用的。世界上的任何民用用户都可以免费且不受限制地使用该类定位服务。绝大多数的 GPS 接收机都具有接收 SPS 信号的能力,美国国防部通过采用 SA 有意识地降低了 SPS 的定位精度。SPS 的估计精度为:水平精度 100m ,垂直精度 156m,时间精度 340ns。另一种服务是 PPS(Precision Positioning Service,精密定位服务),它是供经过美国政府授权的用户使用的。这类用户包括美国及其盟国的军事部门、某些美国政府部门,以及一些经过挑选并通过美国政府特别批准的民用用户。使用 PPS 需要采用加密设备、密钥以及专用的接收机。PPS 的估计精度为: 水平精度 22m,垂直精度 27.7m,时间精度 100 ns。

5.1.2 GPS 技术

5.1.2.1 GPS 组成(图 5-1)

1)GPS 的空间部分

GPS 的空间部分是由 GPS 卫星所组成的卫星星座所构成。GPS 卫星的类型有 Block Ⅰ(实验卫星)、Block Ⅱ(正式工作卫星)、Block Ⅱ A(正式工作卫星)、Block Ⅱ R(正式工作卫星)、Block Ⅱ F(正式工作卫星)5 种。每颗卫星由原子钟、无线电发射器和计算机组成。

(1)GPS 设计星座:21+3(21 颗正式的工作卫星+3 颗活动的备用卫星)。

(2)6 个轨道面,平均轨道高度 20 200km,轨道倾角 55°,周期 11h 58min(顾及地球自转,地球-卫星的几何关系每天提前 4min 重复一次)。

(3)保证在 15 高度角以上,能够同时观测到 4～8 颗卫星。

(4)当前星座:26 颗。

(5)作用:发送导航定位信息其他特殊用途(如通讯、检测核暴等)。

2)GPS 的控制部分

GPS 的控制部分由主控站、注入站和监测站组成。

(1)主控站:收集各检测站的数据,编制导航电文,监控卫星状态,通过注入站将卫星星历注入卫星,向卫星发送控制指令,进行卫星维护与异常情况的处理。主控站只有一个,设置在美国克罗拉多州法尔孔空军基地。

(2)注入站:将导航电文注入 GPS 卫星,数量为 3 个;分布在阿松森群岛(大西洋)、迪戈加西亚(印度洋)和卡瓦加兰(太平洋)。

(3)监测站:接收卫星数据,采集气象信息,并将所收集到的数据传送给主控站;数量为 5 个;分布在夏威夷、主控站及 3 个注入站。

3)GPS 的用户部分

GPS 信号接收机有多种类型,依用途分为大地型(测地型)、导航型与授(守)时型 3 种;依能否接收测距码(伪距码)分为有码与无码 2 种;依接收伪距码的种类分为 P 码与 C/A 码 2 种;依接收不同频率载波的数量分为单频与双频 2 种。

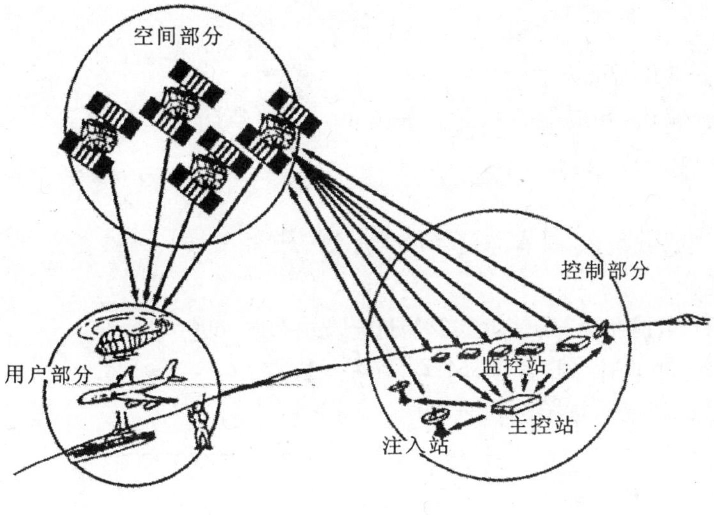

图 5-1 GPS 的系统组成

5.1.2.2 GPS 的位置基准与时间基准

1)位置基准

(1)类型。一种习惯用天体参照系[Conventional Celestial Reference System,例如 ICRF,IERS(International Earth Rotation Service)]制定,由 500 颗河外星系的天体所构成;另一种习惯用地面参照系[Conventional Terrestrial Reference System,例如 ITRF, IERS (International Earth Rotation Service)]制定,由全球数百个 SLR、VLBI 和 GPS 站所构成。

(2)GPS 应用中所采用的位置基准。

a)WGS84(World Geodetic System 1984):广播星历;由美国国防部研制确定,其原点在地球质心,Z 轴指向 BIH1984.0 定义的协议地球极(CTP),X 轴指向 BIH1984.0 的零子午面与 CTP 赤道的交点,Y 轴与 Z、X 轴构成右手系。椭球采用 IUGG 在第 17 届大会给出的推荐值:长半轴为 6 378 137,扁率为 1/298.257 223 563。大地水准面模型采用 EGM。

b)ITRFyy:IGS 精密星历;Z 轴指向 CIO;提供站坐标及速度场信息。

WGS84 与 ITRF 的关系:WGS84 地面站坐标精度为 1～2m 的精度,ITRF 则为厘米级精度;引力常数不同。

2)时间基准(系统):时间的起点和时间的长度

GPS 时为原子时,1980 年 1 月 6 日 0 时与 UTC 一致,GPS 时用 GPS 周加上一周内的秒数来表示。

5.1.2.3 GPS 信号的结构

用于导航定位的 GPS 信号由 3 部分组成:载波(L1 和 L2);导航电文;测距码[C/A 码和 P(Y)码]。

1)载波

载波为两种频率的正弦波。

(1)L1:f_1=1 575.43MHz,λ=19cm。

(2)L2：f_1＝1 227.60MHz，λ＝24cm。

2)导航电文

(1)方波：码速 50bit/s。

(2)内容：广播星历(导航信息)、卫星钟改正、历书(概略星历)、电离层信息、卫星健康状况。

3)测距码

(1)方波：伪随机噪声码，具有与白噪声码一致的自相关性且可被复制的二进制码。

(2)两种测距码：

a)C/A 码——粗捕获码：码速，1.023MHz；码元长度，300m。

b)P(Y)码——精码：码速，10.23MHz；码元长度，30m。

4) GPS 信号的构成示意图(图 5-2)

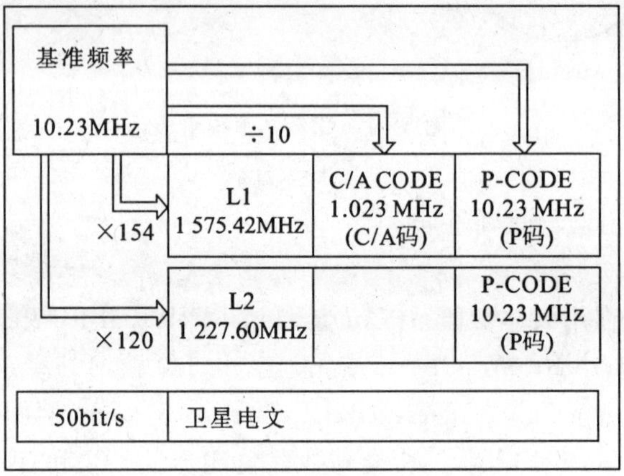

图 5-2　GPS 信号的构成示意图

美国降低普通用户导航定位精度的措施：SA——Selective Availability(选择可用性)；Anti-Spoofing(反欺骗)P 码加密，成为 Y 码 P＋W＝Y。

5.1.2.4　GPS 的工作原理

GPS 定位的基本原理是根据高速运动的卫星瞬间位置作为已知的起算数据，采用空间距离后方交会的方法，确定待测点的位置。如图 5-3 所示，假设 t 时刻在地面待测点上安置 GPS 接收机，可以测定 GPS 信号到达接收机的时间 Δt，再加上接收机所接收到的卫星星历等其他数据可以确定以下 4 个方程式：

$$[(x_1-x)^2+(y_1-y)^2+(z_1-z)^2]^{1/2}+c(v_{t_1}-v_{t_0})=d_1 \tag{5.1}$$

$$[(x_2-x)^2+(y_2-y)^2+(z_2-z)^2]^{1/2}+c(v_{t_2}-v_{t_0})=d_2 \tag{5.2}$$

$$[(x_3-x)^2+(y_3-y)^2+(z_3-z)^2]^{1/2}+c(v_{t_3}-v_{t_0})=d_3 \tag{5.3}$$

$$[(x_4-x)^2+(y_4-y)^2+(z_4-z)^2]^{1/2}+c(v_{t_4}-v_{t_0})=d_4 \tag{5.4}$$

上述 4 个方程式中待测点坐标 x、y、z 和 v_{t_0} 为未知参数，其中 $d_i=c\Delta t_i(i=1、2、3、4)$。$d_i(i=1、2、3、4)$分别为卫星 1、卫星 2、卫星 3、卫星 4 到接收机之间的距离。$\Delta t_i(i=1、2、3、4)$分别为卫星 1、卫星 2、卫星 3、卫星 4 的信号到达接收机所经历的时间。c 为 GPS 信号的传播速度(即光速)。

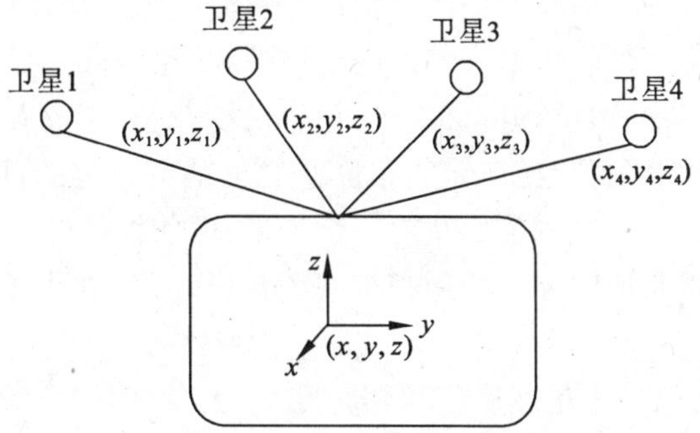

图 5-3 空间后方交会确定坐标

4 个方程式中各个参数意义如下：

x、y、z 为待测点坐标的空间直角坐标。

x_i、y_i、z_i(i=1、2、3、4)分别为卫星 1、卫星 2、卫星 3、卫星 4 在 t 时刻的空间直角坐标，可由卫星导航电文求得。

v_{t_i}(i=1、2、3、4)分别为卫星 1、卫星 2、卫星 3、卫星 4 的卫星钟的钟差，由卫星星历提供。v_{t_0} 为接收机的钟差。

由以上 4 个方程即可解算出待测点的坐标 x、y、z 和接收机的钟差 v_{t_0}。

当 GPS 卫星正常工作时，会不断地用 1 和 0 二进制码元组成的伪随机码(简称伪码)发射导航电文。GPS 系统使用的伪码一共有两种，分别是民用的 C/A 码和军用的 P(Y)码。C/A 码频率 1.023MHz，重复周期 1ms，码间距 1μm，相当于 300m；P 码频率 10.23MHz，重复周期 266.4 天，码间距 0.1μm，相当于 30m。而 Y 码是在 P 码的基础上形成的，保密性能更佳。导航电文包括卫星星历、工作状况、时钟改正、电离层时延修正、大气折射修正等信息。它是从卫星信号中解调制出来，以 50bit/s 调制在载频上发射的。导航电文每个主帧中包含 5 个子帧每帧长 6s。前三帧各 10 个字码；每 30s 重复一次，每小时更新一次。后两帧共 15 000bit。导航电文中的内容主要有遥测码，转换码，1、2、3 数据块，其中最重要的则为星历数据。当用户接受到导航电文时，提取出卫星时间并将其与自己的时钟作对比便可得知卫星与用户的距离，再利用导航电文中的卫星星历数据推算出卫星发射电文时所处位置，用户在 WGS-84 大地坐标系中的位置速度等信息便可得知。

可见 GPS 导航系统卫星部分的作用就是不断地发射导航电文。然而，由于用户接受机使用的时钟与卫星星载时钟不可能总是同步，所以除了用户的三维坐标 x、y、z 外，还要引进一个 Δt 即卫星与接收机之间的时间差作为未知数，然后用 4 个方程将这 4 个未知数解出来。所以如果想知道接收机所处的位置，至少要能接收到 4 个卫星的信号。

GPS 接收机可接收到精度可用于授时的准确至纳秒级的时间信息，于预报未来几个月内卫星所处概略位置的预报星历，用于计算定位时所需卫星坐标的广播星历，精度为几米至几十米(各个卫星不同，随时变化)，以及 GPS 系统信息，如卫星状况等。

GPS 接收机对码的量测就可得到卫星到接收机的距离，由于含有接收机卫星钟的误差及大气传播误差，故称为伪距。CA 码精度约为 20m 左右，P 码伪距精度约为 2m 左右。

GPS 接收机对收到的卫星信号，进行解码或采用其他技术，将调制在载波上的信息去掉后，就可以恢复载波。严格而言，载波相位应被称为载波拍频相位，它是收到的受多普勒频 移影响的卫星信号载波相位与接收机本机振荡产生信号相位之差。一般在接收机钟确定的历元时刻量测，保持对卫星信号的跟踪，就可记录下相位的变化值，但开始观测时的接收机和卫星振荡器的相位初值是不知道的，起始历元的相位整数也是不知道的，即整周模糊度，只能在数据处理中作为参数解算。相位观测值的精度高至毫米，但前提是解出整周模糊度，因此只有在相对定位并有一段连续观测值时才能使用相位观测值，而要达到优于米级的定位精度也只能采用相位观测值。

按定位方式，GPS 定位分为单点定位和相对定位(差分定位)。单点定位就是根据一台接收机的观测数据来确定接收机位置的方式，它只能采用伪距观测量，可用于车船等的概略导航定位。相对定位(差分定位)是根据两台以上接收机的观测数据来确定观测点之间的相对位置的方法，它既可采用伪距观测量也可采用相位观测量，大地测量或工程测量均应采用相位观测值进行相对定位。

在 GPS 观测量中包含了卫星和接收机的钟差、大气传播延迟、多路径效应等误差，在定位计算时还要受到卫星广播星历误差的影响，在进行相对定位时大部分公共误差被抵消或削弱，因此定位精度将大大提高。双频接收机可以根据两个频率的观测量抵消大气中电离层误差的主要部分，在精度要求高、接收机间距离较远时(大气有明显差别)，应选用双频接收机。

5.1.2.5　伪距测量与载波相位测量

测定伪距的示意图如图 5-4 所示。

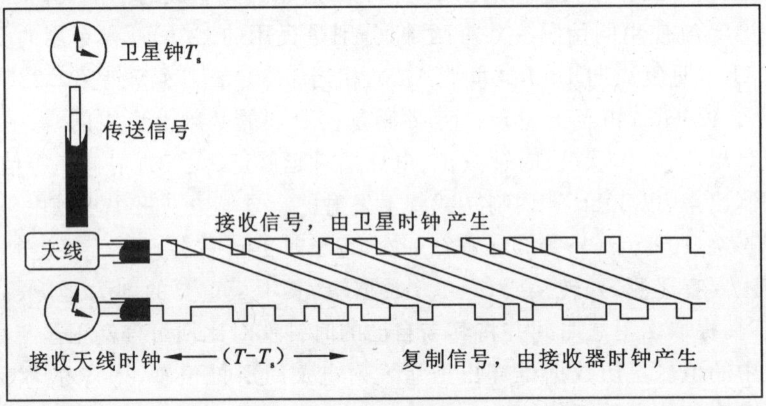

图 5-4　伪距测定示意图

1)伪距测量

测距原理：由卫星发射的测距码信号到达 GPS 接收机的传播时间乘以光速得到的量测距离。

(1)测距码可复制。

GPS 的测距码：

C/A 码：码速 1.023MHz，TP＝1ms，LP＝1023，码元长度 293.052m。

P 码：码速 10.23MHz，TP＝266 天 9 小时 45 分 55.5 秒，LP＝235469592765000，码元长度 29.3052m。

实际被截为 7 天一个周期，共 38 段，每一段赋予不同的卫星，卫星的 PRN 号也由此得到。

(2)利用测距码测距的优点：精度高，无多值性，抗干扰，区分不同卫星。

(3)伪距观测值：

$$P_r^s = c(T_r - T^s)$$
$$T_r = t_r + \delta t_r$$
$$T_s = t^s + \delta t^s$$
$$P_r^s = c(t_r - t^s) + c(\delta t_r - \delta t^s) = \rho_r^s + c(\delta t_r - \delta t^s)$$

其中，P 表示伪距；T 表示时间；c 表示光速；r 表示接收机；s 表示卫星。

2)载波相位测量

载波相位观测值

$$\varphi = N_0 + \tilde{\varphi} = N_0 + \mathrm{Int}(\varphi) + \mathrm{Fr}(\varphi)$$

其中，φ 表示完整的载波相位观测值；N_0 表示整周模糊度；φ 上带“～”的符号表示实际载波相位观测值，它由整周数部分 $\mathrm{Int}(\varphi)$ 和不足整周的部分 $\mathrm{Fr}(\varphi)$ 组成。

5.1.2.6　GPS 测量定位误差

GPS 测量是通过地面接收设备接收卫星传送来的信息，计算同一时刻地面接收设备到多颗卫星之间的伪距离，采用空间距离后方交会方法，来确定地面点的三维坐标。因此，对于 GPS 卫星、卫星信号传播过程和地面接收设备都会对 GPS 测量产生误差。主要误差来源可分为与卫星有关的误差，与传播途径有关的误差，与 GPS 接收设备有关的误差。

1)与卫星有关的误差

(1)卫星星历误差。卫星星历误差是指卫星星历给出的卫星空间位置与卫星实际位置间的偏差，由于卫星空间位置是由地面监控系统根据卫星测轨结果计算求得的，所以又称为卫星轨道误差。它是一种起始数据误差，其大小取决于卫星跟踪站的数量及空间分布、观测值的数量及精度、轨道计算时所用的轨道模型及定轨软件的完善程度等。星历误差是 GPS 测量的重要误差来源。

(2)卫星钟差。卫星钟差是指 GPS 卫星时钟与 GPS 标准时间的差别。为了保证时钟的精度，GPS 卫星均采用高精度的原子钟，但它们与 GPS 标准时之间的偏差和漂移仍在 0.1～1ms 以内，由此引起的等效误差将达到 30～300km。这是一个系统误差，必须加于修正。

(3)SA 干扰误差。SA 误差是美国军方为了限制非特许用户利用 GPS 进行高精度点定位而采用的降低系统精度的政策，简称 SA 政策，它包括降低广播星历精度的 ε 技术和在卫星基本频率上附加一随机抖动的 δ 技术。实施 SA 技术后，SA 误差已经成为影响 GPS 定位误差的最主要因素。虽然美国在 2000 年 5 月 1 日取消了 SA，但是战时或必要时，美国可能恢复或采用类似的干扰技术。(SA 技术的主要内容是：①在广播星历中有意地加入误差，使定位中的已知点(卫星)的位置精度大为降低；②有意地在卫星钟的钟频信号中加入误差，使钟的频率产生快慢变化，导致测距精度大为降低。)

(4)相对论效应的影响。这是由于卫星钟和接收机所处的状态(运动速度和重力位)不同引起的卫星钟和接收机钟之间的相对误差。

2)与传播途径有关的误差

(1)电离层折射。在地球上空距地面 50～100 km 之间的电离层中，气体分子受到太阳等天体各种射线辐射产生强烈电离，形成大量的自由电子和正离子。当 GPS 信号通过电离层时，与其他电磁波一样，信号的路径要发生弯曲，传播速度也会发生变化，从而使测量的距离发生偏差，这种影响称为电离层折射。对于电离层折射可用 3 种方法来减弱它的影响：①利用双频观测值，不同频率的观测值组合来对电离层的延尺进行改正。②利用电离层模型加以改正。③利用同步观测值求差，这种方法对于短基线的效果尤为明显。

(2)对流层折射。对流层的高度为 40km 以下的大气底层，其大气密度比电离层更大，大气状态也更复杂。对流层与地面接触并从地面得到辐射热能，其温度随高度的增加而降低。GPS 信号通过对流层时，也使传播的路径发生弯曲，从而使测量距离产生偏差，这种现象称为对流层折射。减弱对流层折射的影响主要有 3 种措施：①采用对流层模型加以改正，其气象参数在测站直接测定。②引入描述对流层影响的附加待估参数，在数据处理中一并求得。③利用同步观测量求差。

(3)多路径效应。测站周围的反射物所反射的卫星信号(反射波)进入接收机天线，将和直接来自卫星的信号(直接波)产生干涉，从而使观测值偏离，产生所谓的"多路径误差"。这种由于多路径的信号传播所引起的干涉时延效应被称作多路径效应。减弱多路径误差的方法主要有：①选择合适的站址。测站不宜选择在山坡、山谷和盆地中，应离开高层建筑物。②选择较好的接收机天线，在天线中设置径板，抑制极化特性不同的反射信号。

3)与 GPS 接收机有关的误差

(1)接收机钟差。GPS 接收机一般采用高精度的石英钟，接收机的钟面时与 GPS 标准时之间的差异称为接收机钟差。把每个观测时刻的接收机钟差当作一个独立的未知数，并认为各观测时刻的接收机钟差间是相关的，在数据处理中与观测站的位置参数一并求解，可减弱接收机钟差的影响。

(2)接收机位置误差。接收机天线相位中心相对测站标石中心位置的误差，叫接收机位置误差。其中包括天线置平和对中误差，量取天线高误差。在精密定位时，要仔细操作，尽量减少这种误差影响。在变形监测中，应采用有强制对中装置的观测墩。

(3)接收机天线相位中心偏差。在 GPS 测量时，观测值都是以接收机天线的相位中心位置为准的，而天线的相位中心与其几何中心，在理论上应保持一致。但是观测时天线的相位中心随着信号输入的强度和方向不同而有所变化，这种差别叫天线相位中心的位置偏差。这种偏差的影响可达数毫米至数厘米。而如何减少相位中心的偏移是天线设计中的一个重要问题。在实际工作中若使用同一类天线，在相距不远的两个或多个测站同步观测同一组卫星，可通过观测值求差来减弱相位偏移的影响。但这时各测站的天线均应按天线附有的方位标进行定向，使之根据罗盘指向磁北极。

5.1.2.7 GPS 施测

1)立项和前期准备工作

(1)立项：包括测量目的、范围、点位数量与分布、精度要求、成果内容、时限、经费等内容。

技术设计：负责 GPS 测量的单位在获得了测量任务后，需要根据项目要求和相关技术规范进行测量工程的技术设计。

(2)测绘资料的收集：在开始进行外业测量之前，现有测绘资料的搜集与整理也是一项极其重要的工作。需要收集整理的资料主要包括测区及周边地区可利用的已知点的相关资料(点之记、坐标等)和测区的地形图等。

(3)仪器检定：对将用于测量的各种仪器包括 GPS 接收机及相关设备、气象仪器等进行检验，以确保它们能够正常工作。

(4)踏勘、选点埋石：在完成技术设计和测绘资料的搜集与整理后，需要根据技术设计的要求对测区进行踏勘，并进行选点埋石工作。

(5)确定作业方案：根据卫星状况、测量作业的进展情况以及测区的实际情况，确定出具体的作业方案，以作业指令的形式下达给各个作业小组，根据情况，作业指令可逐天下达，也可一次下达多天的指令。作业方案的内容包括作业小组的分组情况，GPS 观测的时间段以及测站等。

(6)实地了解测区情况：由于在很多情况下，选点埋石和测量是分别由两个不同的队伍或两批不同的人员完成的，因此，当负责 GPS 测量作业的队伍到达测区后，需要先对测区的情况作一个详细的了解。主要需要了解的内容包括点位情况(点的位置、上点的难度等)、测区内经济发展状况、民风民俗、交通状况、测量人员生活安排等。这些对于今后测量工作的开展是非常重要的。

(7)观测期间卫星状态的预报：根据测区的地理位置以及最新的卫星星历，对卫星状况进行预报，作为选择合适的观测时间段的依据。所需预报的卫星状况有卫星的可见性、可供观测的卫星星座、随时间变化的 PDOP 值等。对于个别有较多或较大障碍物的测站，需要评估障碍物对 GPS 观测可能产生的不良影响。

2)施测过程

(1)外业观测：各 GPS 观测小组在得到作业指挥员所下达的作业指令后，应严格按照作业指令的要求进行外业观测。在进行外业观测时，外业观测人员除了严格按照作业规范、作业指令进行操作外，还要根据一些特殊情况，灵活地采取应对措施。在外业中常见的情况有不能按时开机、仪器故障和电源故障等。

(2)数据传输、转储：在一段外业观测结束后，应及时地将观测数据传输到计算机中，并根据要求进行备份，在数据传输时需要对照外业观测记录手簿，检查所输入的记录是否正确。数据传输与转储应根据条件及时进行。

(3)基线解算：对所获得的外业数据及时地进行处理，解算出基线向量。

(4)质量评估：对解算结果进行质量评估，作业指挥员需要根据基线解算情况作下一步 GPS 观测作业的安排。重复确定作业方案，外业观测，数据传输、转储、基线处理、质量评估四步，直至完成所有 GPS 观测工作。

(5)结果分析：对外业观测所得到的基线向量进行质量检验，并对由合格的基线向量所构建成的 GPS 基线向量网进行平差解算，得出网中各点的坐标成果。如果需要利用 GPS 测定网中各点的正高或正常高，还需要进行高程拟合。

(6)技术总结：根据整个 GPS 网的布设及数据处理情况，进行全面的技术总结。

(7)成果验收。

5.2　遥感(RS)

遥感(remote sensing)：从远处探测、感知物体或事物的技术。即不直接接触物体本身，从远处通过各种传感器探测和接收来自目标物体的信息，经过信息的传输及其处理分析，来识别物体的属性及其分布等特征的综合技术。

遥感技术系统是一个从地面到空中直至空间，从信息收集、存储、传输处理到分析判读、应用的完整技术系统(图5－5)。它由以下几个部分组成。

(1)遥感试验：对电磁波特性、信息获取、传输和处理技术的试验。

(2)遥感信息获取：通过卫星、飞机等平台上的传感器获得地表可见光、红外或微波的图像，或数据编码的过程。

(3)遥感信息处理：处理的原理和信息应用。

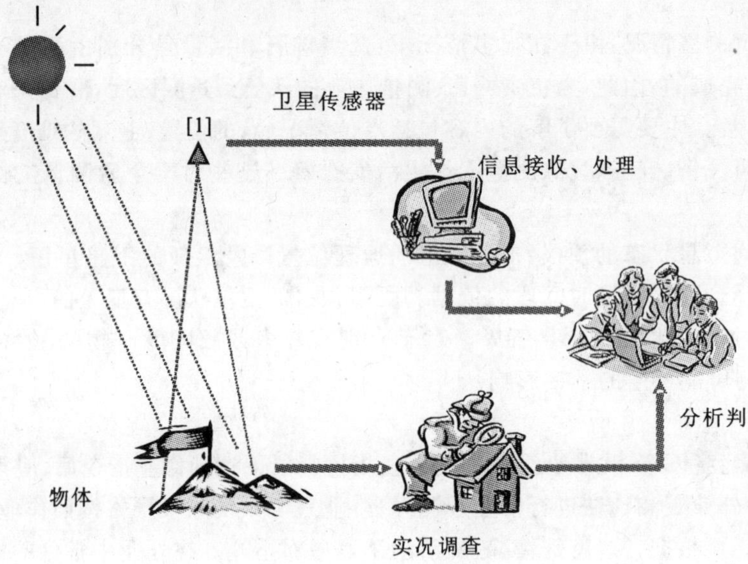

图5－5 遥感技术系统

5.2.1 遥感概述

5.2.1.1 遥感技术的特点

(1)宏观性、综合性：覆盖范围大、信息丰富。一景TM影像为185km×185km；影像包含各种地表景观信息，有可见的，也有潜在的。

(2)多波段性：波段的延长使对地球的观测走向了全天候。

(3)多时相性：重复探测，有利于进行动态分析。

5.2.1.2 遥感的分类

(1)按照遥感的工作平台分类：地面遥感、航空遥感、航天遥感。

(2)按照探测电磁波的工作波段分类：可见光遥感、红外遥感、微波遥感等。

(3)按照遥感应用的目的分类：环境遥感、农业遥感、林业遥感、地质遥感等。

(4)按照资料的记录方式分类：成像遥感、非成像遥感。

(5)按照传感器工作方式分类：主动遥感、被动遥感。

5.2.1.3 遥感的应用

遥感应用从内容上可以概括为资源调查与应用、环境监测评价、区域分析规划及全球宏观研究四大领域。

(1)遥感在资源调查方面的应用：在农业、林业方面，应用遥感可进行农、林土地资源调查，病虫害、土壤干旱、盐化沙化的调查及监测，还可进行土地利用类型调查、精细农业调查、作物估产、“三北”防护林遥感综合调查。遥感在地质矿产方面能客观真实地反映各种地质现象，形象地反映区域地质构造、地质找矿工程地质、地震地质、水文地质和灾害地质，进行水资源调查、流域规划、水土流失调查、海洋调查等。

(2)遥感在环境监测评价等方面的应用：确定污染物位置、性质、动态变化及对环境的影响；环境制图；长江三峡库区环境本底调查、环境演变分析、动态监测等。在对抗自然灾害中用于灾害性天气的预报，监测旱情、洪水、滑坡、泥石流和病虫害、森林火灾，等等。

(3)在区域分析及建设规划方面的应用：区域性是地理学的重要特点，腾冲、长春、三北防护林等都是遥感区域分析的典范。城市化和城市遥感的兴起可进行城市土地利用、环境监测、道路交通分析、环境地质、城市规划等。

(4)遥感在其他方面的应用：在测绘制图方面，例如，卫星遥感可以覆盖全球的每一个角落，不再有资料的空白区；重复探测，为动态制图和利用地图进行动态分析提供了信息保障；可以缩短成图周期，降低制图成本；数字卫星遥感信息可直接进入计算机进行处理，省去了图像扫描数字化的过程，改变了传统的从大比例尺逐级缩编小比例尺地图的逻辑程序。此外，在历史遗迹、考古调查方面，在军事上，遥感也有广泛应用。

5.2.2 遥感的历史

5.2.2.1 遥感的产生

遥感(remote sensing)由美国学者布鲁伊特于1960年提出，1961年正式通过。

遥感发展经历了3个阶段。

(1)萌芽阶段。

1839年，达格雷发表第一张空中相片。

1858年，法国人用气球携带照相机拍摄了巴黎的空中照片。

1882年，英国人用风筝拍摄地面照片。

(2)航空遥感阶段。

1903年，莱特兄弟发明飞机，为航空拍摄创造了条件。

1909年，意大利人首次利用飞机拍摄地面照片。

第一次世界大战中，航空照相技术用于获取军事情报。

第一次世界大战后，航空摄影用于地形测绘、森林调查和地质调查。

1930年，美国开始全国航空摄影测量。

1937年，出现了彩色航空像片。

(3)航天遥感阶段。

1957年，苏联发射第一颗人造地球卫星，意义重大。

20世纪70年代，美国的陆地卫星发射。

法国的Spot卫星发射。

发展中国家如中国、印度、巴西等相继发射卫星。

5.2.2.2 我国遥感发展概况

20世纪50年代我国开展航空摄影和应用工作。60年代，航空摄影工作初具规模，应用范围不断扩大。70年代，腾冲遥感实验获得巨大成功。1970年4月24日发射第一颗人造地球卫星。80 年代是大发展阶段。目前,某些方面已经进入世界先进水平行列。

我国遥感发展的特点:国家的重视和支持,为遥感的快速发展奠定了基础。集中人力、物力重点攻关,重点突破。全国性、大区域遥感工程的完成,充分显示了我国遥感的特色和水平。

5.2.2.3 当前遥感发展主要特点与展望

多国发射卫星的局面已经形成,高分辨率小型商业卫星发展迅速,雷达卫星遥感日益受到青睐,星载主动式遥感的发展使探测手段更趋多样化,高光谱分辨率传感器是未来空间遥感发展的核心内容(高光谱分辨率传感器是指既能对目标物成像又可以测量目标物波谱特性的光学传感器),遥感应用不断深化。

地理信息系统的发展与支持是遥感发展的又一进展和动向。通过遥感手段获得了丰富信息,遥感应用有赖于 GIS 提供多种信息源进行信息复合及其综合分析。因此,GIS 是遥感的进一步发展和延伸,成为遥感发展的一个新动向。

5.2.3 遥感技术

5.2.3.1 物理基础

任何地物都有自身的电磁辐射规律,如反射、发射、吸收电磁波的特性。少数还有透射电磁波的特性。地物的这种特性称为地物的光谱特性。

1)地物的反射光谱特性

地物的反射率(反射系数或亮度系数):地物对某一波段的反射能量与入射能量之比。反射率随入射波长而变化。

影响地物反射率大小的因素:入射电磁波的波长,入射角的大小,地表颜色与粗糙度。

地物的反射光谱:地物的反射率随入射波长变化的规律。

地物反射光谱曲线:根据地物反射率与波长之间的关系而绘成的曲线。地物电磁波光谱特征的差异是遥感识别地物性质的基本原理。

不同地物在不同波段反射率存在差异:雪、沙漠、湿地、小麦的光谱曲线不同。

传感器探测波段的设计,是通过分析比较地物光谱数据而确定的。

多光谱扫描仪(MSS)的波段设计:

MSS1(0.5~0.6μm);

MSS2(0.6~0.7μm);

MSS3(0.7~0.8μm);

MSS4(0.8~1.1μm)。

同类地物的反射光谱具有相似性,但也有差异性。例如,植物病虫害不同时期具有不同的光谱曲线(图 5-6);不同植物也具有不同的光谱曲线(图 5-7)。

地物的光谱特性具有时间特性和空间特性。

时间特性:例如植被一年内的生长枯萎不同,光谱曲线不同(图 5-8)。

空间特性:北方植被和南方植被,光谱曲线不同。

2)地物的发射光谱特性

地物发射电磁波的能力以发射率作为衡量标准;地物的发射率是以黑体辐射作为参照标准。

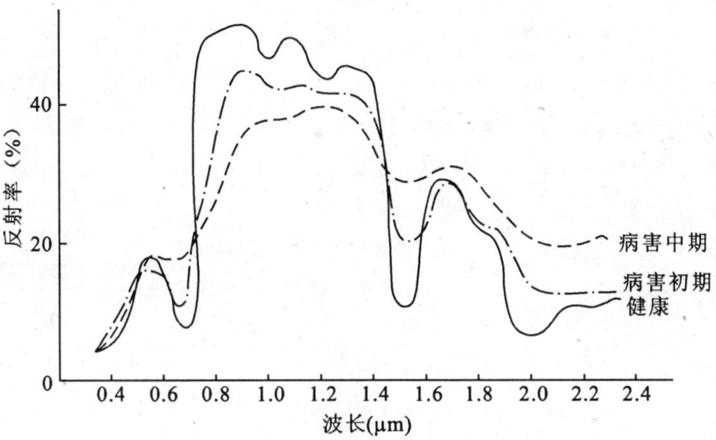

图 5-6　不同长势松树的光谱曲线

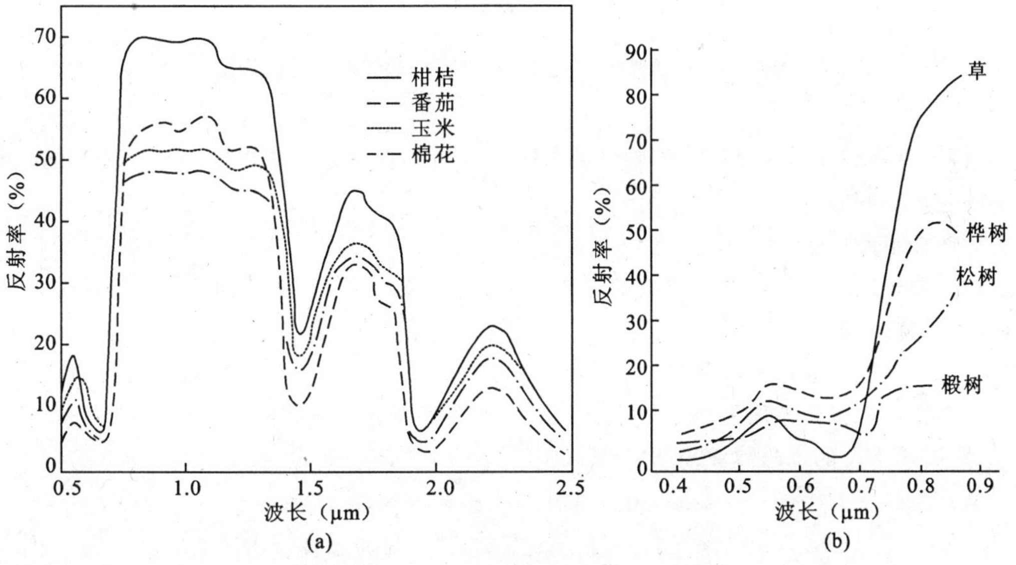

图 5-7　不同植物光谱曲线比较

(1)黑体：在任何温度下，对各种波长的电磁辐射的吸收系数等于 1(100%)的物体。

(2)黑体辐射(black body radiation)：黑体的热辐射称为黑体辐射。

黑体辐射的 3 个特性：辐射通量密度随波长连续变化，每条曲线只有一个最大值；温度越高，辐射通量密度越大，不同温度的曲线不同；随着温度的升高，辐射最大值所对应的波长向短波方向移动。

地物的发射光谱：①发射光谱：地物的发射率随波长变化的规律。②发射光谱曲线：按照发射率和波长之间的关系绘成的曲线。

亮度温度：衡量地物辐射特征的重要指标。指等物体的辐射功率等于某一黑体的辐射功率时，该黑体的绝对温度即为亮度温度。亮度温度总小于实地温度。

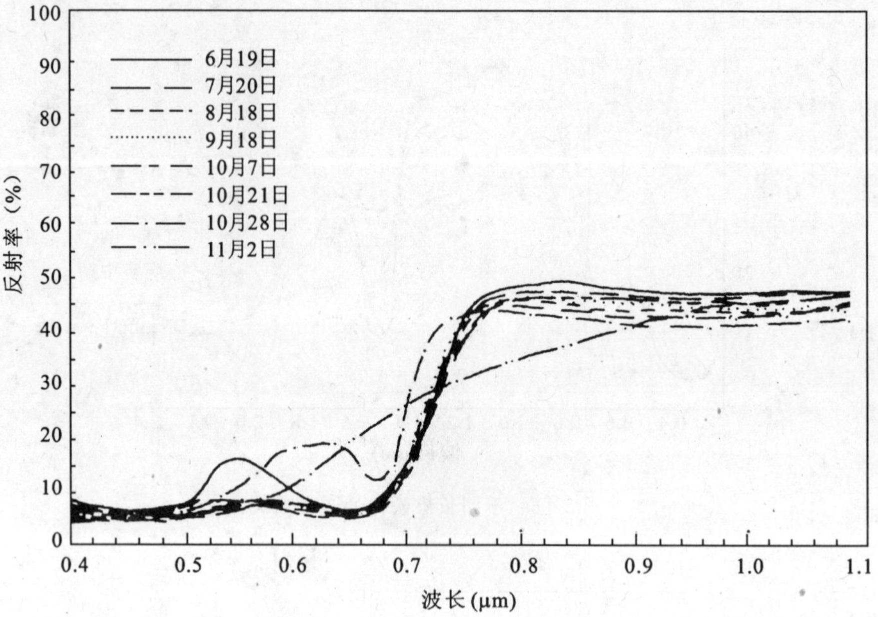

图 5-8　白橡树叶子不同时间的反射率的变化(时间特征)

透射率:入射光透射过地物的能量与入射总能量的百分比。透射率随着电磁波的波长和地物的性质不同而不同。

3)遥感本质

遥感就是通过利用不同地物的波谱曲线对获取数据进行分析,达到区分地物种类,进而进行监测或者统计的目的。

(1)大气窗口:通过大气而较少被反射、吸收或散射的透射率较高的电磁辐射波段。大气窗口是选择遥感工作波段的重要依据。常见的大气窗口和电磁波波段如图 5-9 所示。

(2)遥感常用的电磁波波段的特性。

紫外线(UV):0.01～0.4μm,用于监测碳酸盐岩分布、水面油污染。

可见光:0.4～0.76μm,鉴别物质特征的主要波段,是遥感最常用的波段。

红外线(IR):0.76～1 000μm。近红外 0.76～3.0μm 中红外 3.0～6.0μm,远红外 6.0～15.0μm;超远红外 15～1 000μm(近红外又称光红外或反射红外;中红外和远红外又称热红外)。

微波:1mm～1m。全天候遥感;有主动与被动之分;具有穿透能力;发展潜力大。

(3)电磁辐射源。

a)自然辐射源。

太阳辐射:是可见光和近红外的主要辐射源;其辐射波长范围极大;辐射能量集中,短波辐射。大气层对太阳辐射有吸收、反射和散射的作用。

地球的电磁辐射:小于 3μm 的波长主要是太阳辐射的能量;大于 6μm 的波长,主要是地物本身的热辐射;波长在 3～6μm 之间,太阳和地球的热辐射都要考虑。

太阳与地球辐射的电磁波谱如图 5-10 所示。

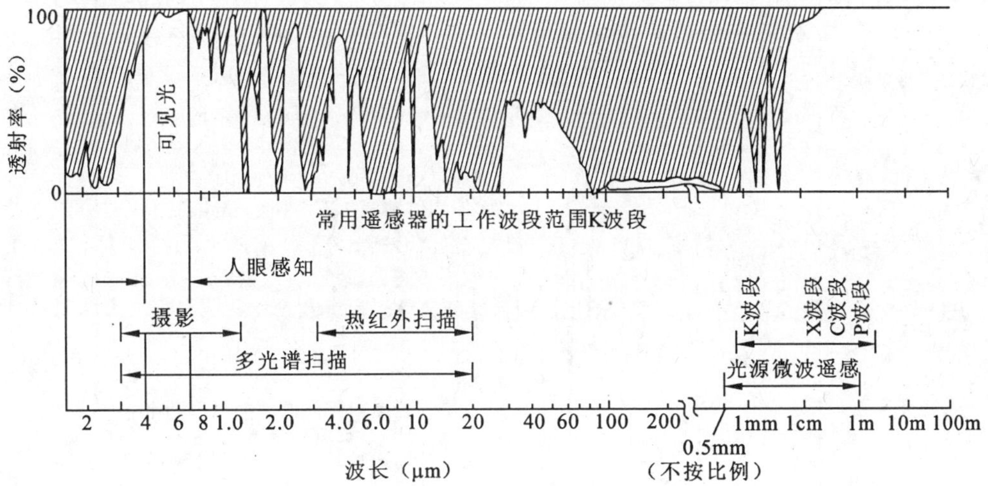

图 5－9　常见大气窗口和电磁波波段

b)人工辐射源：主动式遥感的辐射源。如雷达探测，其分为微波雷达和激光雷达。

微波辐射源：0.8～30cm。

激光辐射源：激光雷达，用于测定卫星的位置、高度、速度及测量地形等。

4)大气对辐射的影响

大气主要由多种气体、固态和液态悬浮的微粒混合组成。大气物质与太阳辐射相互作用，是太阳辐射衰减的重要原因。太阳辐射的衰减过程：30％被云层反射回；17％被大气吸收；22％被大气散射；31％到达地面。大气的透射率与路程、大气的吸收、散射有关。

(1)大气的吸收作用。

氧气吸收频段：小于 0.2μm；0.155μm 为峰值，故高空遥感很少使用紫外波段。

臭氧：数量极少，但吸收很强。两个吸收带；对航空遥感影响不大。

水：吸收太阳辐射能量最强的介质。到处都是吸收带。主要的吸收带处在红外和可见光的红光部分。因此，水对红外遥感有极大的影响。

二氧化碳：量少；吸收作用主要在红外区内。可以忽略不计。

(2)大气的散射作用。

散射作用：太阳辐射在长波过程中遇到小微粒而使传播方向改变，并向各个方向散开。其结果是改变了电磁波的传播方向；干扰传感器的接收；降低了遥感数据的质量，导致影像模糊，影响判读。

大气散射集中在太阳辐射能量最强的可见光区。因此，散射是太阳辐射衰减的主要原因。

散射作用有 3 种：

a)瑞利散射：当微粒的直径比辐射波长小得多时，此时的散射称为瑞利散射。散射率与波长的四次方成反比，因此，瑞利散射的强度随着波长变短而迅速增大。紫外线是红光散射的 30 倍，0.4μm 的蓝光是 4μm 红外线散射的 1 万倍(表 5－1)。

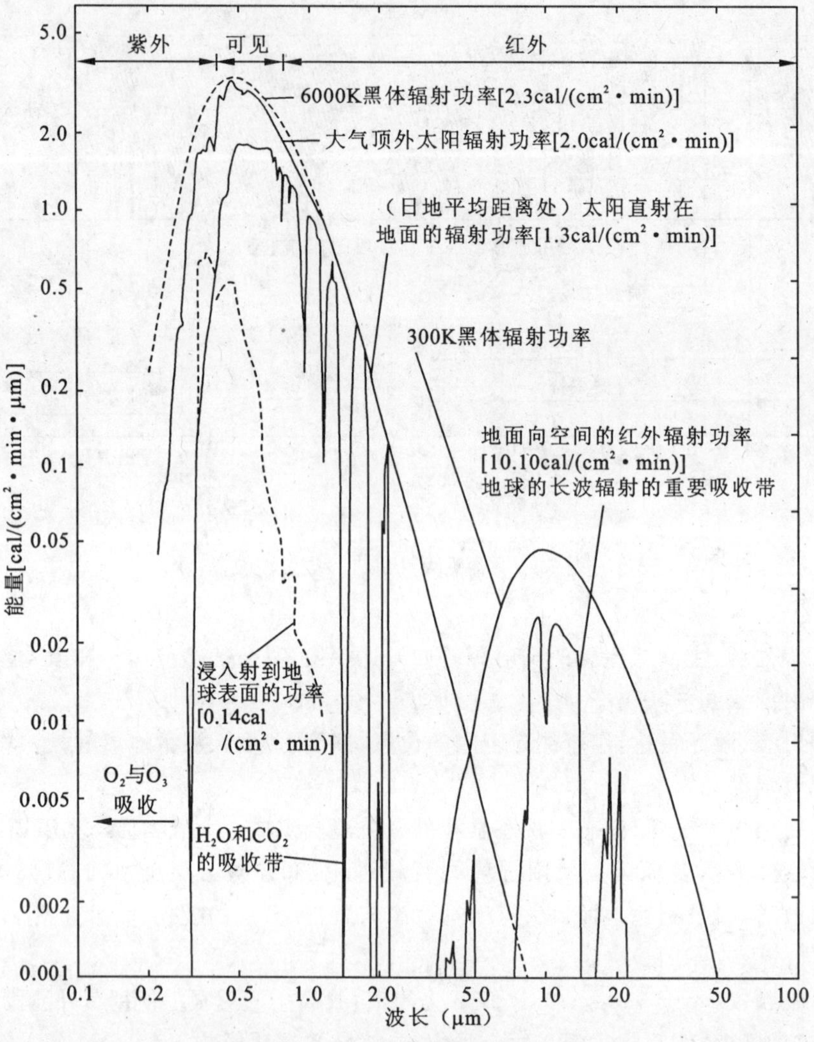

图 5-10　太阳与地球辐射的电磁波谱

表 5-1　各个波段的散射率

颜色	红	橙黄	黄	绿	青蓝	紫	紫外线
波长(μm)	0.7	0.62	0.57	0.53	0.47	0.4	0.3
散射率	1	1.6	2.2	3.3	4.9	5.4	30.0

瑞利散射对可见光的影响较大，对红外辐射的影响很小，对微波的影响可以不计，这也是多波段中不使用蓝紫光的原因。

b)米氏散射：当微粒的直径与辐射波长差不多时的大气散射。云、雾的粒子大小与红外线的波长接近，所以云雾对红外线的米氏散射不可忽视。

c)无选择性散射：当微粒的直径比辐射波长大得多时所发生的散射。符合无选择性散射条件的波段中，任何波段的散射强度相同。水滴、雾、尘埃、烟等气溶胶常常产生非选择性散射。

5.2.3.2 遥感图像

1)基本概念

(1)分辨率。

a)图像的空间分辨率(spatial resolution)。指像素所代表的地面范围的大小，即扫描仪的瞬时视场，或地面物体能分辨的最小单元。对于摄影成像的图像来说，地面分辨率取决于胶片的分辨率和摄影镜头的分辨率所构成的系统分辨率，以及摄影机焦距和航高。

b)波谱分辨率(spectral resolution)。指传感器在接受目标辐射的波谱时能分辨的最小波长间隔。间隔愈小，分辨率愈高。传感器的波段选择必须考虑目标的光谱特征值。在遥感图像上表现为每一像元的辐射量化级。

c)辐射分辨率(radiometric resolution)。指能分辨的最小辐射度间隔。某个波段遥感图像的总信息量与空间分辨率(以像元数 n 表示)、辐射分辨率(以灰度量化级 D 表示)有关。

在多波段遥感中，遥感图像总信息量还取决于波段数 k。

d)时间分辨率(temporal resolution)。指对同一地点进行采样的时间间隔，即采样的时间频率，也称重访周期。时间分辨率对动态监测很重要。

(2)遥感平台：安置遥感传感器的载体。

a)地面平台：三角架、遥感塔、遥感车和遥感船等与地面接触的平台称为地面平台或近地面平台。它通过地物光谱仪或传感器来对地面进行近距离遥感，测定各种地物的波谱特性及影像的实验研究。

b)气球：包括低空气球和高空气球两种。凡是发放到对流层中去的气球称为低空气球；凡是发放到平流层中去的气球称为高空气球。可上升到12～40km的高空。填补了高空飞机升不到、低轨卫星降不到的空中平台的空白。

c)航空平台：包括飞机和气球。飞机按高度可以分为低空平台、中空平台和高空平台。

d)航天平台：包括卫星、火箭、航天飞机、宇宙飞船。

2)成像方式

(1)摄影成像：用摄影机(分幅式摄影机、全景式摄影机、多光谱摄影机、数码摄影机)对地面进行拍摄，形成相片的过程。

摄影比例尺，即航片上某线段 l 与地面相应线段的水平距离 L 之比，称之为摄影比例尺。平坦地区，摄影时像片处于水平状态(垂直摄影)，则像片比例尺等于像机焦距(f)与航高(H)之比(图5-11)。

像片的投影：中心投影(图5-12)焦距固定，航高改变，其比例尺也随之改变。

照相技术的弱点：乳胶片感光技术本身存在着致命的弱点，它所传感的辐射波段仅限于可见光及其附近；其次，照相一次成型，图像存储、传输和处理都不方便。

(2)光/机扫描成像：依靠机械传动装置使光学镜头摆动，形成对目标地物逐点逐行扫描。探测元件把接收到的电磁波能量转换成电信号，在磁介质上记录或再经电/光转换成为光能量，再设置于焦平面的胶片上形成影像。

瞬时视场角：扫描镜在一瞬时时间可以视为静止状态，此时，接收到的目标物的电磁波辐射限制在一个很小的角度之内，这个角度称为瞬时视场角。即扫描仪的空间分辨率。

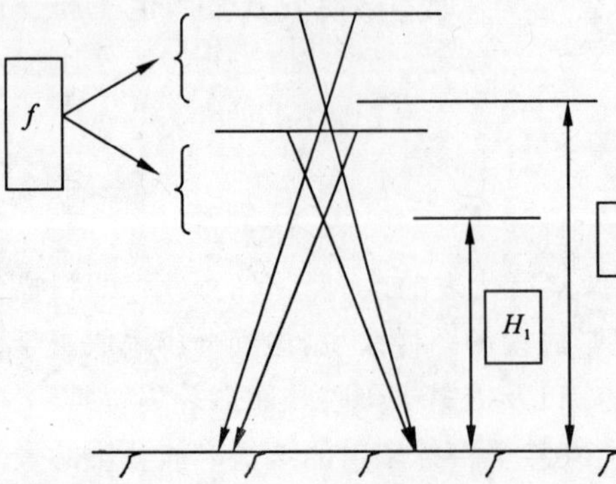

图 5-11　像片比例尺

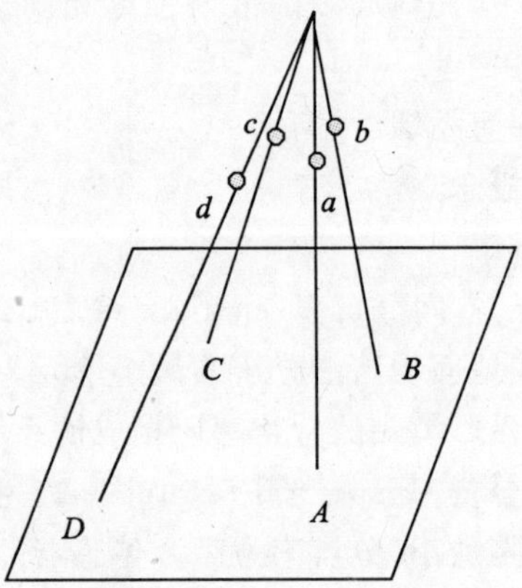

图 5-12　中心投影

总视场角:扫描带的地面宽度称总视场。从遥感平台到地面扫描带外侧所构成的夹角,叫总视场角。

扫描镜在机械驱动下,随遥感平台的前进运动而摆动,依次对地面进行扫描,地面物体的辐射波束经扫描镜反射,并经透镜聚焦和分光分别将不同波长的波段分开,再聚焦到感受不同波长的探测元件上。

(3)固体自扫描:是用固定的探测元件,通过遥感平台的运动对目标地物进行扫描的一种成像方式。扫描方式上具有刷式扫描成像特点。探测元件数目越多,体积越小,分辨率就越高。电子藕合器件 CCD 逐步替代光学机械扫描系统。

(4)高光谱成像光谱扫描。

既能成像又能获取目标光谱曲线的“谱像合一”的技术,称为成像光谱技术。按该原理制成的扫描仪称为成像光谱仪。特点:高光谱成像仪是遥感进展的新技术,其图像由多达数百个波段的非常窄的连续的光谱波段组成,光谱波段覆盖了可见光、近红外、中红外和热红外区域全部光谱带。光谱仪成像时多采用扫描式和推帚式,可以收集 200 或 200 以上波段的数据。使图像中的每一像元均得到连续的反射率曲线,而不像其他传统的成像光谱仪在波段之间存在间隔。

(5)微波遥感与成像。

微波遥感指通过传感器获取从目标地物发射或反射的微波辐射,经过判读处理来认识地物的技术。微波遥感的特点:能全天候、全天时工作;对某些地物具有特殊的波谱特征;对冰、雪、森林、土壤等具有一定穿透力;对海洋遥感具有特殊意义;分辨率较低,但特性明显。

5.2.3.3　遥感图像处理

1)辐射校正(radiometric correction)

辐射畸变:地物目标的光谱反射率的差异在实际测量时,受到传感器本身、大气辐射等因素的影响而发生改变,这种改变称为辐射畸变。

影响辐射畸变的因素:①传感器本身的影响:导致图像不均匀,产生条纹和噪音。②大气的主要影响:减少了图像的对比度,使原始信号和背景信号都增加了因子,图像质量下降。大气影响的粗略校正可通过简单的方法去掉程辐射度(散射光直接进入传感器的那部分),从而改善图像质量。

回归分析法：校正的方法是将波段 b 中每个像元的亮度值减去 a，来改善图像，去掉程辐射度。使图像亮度动态范围得到改善，对比度增强，从而提高了图像质量。

直方图最小值去除法基本思路：每幅图像上都有辐射亮度或反射亮度应为 0 的地区，而事实上并不等于 0，说明亮度最小值必定是这一地区大气影响的程辐射度增值。

2)几何校正

几何畸变：遥感图像的几何位置上发生变化，产生诸如行列不均匀，像元大小与地面大小对应不准确，地物形状不规则变化等变形。几何畸变是平移、缩放、旋转、偏扭、弯曲等作用的结果。

几何校正基本思路：把存在几何畸变的图像，纠正成符合某种地图投影的图像，且要找到新图像中每一像元的亮度值。①建立两个图像像元点之间的对应关系；②求出原图所对应点的亮度，可用最近邻法、双线性内插法、三次卷积内插法。

选择的原则：选择易分辨、易定位的特征点，如道路的交叉口、水库坝址、河流弯曲点等；特征变化大的地区应多选些；尽可能满幅均匀选取。

3)图像增强

图像增强指利用各种数学方法和变换算法提高图像中的对象与非对象的对比度与图像清晰度。对象指所研究目标，非对象指对象以外的背景，从而突出人或其他接收系统所感兴趣的部分。而遥感图像增强则指用各种数学方法和变换算法提高某灰度区域的反差、对比度与清晰度，从而提高图像显示的信息量，使图像有利于人眼分辨。

图像增强的方法主要有两大类：空间域法和频率域法。空间域法主要是在空间域直接对图像的灰度系数进行处理；频率域法是在图像的某种变化域内，对图像的变化系数值进行某种修正，然后通过逆变换获得增强图像。频率域法属于间接增强的方法，低通滤波、同态图像增强均属于该类；空间域法属于直接增强的方法，它又可分为灰度级校正、灰度变换和直方图修正，直方图均衡属于空间域单点增强的直方图修正法。

(1)彩色变换：把数字图像组合转换成彩色图形，或者把各种增强或分类图像组合叠加，以彩色图像显示出来(彩色的视觉分辨能力比黑白高)。

a)单波段彩色变换(假彩色密度分割)：输入图像——显示直方图——确定分割的等级数，并计算分割的间距——像元亮度值转换——为像元新值赋色。单波段彩色变换以不同的色彩表示图像的色调变化，增强了图像的显示能力。但是，同一地物或现象可能被分割成两种不同密度并以不同的颜色显示出来，或同一色彩却表示两种以上不同的地物，造成判读错误。

b)多波段色彩变换：利用计算机将同一地区不同波段的图像存放在不同通道的存储器中，并依照彩色合成原理，分别对各通道的图像进行单基色变换，在彩色屏幕上进行叠置，从而构成彩色合成图像。彩色合成图像分为真彩色图像和假彩色图像。

(2)HLS 变换——RGB 模式与 HLS 模式：将 RGB 模式转换成 HLS(色调、亮度、饱和度)模式，对于定量地表示色彩特性，以及在应用程序中实现两种表达方式的转换具有重要意义。

(3)对比度变换。是一种通过改变图像像元的亮度值来改变图像像元对比度，从而改善图像质量的图像处理方法。将图像中过于集中的像元分布区域(亮度值分布范围)拉开扩展，扩大图像反差的对比度，增强图像表现的层次性，又叫辐射增强。方法有两种：对比度线性变换和非线性变换。

(4)空间滤波:以突出图像上的某些特征为目的,通过像元与周围相邻像元的关系,采取空间域中的邻域处理方法进行图像增强的方法。

图像卷积运算:在图像的左上角开一个与模板同样大小的活动窗口,图像窗口与模板像元的亮度值相乘再相加,得到新像元的灰度值。达到提取线性特征或去除亮点等效果。

(5)图像运算:两幅或多幅单波段影像,完成空间配准后,通过一系列运算,可以实现图像增强,达到提取某些信息或去掉某些不必要信息的目的。其原理是利用地物不同波段的光谱差异。

比值运算:两幅同样行、列数的图像,对应像元的亮度值相除(除数不为0)就是比值运算。该运算常用于突出遥感影像中的植被特征、提取植被类型或估算植被生物量,这种算法的结果称为植被指数。常用算法:近红外波段/红波段;或(近红外－红)/(近红外＋红)。对于区分和增强光谱亮度值虽不明显,而不同波段的比值差异较大的地物有明显效果。

比值处理的方式:根据实际情况,采取加、减、乘、除四则运算。

差值运算:两幅同样行、列数的图像,对应像元的亮度值相减就是差值运算。

(6)多光谱变换:针对多光谱影像存在的一定程度上的相关性以及数据冗余现象,通过函数变换,达到保留主要信息,降低数据量,增强或提取有用信息目的的方法。其变换的本质是对遥感图像实行线性变换,使光谱空间的坐标按一定规律进行旋转。

a)K－L变换:离散变换的简称,又称主成分变换。它是对某一多光谱图像X,利用K－L变换矩阵A进行线性组合,而产生一组新的多光谱图像Y。

K－L变换的特点:变换后的主分量空间与变换前的多光谱空间坐标系相比旋转了一个角度。新坐标系的坐标轴一定指向数据量较大的方向。可实现数据压缩和图像增强。

b)K－T变换:是Kauth－Thomas变换的简称,也称缨帽变换。是一种坐标空间发生旋转的线性变换,旋转后的坐标轴指向与地面景物有密切关系的方向。

K－T变换的应用主要针对TM图像数据和MSS数据,对于扩大陆地卫星TM影像数据分析在农业方面的应用有重要意义。

(7)多源信息融合:是将多种遥感平台,多时相遥感数据之间以及遥感数据与非遥感数据之间的信息组合匹配的技术。

多源信息融合的意义在于发挥不同遥感数据源的优势,弥补某种遥感数据的不足,提高遥感数据的应用性;还有利于综合分析和深入理解遥感数据。

a)不同传感器的遥感数据融合:采用几何校正,分别在不同数据源的影像上选取控制点,用双线性内插或三次卷积内插运算等对分辨率较小的图像进行重采样,完成配准。再利用彩色合成、代换法进行融合。

b)不同时相的遥感数据融合。利用几何校正的方法进行位置配准后,再将直方图进行匹配,使图像的亮度趋于一致,便于比较。

c)遥感与非遥感信息的融合:地理数据的网格化——网格数据生成,然后与遥感数据配准,选取最优的遥感数据进行融合。

5.2.3.4 图像解译和制图

遥感图像解译分为目视解译和计算机解译两种。

1)目视解译

目视解译指专业人员通过直接观察或借助判读仪器在遥感图像上获取特定目标地物信息

的过程。

(1)目标地物的特征。

色：指目标地物在遥感影像上的颜色，包括色调、颜色和阴影。色调：全色遥感图像中从白到黑的密度比例叫色调(也叫灰度)。颜色：是彩色图像中目标地物识别的基本标志。阴影：是图像上光束被地物遮挡而产生的地物的影子。据此可判读物体性质或高度。

形：指目标地物在遥感影像上的形状，包括形状、纹理、大小、图形等。

位：指目标地物在遥感影像上的空间位置，包括目标地物分布的空间位置、相关布局等。

形状：指目标地物在遥感图像上呈现的外部轮廓。

纹理：也叫内部结构，指遥感图像中目标地物内部色调有规则变化造成的影像结构。

大小：指遥感图像上目标物的形状、面积与体积的度量。

图形：目标地物有规律地排列而成的图形结构。

相关布局：多个目标地物之间的空间配置关系。

判读者的知识和经验对目标地物的确认有一定的导向作用，因此，不同的解译者可能得出不同的结论。

(2)遥感扫描影像特征与解译方法。

a. 直接判读法：使用的直接判读标志有色调、色彩、大小、形状、阴影、纹理、图案等。

对比分析法：同类地物对比分析、空间对比分析、时相动态对比法。

b. 信息复合法：利用透明专题图或透明地形图与遥感图像复合，根据专题图或者地形图提供的多种辅助信息，识别遥感图像上目标地物的方法。

c. 综合推理法：综合考虑遥感图像多种解译特征，结合生活常识，分析、推断某种目标地物的方法。

d. 地理相关分析法：根据地理环境中各种地理要素之间相互依存、相互制约的关系，借助专业知识，分析推断某种地理要素性质、类型、状况与分布的方法。

(3)步骤：明确解译任务与要求；收集与分析有关资料；选择合适波段与恰当时相的遥感影像；初步解译与判读区的野外考察。初步解译的主要任务是掌握解译区域特点，确立典型解译样区，建立目视解译标志，探索解译方法，为全面解译奠定基础。

(4)野外考察：填写各种地物的判度标志登记表，以作为建立地区性的判度标志的依据。在此基础上，制定出影像判度的专题分类系统，建立遥感影像解译标志。野外验证包括：检验专题解译中图斑的内容是否正确；检验解译标志；疑难问题的补判(对室内判读中遗留的疑难问题的再次解译)。

2)计算机解译

计算机解译是以计算机系统为支撑环境，利用模式识别技术与人工智能技术相结合，根据遥感图像中目标地物的各种影像特征，结合专家知识库中目标地物的解译经验和成像规律等知识进行分析和推理，实现对遥感图像的理解，完成对遥感图像的解译。

遥感图像计算机分类的依据：遥感图像像素的相似度，常使用距离和相关系数来衡量相似度。采用距离衡量相似度时，距离越小，相似度越大。采用相关系数衡量相似度时，相关程度越大，相似度越大。

(1)遥感图像计算机分类方法：监督分类法。选择具有代表性的典型实验区或训练区，用训练区中已知地面各类地物样本的光谱特性来“训练”计算机，获得识别各类地物的判别函数或模式,并以此对未知地区的像元进行分类处理,分别归入到已知的类别中。非监督分类。在没有先验类别(训练场地)作为样本的条件下,即事先不知道类别特征,主要根据像元间相似度的大小进行归类合并(即相似度的像元归为一类)的方法。

(2)主要步骤:根据图像分类目的选取特定区域的遥感数字图像,需考虑图像的空间分辨率、光谱分辨率、成像时间、图像质量等。根据研究区域,收集与分析地面参考信息和有关数据。根据分类要求和图像数据的特征,选择合适的图像分类方法和算法。制定分类系统,确定分类类别,找出代表这些类别的统计特征。为了测定总体特征,在监督分类中可选择具有代表性的训练场地进行采样,测定其特征。在非监督分类中,可用聚类等方法对特征相似的像素进行归类,测定其特征。对遥感图像中各像素进行分类。分类精度检查。对判别分析的结果进行统计检验。

(3)专家系统:把某一特定领域的专家知识与经验形式化后输入到计算机中,由计算机模仿专家思考问题与解决问题,是代替专家解决专业问题的技术系统。

遥感图像解译专家系统的机理:遥感图像数据库包括遥感图像数据和每个地物单元的不同特征,由数据管理系统进行管理。推理机采用正向推理和反向推理相结合的方式进行遥感图像解译。

(4)计算机解译的主要技术发展趋势。

a)抽取遥感图像多种特征。对高分辨率卫星图像的自动解译来说,一般分别对目标地物采用低、中、高 3 个层次进行特征抽取和表达。低层次的对象是像素,每个像素对应的数值是该地物波谱特征的表征;中层次主要抽取和描述目标的形态、纹理等空间特征;高层次主要抽取和描述识别目标与相邻地物之间的空间关系。

b)逐步完成 GIS 各种专题数据库的建设,利用 GIS 数据减少自动解译中的不确定,GIS 数据库在计算机自动解译中发挥以下重要作用:对遥感图像进行辐射校正,消除或降低地形差异的影响;作为解译的直接证据,增加遥感图像的信息量;作为解译的辅助证据,减少自动解译中的不确定性;作为解译结果的检验数据,降低误判率。

c)建立适用于遥感图像自动解译的专家系统,提高自动解译的灵活性。需要从以下两方面开展工作:建立解译知识库和背景知识库。解译知识库是遥感图像解译认识和经验经形式化后记录在贮存介质上的。背景知识库是有关遥感解译背景知识与经验的集合,以地学知识为主。根据遥感图像解译的特点来构造专家系统。

d)模式识别与专家系统相结合,既可以发挥图像解译专家知识的指导作用,在一定程度上为模式识别提供经验性的知识,又可以利用数字遥感图像本身提供的特征,有助于提高计算机解译的灵活性。

e)计算机解译新方法的应用:人工神经网络(artificial neural networks)在遥感图像识别中的应用;小波分析在遥感图像识别中的应用;分形技术在遥感图像识别中的应用;模糊分类方法在遥感图像识别中的应用。

5.2.3.5 遥感制图

遥感制图内容包括影像地图的设计,遥感影像的选择、处理和识别(图面质量检查包括地图变形情况,图面的清晰程度,按类别进行分要素标描,以免漏掉要素;多幅相邻底图内容检查包括成图时相、内容等;图面要素分类编码),一般选地形图作为地理基础底图,影像几何纠正、制作线划注记版,遥感影象地图的制印。

遥感制图时应注意镶嵌的影像投影相同、比例尺相同，有足够的重叠区域；图像的时相保持一致，多幅图像镶嵌时，以中间一幅为准进行几何拼接和灰度平衡；有必要时应进行局部区域二次几何纠正和灰度调整；镶嵌后的影像应是一幅信息完整、比例尺统一和灰度一致的图像。

5.3　量子遥感

遥感是 20 世纪 60 年代发展起来的对地观测综合性技术。40 余年来，科学技术的发展和经济建设的迫切需求，对遥感科学技术提出了更高的要求。遥感应用领域的扩大，要求在新的层次上解决许多应用基础问题，如遥感信息、成像机理、电磁波辐射传输模型与地学影像特征规律，新一代遥感仪器的遥感原理论证以及在遥感技术应用的理论和方法等方面，都需要我们深入地开展研究。所以，根据遥感科学技术面临的挑战与困难、数字地球研究的需要、国防安全的需要和量子信息技术的发展，量子遥感应运而生。

2002 年 4 月，笔者等人在《量子遥感与复杂性计算的提出与研究》一文中，在国内外首次提出量子遥感的概念，引起了遥感界的关注。量子遥感理论的提出，主要基于很长时间以来，遥感在基础理论、技术方法与应用研究的各种模型和计算误差中一直存在着没有解决的难题。其主要原因是遥感所探测的地球表面是一个复杂的巨系统，而遥感正是对这个复杂巨系统进行信息获取与融合处理的科学技术。尤其是登月计划的实施对遥感科技提出了更高的要求：解决太阳光照不到的月球背面部分，温度接近－183℃，普通遥感器接受不到任何信息的难题。

自量子遥感概念提出以来，我们对量子遥感理论、量子遥感研究方法、量子遥感信息机理、量子遥感技术、量子遥感计算和量子遥感应用等内容进行了深入的研究。先后在 2004 环境遥感学术年会、第十五届全国遥感技术学术交流会、国际环境遥感学术会议、美国光学工程国际学会、日本东京大学应用物理学会、第六届全国光子学学术会议等国内外会议上进行学术交流，并作学术报告，文章已被收录到会议论文集。在《中国科学》、《红外与毫米波学报》、《科学》、《科技导报》、《光子学报》等学术刊物上发表论文 30 余篇，出版《量子光谱成像》学术专著 1 部，申请专利 1 项。

量子光谱成像是量子遥感的核心内容。自 2006 年 8 月以来，进行量子光谱成像理论与技术研究。试图从量子光谱成像入手，把量子遥感从理论工作转到实际应用中来，为量子遥感的实现提供理论基础和技术支持。

5.3.1　量子遥感理论提出的背景

5.3.1.1　遥感科学技术面临的困难

遥感从开始发展到现阶段，关键问题仍是进一步实用化。但是，总的来看，遥感应用的整体水平还不能满足实用的要求。突出表现在两个方面：实时检测与处理能力尚不能满足如自然灾害等所要求的同步、准同步地完成数据获取、分析处理、快速提供连续不断的使用信息；遥感数据定量反演地学参数的能力和精度尚不能达到实用要求。其原因有以下两个方面：①人们对遥感认识尚具局限性，即对遥感成像及传输机理、影像特征、地学规律的认识是随着遥感及各学科的发展而逐步深化的。简化为各向同性与实际的方向性的矛盾、比辐射率和环境辐照度的差异影响问题等，都是遥感理论需要解决的问题。同时，目前的反演模型和应用分析模型过于理想化、概念化,因而结果多是不确定性的。② 遥感技术的问题,如仪器的衰减以及遥感数据处理方法的局限性限制了遥感的定量化水平。

5.3.1.2 量子信息技术发展的需要

量子信息技术是近年发展起来的新兴交叉学科,已经成为国际学术界关注的焦点。美国科学家在量子计算机研究方面取得重大的进展,使得人们向往已久的量子计算机又向我们靠近了一大步,也使得科学家们对利用量子研究领域的新技术研制出超级计算机充满了信心。美国科学家宣称,他们已经实现 4 量子位逻辑门,取得了 4 个锂离子的量子缠结状态,此举使 21 世纪量子计算机的研制取得了重大突破。同时,美国在量子信息技术方面获得了 2 项发明专利,一项是"多光谱量子阱红外探测器",另一项是"对偏振灵敏的波纹状量子阱红外光电探测器列阵"。我国电子信息实验领域在 2004 年取得重大突破(2004 年 1 月 14 日《科学时报》报道),量子信息技术的发展为量子遥感提供了技术基础。

5.3.1.3 数字地球研究的需要

数字地球是一个以地球坐标为依据,具有多分辨率的海量数据和多维显示的虚拟系统。要想真正实现数字地球,就要解决关键的技术问题,如数据格式兼容性难题,即从各个信息源来的数据,如何能在同一个终端,被同一个用户使用。第二步要解决联网的问题,包括博物馆的高速网和经过减速由普通用户使用的因特网 2 个层次。前两步完成以后,从长远来看,要实现时空信息唾手可得。目前的 3S 和信息技术是不能满足这些要求的。量子信息技术的实现为海量数据的储存、计算等提供了方法,量子遥感为实现数字地球的技术难题指明了方向。

5.3.1.4 国防安全的需要

根据美国空军军用卫星的发展特点,以及美国海军和美国航空航天局在超光谱成像技术领域的发展与应用,随着军事侦察、监视需求的格局和需要详细深入地了解目标,光谱成像技术越来越与军方需求密切相关。主要是根据应用需要和遥感器的实际能力选择几个、十几个、几百个甚至上千个谱段探测目标,如果光谱遥感谱段太少,只能了解和发现一些现象,不可能深入地了解探测目标的细节和本质。这就是量子遥感光谱与成像技术理论实验研究的基本动因。它对识别伪装、弄清武器性质和海洋浅海作战等军事应用方面均有重要价值。利用光谱分析的办法可以获得目标固有特性,量子遥感光谱与成像正是可获得固体、液体和气体材料的微观和宏观的光谱特征及空间分布的先进遥感技术。

5.3.2 量子遥感概念的发展

量子遥感是反映遥感技术在量子层次上运动规律的理论与方法,也是反映遥感微观微粒运动规律的理论;是以多时空、动态的地球表面系统为研究对象,以量子遥感信息、量子遥感技术、量子遥感通信、量子遥感计算、量子遥感网络和计算机信息处理为主体的技术系统。随着量子遥感的出现,人们对于遥感信息机理、遥感计算、遥感技术及遥感的认识将会更加深入,从而能更深刻地掌握遥感的物理和化学、信息的性能及其规律,为利用这些规律,服务于遥感理论、技术和应用开辟广阔的途径。

试图以量子力学和遥感科学技术为理论基础,从量子层次的思路来研究和创建"量子遥感",其目的是快速、精确、客观地了解整个遥感信息系统过程,要求对整个遥感信息系统进行遥感技术、信息科学、计算机科学、空间探测、数字通讯、图像处理、数据融合、计算科学和人工智能等交叉学科集理论与技术于一体的综合研究,以了解整个遥感系统所涉及的量子信息流过程。

量子遥感是反映遥感在量子层次上运动规律的理论与方法。随着量子遥感的出现，人们对于遥感的认识将会深入，从而能深刻地掌握遥感的物理、化学和信息的性能及其规律，为利用这些规律于遥感理论、技术、应用和产业化开辟广阔的途径。

遥感的基础理论是建立在经典物理学上的，主要是电磁波理论，它主要以电磁波传输方为表达方式，对应的方程是 Maxwell 方程；而量子遥感以量子力学为基础理论，主要以 Schrodinger 方程和量子态为表达方式。两者在理论和方法上有着本质的不同。现代物理学研究由少数粒子构成的“小”体系，如果知道了支配这些粒子的基本定律，原则上就可以预言由大节粒子构成的宏观物理体系的行为。

量子遥感信息主要研究如何用量子状态表示和传递信息，如何应对遥感信息和量子遥感信息的损失，即量子遥感信息的发射(散射)、传输、衰变(或增强)、处理、分析，直到人们感知接收的全过程。包括量子遥感信息源的物理性质、运动状态和环境背景，电磁波谱特征和大气传输窗口，量子遥感仪器的分辨率和信噪比，图像处理的增强和有效信息的提取，以及人类视觉生理和专业知识，都对量子遥感信息的开发和利用产生直接或间接的、增强或减弱的影响。对这些过程进行定性、定量及其空间频谱的分析研究，对于提高量子遥感技术水平、开拓应用领域，具有重要的理论意义。

遥感电磁波微观领域受到很大的局限，主要原因在于它对带电物质的描述只反映其粒子性的一面，而对电磁波的描述则反映其波动性的一面。事实上，带电粒子具有波动性，而电磁场也具有粒子性。只有在带电物质主要显示粒子性，而电磁场主要显出波动性的情况下，遥感电磁波的计算结果才能近似地反映客观实际。在原子内部，电子的波动性明显，必须应用波函数而不是用经典轨道来描述电子的运动状态。因此，在此范围内，遥感电磁波是不适用的，当电磁场的粒子性显著时，如辐射的高端行为和光电效应等问题，遥感电磁波理论也是不适用的。

量子遥感与遥感在光谱尺度上不同，其波段划分级别从目前纳米级遥感的 10^{-7}m 到10^{9}m 细化至 10^{-10}m 到 10^{-5}m；量子遥感的光谱波段间隔更小，这中间就可能综合着往更深层次上分析研究地物的波谱特性与波段特征的可能性，也就存在着提高对各种地物识别精度的现实性。

基于上述理论和方法的不同，在遥感器的设计方面也不同，最重要的是它们收集的信号不同。在设计遥感器时，其结构也会有很大的不同。量子遥感器对硬件的要求更高、更精密。日本九洲大学电子器件工程系副教授 K. Enpuku 和德国柏林联邦物理技术研究所合作，研制成功世界上性能最好的高温超导量子干涉元件(SQUID)传感器。由于采用了最优化设计和高性能的约瑟夫森结技术，传感器的性能和再生能力大为提高，因此该传感器可用于医学和工业用途。美国 LI-COR 公司的 LI-190SA 光量子传感器主要被植物学家、气象学家、园艺学家、生态调查组和其他环境学家所利用，目的是为了测量空气中植物生长箱和温室中的光合作用量子通量密度。

5.3.3　量子遥感研究对象及内容

“量子遥感”实现的一项重要基础任务是加深对行星一地球系统信息的认识，提高遥感科学技术的广度和深度、精确度和综合程度，并对行星一地球系统内的能量流、物质流、信息流和行星-地球表面系统循环信息的发生与发展进程进行研究。量子遥感是以多时空、动态的行星-地球系统为研究对象，以量子遥感技术、量子遥感信息、量子遥感模型、量子遥感计算、量子遥感通讯、量子遥感网络和计算机信息处理为主体的技术系统。采取基础理论与模型、量子遥感信息机理、量子遥感计算、量子遥感技术、量子遥感应用、广义量子遥感和复杂性量子遥感8个部分组成的思路进行研究和构建。它的核心和目的是深入探索遥感信息机理、客观准确地计算模型方法和图像处理以及开创量子遥感信息技术产业。

5.3.3.1 量子遥感机理

1)量子遥感态的描述

由于微观粒子坐标和动量不再同时取确定值，经典描述对微观粒子自然失效。在量子力学中如何描述一个微观粒子或者多个微观粒子系统的状态呢？量子遥感系统的态由Hilbert空间中的矢量完全描述，一个完备的内积空间称为Hilbert空间。根据上面的定义，量子遥感系统态由Hilbert空间中的矢量描写，表示量子遥感态的矢量为态矢量(state vector)。Hilbert空间就是态矢量张起的空间，在量子遥感中称为态矢空间。一个具体的态矢可以用$\langle\Psi|$表示，Ψ是表征具体态矢的特征量符号。

2)几率幅

由于波函数(一般的态矢量)模方$\langle\Psi(x)|^2$具有几率密度的意义，波函数本身只是几率幅(probability)，它本身并不表示几率，而且由于它是复函数，它并不代表任何物理量。在量子力学中引入几率幅，使量子力学根本上区别于任何经典统计，经典统计总是以几率为研究对象。量子信息理论不同于经典信息理论，概出于这种对编码态的几率幅的描述方法。态矢量或波函数，它的物理意义就在于能对它所描述的系统实施测量的结果几率分布作出预言。只有对相同态的多次重复测量，得到的力学量可能值的几率分布，才能描述量子遥感态的物理性质，量子遥感态矢量中包含一个或几个力学量实现其某些特定值潜在可能性的全部信息。

3)量子遥感波函数和薛定谔(Schrödinger)方程

以实验所揭示的微观粒子的波粒二象性为根据，引进描述量子遥感微观粒子状态的波函数。为了表示遥感信息粒子的波粒二象性，可以用平面波来描写自由粒子，平面波的频率和波长与自由粒子的能量和动量由德布罗意关系联系起来。平面波的频率和波矢都是不随时间或位置改变的，这与自由粒子能量和动量不随时间或位置改变相对应。如果信息粒子受到随时间或位置变化的力场的作用，它的动量和能量不再是常量。这时信息粒子就不能用平面波来描写；而必须用较复杂的波来描述。在一般情况下，我们用一个函数表示描写信息粒子的波，并称这个函数为波函数。它是一个复数。我们知道量子遥感中用波函数描写遥感微观粒子的量子状态时，当一处粒子处于以波函数ψ所描写的量子状态时，粒子的力学量如坐标、动量等一般可以有许多可能值，每个可能值各自以一定的几率出现。

以上讨论的量子遥感态都是指量子遥感微观粒子在某一时刻t的状态，以及描写这个状态的波函数的性质，但未涉及当时间改变时粒子的状态将怎样随着变化的问题。在量子遥感中，微观粒子的状态则用波函数来描写，决定粒子状态变化的方程是薛定谔方程。

4)量子遥感中的力学量

由于量子遥感信息粒子具有波粒二象性，量子遥感信息粒子状态的描述方程和遥感信息粒子不同，它需要用波函数来描写。量子遥感中微观粒子力学量(如坐标、动量、角动量、能量等)的性质也不同于遥感信息粒子的力学量。遥感信息粒子在任何状态下它的力学量都有确定值，而量子遥感信息粒子由于它的波粒二象性，首先是坐标和动量就不能同时有确定值。这种差别的存在，使得我们不得不用和遥感力学量不同的方式，即用算符来表示量子遥感信息粒子的力学量。主要内容有力学量怎样用算符来表示，以及引进算符后，量子遥感中的一般规律所取的形式。

5)量子遥感态和力学量的表象

目前，遥感系统的状态我们都是用坐标(x，y，z)的函数来表示的，也就是说描写状态的波函数是坐标的函数，而力学量则用作用于这种坐标函数的算符来表示。现在我们要说明这种表示方式在量子遥感中并不是惟一的，正如几何学中选用坐标系不是惟一的一样。波函数也可以选用其他变量的函数，力学量则相应地表示为作用在这种波函数的算符。量子遥感态和力学量的具体表示方式称为表象。主要研究内容有量子遥感态的表象，量子遥感算符的矩阵表示，量子遥感公式的矩阵表述、量子遥感的么正变换、量子遥感的狄喇克符号和量子遥感的线性谐振子与占有数表象等。

6)量子遥感中的微扰理论

以上是量子遥感的基本理论，这些理论可以求解一些简单问题。如求得粒子在一维无限深势阱中的运动，线性谐振子的本征值和本征函数，势垒贯穿等问题。像这样可以准确求解的问题是很少的。在经常遇到的许多问题中，由于系统的哈密顿算符比较复杂，往往不能求得精确解，而只能求近似解。因此，量子遥感中用来求问题的近似解的方法就显得非常重要。近似方法通常是从简单问题的精确解出发来求较复杂问题的近似解。可分为两大类：一类用于系统的哈密顿算符不是时间的显函数的情况，讨论的是定态问题，如定态微扰理论；另一类用于系统的哈密顿算符是时间的显函数的情况，讨论的是系统状态之间的跃迁问题，与时间有关的微扰理论就属于这一类。主要研究内容是量子遥感的非简单定态微扰理论、简单情况下的微扰理论、氢原子的一级斯塔克效应、变分法、氢原子基态(变分法)、与时间有关的微扰理论、跃迁几率、光的发射、吸收与选择定则。

7)量子遥感的散射

在量子遥感中，散射现象也称碰撞现象。研究量子遥感信息粒子与力场(或粒子与粒子)碰撞的过程有很重要的实际意义。我们对原子内部结构的了解就是通过粒子与原子碰撞而取得的。如果量子遥感信息一粒子与另一粒子碰撞的过程中，只有动能的变换，粒子内部状态并无改变，则称这种碰撞为弹性碰撞(或弹性散射)；若碰撞中粒子内部状态有所改变(例如原子被激发或电离)，则称为非弹性碰撞(或非弹性散射)。主要研究内容有量子遥感的粒子流碰撞过程散射截面、辏力场中的弹性散射(分波法)、方形势阱与势垒所产生的散射、玻恩近似、量子遥感的质心坐标系与实验室坐标系等。

8)量子遥感的自旋与全同粒子

从上述几节中我们看到，从 Schrödinger 方程出发可以解释量子遥感许多微观现象，例如计算谐振子和氢原子的能级从而得出它们的谱线频率，计算粒子被势场散射时的散射截面以及原子对光的吸收和发射系数等，计算结果在相当精确的范围内与实验符合。但是这个理论还有较大的局限性。首先，我们知道遥感微观粒子都有自旋。Schrödinger 方程没有把自旋包含进去，因而用前面已建立的理论还不能解释牵涉到自旋的微观现象，如塞曼效应等。此外，前面讨论的是一个粒子在力场中运动的问题，而实际存在的系统一般都是 2 个或 2 个以上的粒子组成的系统——多粒子系统，对于这种系统，前面的理论也还不能处理。因此将自旋引进量子遥感理论，讨论量子遥感具有自旋的粒子态函数和自旋角动量的性质，然后叙述量子遥感多粒子系统的特性，应用这一特性来讨论量子遥感谱线频率的能级。

量子遥感信息论的基本思想、基本目标为：

(1)确定量子遥感静态资源的基本类型，量子比特就是一个例子。因为遥感信息中的基本静态资源与量子遥感信息论有很大关系和分歧。另一静态资源的基本类型的例子是在分开双方之间共享的Bell态。

(2)确定量子遥感动态过程的基本类型。一个简单的例子是内存，在一段时间内能够存储量子遥感信息状态。更加不平凡的过程是 Alice 和 Bob 双方的量子遥感信息传输，复制量子遥感信息状态，以及保护量子遥感信息不受噪声干扰。

(3)基本动态过程进行中资源量化的折衷。例如，使用常噪声的信道在双方之间可靠传送量子遥感信息所需要的最少资源是什么？

量子遥感信息比遥感信息范围更宽，因为量子遥感信息包含遥感信息的所有动态、静态要素，同时还有附加的动静态要素。主要研究内容包括通过量子遥感信道的遥感信息，通过量子遥感信道的量子遥感信息，量子遥感信息的不可区分性，纠缠现象的产生和变换等。

5.3.3.2 量子遥感计算模型

在量子遥感基础理论研究的基础上，为了更深刻地认识和研究量子遥感，实现在量子遥感信息、量子遥感计算、量子遥感技术和量子遥感应用方面的可操作性，很有必要开展量子遥感计算模型研究。主要内容有：

1)量子遥感态

在量子遥感波粒二象性、波函数统计解释；力学量用算符描述，本征值与本征态，Heisenberg 不确定度关系；量子态叠加原理，表象与表象变换；量子态随时间的演化，Schrödinger 方程，定态研究和对 Bohr 互补性原理解释的基础上，开展量子遥感态模型研究。

2)量子遥感的路径积分

在薛定谔理论形式中，用波函数描述粒子的量子遥感态。例如一维粒子，用 $\Psi(x\ ,t)$表征粒子时刻 t 出现于 x 点的概率波幅(并不问其过去历史如何)。传播子则直接给人以更细致的信息。$\kappa(xt,x'k')$表示一种特别的概率波幅，即指明粒子在 t 时刻位于 x'点，而在 t'时刻出现于 x 点的概率波幅。两者关系如下：

$$\Psi(x,t)=\int\kappa(xt\ ,x't')\Psi(x't')\mathrm{d}x'$$

Feynman 路径积分理论的特点是采用完全不同的方案来建立传播子，把它与经典力学中的作用量直接联系起来。

3)量子遥感中的相位

量子遥感中，描述荷电粒子在电磁场中的动力学方程中都会出现粒子所在地域的矢势 $A(r,t)$和标势 $\Psi(r,t)$。在电磁场程度为 0 的区域中(但矢势和标势并不为 0)运动的二束相干的荷电粒子、波函数会发生不同的相位变化，因此当二束粒子重新会聚后，就会出现干涉现象。后来在实验中观测到了这种干涉现象，人们称之为 AB 效应。

4)量子遥感的二次量子化

对于全同粒子组成的系统，由于粒子的全同性(不可分辨性)，任何 2 个粒子的置换并不导致一个新的量子态。通过深入分析可能得出，这种对称性对全同粒子系的量子态给予了很强的限制，即对于全同粒子系，在自然界中能实现的量子态，只可能是具有一定置换对称性的量子态。它们或者是对于任何 2 个粒子交换不变的对称态，或者是任何 2 个粒子置换改变正负号的反对称态。对于前者，粒子系的统计性质遵守 Bose 统计，故称为 Bose 子。对于后者，则遵守 Fermi 统计，故称为 Fermi 子。所有实验都表明，统计性与粒子的自旋值密切相关，即 Bose 子的自旋（单位 η）为整数（包括 0），而 Fermi 子的自旋为奇数。

5）量子遥感系统的对称性

Einstein 的伟大贡献之一在于，他首次指出对称性（不变性）在物理学中的重大意义。最基本的不变性是：①自然规律在空间各处都相同，不因地点而异，此即“空间的均匀性”。②自然规律不因时间不同而异，此即“时间的均匀性”。③自然规律的旋转不变性，或“空间各向同性”。对于一个孤立系来讲，空间和时间的均匀性及空间各向同性是一种很自然的假定，几乎是不言而喻的。④第 4 种不变性并不像以上 3 种不变性，它是 Galilei 不变性的发展。简单来说，就是自然规律对于各惯性参考系是完全相同的网。

在 Einstein 之后，对称性的重要性虽然已经为不少人注意到，但对称性真正成为物理学日常工作的语言，还是量子力学建立以后的事。与经典物理学相比，量子物理学中对称性的内涵及其应用范围都大大扩充了。该种情况的出现固然与解决各领域中实际问题的需要有关，但更根本的原因是量子力学规律本身的特点所带来的。

6）量子遥感的时间反演

关于时间反演概念，人们常常感到很神秘。但正如 Wigner 曾经着重指出那样，“时间反演态”并不意味着真正时间倒流，而只不过是“运动方向的倒转”。两个逆向的运动过程中，时间都是正向流动，因果关系也是相同的，所以时间反演概念并没有什么神秘的东西。

量子遥感的时间反演不变性并不导致相应的某种守恒量。尽管如此，时间反演不变性可以导致一个反应过程与其逆过程的概率之间存在一定的关系。此外，还可能导致某些选择定则，在某些情况下，还可以导致能极简并（kramers）。主要内容有时间反演态与时间反演算符、时间反演不变性、力学量的分类与矩阵元的计算。

7）量子遥感的散射理论模型

假设散射问题中的 Hamilton 量可表示为

$$H = H_0 + V$$

其中，H_0 包括自由状态 F 的入散粒子的 Hamilton 量和靶粒子的 Hamilton 量，V 表示入散粒子与靶粒子的相互作用。设 V 具有有限力程长程力的散射。处理散射问题，采用相互作用表象在形式上是方便的。主要内容有散射的形式理论、Coulomb 散射等。

8）辐射场的量子化及其与物质的相互作用

遥感辐射场量子化的基本思想是找出描述经典场的一组完备的正则“坐标”和“动量”，然后把它们视为相应的算符，满足正则坐标和动量的对易式，从而使之量子化，此时 Planck 常数将出现其中。经典辐射场可以看成由无穷多个独立的谐振子组成的系统。主要研究内容有经典辐射场、遥感辐射场的量子化、多极辐射场及其量子化、自发多极辐射等。

针对遥感科学技术发展现状和面临的困难，在结合信息科学技术、量子信息技术、数字地球、地球系统科学研究和国防安全需要的基础上，开展了原始性创新的探索研究，提出了量子遥感的概念、研究方法、基础理论、信息机理、计算模型和量子遥感的研究领域等，为遥感科学技术创新提供新理论、新技术和实验研究。

5.4　地理信息系统(GIS)

5.4.1　GIS 概述

当今信息技术突飞猛进,信息产业空前发展,信息资源爆炸式扩张。多尺度、多类型、多时态的地理信息是人类研究和解决土地、环境、人口、灾害、规划、建设等重大问题时所必需的重要信息资源。系统论、信息论、控制论的形成,计算机技术、通信技术、遥感技术等空间技术、自动化技术的应用,为信息资源的科学管理展示了广阔的前景。地理信息系统顺时而生,它是集计算机科学、信息科学、现代地理学、测绘学、遥感、环境科学、城市科学、空间信息科学等为一体的新兴边缘学科。地理信息系统的迅速发展不仅为地理信息现代化管理提供了契机,而且有利于其他高新技术产业的发展。

地理信息系统(Geographic Information System 或 Geo－Information System,简称 GIS)有时又称为"地学信息系统"或"资源与环境信息系统"。它是一种特定的十分重要的空间信息系统,是在计算机软、硬件系统支持下,对整个或部分地球表层(包括大气层)的有关地理分布数据进行采集、储存、管理、运算、分析、显示和描述的技术系统。地理信息系统处理、管理的对象是多种地理实体和地理现象数据及其关系,包括空间定位数据、图形数据、遥感图像数据、属性数据等,用于分析和处理在一定地理区域内分布的地理线实体、现象及过程,解决复杂的规划、决策和管理问题。简言之,地理信息系统是对空间数据进行采集、编辑、存储、分析和输出的计算机信息系统。

5.4.1.1　地理信息的特征

作为信息的一种,地理信息具备信息的基本特征,即客观性、适用性、可传输性和共享性;但从其本身而言,地理信息还具有一些独特的特性,它们包括:

(1)空间相关性:任何地理事物是相关的,并且在空间上相距越近则相关性越大,空间距离越远则相关性越小,同时地理信息的相关性具有区域性特点。

(2)空间区域性:区域性是地理信息的天然特性,不仅体现在数据上的分区组织,而且在应用上也是面向区域的,即一个部门或专题必然也是面向所管理或服务的区域的。

(3)空间多样性:在不同地方或区域上,地理数据的变化趋势是不同的,地理信息的多样性意味着地理信息的分析结果需要依赖于其位置,才能得出合乎逻辑的解释。地理信息的多样性也体现在不同区域对地理信息的需求也不一样,特别是对于地理信息服务,信息的生产、存储和使用安排需要考虑不同地方对信息的需求。

(4)空间层次性:地理信息的层次性首先体现在同一区域上的地理对象具有多重属性,例如某区的土壤侵蚀研究,相关因素包括该地区的降雨、植被覆盖、土壤类型等;其次是空间尺度上的层次性,不同空间尺度数据具有不同的空间信息特征。

5.4.1.2　GIS 的基本内涵

(1)GIS 的物理外壳是计算机化的技术系统,它又由若干个相互关联的子系统构成,如数据采集子系统、数据管理子系统、数据处理和分析子系统、图像处理子系统、数据产品输出子系统等,这些子系统的结构及其优劣程度直接影响着 GIS 的硬件平台、功能、效率、数据处理的方式和产品输出的类型。

(2)GIS的操作对象是空间数据，即点、线、面、体这类有3维要素的地理实体和地理现象。空间数据的最根本特点是每一个数据都按统一的地理坐标进行编码，实现对其定位、定性和定量的描述，这是GIS区别于其他类型信息系统的根本标志，也是其技术难点之所在。

(3)GIS的技术优势在于它的数据综合、模拟与分析评价能力，可以得到常规方法或普通信息系统难以得到的重要信息，实现地理空间过程演化的模拟和预测。

(4)GIS与测绘学和地理学有着密切的关系。大地测量、工程测量、矿山测量、地籍测量、航空摄影测量和遥感技术为GIS中的空间实体提供各种不同比例尺和精度的定位数；电子速测仪、GPS全球定位技术、解析或数字摄影测量工作站、遥感图像处理系统等现代测绘技术的使用，可直接、快速和自动地获取空间目标的数字信息产品，为GIS提供丰富和更为实时的信息源，并促使GIS向更高层次发展。地理学是GIS的理论依托。有的学者断言，地理信息系统和信息地理学是地理科学第二次革命的主要工具和手段。如果说GIS的兴起和发展是地理科学信息革命的一把钥匙，那么，信息地理学的兴起和发展将是打开地理科学信息革命的一扇大门，它必将为地理科学的发展和提高开辟一个崭新的天地。GIS被誉为地学的第三代语言——用数字形式来描述空间实体。

5.4.1.3　GIS的应用

地理信息系统的博才取胜和运筹帷幄的优势，使它成为国家宏观决策和区域多目标开发的重要技术工具，也成为与空间信息有关的各行各业的基本工具(表5－2)。

表5－2　GIS主要应用部门

应用领域	内　　容	所涉及的管理部门或机构
测绘、地图制图	数字地图、网络地图、电子地图、数字测绘，等等	各级测绘部门
资源管理	土地、水利、电力、矿产等各种资源及其附属设施的管理、资源清查，等等	土地管理机构、防汛防旱指挥部、水利部门的水工程管理、水政管理、水文局、农田水利和水利规划院、环保局，林业局、水产局、国土资源部门的地质矿产管理机构、石油管理部门，等等
灾害监测	农业病虫害、地震、海啸、干旱、土地沙化、森林火灾、区域洪涝等重大自然灾害信息建库管理与灾害评估、分析、预测、急救指导，等等	农业局、地震局、海事局、航空管理局等
环境保护	环境信息的建库管理与环境变化的监测、分析与预报等。如湿地资源及其生物多样性的遥感监测、景观生态研究与设计、动物生态与动物地理分布、环境生态形势的空间分异研究、野生动物保护等	各级环境管理与监测部门、研究所等
精细农业	农业资源调查与管理，农业区划，开展农业生态环境研究，开展农业土地适应性评价，进行农业灾害预测与控制，进行农作物估产与监测，在精确农业中的应用	农业局及各级农业技术服务站等

续表 5-2

应用领域	内　容	所涉及的管理部门或机构
电子商务	提供电子商务的基础平台，对各种信息进行加工、处理、融合和应用，为各种用户提供信息服务和管理决策依据等	电子商务服务商及各级管理部门
电子政务	提升电子政务的应用层次，并为实现其综合业务分析和空间辅助决策提供技术支撑平台，为电子政务提供清晰易读的可视化服务平台，实现对非空间数据的空间定位、空间分析和空间辅助决策	各级政府机关
城乡规划与管理	城市规划信息管理、城市 3 维可视化、城市供水智能管理、城市管线信息、城市房产信息等。在区域研究方面则有可持续发展空间分析、综合经济区划分、工业布局调整、工程移民、乡村聚落空间分布、人口增长空间变化、建立区域资源信息系统、资源与环境地理信息系统等	城市规划设计与管理部门、市政工程设计与管理局、城市交通部门与道路建设部门、自来水公司、煤气公司、电力局或电力公司、电信局或电信公司，等等
交通运输	交通、道路规划设计，城市交通管理，城市公共交通、公路运输和航运管理、航空运输、铁路运输设计和管理等	城市规划局、公安局交警或巡警大队、公交公司、交通局及其设计院、民航总局、铁道部或铁路运输管理和设计部门等
人口管理	人口统计分析、计划生育、人口流动管理等	公安局、民政部门、政府机关等
宏观决策	利用拥有的数据库，通过一系列决策模型的构建和比较分析，为国家宏观决策提供依据	各级政府决策与管理部门
国防、军事	战略构思、战术安排，战场模拟，自动影像匹配和自动目标识别，实时战场数字影像处理，及时反映战场现状，等等	各级国防、军事部门等
公安、急救	犯罪空间分析、110 报警系统、119 报警系统等	公安局、消防局、保险公司、民政部门等
医疗、卫生	健康和疾病防治等	卫生局、防疫站等

5.4.1.4　GIS 的发展

综观 GIS 的发展，可将地理信息系统发展分为以下几个阶段。

1)地理信息系统的开拓期(20 世纪 50～60 年代)

20 世纪 60 年代是地理信息系统开拓起步阶段，该阶段关注的主要是空间数据的地学处理。在这个阶段，计算机硬件系统的功能还很弱，计算机存储能力很小且磁带存取速度也很慢，这一切都极大地制约着地理信息系统的发展，使得图形功能和地学分析功能都非常有限，相应的算法也比较粗糙。这一时期由于计算机硬件系统功能较弱，限制了软件技术的发展。因此地理信息系统软件的研制主要是针对具体的 GIS 应用进行的，到 20 世纪 60 年代末期，针对 GIS 一些具体功能的软件技术有了较大发展。

2)地理信息系统的巩固发展期(20 世纪 70 年代)

20 世纪 70 年代是地理信息系统的巩固发展阶段,该阶段关注的主要是空间地理信息的管理。在这个阶段,计算机硬件技术和软件技术得到了迅速的发展,数据处理速度加快,内存容量增大,输入、输出设备比较齐全,而且还推出了大容量直接存储设备——磁盘,这为地理数据的录入、存储、检索、输出等提供了强有力的支撑。而图形、图像卡等技术的发展则增强了人机对话和图形的显示功能,为基于图形的人机交互提供了良好的基础。虽然这个阶段系统的数据分析能力仍然较弱,但人机图形交互技术却取得了很大进展。

这个时期地理信息系统发展的总体特点:地理信息系统在继承 60 年代技术基础之上,充分利用了新的计算机技术,但系统的数据分析能力仍然很弱;在地理信息系统技术方面未有新的突破;系统的应用与开发多限于某个机构;专家个人的影响削弱,而政府影响增强;人机图形交互技术的发展成为这一时期软件的最重要进展。

3)地理信息系统技术大发展时期(20 世纪 80 年代)

由于大规模和超大规模集成电路的问世,推出了第四代计算机,特别是微型计算机和远程通讯传输设备的出现为计算机的普及应用创造了条件,加上计算机网络的建立,使地理信息的传输时效得到极大的提高。在系统软件方面,完全面向数据管理的数据库管理系统(DBMS)通过操作系统(OS)管理数据,系统软件工具和应用软件工具得到研制,数据处理开始和数学模型、模拟等决策工具结合。地理信息系统的应用领域迅速扩大,从资源管理、环境规划到应急反应,从商业服务区域划分到政治选举分区等,涉及到了许多的学科与领域,如古人类学、景观生态规划、森林管理、土木工程以及计算机科学等。这一时期,许多国家制定了本国的地理信息系统发展规划,启动了若干科研项目,建立了一些政府性、学术性机构,如美国于 1987 年成立了国家地理信息与分析中心(NCGIA),英国于 1987 年成立了地理信息协会。同时,商业性的咨询公司、软件制造商大量涌现,并提供系列专业化服务。地理信息系统不仅引起工业化国家的普遍兴趣,例如英、法、联邦德国、挪威、瑞典、荷兰、以色列、澳大利亚、苏联等国都在积极解决地理信息系统的发展和应用,而且不再受国家界线的限制,地理信息系统开始用于解决全球性的问题。

这个时期地理信息系统发展的总体特点是:

第一,栅格-矢量转换技术、自动拓扑编码以及多边形中拓扑误差检测等方法得以发展,开辟了处理图形和属性数据的途径;

第二,具属性数据的单张或部分图幅可以与其他图幅或部分在图边自动拼接,从而构成一副更大的图件,使小型计算机能够分块处理较大空间范围(或图幅)的数据文件;

第三,采用命令语言建立空间数据管理系统,对属性再分类、分解线段、合并多边形改变比例尺、测量面积、产生新图和新的多边形、按属性搜索、输出表格和报告以及多边形的叠加处理等。

4)地理信息系统的应用普及时代(20 世纪 90 年代至今)

20 世纪 90 年代至今是地理信息系统的应用普及阶段,在这个阶段地理信息系统已经是许多机构必备的工作系统。随着各个领域对地理信息系统认识程度和认可程度的提高,应用需求大幅度增加,导致地理信息系统正向更深的应用层次发展,表现出从地理系统走向地理信息服务的趋势,发展趋势包括网络 GIS、互操作 GIS、地理信息共享与标准化、时态 GIS、3S 集成、虚拟 GIS、移动 GIS、数字地球和格网 GIS 等内容。随着空间理论和网络技术的飞速发展,

GIS从技术上将向更具有互操作性和更加开放化、网络化、分布化、移动化、可视化的方向发展，从应用上将向着更高层次的数字地球、地球信息科学及大众化的方向发展。该时期GIS的发展呈现以下特点：多源数据信息共享；数据实现跨平台操作；平衡计算负载和网络流量负载；操作及管理简单化；应用普及化、大众化。

这个时期GIS发展的标志性技术主要有：

(1)数字地球。1998年美国副总统戈尔提出"数字地球"的概念："我相信我们需要一个'数字地球'，即一种可以嵌入海量数据、多分辨率和三维的地球。"数字地球是对真实地球及其相关现象统一性的数字化重现和认识，其核心思想是用数字化手段统一处理地球问题和最大限度地利用信息资源。与数字地球相关的支持技术包括计算技术、海量存储技术、数据获取技术、宽带网络技术、互操作技术及元数据等，涉及数据获取与更新、存储与管理、处理与分析以及数据与信息传播等方面。数字地球的提出和数字城市工程的逐步推进，在为地理信息系统带来发展机遇的同时也对地理信息系统的理论和技术提出了挑战和新的要求，有不少理论和技术需要进一步发展和完善。

(2)网格GIS(GRID GIS)。网格(grid)被称为第三代互联网应用，它是把整个互联网整合成一台巨大的超级计算机，实现各种资源的全面共享。网格计算是一种利用互联网或专用网络把地理上分布的各种计算机、计算机集群、存储系统和可视化系统等集成在一起。基于网格计算的GIS平台，能够分布式、协作化和智能化地处理地理信息，特别适合用于解决涉及大量空间分析的问题，其目标是实现空间信息的网格化。随着应用的深入，网格计算必将会应用到GIS中，并和计算资源、空间地理数据和通信等集成，构成一个较完整的空间信息服务系统。

(3)虚拟现实GIS(Virtual Reality GIS，VR GIS)。VR GIS是目前GIS发展的一个前沿。VR GIS就是GIS与虚拟地理环境(VR)技术的结合，其核心技术是VR。VR是一项综合集成技术，涉及三维图形技术、网络通讯技术、数据库、人工智能等领域。VR GIS是一种最有效的模拟人在自然环境中视、听、动等行为的高级人机交互技术，主要通过虚拟建模语言(Virtual Reality Model Language，VRML)把GIS数据转换到VR中，为人们提供一个逼真的模拟环境。GIS与VR技术结合，将虚拟环境带入GIS使其更加完善。

(4)移动GIS。随着手机、掌上电脑、PDA等移动通信终端的发展和普及，无线应用协议WAP和无线定位技术WLT作为无线互联网领域的研究热点，已经显示出巨大的应用前景和市场价值。无线通信技术、移动定位技术和WebGIS的结合形成了移动GIS(Mobile GIS)和无线定位服务(Wireless Location Service)。一方面，它可以使GIS用户随时、方便、双向互动地获取网络提供的各种地理信息服务；另一方面，它也可以使地理信息随时、随地为任何人、任何事进行服务(Geo－information for Anyone Anything at Anywhere and Anytime ，4A服务)，如个人位置信息服务、车辆导航定位与跟踪、个人安全与紧急救助等。这些服务与人们的日常生活息息相关，随着它们的日渐普及，GIS的功能和应用将得到大大的拓展和延伸，GIS也将真正走向大众化和社会化。

新的技术的提出与逐步推进，在为地理信息系统带来发展机遇的同时也对地理信息系统的理论和技术提出了挑战和新的要求，有不少理论和技术需要进一步发展和完善。

今天，GIS已是一个全球拥有数十万的工作人员和数十亿美元的产业。GIS已在全世界的中学、学院、大学里被讲授。在每个领域里的专家不断地意识到按地理的观点来思考和工作所带来的优越性。

5.4.2　GIS的组成

GIS功能的实现需要一定的环境支持,GIS运行环境包括计算机硬件系统、软件系统、网络、地理空间数据和管理与应用人员。其核心部分是计算机软、硬件系统,空间数据反映了GIS的地理内容,而管理人员和用户则决定系统的工作方式和信息表示方式。

5.4.2.1　硬件系统

计算机硬件是计算机系统中的实际物理装置的总称,是GIS的物理外壳,可以是电子的、电的、磁的、机械的、光的元件或装置。系统的规模、精度、速度、功能、形式、使用方法甚至软件都与硬件有极大的关系,受硬件指标的支持或制约。

GIS硬件系统包括输入设备、处理设备、存储设备和输出设备4部分。其中处理设备、存储设备和输出设备与一般信息系统并无差别,但由于GIS处理的是空间数据,其数据输入设备除常规的设备外,还包括空间数据采集的专用设备如全球定位系统(Global Position System,GPS)、全站仪、数字摄影测量等。

5.4.2.2　软件系统

软件系统是指GIS系统运行所必需的各种程序,通常包括GIS系统支撑软件、GIS系统平台软件和GIS系统应用软件3类。其中GIS支撑软件是指GIS系统运行所必需的各种软件环境,如操作系统、数据库管理系统、图形处理系统等;GIS系统平台软件包括GIS系统功能所必需的各种处理软件,一般包括空间数据输入与转换、空间数据编辑、空间数据管理、空间查询与空间分析、制图与输出5部分,称之为GIS五大子系统;GIS系统应用软件一般是在GIS平台软件基础上,通过二次开发所形成的具体的应用软件,一般是面向应用部门的。

5.4.2.3　网络

GIS中网络的主要作用是信息传输。由于GIS数据的海量特征,对网络的要求也比较高。GIS中的网络形式一般有局域网、广域网、无线网络和Internet/Intranet/Extranet等几种。

局域网(Local Area Network,LAN)由特定类型的传输媒体(如电缆、光缆和无线媒体)和网络适配器(亦称为网卡)互连在一起的计算机,并受网络操作系统监控的网络系统,适合于小区、区域内部等的网络建设。广域网(Wide Area Network,WAN)是众多LAN的集合,其中有些LAN或者全部LAN使用跨越较长距离的点到点链路连接在一起,最大特点是计算机分布范围广,不受区域限制,广泛采用电话通道或卫星信道,但传输效率较低。无线网络主要是针对移动GIS而言的,采用无线通信方法解决信息的传输问题。

Internet是一个由各种不同类型和规模的独立运行与管理的计算机网络组成的全球范围的计算机网络。组成Internet的计算机网络包括局域网(LAN)、城域网(MAN)以及大规模的广域网(WAN)等。Internet网络互连采用的基本协议是TCP/IP。Intranet是指一个企业内部各组织互连所形成的网络。它是在统一行政管理和安全控制管理之下,采用Internet的标准技术和应用系统建设成的网络,并使用与Internet相互协调的技术开发企业内部的各种应用系统。Extranet是在Internet和Intranet的基础上发展起来的,根据企业自身的体系结构和运作方式,使网络高层体系结构逐步与企业计算模式相协调。

5.4.2.4　地理空间数据

地理空间数据是指以地球表面空间位置为参照的自然、社会和人文景观数据,可以是图形、图像、文字、表格和数字等,由系统的建立者通过数字化仪、扫描仪、键盘、磁带机或其他通讯系统输入 GIS,是系统程序作用的对象,是 GIS 所表达的现实世界经过模型抽象的实质性内容。不同用途的 GIS 其地理空间数据的种类、精度都是不同的,但基本上都包括 3 种互相联系的数据类型。

1)某个已知坐标系中的位置

即几何坐标,标识地理实体和地理现象在某个已知坐标系(如大地坐标系、直角坐标系、极坐标系、自定义坐标系)中的空间位置,可以是经纬度、平面直角坐标、极坐标,也可以是矩阵的行、列数等。

2)实体间的空间相关性

即拓扑关系,表示点、线、面实体之间的空间联系,如网络结点与网络线之间的枢纽关系,边界线与面实体间的构成关系,面实体与岛或内部点的包含关系等。空间拓扑关系对于地理空间数据的编码、录入、格式转换、存贮管理、查询检索和模型分析都有重要意义,是地理信息系统的特色之一。

3)与几何位置无关的属性

即常说的非几何属性或简称属性(attribute),是与地理实体和地理现象相联系的地理变量或地理意义。属性分为定性和定量两种:前者包括名称、类型、特性等,如岩石类型、土壤种类、土地利用类型、行政区划等;后者包括数量和等级,如面积、长度、土地等级、人口数量、降雨量、河流长度、水土流失量等。非几何属性一般是经过抽象的概念,通过分类、命名、量算、统计得到。任何地理实体和地理现象至少有一个属性,而地理信息系统的分析、检索和表示主要是通过属性的操作运算实现的,因此,属性的分类系统、量算指标对系统的功能有较大的影响。

地理信息系统特殊的空间数据模型决定了地理信息系统特殊的空间数据结构和特殊的数据编码,也决定了地理信息系统具有特色的空间数据管理方法和系统空间数据分析功能,成为地理学研究和资源管理的重要工具。

5.4.2.5 管理与应用人员

人是 GIS 中的重要构成因素。地理信息系统从其设计、建立、运行到维护的整个生命周期,处处都离不开人的作用。仅有系统软硬件和数据还构不成完整的地理信息系统,需要人进行系统组织、管理、维护和数据更新,系统扩充完善,应用程序开发,并灵活采用地理分析模型提取多种信息,为研究和决策服务。

5.4.3 GIS 的功能

GIS 首先要重建真实地理环境,而地理环境的重建需要获取各类空间数据(数据获取),这些数据必须准确可靠(数据编辑与处理),并按一定的结构进行组织和管理(空间数据库),在此基础上,GIS 还必须提供各种求解工具(称之为空间分析),以及对分析结果的表达(数据输出)。因此,一个 GIS 系统应该具备以下基本功能。

5.4.3.1 数据采集

数据是 GIS 的血液,贯穿于 GIS 的各个过程。数据采集是 GIS 的第一步。数据采集包括将现有的地图、外业观测成果、航空像片、遥感图片数据、文本资料等转换成 GIS 可以接受的数字形式;数据库入库之前进行验证、修改、编辑等处理,保证数据在内容和逻辑上的一致性。不同来源的数据转化成 GIS 兼容的格式,需要不同的设备和方法,必要时要进行数据转换。收集的主要数据是图形信息和属性信息。

1)数据源的选择

地理信息系统可用的数据源多种多样，进行选择时，应注意从以下几个方面考虑：①是否能够满足系统功能的要求。②所选数据源是否已有使用经验。如果传统的数据源可用的话，就应避免使用其他的陌生数据源。一般情况下，当两种数据源的数据精度差别不大时，宜采用有使用经验的传统数据源。③系统成本。因为数据成本占GIS工程成本的70%甚至更多，所以数据源的选择对于系统整体的成本控制来说至关重要。

2)采集方法的确定

根据所选数据源的特征，选择合适的采集方法。地图数据的采集，通常采用扫描矢量化的方法；影像数据包括航空影像数据和卫星遥感影像两类，对于它们的采集与处理，已有完整的摄影测量、遥感图像处理的理论与方法；实测数据指各类野外测量所采集的数据，包括平板仪测量，一体化野外数字测图、空间定位测量(如GPS测量)等；统计数据可采用扫描仪输入作为辅助性数据，也可直接用键盘输入；已有的数字化数据通常可通过相应的数据交换方法转换为当前系统可用的数据；多媒体数据通常也是以数据交换的形式进入系统；文本数据可用键盘直接输入。

3)数据的编辑与处理

各种方法所采集的原始空间数据，都不可避免地存在着错误或误差，属性数据在建库输入时，也难免会存在错误，所以对图形数据和属性数据进行一定的检查、编辑是很有必要的。不同系统对图形的数学基础、数据结构等可能会有不同的要求，往往需要进行数学基础、数据结构的转换。此外，根据系统分析功能的要求，需要对数据进行图形拼接、拓扑生成等处理。如果考虑到存储空间和系统运行效率，往往需要对数据进行一定程度的压缩。

4)数据质量控制与评价

无论何种数据源，使用何种方法进行采集，都不可避免地存在各种类型的误差，而且误差会在数据处理及系统的各个环节之中累计和传播。对于数据质量的控制和评价是系统有效运行的重要保障和系统分析结果可靠性的前提条件之一。

5)数据入库

数据入库就是按照空间数据管理的要求，把采集和处理的成果数据导入到空间数据库中。入库流程一般在数据库建库设计阶段就基本确定，不同数据源，不同的空间数据库库体，它们在具体的入库过程中，需要完成的工作各不相同，但通常包括以下的主要工作：首先，对待入库数据进行全面质量检查。包括资料完整性检查、数据完整性检查、数据正确性检查，并完成检查报告。如果质量不合格，则将数据返回生产单位进行修改，修改后重新进行质量检查直至满足入库要求方可进入下一步。然后，对检查合格的数据进行整理。包括以下工作：①按数据组织规则建立数据文件存储目录；②按数据命名规则对成果数据统一命名；③文件资料数字化；④根据入库内容对数据字典及元数据进行相应更新；⑤将成果数据存入指定目录。最后，将数据入库，完成全部入库工作。

●元数据与元数据的作用

元数据的英文名称是“Metadata”，它是关于数据的数据。在地理空间信息中用于描述地理数据集的内容、质量、表示方式、空间参考、管理方式以及数据集的其他特征，它是实现地理空间信息共享的核心标准之一。元数据的主要作用是：

(1)帮助用户了解和分析数据。元数据提供丰富的引导信息，以及由纯数据得到的分析、综述和索引等。根据元数据提供的信息,用户可对空间数据库进行浏览、检索、研究、分析,了解数据的基本情况和数据的可用性,获取方法等方法内容。

(2)空间数据质量控制。不论是统计数据还是空间数据都存在数据精度问题,影响空间数据精度的原因主要有两个方面:一是源数据的精度,一是数据加工处理工程中精度质量的控制情况。空间数据质量控制内容包括:①有准确定义的数据字典,以说明数据的组成,各部分的名称,表征的内容等;②保证数据逻辑科学地集成,如植被数据库中不同亚类的区域组合成大类区,这要求数据按一定逻辑关系有效的组合;③有足够的说明数据来源、数据的加工处理工程、数据释译的信息。通过按一定的组织结构集成到数据库中构成数据库的元数据信息系统可以实现上述功能。

(3)在数据集成中的应用。元数据记录了数据格式、空间坐标体系、数据的表达形式、数据类型、数据使用软硬件环境、数据使用规范、数据标准等信息。这些信息在数据集成的一系列处理中,如数据空间匹配、属性一致化处理、数据交换等方面是必需的。

(4)数据存贮和功能实现。元数据系统用于数据库的管理,可以实现数据库设计和系统资源利用方面开支的合理分配,避免数据的重复存贮,并可以高效查询检索分布式数据库中任何物理存贮的数据。减少用户查寻数据库及获取数据的时间,从而降低数。

5.4.3.2 数据存储、组织与管理功能

计算机的数据必须按照一定的结构进行组织和管理,才能高效地再现真实环境和进行各种分析。由于空间数据本身的特点,一般信息系统中的数据结构和数据库管理系统并不适合管理空间数据,GIS必须发展自己特有的数据存储、组织和管理的功能。目前常用的GIS数据结构主要有矢量数据结构和栅格数据结构两种,而数据的组织和管理则有文件-关系数据库混合管理模式、全关系型数据管理模式、面向对象数据管理模式等。

1)矢量数据的管理

对于矢量数据,其位置数据和属性数据通常是分开组织的。这一特点使得在管理时需要同时顾及空间位置数据和属性数据,其中属性数据很适合用关系数据库来管理,空间位置数据则不太适合用关系数据库管理。空间数据管理方式与数据库发展是密不可分的,按照发展的过程,对矢量数据的管理有文件-关系数据库混合管理、全关系管理、对象-关系数据库管理等方式。

(1)文件+关系数据库混合管理。由于空间数据的非结构化持征,早期关系型数据库难以满足空间数据管理的要求。因此,传统GIS软件采用文件与关系数据库混合方式管理空间数据,比较典型的是ArcInfo;有的系统也采用纯文件方式管理空间数据,如MapInfo,即用文件系统管理几何图形数据,用商用关系型数据库管理属性数据,两者之间通过目标标识或内部连接码进行连接。

(2)全关系型数据库管理。全关系数据库管理方式下,图形数据与属性数据都采用现有的关系型数据库存储,使用关系数据库标准连接机制来进行空间数据与属性数据的连接。对于变长结构的空间几何数据,一般采用两种方法处理:①按照关系数据库组织数据的基本准则,对变长的几何数据进行关系范式分解,分解成定长记录的数据表进行存储。然而,根据关系模型的分解与连接原则,在处理一个空间对象时,如面对象时,需要进行大量的连接操作,非常费时,并影响效率。②将图形数据的变长部分处理成Binary二进制Block块字段。当前大多数商用数据库都提供二进制块的字段域,以管理多媒体数据或可变长文本字符等。

(3)对象-关系数据库管理。由于直接采用通用的关系数据库管理系统的效率不高,而非结构化的空间数据又十分重要,所以许多数据库管理系统的软件商在关系数据库管理系统中进行扩展,使之能直接存储和管理非结构化的空间数据。

2)栅格数据的管理

栅格影像不仅包含了属性信息,还包含了隐藏的空间位置信息(即格网的行、列信息),即隐含着属性数据与空间位置数据之间的关联关系。其管理分为基于文件的影像数据库管理、文件结合数据库影像管理和基于关系数据库管理 3 种方式。

(1)文件管理方式。目前大部分 GIS 软件和遥感图像处理软件都是采用文件方式来管理遥感影像数据。由于遥感影像数据库并不是仅仅包含图像数据本身,而且还包含大量的图像元数据信息(如图像类型、摄影日期、摄影比例尺等),遥感图像数据本身还具有多数据源、多时相等特点,另外,数据的安全性、并发控制和数据共享等都将使文件管理无法应付。

(2)文件-数据库管理方式。为了改进文件方式管理影像数据的效率,一种新的管理方式被提出来:文件+数据库管理方式。实施这种方式管理影像数据时,影像数据仍按照文件方式组织管理;在关系数据库中,每个文件都有惟一的标识号(ID)对应影像信息,如文件名称、存储路径等。

这种方式管理影像数据,不是真正的数据库管理方式,影像数据并没有放入数据库中,数据库管理的只是其索引。由于影像数据索引的存在,使影像数据的检索效率得到提高。

(3)关系数据库管理。由于关系数据库发展成熟,具有良好的安全措施和数据恢复机制;目前关系数据库系统提供了存储复杂数据类型的能力,使利用关系数据库来管理影像数据成为可能。基于扩展关系数据库的影像数据库管理是将影像数据存储在二进制变长字段中,然后应用程序通过数据访问接口来访问数据库中的影像数据。同时影像数据的元数据信息也存放在关系数据库的表中,二者可以进行无缝管理。数据库方式管理影像数据具有以下特点:

a) 所有数据集中存储,数据安全,易于共享。

b) 较方便管理多数据源和多时态的数据。

c) 支持事务处理和并发控制,有利于多用户的访问与共享。

d) 影像数据和元数据集成到一起,能方便地进行交互式查询。

e) 对 Client/Server 的分布式应用支持较好,网络性能和数据传输速度都有很大提高。

f) 影像数据访问只能通过数据库驱动接口访问,有利于数据的一致性和完整性控制,数据不会被随意移动、修改和删除。

g) 支持异构的网络模式,即应用程序和后台数据库服务器可以在不同操作系统平台下运行。现有商用数据库都有良好的网络通讯机制,本身能够实现异构网络的分布式计算,使得应用程序的开发相对简单化。

5.4.3.3　空间查询与空间分析功能

虽然数据库管理系统一般提供了数据库查询语言,如 SQL 语言,但对于 GIS 而言,需要对通用数据库的查询语言进行补充或重新设计,使之支持空间查询。例如查询“与某个乡相邻的乡镇”、“穿过一个城市的公路”、“某铁路周围 5km 的居民点”等,这些查询问题是 GIS 所特有的。所以一个功能强大的 GIS 软件,应该设计一些空间查询语言,满足常见的空间查询的要求。空间分析是比空间查询更深层次的应用,内容更加广泛,包括地形分析、土地适应性分析、网络分析、叠置分析、缓冲区分析、决策分析,等等。随着 GIS 应用范围扩大,GIS 软件的空间分析功能将不断增强。见图 5－13。

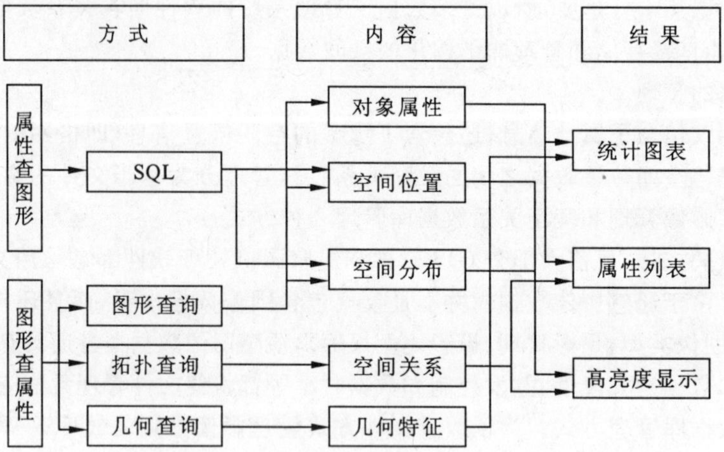

图 5－13　空间数据查询的方式、内容与结果

空间分析和应用分析是两个层面上的内容。GIS 所提供的是常用的空间分析工具，如查询、几何量算、缓冲区建立、叠置操作、地形分析等，这些工具是有限的，而应用分析却是无限的，不同的应用目的可能构建不同的应用模型。GIS 空间分析为建立和解决复杂的应用模型提供了基本工具，因此 GIS 空间分析和应用分析是"零件"和"机器"的关系，用户应用 GIS 解决实际问题的关键，就是如何将这些"零件"搭配成能够用来解决问题的"机器"。

5.4.3.4　数据输出功能

通过图形、表格和统计图表显示空间数据及分析结果是 GIS 项目的必须。作为可视化工具，不论是强调空间数据的位置还是分布模式乃至分析结果的表达，图形是传递空间数据信息最有效的工具。GIS 脱胎于计算机制图，因而 GIS 的一个主要功能就是计算机地图制图，包括地图符号的设计、配置与符号化、地图注记、图幅整饰、统计图表制作、图例与布局等内容。此外对属性数据也要设计报表输出，并且这些输出结果需要在显示器、打印机、绘图仪或数据文件输出。GIS 软件亦应具有驱动这些设备的能力。

地理信息系统产品是指由系统处理、分析，可以直接供研究、规划和决策人员使用的产品，其形式有地图、图像、统计图表以及各种格式的数字产品等。地理信息系统产品是系统中数据的表现形式，反映了地理实体的空间特征和属性特征。

1)地图

地图是空间实体的符号化模型，是地理信息系统产品的主要表现形式，根据地理实体的空间形态，常用的地图种类有点位符号图、线状符号图、面状符号图、等值线图、三维立体图、晕渲图等。①等值线又称等量线，表示在相当范围内连续分布而且数量逐渐变化的现象的数量特征。用连接各等值点的平滑曲线来表示制图对象的数量差异，如等高线、等深线、等温线、等磁线，等等。②分层设色法是在等高线的基础上根据地图的用途、比例尺和区域特征，将等高线划分一些层级，并在每一层级的面积内绘上不同颜色，以色相、色调的差异表示地势高低的方法。这种方法加强了高程分布的直观印象，更容易判读地势状况，特别是有了色彩的正确配合，使地图具有了一定的立体感。③晕渲法也叫阴影法，是用深浅不同的色调表示地形起伏形态，按光源的位置分直照晕渲、斜照晕渲和综合光照晕渲；按色调分墨渲和彩色晕渲。④剖面是指地面沿某一方向的垂直截面（或断面），它包含地形剖面图和地质剖面图等。⑤专题地图，是在地理底图上，按照地图主题的要求，突出地表示与主题相关的一种或几种要素，使地图内容专题化、形式各异、用途专门化。

2)图像

图像也是空间实体的一种模型，它不采用符号化的方法，而是采用人的直观视觉变量（如灰度、颜色、模式）表示各空间位置实体的质量特征。它一般将空间范围划分为规则的单元（如正方形），然后再根据几何规则确定图像平面的相应位置，用直观视觉变量表示该单元的特征。

3)统计图表

非空间信息可采用统计图表表示。统计图将实体的特征和实体间的非空间关系采用图形表示，它将与非空间的信息传递给使用者，使得使用者对这些信息有全面、直观的了解。统计图常用的形式有柱状图、扇形图、直方图、折线图和散点图等。统计表格将数据直接表示在表格中，使读者可直接看到具体数据值。

4)三维显示及动态漫游

(1)基于纹理映射技术的地形、遥感影像、地物叠加的地形三维景观。纹理映射技术的本质是选择与 DEM 同样地区的纹理影像数据，将该纹理“贴”在通过 DEM 所建立的三维地形模型上，从而形成既具有立体感又具有真实性，信息含量丰富的三维立体景观。以扫描数字化地形图作为纹理图像，依据地形图和 DEM 数据建立纹理空间、景物空间和图像空间三者之间的映射关系，可以依据真实遥感图形绘制的基本理论生成以地形要素地图符号为表面纹理的三维地形景观。各类遥感影像数据（航空、航天、雷达等）记录了地形表面丰富的地物信息，是地形景观模型建立的主要的纹理库。基于地物叠加的地形三维景观将图像的纹理叠加在地形的表面，虽然可以增加地形显示的真实性，但若是能够在 DEM 模型上叠加地形表面的各种人工和自然地物，如公路、河流、桥梁、地面建筑等，则更能逼真地反映地表的实际情况，而且这样生成的地形环境还能进行空间信息查询和管理。

(2)虚拟现实（Virtual Reality，VR）。VR 是计算机产生的集视觉、听觉、触觉等为一体的三维虚拟环境，用户借助特定装备（如数据手套、头盔等）以自然方式与虚拟环境交互作用、相互影响，从而获得与真实世界等同的感受以及在现实世界中难以经历的体验。随着三维信息的可得和计算机图形学技术的发展，地理信息三维表示不仅追求普通屏幕上通过透视投影展示的真实感图形，而且具有强烈沉浸感的虚拟现实真立体展示日益成为主流技术之一。

(3)三维景观的漫游显示。在实际工作中，对于一个较大的区域或者一条较长的路线，有时既需要把握局部地形的详细特征，又需要观察较大的范围，以获取地形的全貌。使用计算机动画技术，使得观察者能够畅游于地形环境中，从而从整体和局部两个方面了解地形环境。对于地形场景而言，不但有 DEM 数据，还有纹理数据，以及各种地物模型数据，数据量都比较庞大。而目前计算机的存储容量有限，因此为了获得理想的视觉效果和计算机处理速度，使用一定的技术对地形场景的各种模型进行管理和调度就显得非常重要，这类技术主要有单元分割法、细节层次法（LOD）、脱线预计算以及内存管理技术等，通过这些技术实现对模型的有效管理，从而保证视觉效果的连续性。

5.4.4 国家基础地理信息数据库

国家基础地理信息系统是以形成数字信息服务的产业化模式为目标，通过对各种不同技术手段获取的基础地理信息进行采集、编辑处理、存贮，建成多种类型的基础地理信息数据库，并建立数据传输网络体系，为国家和省(市、自治区)各部门提供基础地理信息服务。它是一个面向全社会各类用户、应用面最广的公益型地理信息系统，是一个实用化的、长期稳定运行的信息系统实体，是我国国家空间数据基础设施(NSDI)的重要组成部分，是国家经济信息系统网络体系中的一个基础子系统。

国家基础地理信息数据库存储和管理全国范围多种比例尺、地貌、水系、居民地、交通、地名等基础地理信息，包括栅格地图数据库、矢量地形要素数据库、数字高程模型数据库、地名数据库和正射影像数据库等。国家测绘局1994年建成了全国1∶100万地形数据库(注：含地名)、数字高程模型数据库，1∶400万地形数据库等；1998年完成全国1∶25万地形数据库、数字高程模型和地名数据库建设；1999年建设七大江河重点防范区1∶1万数字高程模型(DEM)数据库和正射影像数据库；2000年建成全国1∶5万数字栅格地图数据库；2002年建成全国1∶5万数字高程模型(DEM)数据库，并更新了全国1∶100万和1∶25万地形数据库；2003年建成1∶5万地名数据库、土地覆盖数据库、TM卫星影像数据库。现正在建立全国1∶5万矢量要素数据库、正射影像数据库等。各省正在建立本辖区1∶1万地形数据库、数字高程模型(DEM)数据库、正射影像数据库、数字栅格地图数据库等，并正在进行省、市级基础地理信息系统及其数据库的设计和试验研究。

地形数据库是空间型的GIS数据库。它是将国家基本比例尺地形图上各类要素包括水系、境界、交通、居民地、地形、植被等按照一定的规则分层、按照标准分类编码，对各要素的空间位置、属性信息及相互间空间关系等数据进行采集、编辑、处理建成的数据库。根据国家基础地理信息系统总体设计，国家级地形数据库的比例尺分为1∶100万、1∶25万和1∶5万三级。省级地形数据库的比例尺分为1∶25万、1∶5万和1∶1万三级。

5.5 GIS与RS集成的军事应用

5.5.1 军事需求

海湾战争以后，美国陆军根据未来战争的要求，提出一项"21世纪部队"的现代化计划。实现战场数字化是这个计划的重要组成部分。所谓战场数字化，是以计算机信息处理技术为基础，把文字、话音、图像等多种形式的信息都变成数字编码，通过无线电台、卫星通信、光纤等传输手段，把战场指挥部、各参战部队、单件武器甚至单兵以及后勤分队联系起来，形成纵横交错的战场计算机通信网络，实现上下左右近实时的信息交换，最大限度地实现战场信息共享，使陆军各级部队更快、更有效地利用信息，及时掌握战场态势，优化指挥控制功能，提高部队的战斗力、生存能力和协同作战能力。

战场数字化对未来战争必将产生深远的影响，这个影响包括作战方式将发生重大变化，作战计划和指挥将更加灵活有效，作战部队的组织与协同更加趋于简洁，后勤保障和战场救护变得更加高效，反应速度和作战效能空前提高。虽然在实施战场数字化的过程中困难重重，问题繁多，但是它是保持未来战场信息技术优势、掌握战场主动权的一项重大举措，因此是势在必行的。

战场数字化的出现要求提供实时的军事地理环境信息，常规的技术手段和方法已不能完全满足这一要求。而地理信息系统（GIS）、遥感技术（RS）、全球定位系统（GPS）以及计算机技术的发展为数字化战场的建设提供了新的技术手段，在军事中，这些新技术可以用数字化方法进行战场建设，提供有定位特征的动态战场图像、战场态势信息和兵力分布信息等；同时也能进行高效快速的信息传输交换。地理信息系统需要遥感技术不断地更新其地理数据库，使之处于实时或准实时的动态状况，但获取遥感信息时，还必须同步地获取由 GPS 技术求得的相应瞬间卫星平台和地面的三维定位信息。这些由遥感技术和 GPS 结合所采集的信息数字化后输入地理信息系统，才能用于有效的数据更新和空间分析。地理信息系统得到这些信息后将利用自身的军事空间分析和辅助决策功能，对战场进行各种分析，并提供决策支持。显然，战场数字化与 3S 等高新技术有不可分的密切联系；3S 等高新技术的结合应用对战场数字化建设和发展有着不可替代的作用。

数字化的未来战场要求作战部队必须拥有迅速准确、可靠灵活的态势感知、空中预警、指挥控制和“动中通”的能力，所以加强地理信息系统、遥感技术、全球定位系统等高新技术的集成发展及它们在数字化战场建设中的应用，可以加快数字化部队的建设步伐，对提高部队的战斗力具有重要意义。

5.5.2　研究背景

5.5.2.1　地理信息系统在数字化战场中的应用

地理信息系统（GIS）是一项以计算机为基础的新兴技术，是计算机科学、现代地理学、测绘遥感学、空间科学和地图学等多门学科的交叉，是围绕着这些技术的研究、开发和应用形成的一门交叉性、边缘性的学科，是管理和研究空间数据的技术系统。在计算机软硬件支持下，它可以对空间数据按地理坐标或空间位置进行各种处理，对数据进行有效管理，研究各种空间实体及相互关系。通过对多因素的综合分析，它可以迅速地获取满足应用需要的信息，并能以地图、图形或数据报表的形式显示处理的结果。

军事地理信息系统（MGIS）是地理信息系统技术在军事领域的应用，是在计算机硬件支持下，运用系统工程和信息科学的理论和方法，综合、动态地获取、存储、管理和分析军事地理环境信息，并服务于作战指挥自动化、战场数字化建设和军事决策支持的军事空间信息系统。军事地理信息系统的操作对象是包括定位数据、属性数据和拓扑数据在内的空间数据；军事地理信息系统集空间数据的采集、管理、分析、建模和显示于一体。利用军事地理信息系统可以实现战场的可视化，进行战场地理模拟与预测、空间分析、战术演练；可以了解战斗任务、目标方位、作战要点，进而规划战斗细节，帮助作战指挥人员进行辅助决策。军事地理信息系统是数字战场建设的一部分，是数字战场的重要基础。军事地理信息系统在构建数字战场中的作用主要表现为：

（1）提供多分辨率的空间数据框架，包括大地测量控制数据、数字高程数据、交通数据、水文数据、地籍数据等，从而为战场主体和客体的精确定位和实时定位提供基础数据；

（2）提供基于战区图像的实时的敌我态势信息显示，包括敌我兵力数量和部署、武器配置、后勤支援以及战场重要目标的动态变化等；

(3)提供多媒体军事专题信息,比如反映作战潜力的战区经济信息、可动员的兵源数据等;

(4)提供军事地理空间分析模型、分析方法及各种战场军事专题数字地图;

(5)提供战场数字化数据更新、信息查询检索与地形三维显示,以及各种空间计算能力。

海湾战争前,美军就开发出数字地形保障系统并逐步配备到陆军师的地形分析分队。数字地形保障系统具有地形测量与计算,绘制地图,进行坡度、通视、交通、植被分析等多项功能。在科索沃战争中,美空军大量装备了袖珍型的地理信息系统。系统如果与美军测绘局的数据库连接,还可以获得更多更新的信息。美军利用袖珍型军事地理信息系统对若干目标进行了精确打击,并成功地救援了被击落的飞行员。美军认为,及时开发出稳定的地理信息系统是保持信息优势,实现21世纪国家安全目标的关键。因此,军事地理信息系统在现代数字化战场建设方面具有重要作用。

5.5.2.2 遥感技术在数字化战场中的应用

长期以来,人们习惯于用地图作为地理信息系统以及军事地理信息系统的主要信息源。但是,由于地图的成图时间和更新周期较长,因而所获得的军事地理信息的现时性较差,远远不能适应军事地理环境要素变化快的特点。由于军事地理信息系统中的数据应具有动态性,能实时更新,所以光靠地图是达不到这些要求的。随着遥感技术的发展,特别是传感器分辨率的提高,对地观测获取的信息量急骤增大,这就为利用遥感技术获取战场数字化信息提供了极为有利的条件,遥感技术为军事地理信息系统提供了大量信息源,能及时快速更新军事地理信息系统数据库。遥感技术是20世纪发展起来的集空间科学、电子学、光学、地球科学、电子计算机技术为一体的新技术。狭义地讲,遥感指远距离、高空以至外层空间的平台上,利用可见光、红外、微波等探测仪器,通过摄影或扫描、信息感应、传输和处理,从而识别地面物体的性质和运动状态的现代化技术系统。遥感技术是一种高效能的信息采集手段,在军事地理环境信息的获取中具有极大的优势,主要有:

(1)观测距离遥远,视域广阔。航片通常可拍摄10km～30km见方的地面。一张多光谱扫描器(MSS)影像相当于地面185km见方的范围,即$3.42\times10^4 km^2$。气象卫星的探测范围更大,可涉及半个地球。所以,遥感影像既可以得到宏观信息,又可以获取相应的详尽资料,利用遥感技术还能获得敌占区或难以到达地域的军事地理环境信息,从而为指挥决策人员提供正确的决策依据(图5-14)。

(2)信息获取速度快,成像速度快。大量的遥感影像还能够进行实时传输,从而为及时提供战斗进程的军事地理环境信息创造了条件。遥感技术重复观测快,使得有关部门可获取更新的军事地理环境信息,同时可以用来研究环境的动态变化,预测环境变化,多角度识别目标物。

(3)信息量极为丰富。遥感技术所用的电磁波段涉及紫外、可见光、红外、微波等,比人眼可适应的可见光要宽广得多。某些地域的多波段遥感信息极大地丰富了人们对环境的认识。遥感影像还具有形象、直观的特点。加入地图要素形成影像地图,则比线划图具有更多的信息量。

(4)另外,由于遥感技术受地面条件限制少,对于自然条件恶劣、地面工作难以开展的地区,使用遥感方法则比较容易获得信息。遥感技术在战场数字化建设中可以发挥巨大作用,如实时、准实时地提供全天候、高分辨率的战场图像,用以更新军事地理信息系统的战场地理数据库。通过图5-11的步骤可以更新军事地理信息系统数据库中的数据。

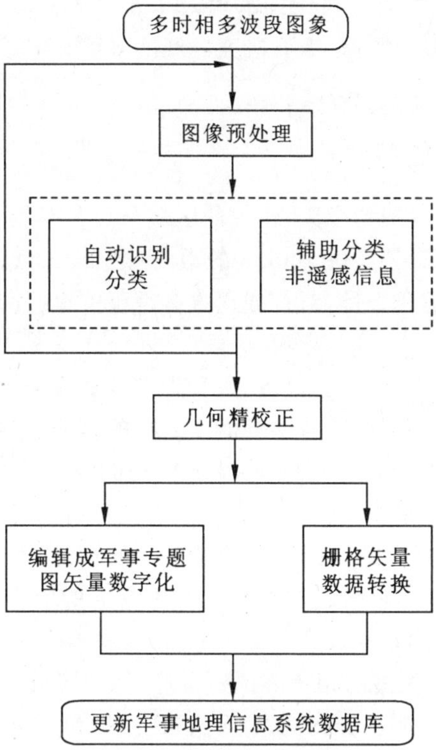

图 5－14　利用遥感信息更新军事地信数据库

遥感技术还可以提供空间分析、地理模拟和预测所需的动态数据，反映战场敌我态势，实时获取正面战场敌人情况图像等。

5.5.2.3　GIS 与 RS 集成过程的信息理论

(1)GIS 与 RS 集成的实时定位研究：GIS 与 RS 集成系统的传感器实时空间定位、系统行进过程中快速确定相关地面目标的方法和实现技术。

(2) GIS 与 RS 集成系统的一体化数据管理：研究 GIS 与 RS 数据的集成管理模式、数据模型，设计和发展相应的数据管理系统，以实现图形、图像、属性、GPS 定位数据等的一体化管理，为其集成处理和综合应用提供基础平台。

(3)语义与非语义信息的自动提取理论方法：研究从航空、航天遥感数据和 CCD 立体像对中自动、快速和实时地提取空间目标位置、形状、结构及相互关系和空间目标的语义信息的理论和方法。

(4)基于 GIS 的航空、航天遥感影像的全数字化智能系统及对 GIS 数据库的快速更新的方法：研究如何依托已建立的 GIS 系统来实现航空、航天遥感影像的智能化全数字过程，进而实现 GIS 数据库的自动/半自动快速更新。

(5)GIS 与 RS 集成系统中的数据通讯与交换：数据通讯是 3S 技术集成中的一个关键问题。例如在环境监测、灾害应急、自动导航和自动加强系统中，需要将 GPS 记录数据和遥感成像数据(CCD 记录和雷达记录等)实时传输到信息处理中心或反之将所有数据传送到量测平台上去。

(6)GIS 与 RS 集成系统中的可视化技术理论和方法：GIS 与 RS 集成系统中有不同分辨率、不同时相的大量图形和影像数据，需要研究它们的多级分辨率和多尺度表示在各种介质和终端上的可视化问题。

5.5.3 军事应用——预警机

在高技术军事装备迅猛发展的今天，作战的区域早已从地面扩展到海上和空中。高速飞行的战斗机可以在 3 分钟内跨越超过 100km 的距离，把战区的范围扩大到方圆数百千米。能够提前发现敌人，哪怕是提前几十秒，对作战双方都是至关重要的。于是号称"千里眼"、"顺风耳"的预警机应运而生了。

预警机是装有远距搜索雷达、数据处理、敌我识别以及通信导航、指挥控制、电子对抗等完善的电子设备，用于搜索、监视和跟踪空中和海上目标的作战支援飞机。现代预警机不仅能及早地发现和监视从各个空域入侵的 300～600km 以外的空中目标，而且还能引导和指挥己方战斗机拦截，所以又称预警指挥机。预警机实际上是把预警雷达及相应的数据处理设备搬到 9 000～10 000m 的高空，不但可以克服地面预警雷达的盲区，而且可以有效地扩大整个空间的预警范围。预警机一般都是利用续航能力强、载重量大的亚音速或高亚音速大型或小型运输机改装而成。

21 世纪的预警机安装了先进的相控阵预警雷达，并利用战术数据链传来的机外传感器的数据进行融合，以便更好地探测隐身飞机、直升机、巡航导弹、弹道导弹等目标。预警机装备着功能很强的大规模并行计算机和大量数据库，还装备着电子支援措施系统和机外传感器的接收数据链。充分利用各种数据，综合它们的位置和速度信息，实现数据融合，能更好地识别目标和剔除干扰信号，从而提高预警能力。

相控阵是预警雷达的发展方向。有源相控阵由大量 T/R 模块组成，依靠波速成形器将相位指令馈送给每个模块，实现波束成形并指向所需的方向。有源相控阵预警雷达的优点是：重量轻；具有固有的余度，一些模块损坏只使其性能稍有降低，而不会完全失效；波束扫描速度快而且灵活，增加了功能灵活性；通过先进的处理算法可提高雷达的抗干扰能力，相控阵具有使进入天线的干扰信号为零及将全波束中间隔很近的目标分开的能力。

5.6 生态系统观测研究网络

地球系统科学研究思路首先是要基于对地球系统各种现象或要素的综合观测、积累科学数据，再从物理的、化学的和生物学的规律出发，建立各圈层地球过程的定量关系和数字模拟系统，然后进行科学分析和机理解释以及对未来变化的科学预测。地球系统科学的研究途径和技术手段主要包括地球的深部探测、地球表层的定位和移动观测、卫星和航空的对地遥感观测、环境要素的控制实验和系统的模型模拟等。高强度的地球系统科学观测是支持地球系统科学研究的主要数据来源和重要基础性工作。其中基于全球尺度的水、土壤、大气、生物要素的综合观测在地球系统科学研究中起着重要的作用。因此，自 20 世纪 80 年代以来，一些国家、国际组织和国际合作项目开始纷纷建立国家、区域甚至全球尺度的观测、监测和信息共享网络。例如，比较有影响的全球环境监测系统(GEMS)、全球陆地观测系统(GTOS)、全球气候观测系统(GCOS)、全球海洋观测系统(GOOS)、国际长期生态观测研究网络(ILTER)和全球通量观测网络(FULXNET)等。这些网络都是近年来所构建的能够服务于地球地表过程研究的综合性观测网络,为发展全球规模的地球观测系统奠定了良好的基础。

5.6.1　全球观测系统

自 2002 年以来.在联合国千年宣言以及世界可持续发展高峰会议的促使下,为了完成联合国千年发展目标,由美国环境规划署发起并在联合国以及欧盟的支持下,一个旨在全球建立一个对天气、气候、海洋、大气、水体、陆地、地质动态、自然资源、生态系统进行观测的系统——全球地球观测系统(Global Earth Observation System of Systems,GEOSS)逐渐建立起来。2003 年 7 月地球观测高峰会议(Earth Observation Summit)上,33 个国家以及欧盟成员国及其他的国际组织共同编写了用于发展数据信息收集、数据管理、模型建立、决策制定的综合、同步、持续观测的地球观测系统的宣言。从 2003 年到 2004 年经过 4 次 GEO(Group on Earth Observations)会议,并在 2004 年 4 月由美国环境规划署行政官和来自 55 个国家的环境部部长在日本会晤,编著了 GEOSS 的十年计划框架文件。从此全球地球观测系统的概念得到了国际社会的高度重视和广泛接受。GEOSS 的十年计划具有全球性和系统集成性两大特点。其全球性是指 GEOSS 将尽可能包含世界上所有国家和地区以及所有涉及地球观测的机构,其系统集成性是指 GEOSS 将保证把与地球观测有关的气候、海洋、大气、陆地、自然资源和人类活动等系统联系起来,形成一个前所未有的综合观测体系。当前亚洲区域 GEOSS 重点致力于发展,以生态系统通量观测、生物多样性观测和遥感观测为主要内容的生态系统与生物多样性观测系统,以水资源合理并有效利用和风险管理为主要内容的气候变化与水循环观测系统,以及以充分理解强烈地震的机制、征兆,扩大和提高监控网络和监测数据的适时共享为主要内容的地震观测系统。

服务于地球系统科学的科学观测需要采用多种技术、多种途经以及多种生物、物理和化学过程的综合集成,需要对多源观测数据的融合与集成分析。例如,区域或全球的陆地生态系统到全球尺度水、碳和能量通量观测,需要综合利用适合于植物个体、群落、到区域的各种观测手段,需要利用卫星遥感、航空遥感、涡度相关观测塔和塔群、土壤呼吸和植物生理生态的各种观测技术,耦合成一个土壤-植物-大气综合的多层次立体化的观测体系。各种观测方法所适应的时间尺度和空尺度有很大差别。对现实的观测对象系统,必须选择多种方法的合理组合,同时也必需借助模拟模型工具对各种观测数据实施集成性和整合性的分析,图 5－15 作为不同时间和空间尺度的生态系统通量观测与全球尺度碳循环模拟联合体系的案例,对地球系统科学的其他研究领域的观测研究也具有重要的参考价值。地球系统科学的不同问题,不同的物理、化学和生物现象的时空尺度都有较大的差异,在实际的研究工作中必须确切地分析和正确地利用各种观测技术组合来解决各种不同的问题。

5.6.2　生物观测网络

地球系统科学是以地球系统为研究对象,重点研究各圈层、各要素以及自然和人为现象之间相互作用关系的科学,是在科学技术自身发展和社会需求共同推动下发展起来的新兴学科。地球系统科学概念的提出是为了解决全球性的资源和环境问题的需要,是地球科学向综合集成方向转变的重要阶段。目前在地球系统科学思想的指导下,在全球规模上已经组织了一系

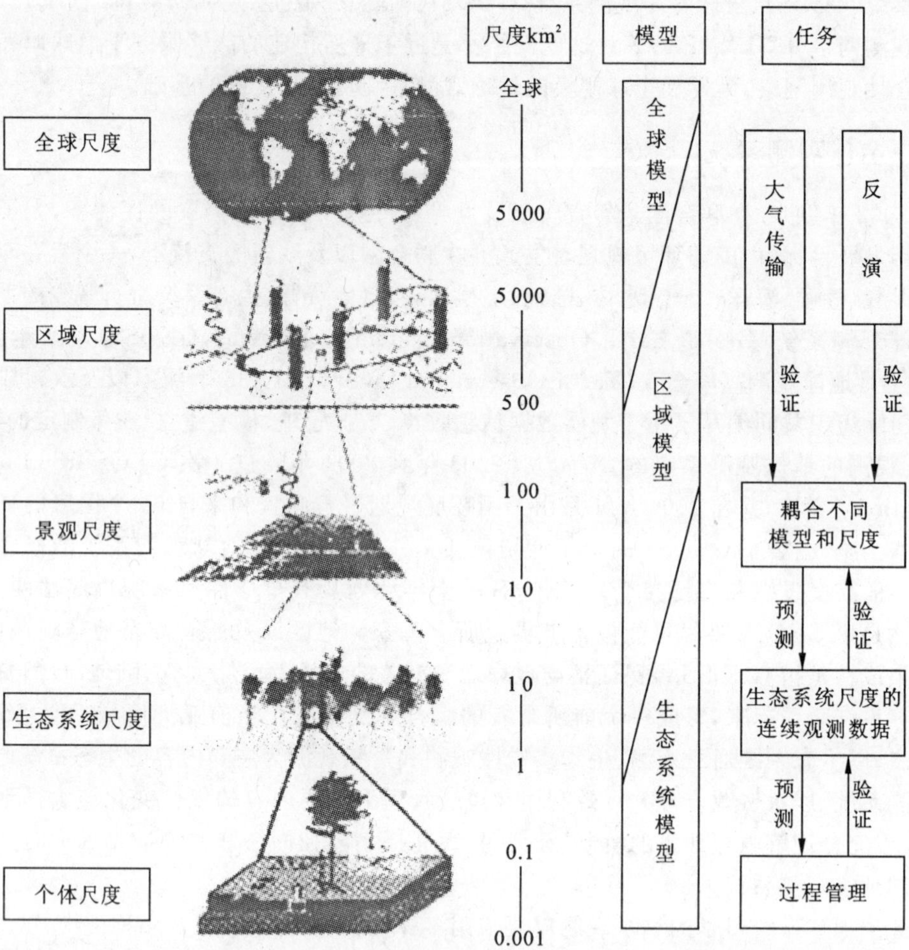

图 5-15　地球表层系统的观测技术体系(以全球尺度的陆地生态系统)

列重要国际联合研究计划,企图组织全球的科学家协作推动地球科学的发展。地球系统科学发展离不开对地球系统要素和圈层的物理、化学和生物过程的综合观测工作的支持。自 20 世纪 80 年代以来,一些国家、国际组织和国际合作项目都纷纷建立了国家、区域甚至全球尺度的观测、监测和信息共享网络。国际长期生态研究网络(ILTER)自 20 世纪 80 年代开始建设,其目的是对生态过程进行长期的监测,研究各种生态因子的相互作用及生态过程,从而揭示出生态系统和环境的长期变化,为生态系统评价及管理提供科学依据。

5.6.2.1　生态系统的特征和优势

生态系统过程的变化具有缓慢性、瞬间性或延滞性。其自我修复能力差,一旦破坏就难以自然恢复。同时生态事件受气候变化或人类活动影响,具有周期性或突变性。长期生态研究(LTER)是通过对生态过程的长期监测,研究各种生态因子的相互作用及生态过程,从而揭示出生态系统和环境的长期变化,为生态系统评价及管理提供科学依据。生态系统观测研究网络是开展多变量的综合观测、多学科的交叉研究、多台站和多生境的联网试验,以及多层次研究项目联合实施的综合性野外平台,具有以下 4 个基本特征和优势。

(1)多变量的综合观测:生态系统的观测强调生态系统的水、土、气、生各要素的综合观测。这种由多个台站对多个变量的长期联网观测,能够比较确定生态系统对环境变化响应的共性规律,可以服务于超越基于单变量变化的生态系统过程的综合理解,可以研究生态系统在多重压力下的变化及其各种压力要素的交互作用。

(2)多学科的交叉研究:生态系统研究涉及生态、环境、资源和社会经济等科学领域,也涉及生物、地理和气象等多学科领域,需要这些学科领域的交叉和分工合作。自然环境变化和人类活动同时为影响和驱动生态系统变化的两大因子。生态系统观测研究网络为研究自然和人为因素在驱动生态系统变化中的作用提供了重要野外试验研究平台,尤其是为研究人类活动对地球表层过程的影响,揭示复杂的生态过程间的因果关系模型(reciprocal models of causality)提供了条件。

(3)多台站和多生境的联网研究:生态系统网络强调不同区域、不同类型的多个台站联合观测和多台站的对比及模拟试验,强调观测网络的观测项目、观测方法和技术规范的统一。这种多台站和多生境的联网研究使得我们能通过观测、模拟和实验相结合的方法,确定决定生态系统变化的最重要的基本过程,为生态系统过程的空间大格局分析、环境驱动机制研究、不同生态系统的共性规律的发现和验证提供数据支撑和试验研究条件。

(4)多层次研究项目的实施平台:生态系统观测网络是一个由台站—特定地理单元—特定区域—全球组成的多层次的网络系统。这种多层次网络系统结构既可以开展从生态站的独立的过程研究到基于生态网络层次的区域综合研究,统一目标下的长期联网观测和试验研究,还可以开展全球地球系统和环境变化的综合评估。根据科学研究的内容和科学问题所涉及的空间尺度的实际需求,利用生态系统观测研究网络平台可以有效地组织不同规模的科学研究项目,并把这些不同层次的科学研究项目在共享的网络平台上联合实施。基于生态系统网络的科学研究工作主要包括利用单一台站的生态系统过程机制和管理的试验研究,基于特殊地理单元的多台站联合观测和试验研究,基于特定区域网络的区域性生态与环境问题综合研究,以及基于全球生态网络的全球变化长期监测和综合评估研究等。

5.6.2.2　生物观测网络的研究内容

生态系统观测研究网络关注的基本科学问题是生态系统的结构和功能,过程与格局变化的驱动机制、演变趋势及其社会影响和适应性管理策略。长期以来生态网络一直关注生态过程的地理趋同和分异规律及其尺度扩展;自然和人为活动对生态系统和环境所造成的影响,生物地球化学循环及其环境效应;生态水文效应与水循环过程;生物多样性利用与保育;生态系统对全球变化的响应与适应;全球变化的空间不均性对生态系统和社会的影响;污染物的生态毒理效应与环境风险;污染物的长期生物富集及其对生态系统的影响;生态系统变化的评估与管理,受损生态系统的恢复与重建,生态系统管理政策的环境效应等科学问题。最近的美国 LTER 在新的评估报告中提出了生物多样性变化(alterations in biodiversity)、多空间尺度的生物地球化学循环(altered biogeochemical cycles at multiple spatial scales)、气候变化和气候变异性与生态系统(climate change and climatic variability)以及人类-自然耦合生态系统(coupled human - natural ecosystems)4 个科学问题领域。生物多样性变化是当今最重要的全球环境问题之一,它强烈地影响着生态系统过程和它们所提供的服务,尤其是外来物种和传染病的引入及蔓延对人类和经济有着特殊的影响。多空间尺度的生物地球化学循环更关注的是人类如何在多尺度上对生物地球化学循环进行了干扰,怎样才能恢复改变了的元素循环,怎样预计在人为和自然对水和生物地球化学循环的干扰下陆地景观的结构和功能将发生哪些变化，而这些又将如何影响社会经济方式和过程。气候变化和气候变异性与生态系统研究关注的是百年时间尺度上的气候变化的生态学响应，长期气候波动和趋势，以及突发气候变化对生态系统结构与功能的影响。人类-自然耦合生态系统关注生态系统格局与过程之间的相互作用，人与自然的相互作用，此外还包括有关反馈、生态系统设计和工程改造、生态系统产品和服务的变化及稳定性的研究。

5.6.2.3 生态观测网络研究的趋势

现代的生态学研究已经开始由20世纪的学科分化、现象发现和机理认知走向了多学科和多问题的"综合"、定量化的科学"预测"和为生态环境管理提供决策"服务"。这也是生态系统观测网络研究的新的发展趋势。为适应这种发展的需要，国际上也在开始调整网络台站的空间布局，完善单站点观测项目，希望极大限度地提高对于生态系统的各种要素的综合观测能力，以及区域或流域尺度的综合观测能力。以美国国家生态观测网络(National Ecological Observatories Network，NEON)为例，其目标是通过网络式的观测、试验、研究和综合分析，阐明环境变化的成因和后果，预测环境变化的趋势并提出相应的对策。NEON的构成有2个层次：第一个层次是由分布在依据美国农业部林业总署提出的植被分区图的一级区内的一些研究机构、实验室和野外观测站组成17个区域网络；第二个层次是由上述区域网络组成的国家网络"核心站"和"卫星站"。在每一个区域网络中设有一个"核心"站，它将具有全面、深入开展生态学领域研究工作所需的野外设施、研究装置和综合研究能力。"卫星站"的数目很多，通常只配置对某些生态过程或现象观测的野外装置。

5.6.2.4 生态网络的作用

地球观测系统由大气圈观测系统、水圈与生物圈观测系统以及地圈与土壤圈观测系统组成，生态系统观测研究网络正好处于三大观测系统中间，起着承上启下的作用。它既与人类活动密切相关，同时又与地球的水圈、生物圈和地表系统相联系。既是全球地球观测系统的重要组成部分，又是集定位动态观测与卫星遥感监测为一体的立体化、跨区域、跨尺度综合性的野外观测基地。

生态系统观测研究网络通过多尺度联合观测、跨尺度过程模拟以及多过程耦合集成，实现对地球表层的各种生态要素、生物物理过程变化规律和相互作用的观测和综合集成分析，揭示地球表层系统的变化规律及其过程机理，发现和跟踪观测一些重要的地学现象，为地球各圈层的相互作用提供观测数据；同时，控制性试验的研究结论和机理性的认知，可以为大尺度的生物物理参数的尺度扩展、生物物理参数时空分布地统计学分析、遥感和航空观测的地面校验提供有效的地面观测数据支撑。总之，通过生态系统观测研究网络全方位的观测与研究工作，可以进一步推动全球气候变化、全球生物地球化学循环、全球生物进化、全球环境变化、全球生态系统变化和全球可持续发展等为主要内容的地球科学的发展。

5.6.3 中国生态系统网络(CERN)

中国生态系统研究网络(Chinese Ecosystem Research Network，CERN)，在中国生态系统动态观测、科学研究和试验示范方面发挥了重要作用。2005年在CERN的基础上，由国家科技部组织建立中国国家生态系统观测研究网络(CNEN)，开始对农田、森林、草地(含荒漠)和水体(湖泊和海湾)的动态进行观测研究。该网络必将成为全球地球观测系统(GEOSS)的重要组成部分，并在我国地球系统科学发展的历程中发挥重要作用。

中国科学院的中国生态系统研究网络(CERN)筹建于 1988 年，当时设有 29 个台站，5 个学科分中心和 1 个综合研究中心。1988—1995 年利用世界银行贷款开始了 CERN 的基础能力建设，制定统一的监测指标和技术规范，配置相对统一的观测仪器。1997—2002 年全面开展了生态系统联网观测和数据集成工作。2002—2003 年开始 CERN 第二期建设，中国陆地生态系统通量观测研究网络新遴选了 7 个台站，使 CERN 的野外台站达到 36 个，同时以 CERN 为基础平台构建了 ChinaFLUX，启动了生态系统碳、水和能量通量的专项观测计划。

2004 年依托 CERN 综合研究中心成立了中国生态学会长期生态专业委员会，并成立了 ILTER 亚太区域秘书处，2005 年又依托 CERN 综合研究中心成立了中国科学院生态系统网络观测与模拟重点实验室以及全球碳计划(GCP)北京办公室。同年，国家科技部启动了国家生态系统观测研究网络建设计划，在全国各部门遴选了 53 个生态站，国家网络的综合研究中心挂靠在 CERN 综合中心，中国科学院的台站在其中起到了核心和骨干作用。2006 年依托部分台站启动了我国主要生态系统对全球变化响应的样带研究计划，3 条主要的样带分别是中国东部南北样带(NSTEC)、中国草地样带(CGT)和中国东北样带(NECT)。ChinaFLUX 碳通量观测站主要分布在 3 个样带上，此外，还在南北样带上建立了 3 个森林生态系统降水和施肥控制试验，5 个生物多样性观测研究大样方。总的来看，近年来，以 CERN 为基础平台，已经初步构成了中国区域长期生态观测—水、碳通量观测—生物多样性观测—陆地样带观测研究一体化的野外综合平台体系。

5.6.3.1　CERN 的主要任务与科学目标

CERN 的核心任务与目标是开展生态与环境变化的动态观测、科学研究和生产示范，在此基础上为社会提供科学咨询、组织学术交流、人才培养和公众的生态环境教育。

CERN 的观测研究工作以样点尺度的台站为核心，重点通过定位观测和控制试验，进行生态系统结构与功能、格局与过程的机理分析；在此基础上有效组织开展景观和区域尺度上的多台站联网观测和试验，并采用样带观测与卫星遥感、高空航空观测的有机结合，进行多手段和多时空尺度的生态信息的采集和数据集成分析，建立基于 GIS 技术支持的观测数据与生态模型融合系统，开展生态系统格局和服务功能的多尺度观测、跨尺度模拟、区域和国家尺度的生态系统评估和管理，重点综合研究和发展生态信息技术、生态系统物质和能量循环、生态系统的适应性、生态系统格局和过程模拟、生态系统评估和管理等方面的理论和技术。

CERN 的核心研究内容(图 5－16)是在环境变化和人类活动共同作用下生态系统格局、过程和功能的变化及其调控机理，并在生态信息技术方面研究多尺度综合观测、试验技术与生态信息管理；在物质能量循环方面研究生态系统水、碳、氮循环过程机理及其相互作用关系；在生态系统适应方面研究生态系统对环境变化和人类活动的响应和适应性机理；在生态系统模拟方面研究生态系统的格局与过程变化的多尺度集成模拟；在生态系统评估方面研究国家尺度的生态系统变化的综合评估；在生态系统管理方面研究重要区域生态系统管理的基础理论与优化模式；通过生态系统网络的观测研究最终实现生态系统科学领域的知识创新与科技发展，为国家或区域的生态建设和经济的和谐发展提供科学数据的支持、科学知识的服务，为经济建设和生态建设提供科技咨询。

5.6.3.2　CERN 的成就

CERN 自 1988 年开始建设以来，边建设边观测研究，在生态系统的动态观测、科学研究和

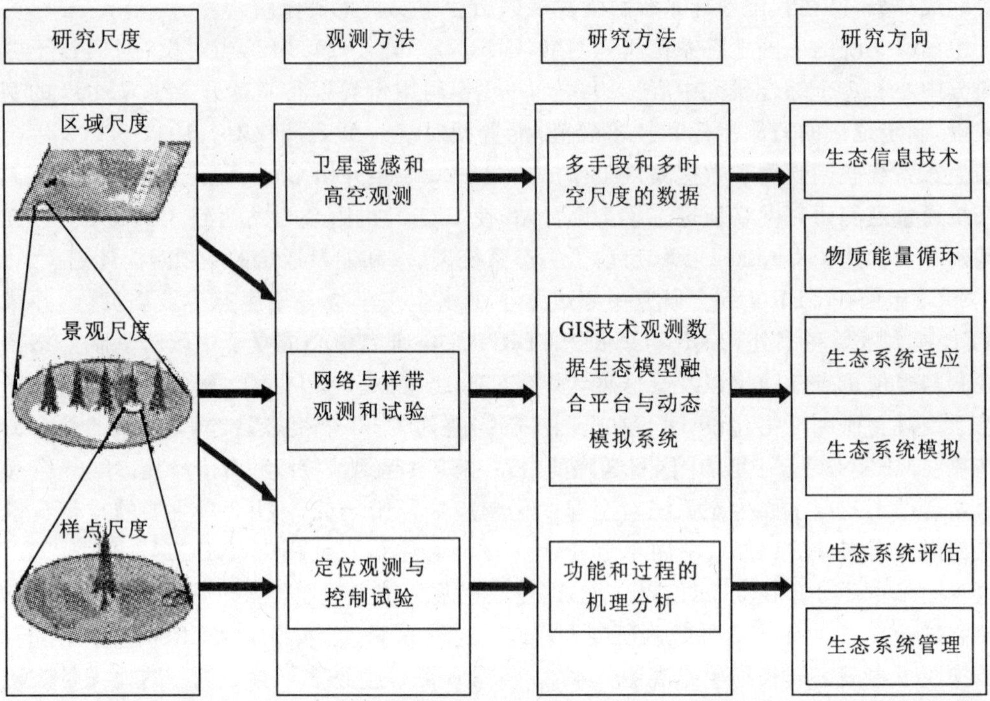

图 5-16　CERN 的核心研究内容

生产示范方面取得了一系列科技成就。在动态监测方面自 1998 年开始按统一的监测指标和技术规范开展了各类生态系统的动态观测,目前在 CERN 已经建成了台站—分中心—综合中心的 3 级数据库和共享系统,在不同层次上开展了数据服务,并建立了 CERN 数据共享信息系统和综合信息系统等网站群。

在科学研究方面,2002—2007 年以 CERN 为平台,承担和参加了国家级项目 297 项,科学院项目 81 项,国际合作项目 59 项,经费总计 5.6 亿元。共发表论文 7 150 篇,专著 201 部,并有一批高水平的学术论文在《Nature》和《Science》等有国际影响的刊物上发表。同时依托 CERN 获得了各类科技奖励 121 项,其中国家科技进步二等奖 15 项,省/部级科技进步奖 48 项。例如内蒙草原站在 25 年监测基础上,研究了多样性与稳定性的关系及其机制,得出“以每年生物量变异为主要测度的生态系统稳定性随草地生态系统等级结构尺度的提高而逐渐增加,群落尺度稳定性主要来自物种之间和功能群之间的补偿作用”的研究结论。这既是对生态学理论的贡献,也将有助于指导退化草地生态系统恢复重建与科学管理的实践。鼎湖山森林站通过 20 多年的观测研究,否定了一个未经证实但流行的学说:“成熟森林生态系统没有碳汇功能。”现今的很多生物地球化学循环模型在涉及成熟森林时,都假定碳吸收与排放是平衡的。该研究推动了生态系统生态学非平衡理论框架的建立。说明在全球变化和区域酸沉降下,深入研究生态系统碳平衡过程是非常必要的。包兰铁路横穿腾格里沙漠 45km 的沙坡头段,年降水量 186mm,20m 高的流动沙丘每年前移 4m,沙坡头站根据多年的观测研究,在明确土壤、植被和水相互作用机理的基础上,提出“以固为主,固阻结合”的铁路防护体系原理。该原理的应用,确保了包兰铁路 40 余年的畅通无阻,直接经济效益逾百亿元,为国家的经济建设作出了重大的贡献，创造了巨大的经济和社会效益。“包兰线沙坡头地段铁路治沙防护体系”的建立，获得了 1988 年国家科技进步特等奖。目前这一原理及其成功模式在国家和区域经济建设的主战场仍在发挥着重要的作用，对今后西北生态环境的建设具有重要的理论价值和实践参考。此外，禹城站和封丘站开展黄淮海平原中低产地区综合治理的研究与开发，使得黄淮海平原大面积的中低产田得到治理，粮食产量从过去的亩产 194kg 上升到现在的 500 多 kg，农村经济也快速发展。安塞站提出的针对黄土高原不同区域和地貌类型的水土保持、生态建设模式、实施途径与配套技术措施，大大促进了黄土高原生态建设进程。

5.6.3.3 CERN 的科学观测的发展思路

在中国生态系统观测研究网络的开始创立阶段，其主要任务是服务于我国的农业、渔业、林业和畜牧业生产，其科学研究任务主要是服务于生态科学的发展。随着我国经济和社会的发展，CERN 的目标开始扩展到重点服务于我国的生态与环境建设，发展生态科学、环境科学、资源科学和地球科学。在新的历史阶段，CERN 将会把服务于全球变化的科学研究和适应对策，发展地球系统科学作为重要的发展方向之一。与此同时，从以往的以单站过程研究为主，逐渐开始进入以联网动态监测和联网试验研究为主的新阶段，重点开展区域尺度的生态、环境和资源科学的综合分析。在新的历史阶段 CERN 将会进一步提升开展全球规模的联网观测研究的综合能力，建立天基与地基的联合立体观测体系，提高多尺度观测和跨尺度模拟的综合研究能力，为我国的地球系统科学的发展作出应有的贡献。具体而言，CERN 通过加强以下 6 个方面的工作，进一步完善和发展 CERN 的科学观测和研究体系。

(1)强化定位动态观测、样带的移动观测与卫星遥感监测三位一体的立体化、跨区域、跨尺度的综合性野外观测体系。在地球生物化学循环方面，形成稳定同位素分析—通量观测—长期生态研究网络一体化的生态过程综合观测体系。开展生态系统碳、氮、水循环及其耦合关系的多尺度、多途径观测和多过程机理及格局变化的集成研究。

(2)J 传感器网络技术和计算机网络技术体系的应用。环境传感网络的应用将是地球系统科学的一次革命。它的出现将极大地方便基础生态学的过程研究，并推动灾害响应监测系统技术发展。依靠实时的信息传输传感器(无线传感网络)可以快速地采集数据，为生态系统模拟和预警提供准确的信息，为科学研究与政府决策及时提供有效的生态信息。

(3)开发多途经、多尺度观测技术体系，开展流域尺度的综合观测。为了综合应用各种观测手段与试验方法，开展样地—集水区—流域尺度的综合观测，全面提升流域尺度生态与环境问题的综合研究和社会服务能力。

(4)建立基于多尺度观测和多种数据资源融合的远程管理和共享系统。利用现代的信息技术、数据同化、数据模型融合等新技术建立基于多尺度观测和多种数据资源的融合系统，并利用计算机网络实现数据的远程管理和共享，提高 CERN 对社会的服务能力和服务质量。

(5)建立基于多尺度观测和跨尺度模拟的生态系统模拟系统。现在的自动化观测技术和信息技术的进步，为开展生态系统的多尺度观测提供了强有利的技术支持。在样地、集水区、景观、区域和全球尺度，对生态系统的碳、氮和水循环，生态系统格局与过程变化，土壤侵蚀和水土流失，生物多样性和生态系统恢复效果等开展观测。利用跨尺度的模型模拟技术，建立生态系统过程和功能的多功能模拟系统，这不仅能够为评价和预测生态系统变化提供重要的研究工具，同时也是开展大气圈、土壤圈、水圈、生物圈和岩石圈相互作用关系的模拟分析，建立地球表层模拟系统的基础性工作。

(6)有效地组织专项科学观测,提高对生态系统过程机理研究的数据服务能力。CERN 的长期动态监测主要是服务于国家尺度的长期生态科学问题研究和生态评价。其观测数据的时间分辨率多为一年以上,有效的数据积累需要几十年的历史过程,数据的历史系列越长其价值越大。可是,现实的科学研究任务所需求的时间周期要比 CERN 的动态监测周期短得多,一些重要科学研究问题的解决更需要大尺度、高时空分辨率的高强度观测数据的支持。因此,在 CERN 的平台上,通过组织专项的观测计划,快速积累科学数据,带动 CERN 观测能力、科研和社会服务能力的提高,既是推动 CERN 发展战略部署,也是重要的发展方向和急待开拓的优势领域。在服务于生态系统研究方面积极组织生态系统碳、氮、水通量与耦合循环过程综合观测,生物多样性与生态系统功能综合观测,生态系统耗水与水资源利用效率观测,土壤肥力与肥料利用效率观测等的专项观测计划的实施。在服务于地球系统科学方面将积极组织中国区域生态系统变化的遥感观测,社会经济活动和土地利用的动态监测,流域和区域尺度的生态要素变化及其相互作用的综合观测,地圈—生物圈—大气圈相互作用的观测等专项观测计划的实施。

5.6.3.4 CERN 的发展趋向

地球系统科学的提出和发展,为中国生态系统研究网络(CERN)提出了新的科技需求和发展目标,CERN 必须以先进的科学理念、活跃的学术思想、先进的观测和试验手段、更完善的资源共享政策,推动 CERN 的健康发展。与此同时,CERN 将开始关注亚洲区域的生态与环境问题,推进亚洲区域的国际合作,带动中国周边地区的生态站建设,构建覆盖亚洲区域的生态系统研究网络体系。CERN 的发展需要将服务于地球系统科学的发展作为重要任务之一,积极推动与各部门生态系统观测研究网络的联合,共同构建服务于地球系统科学的综合研究平台、野外观测和试验研究基地。

5.7 地球物理技术

随着人类社会生产的发展,人类对地球的认识逐渐从近地表进入深层,由定性的判定发展到定量的认识。地球物理学是以物理为依据,研究地球的结构、演化过程及动力学模型的一门学科。和物理学相对应,在地球物理中有重力、磁力、电力、地震、地热、放射性和遥感等多种测量方法。它们分别利用岩石的不同物理性质(如密度、磁化率、电阻率、速度、波阻抗、热传导率等),进行数据采集、资料处理和推断解释,以求得对地球内部结构和物性参数的认识。但迄今为止,提供维持人类生命及社会生产物质来源的地球外壳的岩石层以及与之相邻的上地幔、软流层、岩石层仍是当今地球科学最重要的研究内容和基本研究领域。

从地球科学的发展来看,地球物理学能为研究地球内部的结构提供直接的、量化的,并有足够规模和精度的信息。作为学科的特点,地球物理学立足于全球性、统一性的整体研究;在方法手段上,立足于大规模、高精度的观测和多学科的综合性研究;而其研究成果,则在资源勘探、生态环境保护、地质灾害防治上得到广泛应用。地球物理学的发展,体现了物理学、数学、信息科学等学科向地球科学的渗透;而地球物理学的发展又促进了物理学、应用数学、计算数学、信息科学、电子学及其他应用科学的发展。

地球物理学的理论和技术在世界经济活动中具有举足轻重的地位。20 世纪后半期以来,一次性能源、金属及非金属矿产的勘探开发,对矿体的认定、资源评价及开发设计,都需要地球物理学提供的论据作支撑。在重大工程建设方面，如长江三峡水库及黄河小浪底水库坝址的选择、坝基岩体评价及已建成的水利设施堤坝中隐患的勘测、治理，都离不开地球物理学提供的服务。此外，地球物理学还为陆地和水下隧道的挖掘及地下国防工程建设提供技术保障，在核爆炸监测、考古勘测等方面提供技术手段。近年来，地球物理学方法和技术又在环境污染的监测方面显示出自己的优势。地球物理学还对城市、居民点、重大工程建设场地附近的岩体滑坡、泥石流进行了有效的预测和预警。

我国目前已建立了一支约有 3 万人的地球物理专业知识队伍，地球物理学的各分支学科已基本配套，野外观测设备及实验室装备水平居发展中国家的前列，其中地震台站的数量、地震勘探设备的水平、从业人员的数量都接近世界先进国家。我国幅员广阔、地质-地球物理条件复杂，本身就是极好的地球物理实验场所。几十年来，我国开展了一系列有关岩石层的研究工作，在全国建立了数字地震台网，成功地预测了一些大地震，并在地震研究中开拓了一些新的领域；应用各种地球物理勘探手段，查明了 136 种主要矿产资源的储量，配合地质勘探部门，发现了大庆油田等一些特大型油气田及矿产地。在动力大地测量、国防、天文、地球形态测量，以及大地水准面和板块运移研究中，地球物理学均作出了成绩。

5.7.1　地球物理发展领域

当前地球物理学科研究的任务是：资源勘查、生态环境保护、地质灾害预防和认识地球。针对我国幅员辽阔、条件复杂、资源分布不均衡、综合国力有限、地质灾害频繁的现实，我国地球物理学科发展战略的总目标是：开拓应用地球物理学的理论和方法，以促进能源和资源勘探开发技术的更新换代；发展震源物理、地震预测的理论和方法，为减轻地震等自然灾害提供技术准备；开展环境地球物理研究，为环境污染治理及保护生态环境作出贡献；加强岩石层综合地球物理调查和实验地球物理研究，以建立中国大陆岩石层结构和演化的定量模型。主要概况为以下几个方面。

5.7.1.1　应用地球物理

地球物理学理论和技术的发展来源于经济和社会发展的需求。

1)能源矿产方面

20 世纪 70 年代的“能源危机”在世界规模上导致对石油、天然气勘探的大量投入，形成了强大的地球物理勘探(尤其是地震勘探)的队伍和技术储备。石油、天然气、地震勘探从信息采集到处理解释已全部数字化，采集的信息量增加迅速，在信号处理、成像理论及实践方面都有新的发展，致使地震勘探的反演(即根据观测结果推断地质体形态及性质)问题研究有长足进步。

为适应石油勘探开发的要求，油储地球物理学已成为应用地球物理学的一个新的分支学科。理论和方法研究包括：沉积盆地演化的定量模拟解释以及地层型及岩性型油气圈闭的直接识别，油气藏及油气储集层的地震勘探描述和开发过程中的动态监测，小尺度地质异常体和地层精细结构的成像理论和方法。其实质是在提高地震勘探分辨率的基础上，综合地球物理测井等手段，采用多种反演方法，研究大尺度的油气圈闭及小尺度的油气储集层参数，从而进一步发展高分辨率的三维以及四维的勘探技术、多波多分量地震勘探技术、跨井或环井的层析成像及综合地球物理测井技术。

由于 20 世纪 70 年代以来，在前苏联、南美洲、澳大利亚发现了多个超大型矿床，这些矿床的开发使矿产品价格下跌。直到80年代后期,对固体矿产勘探的投资才陆续回升。同期对黄金、金刚石等贵重矿产资源勘探的投资则始终有增无减,对贵重金属矿产勘探的理论和技术比较受到重视。因此对固体矿产资源的地球物理勘探,一方面要提高地球物理勘探方法的水平,以增加后备资源储量,并作出综合评价;另一面,对贵重矿产的勘探将形成重点。

区域调查阶段航空磁测与区域重力调查,划分与追索控矿韧性剪切带或因遭受韧性剪切带作用产生退磁效应的赋矿地层的展布,填绘与相关矿床有密切伴生关系的侵入体;在普、详查阶段,开展激发极化法普查,结合区域地层的分布和分界面的密度等物性参数差异,(例如密度明显差异,其断裂带呈重力梯度带,矿区可能沿重力梯度带分布)发现与划分含矿岩系的分布范围,并进一步圈定矿脉群位置、范围、走向,并推断其倾向;在矿区勘探阶段,根据岩矿石电性特征,开展电测井并辅以井中电法,校正矿体厚度、位置,查明矿体产状要素与矿体连接关系。地球物理方法能成功地探查与矿床在空间上有紧密联系的控矿地质情况,从而有利于缩小找矿靶区,提高找矿命中率。对于找盲矿、隐伏矿,其地质效果尤为明显。与地质、化探等方法综合应用,互补长短,将获得最佳找矿效果与经济效益。

全球能源的匮乏,促使人们寻找新的能源,地热能资源便是其中的一种。地热研究大体包括两方面内容:理论上,它阐明全球热场分布、岩石圈热动态、地壳和上地幔热结构以及地球内部热状况、热历史。应用上,它研究地热资源分布规律、形成条件及其开发利用的可能性;同时研究矿区地温状况、深部地温预测、矿井致热因素和矿山热害防治的地质-工程措施;研究各种矿产资源,特别是油气资源形成时的古地温条件,为矿产资源远景预测提供理论依据。

地热能,在目前世界新能源年总产值40余亿美元中,约占40%。20世纪60年代,意大利、美国、新西兰、日本等工业发达国家相继建成一批大型地热电站,地热直接利用量及应用范围迅速扩大。地热资源的利用,具有能源、医疗保健、饮用、提取伴生元素等多重性能。人类赖以生存的地球是个大热库。据科学家们推测,地球的散热量总计达到每年1.52HFU[$1HFU=4.186\,8\mu J/(cm^2\cdot s)=41.868\times10^{-3}W/m^2$]。根据赋存状态,地热资源可划分为4种类型:水热型(目前主要开发对象)、干热岩石(已在美国试验成功,并在日、英、俄、德等国开始试验)、地压地热型和岩浆型,总称地球能(earth energy)。

岩浆能蕴藏在地壳浅部的岩浆囊中,温度800～1 200℃,开发难度大,但经科学家们论证,开发岩浆能不会引起火山爆发。总之,地热能不仅是一种希望,也是一种现实的具有竞争能力的能源。据美国GRC调查,到1990年底,世界地热能利用量相当于1.5亿桶石油当量(即2 384.8万t石油当量)。地热发电的优势是,不受气候条件影响,平均在线时间最长;地热能的环境效应好,污染性气体粉尘排放量极低,弃水灌入地下,蒸汽中可回收凝结气。每发1 000千瓦时电,地热能发电仅排放0.14kg碳,而天然气厂排128kg,燃油电厂(6号油)排418kg(Goddurd等,1989),

2)环境方面

地球物理学从广义方面讲,本来就是研究地球这个人类生存环境的科学,其各个分支学科包括固体地球物理学、海洋物理学、大气物理学和空间物理学,一直就在研究发生在固体地球、水圈、气圈和空间这些地球组成部分中的物理现象及过程,如地震、潮汐、海流、气象、磁暴等。就连勘探地球物理学,它也不只是研究自然资源的勘探和开发,也注重研究资源开发过程中出现的环境变化问题。

环境地球物理学可以定义为用地球物理学的理论和方法,研究解决环境问题的科学,由此产生的方法和技术，可称为环境地球物理方法和技术。环境地球物理学所依据的基本原理与地球物理学的其他分支学科类似，它是通过环境中有关介质物理性质的差异所引起的地球物理场来研究环境的。

根据环境地球物理学研究的地球物理场的不同，采用了不同的方法。这些方法大多是从勘探地球物理学那里移植过来的。目前采用的方法主要有电阻法（测定电阻率法、电磁波法、自然电位法、激发极化法）、磁法（与周围介质的磁性差异）、重力法（尤其是微重力法，与周围介质的密度区别）、地震法（地震剖面法和井间地震层析法，依据与周围介质弹性差别）。此外还有各种遥感和测井方法。

应用地球物理发展，侧重于二维、三维复杂地球介质中地震波传播理论与检测问题；勘探地球物理中的正、反演问题以及地震勘探（包括多波多分量地震勘探、垂直地震剖面法勘探、井间地震勘探）与综合地球物理测井资料的联合反演问题。

5.7.1.2 地震学与地震预测

地震预测研究主要是对未来发生地震的地点、时间和强度作出预测，长期预测的研究重点是地震地点和地震震级（强度），短期预测的研究重点是地震发生时间。震源物理研究主要以地震记录为依据，用层析成像方法对震源的时间、空间特性进行反演，研究的重点是非均匀震源面的描述及强震发生时区域应力场的变化。

在地震学及地震预测领域内，侧重于震源的精确确定及震源的定量化研究，地震的震源特性及复杂震源层析成像，岩石层应力场及其成因以及大地震前后应力场的变化，板块内地震孕震构造环境、孕震过程的研究，用空间技术对板块内现代应力场进行测量以及根据动力学变形预测未来地震的地点与强度（长期预测），地震前兆现象的研究及地震短期预测。

5.7.1.3 岩石层物理与动力学

这一领域对我国大陆岩石层及其深部构造的物理和动力学过程进行研究，以建立我国大陆岩石层结构和演化的定量模型为目标，重点方向是岩石层介质物理和力学性质的研究以及岩石层精细结构的探测与实验方法的研究；造山带与活化地区地球物理场的特征与岩石层结构的研究；地壳与上地幔的结构、深部断裂的产状与特性研究；岩石层的热结构及演化过程的研究。

我国的岩石层物理与动力学的研究已有 40 多年的历史，并在华北、东北、华东不同的大地构造带上，在康滇裂谷区、青藏高原等特定地质区域、西北各沉积盆地，以及东南海域，进行了卓有成效的研究。这些研究的最终目的是对我国大陆的岩石层及其深部构造、大陆内部各构造单元的地球物理场特征，以及对基岩的拆离、滑脱及薄壳构造等做出观测性的模型。如今岩石层的物理与动力学研究已渗透到地球科学的各个领域，如地震学及地震预测、动力大地测量学、应用地球物理学、实验地球物理学，以及地质学、地球化学等。不仅众多问题的解决要涉及地球内部地壳及深部过程的动力学机制，而且很多学科的发展均是以岩石层物理与动力学作为基础研究领域。地球物理学中一系列国际合作研究计划，如数字地震台网的建立、大陆岩石层计划、国际上地幔计划等，都是从全球规模推动对岩石层物理与动力学的研究。今后，由于深部地震观测手段的进步，有可能分辨岩石层及上地幔范围内各层地质体的弹性及非弹性界面，建立岩石层各岩层弹性波的速度剖面及其他参数（如电阻率、磁异常等）剖面，研究不同岩层在各种物理性质上呈现的非均质性及各向异性，并对地壳中板块运动的规律对大地构造、成矿作用的机理进行研究。

5.7.1.4 实验地球物理学

实验地球物理研究是地球物理学理论和方法研究的基础，它的特点是以地球整体作为实验观测场所。其实验内容大致为地球介质基本物理参数的测定，地质体及地质构造变形的基本过程和规律的研究，地球介质变形的物理场演变的模拟实验。由于地质体的变形及地质构造的演化是时间长达万年乃至亿年的过程，因此如何进行模拟实验本身就是一个值得研究的课题。

近年来开展的地球深部运动过程与浅层局部构造关系的研究，高温高压条件下岩石的物理及力学性质的研究，在地层温度、压力条件下岩石的弹性参数和高温高压条件下岩石流变性质及机制的研究，油、气、水储集层参数变化规律的研究，将对应用地球物理学的发展产生巨大推动作用。对地质构造变形基本过程和规律的研究，主要在岩石的破裂、摩擦、流变和力学失稳四个方面展开。对这些问题的研究将有助于地球动力学和大地构造学的研究和发展。

5.7.1.5 动力大地测量学

动力大地测量学将逐步用空间定位技术取代传统的地面大地测量技术。动力大地测量及空间定位测量，既可为火箭发射和人造卫星定位、天文、地壳形变观测等要求精确定位的行业提供服务，也能为大地水准面和板块运动的研究提供信息。大地测量为空间技术或航天技术提供精密地球模型，空间技术又为大地测量提供高精度观测手段，使大地测量学成为地球科学多种分支学科的交汇边缘学科，成为地球物理学中的重要分支之一。现代大地测量的基本任务是：①建立和维持高精度的、全球性的惯性坐标系及地球参考坐标系统，并在其中建立和维持全球性及地区性的三维大地控制网。这些监测网随时间的变化，可以提供高精度的地球坐标框架及地面点的基准坐标。②测定、模拟和解释地球自转和极移、地球潮汐、地壳运动和海平面变化等动态现象。③测定随时间变化的地球外部重力场。目前由于航天技术的发展，以空间大地测量技术、方法、理论的发展为纽带，带动了大地测量学各个分支学科的发展，并形成了两个发展趋向：一是大地测量的理论、方法和技术逐步由传统的地面观测转向空间大地测量、动力(动态)大地测量，这种观测具有极高的观测精度，卫星定位可达厘米级；二是对地球重力场的研究日趋精密化。

现代大地测量的发展方向是，应用空间大地测量技术推动大地测量学向地球科学的纵深发展，研究的重点是测量精度和水平。重点提高空间大地测量定位精度，并开拓高效定位在国民经济、科学技术和社会生活中的应用；加强地球重力场的研究；提高动力大地测量水平，包括四维时-空大地测量，板块运动与驱动机制，地球内部构造形态，大地水准面和海平面变化以及全球引力场变化等的研究；大气折光问题及其对大地测量的影响与消除、校正方法研究，新型抗折光仪器的研制。

5.7.1.6 综合地球物理研究

每一种地球物理场观测所得到的地球物理场，无论是进行定性推断，还是作定量计算，都只是以一种岩石物性为依据，它对地下复杂的地质情况，仅能取得一个方面的认识，并不全面。只有综合应用多种地球物理方法，并与地质和地球化学等资料相结合，才有可能取得比较全面的认识。

综合地球物理研究及环境地球物理研究前沿课题包括岩石层与流体的含水体系相互作用的研究；大陆深钻及岩石层深部构造的研究；板块内部深部构造及板块边界地球物理场效应与深部过程关系的研究；造山带、盆地的综合地球物理场研究与含油气资源、矿产资源的综合评价;根据新资料编制地球物理-大地构造图;环境污染的航空地球物理监测及水体、大气污染的地球物理监测方法研究。

现对大陆深钻进行简要介绍。

大陆科学深钻是当代地球科学具有划时代意义的大型科学工程,也是解决当前人类面临的资源、灾害、环境三大问题的重要途径之一。地球是一个极不均匀、极复杂与极难穿透的自然系统,无法对地球内部进行直观的研究。因此在典型的地质场地上进行科学钻探,进行实地检验,就成了检验科学假说的重要手段。例如,利用大洋钻探计划在全球各大洋上进行取心钻探,结果证实了板块构造的预测,从而使全球板块构造学成为目前普遍公认的理论,也使得板块构造学说成为 20 世纪的重大科学成就之一。

大陆是人类生存的空间,基本上提供了人类赖以生存的资源和能源。鉴于大洋钻探的成功经验,通过全球大陆深钻取得直接证据来认识地球深部逐渐成为共识。但大陆岩石圈的形成、结构与演化历史都比大洋要复杂得多。1992 年 11 月,在法国的布雷斯特,国际经济合作发展组织(OECD)理事会举行了深部钻探讨论会,建立了"国际大陆科学钻探计划 (ICDP)"的框架。1993 年 9 月,全世界 250 名地球科学家汇集于德国波茨坦,讨论成立"国际大陆科学钻探计划"的科学目标与组织机构,宣布执行全球大陆科学钻探的共同纲领。1997 年 1 月,中国参加了"国际大陆科学钻探计划",成为该组织的理事国之一。

自 20 世纪 70 年代以来,世界上已有 14 个国家打了近 100 口深浅不一的科学钻孔,其中 4 000m以上的深孔有 20 口。根据钻孔的深度,大陆科学钻探可以分为浅钻(深度小于 2 000m),中深钻(深度 2 000～5 000m),深钻 (深度 5 000～8 000m)和超深钻(深度大于 8 000m)4 级。大陆科学深钻和超深钻是一项投资巨大的科学工程,体现了一个国家的实力与地学水平。目前完成的超深钻只有前苏联的科拉超深钻(井深为 12 261m)和德国的 KTB 超深钻(井深为 9 101m)两口。美国自 20 世纪 80 年代中期起,每年投资 1 000 万美元,实施大陆科学钻探计划,现已完成多个钻孔。这些被地质学家称之为横跨岩石圈走廊的"全球地学大剖面"的行动,掀开了大陆科学深钻的新一页。实践表明,大陆科学钻探能帮助人们搞清地下正在进行的物理化学过程及地下深部物质分布赋存状态,从而丰富人们对地下未知领域的认识。美国对索尔顿湖实施科学钻探后取得了关于水热成矿作用的新认识;前苏联科拉半岛超深井钻至 9 000m 处发现了含金矿带;德国科学超深钻井中发现钻孔底部(9 100m)是流动的软岩石,8 000m 以下存在大量的含矿热卤水,存在着很强的现代地质作用;乌克兰大陆科学钻探在前寒武纪结晶岩中意外地发现了 5 个大型生、储油层……这使地学家不得不改变原来的许多传统认识。

我国幅员辽阔,并且具有影响全球变化的独特大陆地质及令世界瞩目的深部地质问题。中国大陆科学钻探工程的实施,是我国地质科技工作的一件大事,对于促进我国地球科学理论的发展和地球探测技术水平的提高,具有十分重要的意义。中国大陆科学钻探工程是一项集科学与技术于一体的综合性工程,也是多学科、多领域的系统集成。

2001 年 6 月 2 日,被称为"入地工程"的中国大陆科学钻探工程项目在中国东部苏鲁超高压变质带南部的江苏省连云港市东海县毛北村正式开钻。工程由钻探工程、测井工程、地球物理、分析测试、数据管理及信息工程等子系统组成。2005 年 3 月,现场钻探施工结束,钻井深度为 5 158m,是目前世界上继前苏联和德国之后第三个超过 5 000m 的科学深钻。

数千米的深部钻探提供了通过保留在垂向层序中的地质记录研究"系统瞬态动力学"的手

段，使以前采用间接手段获得的“模糊”的猜想变得“真相大白”。通过对岩石圈进行直接观测，可以揭示大陆地壳的物质组成与结构构造，校正地球物理对地球深部的遥测结果，探索地球深部流体系统、地热结构，监测地震活动，揭示地震发生规律，研究全球气候变化及环境变迁，探索地下微生物的分布及潜育条件，预防环境及地下水污染，处理核废料，长期观察地球变化，解决一系列重大基础科学问题。

5.8 地球化学技术

提到地球化学，人们通常认为它研究地球的微观世界，即地球的化学组成、化学作用和化学演化，它涉及的是化学元素及同位素。20 世纪 50～80 年代，地球化学在上述研究领域的快速发展和取得的重要成果，使其成为固体地球科学中的 4 大支柱(地质学、地球物理学、地球化学和大地测量学)之一。进入 21 世纪，全新的地球系统观是在全球尺度上把地球看成一个相互作用的各圈层集成的综合系统，它包括无数个相对独立、相互作用、相互依赖的不同层次、不同类型、不同作用的系统。地球化学以其在传统领域(地球的化学组成、化学作用、化学演化)的扎实研究成果为基础，将其视点转移到有关地球这个复杂系统(乃至行星)的形成、演化等重大宏观问题，集中表现在地球动力学研究中，以微量元素和同位素地球化学为核心内容的化学地球动力学(chemical，geodynamics)，成为通过分析物质微观性质认识宏观世界的成功范例和建立地球动力学模型的重要基础之一。它代表了微量元素和同位素地球化学乃至整个地球化学近代发展的主要方向。

地球化学是研究地球及有关天体化学组成、化学作用和化学演化的地学类学科，其实质就是地球系统的化学。地球系统物质运动是包含相互作用的力学、物理学、化学和生物学形式基础运动的复杂运动，所以探索地球形成、发展和演化不仅是力学和物理学问题，而且也是化学问题。力学控制着行星体的复杂运动，而化学使之千差万别、变幻莫测。虽然地球化学是地学与化学交叉的边缘科学，但是它要解决的科学问题与其他地学学科是相同的，即地球化学是以应用化学的观点、理论和方法去了解地球的形成和演化问题。

地球化学的研究与化学研究既具有共同性，又存在很大差异。两者的不同，不仅表现在地球体系及其各级子体系较一般化学体系的高度复杂性及不可比拟的时间和空间尺度，而且多数地球化学作用过程或者发生于地球深部，或者在地球历史时期中已经完成。对于这些作用过程，不能像化学研究那样由作用过程的始态到终态直接进行观察，而只能根据地球化学作用过程的产物和遗留在各类地质体中的痕迹(地球化学记录)追索过程机制和探索地球的演化，也就是说，地球化学研究主要是反序性质的。对于各级地球体系来说，进行类似化学体系实验的试剂添加和移出、物理化学条件的设置和变动以及不同步骤反应过程的连接等，均主要是靠力学性质的构造运动及系统所处的地球物理场和地球化学场(围岩及其物理化学性质)等自动(非人为)实现的，所以地球系统中的化学运动是与力学、物理学、生物学等形式运动相互依存、相互制约，甚至是相互转化的。

5.8.1 陨石学

人类赖以生存的地球是太阳系的成员之一，因此对太阳系其他行星和小行星的比较研究，以及太阳系形成和演化历史的研究，是深入认识地球不可缺少的环节。不仅如此，地球作为一个充满生机的星球，其形成和演化早期的痕迹基本上已被后期的各种地质事件所抹除。陨石是来自地球之外其他天体，穿过大气层后降落在地球表面的岩石。已知的陨石来源包括各种小行星、火星和月球，一些陨石还可能来自彗星。不同类型的陨石分别保存了从太阳星云形成和冷凝，小行星的吸积，类地行星的星子堆积，金属硅酸盐分异，以至行星后期演化历史的各种信息，是太阳系形成和演化不同阶段残留的“化石”。除阿波罗号和月球号飞船从月球表面获取的少量岩石和月壤样品外，陨石是目前人类惟一获得并可在实验室进行研究的地外岩石样品，因此陨石研究迄今为止仍然是认识太阳系形成和演化的一个重要窗口。

陨石学涉及到有关宇宙尘埃、微陨石、玻璃陨石、撞击事件与生物灭绝、小行星探测与陨石母体的轨道、陨石中的有机质与天体生物学等内容及其重要性，陨石类型（如各种铁陨石和石铁陨）及其所涉及的重要科学问题，等等。

5.8.1.1　陨石的回收

陨石的富集区主要在南极和沙漠地带。南极富集陨石的主要原因有以下方面：①南极寒冷干燥的气候条件非常有利于陨石的长期保存。②由于冰川搬运作用，存在陨石的富集机制，陨石降落在南极冰表面后，与积雪一道被掩埋，然后随冰川运移。当冰川流动受到山脉等阻挡，以及南极下降风对冰川的消融作用，使得其中的陨石被搁浅，并在特定区域富集。同南极陨石冰川运移的富集机制不同，沙漠陨石的富集主要是由于干旱的气候有利于陨石的保存。沙漠陨石的居地年龄一般为几万年，并与不同地区的风化速率和地表稳定时间长短有关。

不同陨石分别代表了太阳系形成和演化各个阶段的产物，随着南极陨石和沙漠陨石数量的迅速增加，不断发现新的和特殊的陨石类型。绝大部分陨石形成于太阳星云的冷凝吸积过程，没有经历后期的熔融分异作用，因此被称为未分异型陨石。这些陨石普遍含有一种球粒状硅酸盐集合体，故通常又称之为球粒陨石。与此相对应，其他经历熔融分异作用的陨石为分异型，并根据硅酸盐与金属的相对含量，划分出无球粒陨石（硅酸盐体积分数大于 90 %）、石铁陨石（硅酸盐与金属含量相近）以及铁陨石（金属体积分数大于 90 %）三大类。

5.8.1.2　太阳系外物质

长期以来，人类对其他恒星的认识主要基于各种天文观测和天体物理学的理论模型计算等。陨石中太阳系外物质的发现使得我们可以在实验室对不同恒星来源的物质进行各种分析测试，从而对各种恒星的形成和演化给出重要的制约条件。不仅如此，不同陨石中各种太阳系外物质的分布，还提供了太阳星云形成与演化的信息。

对不同化学群球粒陨石的研究，可以获得太阳系外物质在原始太阳星云中分布等信息；而对同一化学群不同岩石类型陨石的研究，可以了解陨石母体热变质作用对太阳系外物质的影响。一些研究表明，太阳系外物质的含量与球粒陨石的细粒基质含量呈正相关，但与陨石的化学群相关性不明显，其含量可能反映了星云及陨石母体中热变质的影响。此外，也有证据表明，不同太阳系外物质在原始太阳星云中的分布是不均一的。

5.8.1.3　陨石中的灭绝核素

球粒陨石，特别是其中所含的富 Ca、Al 包体（简称 CAI），形成于太阳系演化历史的最初始阶段，可能保存了一些灭绝核素衰变的子体。陨石中的灭绝核素的研究有两方面的意义：①灭绝核素的衰变可能部分提供了行星演化的能量来源；②可能提供一个关于太阳系早期演化的时间标尺。

1）灭绝核素的成因与分布

尽管较多的证据倾向于支持灭绝核素的超新星成因假说，但仍存在许多问题。灭绝核素在原始太阳星云的分布是否均一？它们的初始比值是多少？球粒陨石中不同集合体中给出的灭绝核素比值是否反映了它们之间形成时间的差异？灭绝核素^{36}Cl是否存在？如果存在，其初始比值是多少？不同灭绝核素之间是否有确定的对应关系？直到目前，该研究方向的工作绝大部分仍集中在富 Ca、Al 包体中由$^{26}AL-^{26}Mg$构成的同位素体系，对其他同位素体系的研究明显不足。

2)CAI 与球粒的成因与分布

由于富 Ca、Al 包体代表了太阳星云演化最早形成的产物，并具有最大的^{16}O富集，以及过剩的灭绝核素子体，一直是陨石学研究的主要对象。Mg、Fe 质硅酸盐球粒则构成了球粒陨石的主要部分。尽管有证据表明，普通球粒陨石和顽辉石球粒陨石中的 CAI 与碳质球粒陨石中的同类集合体具有相同的成因和源区，但仍无法说明它们之间在 CAI 的丰度、大小以及岩石矿物特征等方面存在的如此巨大的差异。不同类型的 CAI、球粒以及橄榄石集合体之间是否存在某种成因联系，此外，造成一部分 CAI 熔融，甚至蒸发的高温事件与球粒的形成之间有何相关性均有待进一步研究。

5.8.1.4 太阳星云的形成与演化

由于太阳占据了太阳星云大部分质量，因此可以认为原始太阳星云的组成与太阳接近。CI 群碳质球粒陨石(最原始的球粒陨石之一)全岩化学组成与太阳光谱测量结果的一致，进一步支持上述观点。太阳星云的初始状态存在两种不同的模型，即热星云说和冷星云说。热星云模型认为原始太阳星云为一高温气体，由于热辐射逐渐冷却并收缩，其中央形成太阳，边缘星云盘由高温气体冷凝形成固相尘埃，并进一步聚集形成星子，最后堆积形成行星。对太阳星云从高温至低温冷凝过程的热力学计算，理论预期的各种矿物不仅在 CAI 中全部发现，并且各种矿物的形成温度与 CAI 矿物结构关系所给出的形成次序相当一致。太阳星云冷凝的理论计算还很好地解释了 CAI 全岩的稀土等微量元素特征。对极端还原条件下的星云冷凝计算结果，也与顽辉石球粒陨石的矿物学特征吻合。

近年的一些研究成果，特别是同位素分析数据，越来越清楚地表明，太阳星云没有达到被完全气化的状态，至少保存相当数量的固相尘埃。首先，陨石中太阳系外物质的存在就是一个有力的证据。如果太阳星云达到高温(如大于 1 770K)，太阳系外物质将难以存在。尽管目前分离出的太阳系外物质主要为各种难熔矿物，但对不同化学群及不同岩石类型陨石中太阳系外物质的研究表明，它们对于星云和小行星母体中的热变质事件相当敏感。石墨、纳米级的金刚石等在氧化条件下也难以在高温中存在。对于冷星云模型，太阳 X-风假说可以解释 CAI 和球粒的形成，并与相当一部分实验分析结果(如灭绝核素分布等)吻合。

5.8.1.5 月球陨石

自阿波罗登月之后，经过一个长达 30 年的相对寂静时期，国际上开始了新一轮的重返月球的探测和研究计划。我国在成功实现载人航天飞行之后，命名为“嫦娥”的月球探测计划已实施，掀开了我国深空探测的序幕。月球陨石的研究不仅有助于我国探月计划科学目标的制定和实现，而且对月球卫星所获得各种波谱数据的解译具有非常重要的意义。

阿波罗计划 6 次成功登月所获得的 382kg 月岩，以及月球号 3 次无人登月带回的 300g 月壤，大约代表了月球表面正面 5%～10%的区域。此外，由于技术的考虑，月球飞船的着陆点均选取在月球表面平坦的区域，即相对年轻的表面。月球陨石的发现不仅使我们可以获得月球表面的岩石样品，更重要的是相当一部分月球陨石来自月球背面或远边，是对阿波罗和月球号月岩样品的重要补充。月球陨石对认识月球全球的物质组成和演化具有更好的代表性。月球表面 U、Th 全球分布情况也清楚地表明，全部月岩样品均落在高放射性活度的月海区域。相反，相当数量的月球陨石具有低的放射性活度，可能来自月球表面低 U、Th 的背面及远边区域。

5.8.1.6　火星陨石

与月球陨石不同，火星陨石是目前人类惟一获得的来自火星表面的岩石样品。目前为止报道的全部 28 块火星陨石，除 4 块为降落型陨石外，其他均为发现型陨石，其中 8 块发现于南极蓝冰表面，16 块发现于沙漠，GRV99027 是由我国第 16 次南极考察队在格罗夫山地区的蓝冰上回收的，是已知的第 4 块二辉橄榄岩质火星陨石。GRV99027 陨石质量为 9.97g，明显小于大多数火星陨石。根据火星陨石中由中子捕获产生的 ^{80}Kr 和 ^{82}Kr 的丰度，以及 ^{81}Kr 和 ^{83}Kr 的宇宙射线暴露年龄，可以计算出火星陨石进入地球大气层前的体积，结果表明它们均具有相当大的体积和质量（最小半径为 22 ～25cm，最小质量为 150～220kg）。火星表面撞击的模拟计算也表明，逃逸出火星表面的火星陨石的半径应落在 20～200cm 范围，佐证了上述测定结果。GRV99027 很可能只是火星陨石的一小块碎屑，该陨石的大部分样品可能仍散布在南极格罗夫山区域。虽然大部分火星陨石是近年在南极蓝冰表面和非洲撒哈拉沙漠搜寻陨石的成果，一些火星陨石被发现已有相当长的时间，但它们被确认为火星来源则只是近 20 年来的研究结果。

陨石学的研究正处在一个迅速发展的阶段，一个重要原因是其主要研究对象，即陨石的数量随着南极陨石和沙漠陨石的新发现而成倍增长，其中有相当一部分属于特殊类型，包括火星陨石和月球陨石等。我国在南极格罗夫山地区连续 3 次回收到南极陨石，并且在数量上达到 4 480 块，仅次于日本和美国。大量格罗夫山陨石的发现，为我国的陨石学和天体化学研究提供了极为有利的客观条件。促进陨石学发展的另一重要因素是近年国际上新一轮的深空探测热潮，包括重返月球计划、以发现火星生命及其证据为首要目标的火星探测计划以及对小行星的探测等。陨石作为天然提供的上述各类天体的岩石样品，在深空探测科学目标的制定和实现过程中，发挥着不可或缺的作用。实际上，陨石学领域的重要发现和成果，在某种程度上触发了当前的深空探测热潮。我国的月球探测工程——“嫦娥”计划已正式开始实施，在客观上对我国陨石学和天体化学的研究提出新的要求。

与地球岩石样品非常不同的是，陨石通过撞击作用，从月球、火星以及各种小行星表面随机挖掘出来，因而每一个陨石都是独一无二的，携带了其小行星（类地行星）母体形成与演化的重要信息。不仅如此，球粒陨石作为太阳星云冷凝吸积的产物，其中的各种组分可以来自完全不同的星云演化阶段或空间区域，甚至来自不同的恒星。陨石样品的这种属性，一方面常常给陨石学的研究带来意外的重大发现；另一方面，也造成许多科学问题的多解性，因而需要进一步地工作。以下一些研究方向和内容不仅意义重大，并且很可能取得突破性进展。

(1)新陨石类型的发现。主要包括可能来自水星、金星等类地行星表面的岩石样品的找寻。火星陨石的结晶年龄相对火星大部分地区的表面年龄偏低，古老火星陨石的发现，对于火星地壳的形成，火星生命存在的证据等均有重要意义。格罗夫山是我国新发现的陨石富集区，揭示该地区陨石的富集机制，并持续开展陨石的回收考察，将为我国获得更加大量珍贵的科学研究资源，并很可能从中发现新的、特殊的陨石类型，使我国在国际陨石学界发挥重要作用。

(2)新类型太阳系外物质的发现。现有的太阳系外物质分离方法是一种强酸溶过程,所有可能的太阳系外成因硅酸盐等均被完全溶解。建立有效的、非酸溶分离流程,特别是物理的分离流程,将能发现硅酸盐等新的太阳系外物质。

5.8.2 大陆地壳组成

大陆占地球表面的41%。大陆地壳由演化的、低密度的岩石组成,使得大陆高于海平面。大陆地壳这种演化的成分是太阳系独一无二的,同时也明显有别于洋壳和地幔成分。大陆地壳的平均厚度为37~40km,最厚的喜马拉雅山脉可达80km。大陆地壳不易返回地幔,大陆保留了最完整、丰富的地球历史记录。已知最老的大陆地壳年龄记录为产于澳大利亚西部Jackson Hill砾岩中的锆石,年龄为44亿年。对该锆石的氧同位素研究表明,当时不仅已有大陆存在,而且已有水圈。大陆一般分为花岗质的上部地壳、英云闪长质的中部地壳和玄武质的下部地壳。而洋壳的厚度通常不足10km,现有的大洋地壳都是小于200Ma的中生代以来的产物,基本无花岗岩,且不存在大陆地壳那样的明显垂向分层。大陆地壳是地球化学主要储库(reservior)之一,虽然大陆地壳仅占整个地球质量的0.4 %,但大陆地壳中高度不相容元素(如Rb、Ba、K、Pb、Th、U等)的含量却占地球中这些元素总含量的30%以上。大陆地壳是矿床的主要产地。大陆地壳的化学成分是认识地球形成和演化,制约化学地球动力学模型的边界条件。

大陆上地壳是人们能够直接取样的地球部分,相对于下地壳,其成份与地幔源区的差异更明显。大陆上地壳元素的丰度是进行成矿预测和环境评价的主要的地球化学方面的依据和基础。例如,勘察地球化学中,异常下限的选择以大陆上地壳元素丰度为基础,如采用"克拉克"值。

大陆深部地壳包括大陆中地壳和下地壳,由于深部地壳一般难以为人们直接观察,因此是地壳组成研究中不确定性最大的部分,特别是下地壳。位于地表20~25km以下的大陆下地壳通常被认为由麻粒岩相变质岩组成,它是联系地幔和深部地壳的纽带,是大陆生长、壳-幔物质交换和壳内物质分异的关键场所。由于大陆中、下地壳深埋地下,人们只能通过局部出露于地表的下地壳剖面、产于基性火山岩中的麻粒岩包体和地球物理测探等方法来研究下地壳的性质和过程。

大陆地壳组成对壳-幔交换作用的指示:作为壳-幔交换的主要过程之一,大陆地壳是由地幔通过岩浆作用生长而来的,大陆地壳的形成与大陆岩石圈地幔(SCLM)的形成在时间上具有同步性。然而,大陆是何时在何处以什么方式形成和消失的,其形成和消失机制和速率在地质历史上是否有变化等许多关键问题尚有待深入研究。近年的研究表明,主要与地幔柱岩浆活动有关的板内(intraplate)环境(大陆内部和大洋盆地)同样是大陆地壳和大洋地壳生长的重要场所。除喷发至地表以外,玄武质岩浆的底侵作用(underplating)是板内幔源岩浆进入地壳的主要方式之一。底侵作用不仅造成地壳生长,同时底侵作用带来的异常热源是诱发地壳深部熔融,形成花岗岩浆的重要驱动力。底侵作用便使地壳生长从下地壳开始,地壳最深部最年轻。这种地壳年龄结构与过去根据地表研究得出的随深度增加岩石变老的年龄结构相反。以往认为陆源洋壳沉积物的俯冲作用是大陆地壳再循环进入地幔的最主要机制。近年来,人们已认识到下地壳拆沉作用(delamination)是同等重要的陆壳物质再循环方式,这种作用导致的陆壳再循环进入地幔的量与板块俯冲造成的陆壳再循环量相当或更多。

5.8.3 地幔地球化学

地质学和实验岩石学研究已证明，无论在任何构造环境和任何时代，原生幔源岩浆绝大多数是玄武质的，即新生的大陆地壳应是玄武质的，而现今大陆地壳却具有独特的安山质总体成分。大陆地壳是如何由玄武质演化为安山质的，这一问题是所有大陆动力学模型必须解释的地球化学先决条件，也是当今地球化学研究的前沿课题。由玄武质原始大陆地壳演化为现今安山质大陆地壳，要求大陆地壳中必须有基性-超基性的物质通过某种机制再循环返回地幔。

大陆上分布着自太古宙到现代的幔源岩石，因此对不同时代岩石的系统研究可以获得各特定时段地幔源区的热和化学结构，从而描绘出整个地质历史进程中的地幔演化的特点和动力运行方式。有关地球早期演化历史的信息，主要来自于最古老岩石的地球化学研究。由于这类岩石在地球上分布有限，而且受到不同程度的风化、蚀变、交代和变质作用的影响，其原始的化学组成通常遭到不同程度的破坏，因而有关地球早期演化的认识尚有不同的看法。

Sm－Nd 体系被证明在多种地表过程中仍能保持良好的封闭性，因此被广泛用于地球早期历史的研究，并积累了大量的资料。Lu－Hf 和 Sm－Nd 同位素体系具有十分相似的地球化学性质。更为重要的是，由于 Lu 是 HREE，Hf 是高场强元素，因此其活泼性均小于 Sm 和 Nd。Lu－Hf 同位素体系应比 Sm－Nd 体系在各种地质过程中更稳定。这在一定程度上为解决不同作者综合数据的差异提供了依据。

地幔岩石的铂族元素(PGE)也给探索地球早期历史提供了重要素材。PGE 具有强烈的亲硫性，因此在核幔分异过程中，超过 99%的 PGE 进入地核，只有少量 PGE 留在地幔中。为了研究地幔中 PGE 的分布和含量，地球化学家早在 20 多年前就开始分析成分相对饱满的二辉橄榄岩，发现地幔岩石中的 PGE 丰度大大高于根据实验测定的金属/硅酸岩分配系数而计算得出的金属硅酸岩平衡值。更为重要的是，大多数地幔橄榄岩的球粒陨石标准化铂族元素(PGE)含量呈平坦分布，而且 Pd/Ir(1.16)和 Pd/Pt(0.57)比值都为球粒陨石值。这些数据表明，地幔的某些部分的 PGE 可能具有较为复杂的演化历史，而不能简单地归结为球粒陨石撞击成因。一些学者认为这可能与非原始陨石的撞击有关，或者与地核向地幔物质的传输有关。另一些学者则认为地幔橄榄岩中的非球粒陨石 Pd/Ir 比值是成岩过程造成的。

地幔的地球化学演化其实就是不均一性的形成和破坏相互平衡的结果。产生不均一性的过程包括熔融导致的分异作用、洋壳的热液蚀变、沉积物的俯冲和核幔间的相互作用；破坏不均一性的过程包括地幔对流和混合，地幔地球化学的发展与揭示这些过程的本质和地幔对流方式紧密相连。一方面，地球化学家在不断努力开发和研究新的地球化学示踪技术，使得揭示地幔过程的细节和重塑大尺度上演化历史成为可能；另一方面，由于不能直接观察地幔对流，所以尽可能将地球化学成果与地震学、理论模拟计算、流体力学、矿物物理等不同学科的研究所获得的认识进行综合。多学科的综合是现代地球科学发展的必然趋势，但在研究过程中也难免出现不同学科所获得的证据相互矛盾的现象。地幔地球化学发展正是进入了这样一个时期：地球化学资料支持双层地幔对流模式，而地球物理更倾向全地幔对流。在发展新的地球化学示踪手段的同时，如何与地球物理模型相协调，也是今后地幔地球化学发展所面临的课题和挑战。

5.8.4 地球化学动力学

地球化学动力学在国外文献中被称为“地球化学过程动力学”。虽然有关地球化学动力学的文章在20世纪70年代初便陆续发表，但作为本学科分支最初出现的标志是1973年在美国弗吉尼亚召开的一次关于地球化学迁移和反应动力学的会议。从此以后，这方面的论著日益增加，到20世纪80年代已发展成为地球化学的一门新支撑学科。

地球化学动力学研究地球化学系统的演化，包括演化的机制、速率和过程及其所产生的时-空结构。地球化学动力学涉及基础理论研究、实验研究、计算机模拟和地球化学系统复杂性的研究。

地球化学动力学的基础理论主要研究地球化学系统的非平衡演化行为、化学动力学与分子动力学，并已经提出了局部平衡理论及远离平衡条件下的自组织。前者如H. Heigeson及其合作者所进行的探索，后者如P. J. Ortoleva及其合作者所做的大量开创性的工作。A. W. Hofmann以及A. C. Lasaga等则研究化学组分输运-反应耦合过程动力学，组分输运包括扩散、渗流和对流，而反应则包括溶液相中各组分之间的均相反应、溶解与沉淀和属于非均相反应的水-岩相互作用。

近几十年来，地球化学动力学实验主要为矿物溶解过程动力学实验，即在控制温度、压力、氧分压等条件下研究矿物溶解速率和动力学过程。到目前为止研究最多的矿物包括石英、长石、方解石、白云石，大致代表了长英质岩石和碳酸盐岩这两类在岩石中的主要矿物成分。近年来，随着对环境问题的日益关注，特别是对矿山环境问题的关注，也有少量黄铁矿的溶解-沉淀反应动力学实验研究，但对大多数金属矿物尚缺少较为系统的反应动力学研究。反应采用实时流体采样或实时定位测试，反应腔一般较小，侧重于化学作用机理和速率的研究。

超临界条件下流体与矿物的反应动力学实验和临界点两侧矿物溶解性能的突变现象研究是近年来水-岩反应动力学研究的热点，其成果对于解释诸多地质地球化学现象如成矿作用有重要意义。

另一类地球化学动力学实验采用宏观的反应箱(tank)，可研究在垂向或侧向热和温度梯度驱动下流体或孔隙流体的渗流、组分扩散和溶解-沉淀耦合过程的动力学，如发生于岩浆房和盐湖盆地的双扩散对流。这类实验的控压比较困难，一般在常压下进行。

近年来，随着人们对环境问题的日益关注，关于大气、水体和土壤中元素的迁移、富集的动力学机制和过程的实验研究有较多的报道，如土壤淋滤实验、通量箱实验等，以解决土壤等介质对微量元素的吸附、生物降解等过程的速率和机理，进行环境评价。

由于真实地质-地球化学系统的复杂性，实验研究受到较大局限，因此，地球化学动力学过程模型(modeling)的计算机模拟(simulation)显得尤为重要。目前有4类地球化学动力学模型和模拟：①建立在连续多孔介质模型下的热流体输运-反应耦合过程动力学模型与模拟。模型由反映地球化学作用过程中化学组分、流体动量和能量(温度)守恒的一组偏微分方程组成，依据实验地球化学系统特征确定边界条件、初始条件和动力学参数后，采用有限差分、有限元等方法求解孔隙和裂隙混合介质中的流体输运反应，目前已有较多研究。②分子动力学模型。流体中微观分子热运动满足统计物理学原理，分子间的化学作用是分子间碰撞并克服能障结合的过程。通过系综平均(resemble average)可获得系统的宏观特征及其随温度、压力等条件的改变而变化的规律。华人学者段振豪在这方面做了很好的工作。③元胞自动机和格子气模型。这是一种将空间离散为规则网格，将时间离散为等步长，在某一时刻某一个或几个地球化学变量在各网格结点上的值依据特定的演化规则决定下一时刻该地球化学变量的各个网格取值。这类模型和模拟在研究地球化学系统复杂性方面显得十分重要，因为它抓住了复杂系统各子系统（局部区域）间通过强烈相互作用产生有序的自组织结构这一本质，并且通过对空间和时间的离散，使复杂的地球化学系统得以极大地简化。④随机过程模型，也称 Monte Carl 模拟，是在实际地球化学系统测量的基础上，通过数据的统计分析和时间空间结构分析获得地球化学系统的统计特征，包括概率分布特征和空间相关特征，然后通过产生一系列满足特定分布的随机数并通过变换使其同时也满足空间相关特征，从而产生对实验地质-地球化学系统和过程的模拟，如地质统计学中的条件模拟方法和时间空间序列的马尔可夫分析等。

地球系统的复杂性研究包括地球化学系统时-空结构的涌现机理，非线性演化所产生的多重韵律（周期和多周期），弱混沌、混沌动力学行为，自组织的复杂时空结构特征。分形和多重分形是地球化学系统时空结构的基本模式，地球化学系统的分形生长和自组织临界过程具有普适的性质。

於崇文院士（1993）将国外 20 世纪 90 年代以前关于地球化学动力学的研究与进展情况归纳为以下 12 个方面：反应动力学、硅酸盐熔体的成核作用和生长动力学、水-岩相互作用、状态方程热力学与输运性质、输运、双扩散对流、热-质输运、输运和化学反应、成矿元素的输运与沉淀、成矿作用动力学、热致与流体驱动的断裂作用和动力学模型。他几十年来致力于地球化学系统的非平衡热力学、成矿作用动力学、成矿系统复杂性研究，并最终发展为固体地球系统复杂性的理论系统，提出了大型矿床和矿集区产生于混沌边缘的命题，认为化学振荡和分形生长是非平衡地球化学系统演化的重要机理，提出了岩浆和成矿热液能以孤波的形式进行远距离迁移，其产物可视为热液孤子和岩浆孤子。这些理论和命题极大地丰富了地球化学动力学研究领域，也给这一新兴学科的发展提出了新的方向。

5.8.5　同位素地球化学

同位素地球化学，包括稳定同位素地球化学和放射成因同位素地球化学两部分。稳定同位素地球化学是地球科学领域内的一门边缘科学，是同位素化学、地球化学和地质学等许多学科交叉、渗透的产物。它研究轻元素（H、C、O、S、N 等）稳定同位素在自然界（岩石圈、土壤圈、水圈、大气圈、生物圈和行星体）的丰度及其变化机理，在各种天然过程中的分馏行为，并以此为指导研究天然物质的来源、运移过程以及经历过的物理化学反应和条件，例如地球内部层圈的化学演化和相互作用、监测全球变化等。该学科研究的时间尺度从太阳系演化的早期到现代，空间尺度从宇宙到原子；研究内容上从传统的地质测温到地球化学示踪；研究手段上从常规化学制样方法到原位探针分析；研究方法上从静态半定量到动态定量；研究范畴上从三维结构到四维演化；研究对象上从局部地质单元到地球不同层圈；研究领域上从固体地球科学的各个学科（例如地球动力学、构造地质学、岩石学、矿床学、矿物学、沉积学）到其他不同学科（例如海洋学、水文学、冰川学、古气候学、环境科学、考古学、天体化学等），甚至应用到了医学和食品工业。稳定同位素地球化学已成为现代地球科学的重要分支学科，它主要能够用于如下目的：①成岩成矿的物质源区鉴定；②矿物岩石形成温度确定；③成岩成矿地球化学过程和机理示踪。稳定同位素研究以及其他地球化学研究证实了表生流体在大陆和海底地壳内的大规模循环，最深可达地壳 15km 深处。

在地球化学研究中，放射成因同位素有两种基本的用途，一种是测定岩石和矿物的年龄（同位素地质年代学），另一种是示踪物质来源和研究地质作用过程。由于分析测试技术的飞速发展和研究对象的迅速扩展，放射成因同位素地球化学研究在过去的10年里获得了空前的发展，并在地球早期历史、古大陆和造山带演化等大陆动力学研究领域取得了骄人的成就。特别值得指出的是，由于激光剥蚀进样系统（亦称为激光探针）和质谱仪的完美结合，实现了微区原位的微量元素和同位素分析，导致了激光$^{40}Ar/^{39}Ar$微区年代学技术的飞速发展；在离子探针（SHRIMP）锆石U－Pb技术得到广泛应用的同时，激光探针与ICP－MS、MC－ICPMS的结合，不仅使锆石微区U－Pb年龄测定更加迅速和经济，而且还能够进行原位的化学成分和定年分析，同时还实现了单矿物微区Sr、Hf、Os等同位素分析。微量取样和化学淋滤技术的发展和应用，也使一些传统定年技术（如Rb－Sr、Sm－Nd等时线定年）的应用获得拓展。由于分析精度的不断提高和微区原位分析技术的发展，同位素地质年代学已经从以往的单纯年龄测定发展到年龄和其他地质参数（如温度、压力、成分、结构构造等）紧密结合，准确定量了解地质作用的过程。MC－LCP－MS技术的日益成熟，不仅使一些高电离能的元素（如Hf、Th、Os）的同位素的常规分析成为现实，而且还同时具备了高精度、高分辨率、高灵敏度和高效率的优点，并且在放射成因同位素地球化学研究中获得越来越广泛的应用。

全球各主要大陆、地块和造山带岩浆岩和变质岩高精度同位素年代学资料和各类岩石（特别是碎屑沉积岩）的同位素地球化学资料的积累和数据库的建立，已经在不同的时-空和构造尺度上建立了以同位素组成和年代学格架为基础的大陆地壳的同位素地球化学省区。例如，Zhu根据Pb同位素资料，把中国大陆划分成华夏、扬子、华北、北疆、佳木斯和青藏6个Pb同位素省。大量的Nd同位素组成的资料表明，除崆岭群变质岩具有太古宙的Nd模式年龄外，华南（包括华夏和扬子）各类岩石的Nd模式年龄主要集中在古元古代和中元古代，而华北的Nd模式年龄主要集中在太古宙。根据近年来获得的各种岩浆岩和变质岩的高精度锆石U－Pb年龄数据，Griomer等总结了华北和华南两个块体的锆石U－Pb年龄谱图。

5.8.6　表生地球化学

表生地球化学（exgenic geochemistry 或 geochemistry of earth surface）研究地球表生作用带的化学组成、化学作用和化学演化。从地球系统科学的观点来看地球表生带是地球上大气圈、水圈、生物圈和岩石圈相互作用的界面聚会的场所，表生地质作用就发生在这一多圈层交错重叠的界面上。因此，表生地球化学的研究涉及到地质学、地理学、土壤学、微生物学、植物学、生态学、环境科学和大气科学等学科。表生地球化学几乎与地球化学学科同时产生。早期的表生地球化学主要研究自然景观中元素的迁移、循环和演化，而被称为常温水岩体系地球化学，其研究内容包括硅酸盐的化学风化作用，矿物的低温水解作用，铁、锰氧化物的氧化-还原反应和化学沉积成岩作用等。近年来，随着分析测试手段的改进和高新技术的应用，特别是由于全球环境变化、圈层相互作用和地球系统科学新概念新理论的引进和一些新现象的发现，为表生地球化学的发展注入了新的活力。表生地球化学的研究重心发生了战略性转移，其研究对象从传统的固体岩石圈向大气圈、水圈和生物圈延伸；其研究方法也从静态的、线性的分析向动态的、非线性的分析和整体论（或系统论）的方向发展——将地球表层作为一个有机联系的整体或系统加以考虑，研究该系统在不同时间尺度上的变化和历史演化。作为研究地球系统科学的重要分支学科之一，表生地球化学正在发挥自身独特的优势和作用。

5.8.6.1 大陆风化与全球气候变化

新生代以来全球气候在波动中变冷的现象早就引起人们的注意，科学家一直试图解释新生代气候长期变冷的原因。最初，人们从天文因素上找答案，认为地球轨道参数的周期性变动造成了全球的冰期-间冰期旋回。随着研究的深入，并联系到新生代以来发生的其他一些重要事件，例如大气 CO_2 浓度下降，海洋 Sr 同位素比值的迅速上升和大规模造山作用，多数学者逐渐把研究焦点放在了地球本身发生的变化之上，把构造运动驱使下的大陆风化速率的增强用于解释大气 CO_2 浓度的降低及其引起的"冰室效应"，持有这种观点的学者认为，由构造驱动全球大面积陆块的隆升，在过去 40Ma 以来引起了全球大陆风化速率的加强，从而导致了大气 CO_2 浓度的下降和全球气温的下降。然而，最新的研究成果对上述"构造隆升驱动气候变化"假说不断地提出挑战，使新生代气候变化原因这一科学难题变得更加引人注目。

大陆风化通过改变大气 CO_2 浓度而引起气候的变化。如果大气中的 CO_2 浓度减少，会导致大气截留的热量减少，引起全球温度的下降。虽然全球气候不仅取决于大气 CO_2 浓度，例如还有其他温室气体的浓度、地面反射率、海洋环流方式、植物量等。然而，就一阶近似而言，可以用 CO_2 浓度近似表征大气温度的变换。陆地上的岩石的化学风化作用将大气中的 CO_2 带走并以溶解的化合物形态带入海洋中，CO_2 被海洋生物群吸收并沉积于海底沉积物中。同时，地球岩石圈板块的运动将沉积物传送到大洋海沟，通过俯冲作用将古老的地壳和海底沉积物带到地球炽热的内部，熔化并释放 CO_2。这些 CO_2 随火山喷发再次和大气汇合，完成一个循环。在百万年的尺度上，大气 CO_2 浓度受到两个平衡因素的制约，即构造运动队 CO_2 的输送和地球风化作用对 CO_2 的消耗。相对青藏高原大面积隆升，风化作用却上升，使得 CO_2 输入和输出不平衡，导致 CO_2 浓度下降和温度下降，形成新生代"冰室效应"。

5.8.6.2 微生物地球化学

1)微生物化学

微生物地球化学(microbial geochemistry)是微生物学和地球化学相互交叉的新兴边缘分支学科，是生物地球化学的重要组成部分，它是以微生物及其代谢作用所产生的物质成分为研究对象，从地球化学的角度，研究微生物及其产物在地表各圈层的分布形式、存在状态、演化过程以及微生物参与下的各种地质地球化学作用。早期的微生物地球化学主要研究在微生物参与下元素的地球化学循环，微生物的风化作用和微生物的成岩成矿作用。近年来，微生物地球化学的研究范围不断扩大，尤其在环境微生物地球化学、分子微生物地球化学和微生物地球化学动力学方面取得了显著的进展。环境微生物地化最近 10 年来，金属和微生物的相互作用研究成为微生物地球化学研究的主要课题，这主要得益于微生物可以从水溶液中除去或富集有毒金属，并能恢复被毒性金属污染的环境。为此，目前环境微生物地球化学的研究侧重于表生风化条件下和缺氧环境中，微生物对环境物质中重金属和放射性核素吸收和释放的双重影响及相互作用机理。Ledin 等(1996)将环境中微生物影响归结为 6 个方面：微生物产生影响 pH、EH 的物质，产生结合金属的物质，影响有机质合成或降解，影响氧化还原过程和影响碱化/脱碱过程以及主动或被动积累金属，从而影响重金属的活动性。

2)分子地质微生物学

分子地质微生物学(molecular geomicrobiology)从分子水平研究微生物作用下的地球化学过程，从生物分子标志物组成、同位素分馏效应和基因分析的角度，表达微生物在现代和古代生物地球化学循环中的作用；通过基因和基因组序列揭示以前无法解释的诸如矿床的形成、全球气候变化和表面氧化等一些重要过程的原因;同时揭示微生物进化的机理和速率,探求生命的起源和生物进化的机制。

微生物在各种环境中参与的物理化学反应已经被大量报道。Nathan 等(2000)人的研究表明,微生物对多种物质,包括可溶性有机物、矿物微粒、金属阳离子和稀土及放射性核素等均有很强的亲和性。特别是细菌作为重要的微生物种类,它的细胞壁能强烈吸附水体中的金属阳离子,这导致水体金属的含量与细菌的可移动性息息相关。同时,细菌通过与矿物的相互作用影响金属元素的迁移。因此,微生物通过吸附和氧化还原等物理化学反应来控制地表和地下环境中微量元素的地球化学行为。目前,微生物吸附金属的定量模型主要用体积分配关系和表面配合模型来描述,体积分配模型广泛应用于金属-细菌系统实验中的定量吸附,它使用相对键合常数或不同金属与细胞壁间的分配系数和相关的 Freundlich 或 Langmuir 等温线,对细菌(如 Bacillus subtilis)键合单一或多种金属离子的能力进行定量数值模拟。Plette 等(1996)提出了一种非理想的竞争吸附(NlCA)模型,它用亲和力分布来描述金属离子键合到细菌表面的不同有机官能团,实际上,NlCA 模型也是一种多组分的 Langmuir - Freundlich 模型,与分配吸附模型类似,它的参数是特定的,是由每一特定的系统组成决定。Fein 等(1997)提出了比 NlCA 模型亲和力分布基团更为简单的不连续平衡常数,用以模拟单一金属和单一细菌系统的吸附行为。

3)纳米地球化学

纳米地球化学(nano - geochemistry)借助高分辨透射电镜、隧道电子显微镜和原子力显微镜等原子尺度分辨率仪器研究地球固体物质微观物体化学组成、化学作用及化学演化规律。纳米地球化学是纳米科学与地球科学融合的产物,旨在从纳米尺度认识地球化学现象,其作为一个新分支学科已初露端倪。纳米地球化学主要研究大气、水和土壤系统中纳米颗粒的特性和分布,从纳米尺度揭示矿物超微观结构、形貌、界面关系,认识矿物生长、溶解、转变、演化过程,进而认识各种地球化学过程的发生机理。

纳米现象在表生地质作用过程中具有特别重要的意义。这是因为形成于高温高压下的岩石在地表富氧、水、生物的环境中风化,发生水-固界面化学作用、生物-矿物相互作用、氧化还原作用、化学风化作用、生物化学风化作用等,必然导致矿物溶解和新矿物相形成。风化作用不仅制约地下水、河流、湖泊甚至海洋的化学成分,而且新形成的矿物相多为纳米粒级产物,具有巨大的表面积,因此影响到离子与矿物的界面作用,从而影响元素的迁移和地球化学循环,包括营养元素和有毒元素的生物可摄取性。此外,由于表生地质作用往往未达到热力学平衡,动力学过程是主导控制因素,因此表生条件下矿物的次生变化表现出极大的不均匀性,保留矿物次生变化的初始态、中间态、完全转化态等连续变化轨迹,纳米尺度的观察可以帮助认识表生化境地球化学作用的全过程,从纳米尺度认识地球化学的过程可揭示生物地球化学作用,发现纳米孔的地球化学作用(纳米孔材料具有很大的表面积,表现出非常好的吸附、催化活性和选择性能,能够非常有效地从水或废气中去除汞和其他重金属)。

5.8.7 遥感地球化学

20 世纪 80 年代出现的成像光谱仪能够为每个像元提供一条完整而连续的光谱曲线,从而可以探测到地物诊断性光谱特征,使得远距离、大范围提取地球化学成分成为可能。可以说,成像光谱仪的研制成功为遥感地球化学的产生奠定了基础。遥感地球化学数据获取技术正在向三多(多平台、多传感器、多角度)和三高(高空间分辨率、高光谱分辨率和高时相分辨率)方向发展。然而,原位测量在遥感地球化学研究中仍将发挥巨大作用。地球化学分析测试手段的提高使得探测地球各圈层微量元素成为可能,各种微量、微区分析技术的应用使得元素和同位素分析的精度不断提高,检出限不断降低。这些高精度的原位测量既弥补了空间数据的不足,又有助于加深对空间获取数据的理解与解译。地物光谱特征与其化学性质的关联是遥感地球化学数据分析的基础,研究人员通常采用两种方法从遥感数据中提取地球化学信息。其一是经验或半经验方法,即从地物特征光谱与其化学成分、晶体结构等物理化学性质的相关性分析中提取地球化学信息;另一种方法是物理模型方法,根据光与物质相互作用理论(辐射传输方程),消除大气对地物反射辐射电磁波的影响,使传感器接受到的能量能真正反映地物本征光谱特征。

定量化分析及识别模型化是遥感地球化学分析方法未来的发展趋势。除了已有基于统计分析的定量化及识别模型以外,人工智能专家系统技术目前也很受欢迎。例如,Clark 等(2003)开发的 Tetracorder 算法致力于确定每一条光谱的化学、矿物学以及生物学成分,其最新版本 Tetracorder3.5 已经发展成为专家系统。此外,值得一提的是地理信息系统(GIS)技术今后将在遥感地球化学研究中发挥巨大作用。GIS 是以应用为导向的空间信息技术,其强大的制图、量算与统计、预测和监测、数据管理以及辅助决策功能非常有助于遥感地球化学研究。现在 GIS 正向着基于知识的智能系统方向发展,从 GS 空间数据库中发现的知识可以有效地支持遥感图像解译,以解决"同物异谱"和"同谱异物"的问题。

矿产资源勘探是遥感地球化学应用最早也是较为成功的领域,目前发展趋势主要表现在两方面:一方面是探讨地表低丰度矿物地球化学勘探方法;另一方面是尝试行星资源地球化学调查,比如美国正在对月球上的氮含量分布进行填图。不难看出,地球和行星资源勘查仍将是当前和今后遥感地球化学研究的重要方面。环境质量调查和评价也是遥感地球化学研究的热点。遥感地球化学已广泛用于环境地球化学研究,如监测矿山污染、水质变化及大气污染等。近年来土壤重金属污染监测成了遥感地球化学研究的重点。遥感地球化学另一重要研究方向是提取生物地球化学参数,如对植物叶内 N、P、K、精类、淀粉、蛋白质、氨基酸、木质素、纤维素及叶绿素等的估测,在区域以及全球尺度上提取生物化学信息对于研究和理解生态系统过程诸如光合作用,碳、氮循环,描述和模拟生态系统都十分重要。

从地球科学发展趋势来看,今后地球化学将更多地服务于地球系统科学研究。这就要求在全球尺度上研究地球系统各组成部分之间的相互作用过程及机理,明确地球各圈层之间的能量和物质交换及反馈。遥感地球化学以其动态、快速、宏观的特点和优势正成为地球系统科学研究的有力工具。此外,人类已步入纳米时代,纳米科技的发展使得宏观的、定性的微米级多光谱遥感探测技术有可能发展为定量的纳米光谱探测技术,这必将极大地促进遥感地球化学的发展。

5.8.8　持久性有机污染物(POPs)的环境地球化学

持久性有机污染物(Persistent Organic Pollutants ,POPs)是 20 世纪 80 年代以来在国际上受到广泛关注的一类环境有机污染物,对生态环境和人体健康具有潜在的危害。2001 年 5 月,在瑞典首都斯德哥尔摩,包括中国在内的 127 个国家和地区联合签署了旨在减少或消除 POPs 的排放和释放的《斯德哥尔摩公约》,又称为《 POPs 公约》。公约中认为 POPs 存在以下显著特点：具有毒性，难以降解，可产生生物蓄积，往往通过空气、水和迁徙物种作跨越国际边界的迁移，并沉积在远离其排放地点的地区，随后在那里的陆地生态系统和水域生态系统中蓄积。可见，对人体健康和生态环境产生危害，以及长距离迁移和污染全球化，是 POPs 受到国际社会广泛关注的主要原因。《 POPs 公约》中明确列出的 12 种 POPs，主要为含氯化合物，包括艾氏剂(aldrin)、氯丹(chlordane)、狄氏剂(dieldrin)、异狄氏剂(endrin)等。

POPs 主要由人类活动产生，一经排放或释放等过程叠加到地表系统中，不可避免地要在大气、水、土壤和生物等圈层及其界面，发生分布、分配、迁移、富集和转化，并与地表自然物质发生相互作用，开始其环境地球化学过程。POPs 具有半挥发性、环境持久性、疏水性/亲脂性等特点。

POPs 区域与全球的使用、排放与残留，是从宏观尺度上了解 POPs 的来源、分布与归宿的基础。过去十多年来，在主要通过农田施用进入到自然环境中的农药 POPs 的区域与全球使用量与残留量方面，取得了一定的进展。地理区域与空间尺度是 POPs 排放与残留清单编制与研究的基础。作为国际地圈-生物圈计划(IGBP)组成部分的全球排放清单研究(global emissions inventory activity ，IGAC)，采用了 1°(经度)×1°(纬度)的网格。Li 等采用该网格系统编制农药 POPs 的全球使用与排放清单。

加拿大学者 Wania 和 Mackay[1996 系统提出 POPs 的全球分馏和冷模型(global fractionation and cold condensation)]，他们认为在低纬度带，尤其是赤道地区，POPs 蒸发量大于沉降量，在高纬度地区则相反，从而造成 POPs 在全球范围内由低纬度向高纬度的定向迁移富集。伴随着 POPs 大气迁移过程是一系列的大气地表 POPs 分配过程，由于不同纬度带温度的差异，以及化合物在物理化学性质上的不同，POPs 也将发生组成分异，轻质组分迁移距离会更远，更趋向于向高纬度地带或极地富集。

地表系统中土壤、水体和植被是 POPs 的主要储库。一方面，当 POPs 人为排放强烈时，大气中 POPs 的浓度增高，地表介质将从大气中吸收 POPs；另一方面，当大气中 POPs 浓度降低或环境温度升高时，吸附于地表介质中而未固定的一部分 POPs 又可重新释放进入大气中，使土壤、水体和植被等成为 POPs 的二次排放源(secondary source)。对 POPs 在不同区域大气-地表界面的平衡状况、交换通量与交换速率的了解，无疑是正确评价其区域环境持久性乃至全球命运的重要前提。对于不同区域、不同时间以及不同化合物，POPs 在大气-土壤与大气-水界面上的交换速率与通量也存在着明显差异；但是，由于 POPs 在区域环境中的持久性，它们趋向于在各环境介质中达到平衡。

POPs 海洋生物地球化学泵。海洋与大气的生物地球化学耦合作用(biogeochemical coupling)是近年来全球环境研究的热点。半挥发性的 POPs 在水气界面上与水柱中，也存在这样的耦合作用机制。藻类等浮游植物可吸收或吸附水中的 POPs。由于海洋面积广大，POPs 海洋生物地球化学泵作用，对 POPs 全球循环和最终归宿无疑具有重大的影响，在一定程度上可能与温度的作用相当。

生物迁徙和渔业影响。长期以来，对 POPs 的长距离迁移与循环载体的考虑中，主要集中于大气、洋流等流动的物理介质，同时认为生物迁徙所造成的 POPs 转移通量是可以忽略不计的(或由于数据缺乏未予计入)。但是，近期几项研究证明，鱼类迁徙和人类捕鱼活动所可能引起的 POPs 转移通量是十分惊人的，在 POPs 的生物地球化学循环中具有重要的意义。在水体中，鱼类占据较高的营养级，可通过生物富集从水体中高度富集 POPs。例如，鲑鱼在海洋环境中吸收富集了大量的 POPs 后，长距离回游至其出生的湖泊中产卵，并成批死亡，使其携带的 POPs 进入湖泊沉积物。计算表明，在鲑鱼密集回游的年份，这一过程可使相关陆地水环境中 POPs 的含量增高达 7 倍。

POPs 的大气-植物交换。植物可以从大气中吸收 POPs，也可以将所吸收的 POPs 重新释放回大气，两个方向的传输速率都很高。与此形成反差的是，土壤中的 POPs 由于可能的"老化"作用以及受土壤层自身覆盖的影响，能自由挥发进入大气的比例则相对较少。因此，虽然植被在全球 POPs 储库中所占的比例较小，但由于植被与大气的接触面积大，POPs 在气植间交换速度快，其在 POPs 全球迁移和 POPs 区域大气浓度的缓冲上，都扮演着十分重要的角色。可以说，植被中的 POPs 是全球 POPs 总体载荷中可交换性最强、最为活跃的部分。植被对大气 POPs 的另一影响途径，是所谓的"森林过滤效应(forest filter)"。植物从大气中吸收 POPs，同时通过落叶向土壤转移 POPs，从而减低大气中的 POPs 的含量。

5.9　计算机技术

地球系统科学就是研究组成地球系统的这些子系统之间相互联系、相互作用中运转的机制，研究地球系统变化的规律和控制这些变化的机理，从而为全球环境变化预测建立科学基础，并为地球系统的科学管理提供依据。地球系统科学研究的空间范围从地心到地球外层空间，时间尺度从几百年到几百万年。计算机技术的迅猛发展为地球系统科学的发展提供了强大的技术支持。

5.9.1　科学数据共享

科学数据作为现代科学可持续发展的重要资源，与科技创新是密不可分的。为促进科学数据资源的共享和交换，许多发达国家和国际组织都开展了一系列的基于计算机网络的科学数据共享的研究和实践，目的是将长期积累的科学数据为本国以及全球的可持续发展等研究提供数据支撑服务。经过 20 年共享活动的开展，我国整个科学数据共享工作取得了一系列的成果：科学数据共享理念逐渐普及，人们已经意识到科学数据共享的深远意义及其重要性；整合集成了一批分散的数据资源，特别是抢救了一批珍贵的数据资源；为国家重大战略需求、科研计划、高等教育和生产应用提供了很好的数据支撑等。

近年来，对地球系统的整体性研究已经成为人类社会可持续发展的科学支柱。然而，对数据资源使用情况的调查发现，地球系统是一个巨系统，地学数据具有分散性和异构性的特点，研究人员在对它的研究过程中往往需要来自多家数据生产部门的不同区域、不同时期、不同尺度、不同学科的数据资源。仅仅依靠一个数据中心、机构掌握的数据资源很难满足研究人员的需求。因此，地球系统科学数据共享网在实践过程中，不是只靠一家单位或机构的力量来进行数据资源建设，而是倡导共建、共享，构建科学数据共享联盟的理念。通过这一理念，联合全国各个数据资源生产、存档、管理机构共同参与科学数据共享网的建设；引导数据集的生产者和使用者加入到共享实践当中。实际操作中，通过下面两种方式进行构建：①以中国科学院地球系统领域的科研院所、长期野外监测台站、世界数据中心为核心的数据资源保障体系；②联盟国内高等院校、部门科研单位、国际机构以及科学家，形成一个庞大的数据资源支撑网络(图 5-17)。通过一系列的努力，到 2007 年已经有 35 家单位作为数据资源提供点或分中心的角色加入共享网,其中科研院所16家,高等院校8所,其他11个。一个以地球系统科学数据共享网项目为核心的地球系统科学数据共享联盟初步形成。在数据联盟内,采用统一的技术标准与软件开发的平台软件已经在加盟单位部署并运行,实现了数据的发布、实时收割与一站式数据共享服务。

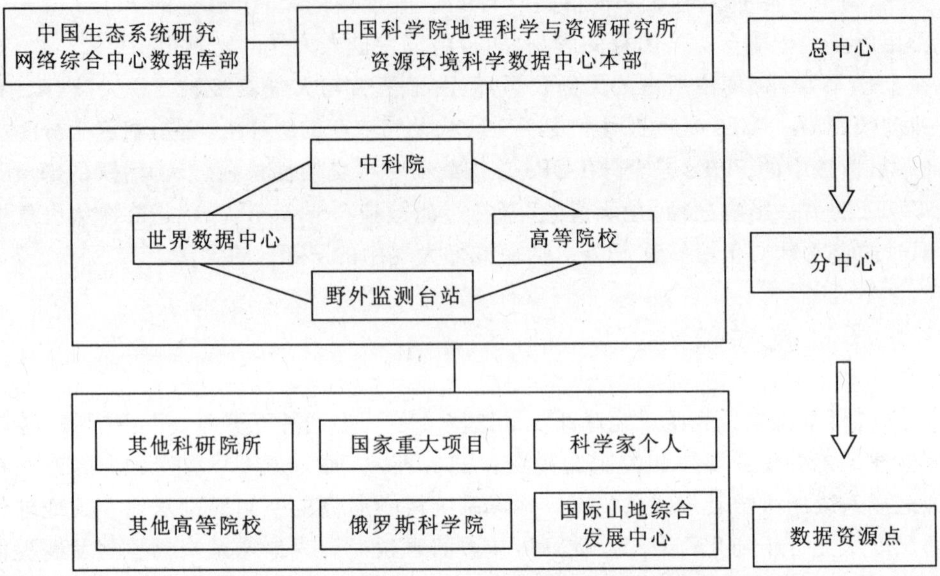

图5-17 地球系统科学数据共享网数据资源保障体系

地球系统科学数据共享网在实践中,一方面,积极和当前地学领域内的科研项目联络,为他们提供数据资源的收集、处理服务,通过主动服务来推进科学数据共享的深入;另一方面,共享网希望数据的汇集成为科学研究的一部分,科学研究项目所产生的数据都能放到共享网来提供共享。在以往的实践中,共享网服务于科学研究项目的具体承担人员,为他们提供科学研究所需要的数据资源,同时项目承担单位和个人也将他们的研究成果和数据提供给共享网,从而达到一个共赢的效果。这种通过主动服务实现科研与数据生产工作相结合的方法,是科学数据共享网与一般的数据共享网络的一个很大的不同点。在这一环节中,国家应当采取一定的措施。例如,设置科学数据汇交制度,规定凡是国家经费资助的科研项目所产生的数据必须集中提交到指定的科学数据中心。另外,共享网与数据提交方必须要相互信任。共享网必须确保数据产权人的知识产权和利益,同时项目主持人和数据提交者必须保证所提交数据的完整性和可用性。这一切都需要通过一些指导条例和数据政策来进行保障。通过主动为科研项目提供数据资源并同时将项目产生的数据资源纳入共享网中是地球系统科学数据共享网在共享理念上的又一大突破和长期可持续发展的根本。

5.9.1.1 建立科学的分类体系,有效整合分散的数据资源

数据中介和代理要求科学数据共享平台不仅是数据资源的生产和提供方,同时需要发挥数据导航和索引的作用。具体地,除了数据生产和整合工作以外,要展开更大范围内本专业数据的索引工作,通过协议的方式与数据资源生产方和其他科学数据共享计划进行合作,将国内外的科学研究相关的数据进行索引,为用户迅速找到这些数据提供一个中间平台。通过建立

索引，用户可以很方便地找到需要的数据集实体或者与数据拥有者取得联系以便获取数据。这种模式在国外早已出现，如美国地理数据网和全球变化主目录门户将元数据的汇交和索引当成一项很重要的部分，通过目录层次或者关键词索引，用户可以很方便地获取到其他资源站点或托管数据服务器中的数据资源。

从目前的数据生产、加工到数据导航、索引是地球系统科学共享网今后的一个主要定位和工作重心。共享网作为一个技术支持和规划方，通过对元数据的整理、归档、规范、交换来达到导航和索引的目标。在具体的操作过程中，不是投入巨资去帮助数据资源提供方生产数据或买数据，而是帮助其对数据进行宣传和归档。在发现和整理数据源的基础上，共享网帮助数据拥有方完成元数据的编制，并通过共享平台对这些元数据进行发布。从数据导航和索引的层面，地球系统科学数据共享网的付出一定是廉价，甚至是免费地获取地学领域的元数据。

通过分类体系有效组织数据资源的一个典型例子是全球变化主目录门户。它对全球变化研究数据集划分了 13 个基本类别，基本分类下面有子分类，每个子分类又进一步细化。具体通过 Categories、Topics、Terms 和 Variables 4 个层次对每个数据集所属的类别进行逐级划分。到目前为止，全球变化主目录最细的一级共分出了 1 276 个条目，每一个数据集都可能落入其中的一个或者多个分类之中。全球变化主目录分类体系于 1995 年 4 月 24 日推出 1.0 版本以后，到现在经历了十几个年头，其间经过了多次的增补和修订使其体系更加完善。每一次重大的修订都会引起版本的升级。全球变化主目录门户网站的建设以这样一个比较完备的分类和标准体系为基础，很大程度上促进了数据的共享和再利用。同时，它的分类体系也被其他的一些数据共享项目和研究计划所使用。

地球系统科学学科门类复杂，数据资源格式多种多样。地球系统科学数据共享平台如果没有一个完整的分类体系将使数据的组织和检索变得复杂和难以进行。分类体系的重要性已经被国内数据共享平台所认识到，但国内对分类体系的研究还比较薄弱，数据共享分类尚无国家标准。各个共享平台都有自己的分类和组织方式，即使是同一个数据资源，在不同的数据共享平台体系的分类中也可能被放入不同的分类，这对于有效整合数据资源很不利。

地球系统科学数据共享网分别按主体数据库、学科分类、数据格式、专题类型等对数据资源进行分类。在一定程度上促进了数据资源的组织和共享，但这些分类还不足以体现地球系统科学的特点和真正满足用户的需求。我们也在积极地寻求和研制适合地球系统科学数据共享的科学分类体系，以便有效地整合分散数据资源。

5.9.1.2　以元数据为中心的强大数据搜索服务

一个稳定、高效、友好的数据共享平台除了要实现分散、异构数据资源的整合集成外，还要能帮助用户快速通过这个平台获取到数据。元数据是对数据进行描述和说明的数据，即关于数据的数据，是关于信息资源的形式、主要内容、存放位置等信息的综合，是打开多源数据资料、获取资料、智能分析以及运算大门的钥匙，它在知识以及数据的共享中都占有重要的地位。元数据指出了一种广泛适用的信息资源管理和共享策略，已经成为一种被普遍理解和认同的异地、多源数据分布式访问和共享的模式。

当前主流的信息共享平台主要是以元数据为核心实现数据的整合和搜索服务。科学数据共享，一方面众多拥有数据内容的提供者希望用户到他们的网站上下载或索取数据；另一方面，需要一个综合、强大的科学数据搜索引擎，通过它用户可以更方便快捷地找到所需的数据。而这个搜索引擎正是科学数据共享平台应该具有的功能。如果能够对联盟或代理数据集的元数据进行整理和索引并提供强大的数据搜索服务，可以极大地丰富科学数据共享平台的数据服务内容。

对于地球系统科学数据共享平台，所涉及的地学科学数据有其自身的特点。地学元数据标准比较复杂，它不像新闻页面那样可以很容易地抓取获得，也不像百度的视频元数据那样进行索引，地学元数据标准必须由数据生产和加工部门来生成，这样才能得到有权威的地学元数据。因此，基于元数据标准和现在的汇交技术完成一个强大的数据搜索服务是地球系统科学数据共享网下一步要着重研究的一个课题。

5.9.1.3 元数据扩展机制在地球系统科学数据共享工程中的应用

中国地球系统科学数据共享平台正是基于对中国地球系统科学数据元数据的管理，充分利用元数据技术提供服务的。但是，地球系统科学数据又具有自己的特点：数据量大、学科复杂、元数据标准多，所以该共享网元数据的多学科扩展成为该地球系统科学数据共享项目中元数据管理亟待解决的核心问题。

由于元数据技术在数据的定义、描述、使用、共享与文档化管理中具有重要作用，各种元数据标准的制定和元数据系统的建立成为国际上非常热门的软件工程技术，特别是大型网络信息系统建设的核心内容。目前，国外比较知名的数据共享网有美国的地理空间数据一站式门户平台（http://www.geodata.gov），为了地理空间数据的共享，该平台定义了该数据共享网的核心元数据标准来管理复杂的地理空间数据。还有，ESRI 公司开发的地学数据与服务共享网（http://www.geographynetwork.com），ESRI 公司定义了该共享网的核心元数据标准，便于复杂的地学数据管理。

在国内，科技部自 2002 年开始实施科学数据共享工程，陆续启动了气象、测绘、地震、水文水资源、林业、农业、地球系统科学等科学数据共享中心的建设与共享服务试点。科技部初步定义了科技部数据共享工程的核心元数据标准。核心元数据标准的制定是建设大型数据共享网的核心技术，但是，核心元数据都是与学科无关的元数据标准，在数据共享工程中，核心元数据标准的制定便于开发者对复杂的海量数据的管理，然而对于用户来说，查询、访问与添加所需要的数据信息，仅仅有核心元数据，还是有一定的不足，所以，地球系统科学数据共享网开发中，在数据共享工程的核心元数据标准的基础上，提出元数据的扩展机制，以解决开者对数据的管理和用户对数据的应用中面临的多学科、多标准的问题。

地球系统科学以整个地球为研究对象，是为了迎接全球变化的挑战而兴起的一门基础学科，是全球环境变化研究的理论基础。地球系统科学学科的特点是：多学科性和数据结构复杂性，而且每一个子学科的元数据标准都不一样。所以，在地球系统科学数据共享平台的开发中，需要制定一个核心元数据标准，然后依据各个子学科相关的元数据标准的不同，根据元数据的扩展原则和方法，在核心元数据标准的基础上进行多学科元数据的扩展根据地球系统科学数据共享网元数据扩展的方法和基本原则，定义和描述了地球系统科学数据核心元数据的多学科扩展表达，如图 5－18 所示。这里只列举出地学空间元数据的扩展模式的表达。

科技部定义的数据共享工程的核心元数据，是根据数据共享工程的需要而定义的与地球系统科学学科无关的核心元数据，我们用 3 个 group 来描述该核心元数据，即元数据基本信息、数据集引用信息和数据集负责方。然而，对于地球系统科学数据共享网来说，在数据共享工程核心元数据的基础上，加上了基本的空间要素，定义了地球系统科学数据核心元数据标准，如图 5－19 所示。在地球系统科学数据核心元数据的基础上，再根据各个子学科的学科要

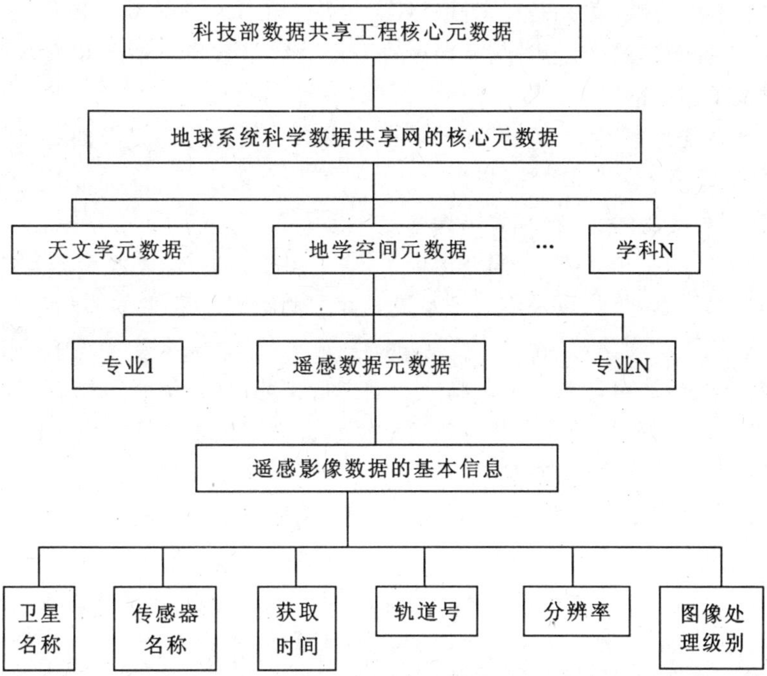

图 5-18　地球系统科学数据共享网核心元数据的多学科扩展表达

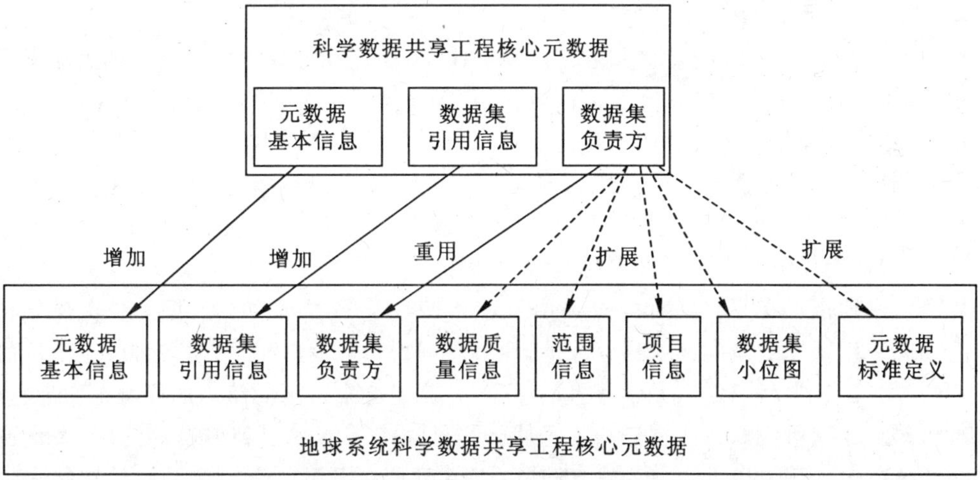

图 5-19　地球系统科学数据共享网元数据扩展机制的实现

求对核心元数据进行扩展，从而实现地球系统科学数据共享工程的元数据扩展。

5.9.2　计算机模拟技术

完整的地球系统包含大量的物理元素，这些元素相互作用影响，导致我们整个地球不断变化，甚至会产生地球灾害。高性能计算机的出现为这个复杂系统的研究开辟了新的道路——高性能计算模拟。

地球是人类赖以生存的环境，它的任何变化都会对人类社会经济活动、基础设施和地球生态平衡等有着直接的影响，尤其是灾害性事件会给人类带来巨大灾难。因此，人类需要研究地球的整体行为，掌握地球的变化规律，从而更有效地对灾害性事件进行预报，最终防止和控制突发的灾害对人类造成的损害。

完整的地球系统是由大量相互交互的元素组成的一个庞大而复杂的有机体，它大体可以分为3个子系统：①日-地空间系统，指由上层大气圈到太阳表面之间的空间，主要包括中层与热层大气、电离层和磁层、行星际和太阳大气等多个元素；②地球表面系统，主要包括岩石圈、水圈、生物圈和大气圈4个元素；③固体地球系统，主要包括地核、地幔和地壳3个元素。每个子系统内部的各个元素之间，以及不同子系统元素之间都是相互渗透和相互作用的。如地幔的热对流会引起地壳的变化，从而产生褶皱、断裂、火山喷发、岩浆侵入、地震等现象。岩石圈、水圈、生物圈和大气圈通过能量交换和物质运动进行相互作用，从而形成雨、雪、霜等各种天气现象，甚至会产生沙尘暴、洪涝和干旱等灾害性天气。太阳风暴能够将数十亿t的带电粒子以每秒几百千米的速度抛入太空，它喷发的X射线和紫外线辐射会干绕地球磁场，使得大气层温度上升。对这个复杂系统的研究与预报给科学家们提出了巨大挑战。

超级计算机和信息技术的发展为整个地球系统活动规律的研究开辟了一条新的道路。近年来，地球物理、空间物理和计算机科学家开始分别为地球系统中的物理域建模，并在超级计算机上实现高性能模拟。例如，一个全球大气模拟以每秒钟26.58万亿次浮点运算(tflops)能力获得了2002年诺贝尔奖。该模拟采用光谱转化方法在日本开发的向量超级计算机NEC“地球模拟器”上实现了10km格网的全球大气模拟。然而，这种单个物理域的模拟，以及对运行环境的限制，使得它无法满足对整个地球行为变化研究的需求。

由此，科学家们开始耦合不同物理域的物理模型，从而在超级计算机上实现更加真实的模拟。然而，却暴露出了一些非常严重的问题：①物理模型紧耦合，导致模型无法共享，越来越复杂。以往，物理过程是由手写代码块整合成的一个类似单片集成电路的应用，这使得内部代码有强烈的依赖性。如密西根大学开发的空间等离子区模拟程序BATSRUS就是这样一种应用。最初，BATSRUS被设计成非常高效的，很大程度上能够并行运行的磁气流体力学MHD代码。后来，这个代码被耦合到电离层模型，不同的上层大气模型和内部磁力圈模型。这些模型被完全紧密地耦合在一起，使得研究组织无法对模型进行维护、扩展，更无法实现分布式计算。②不同组织开发的模型无法交互。地球系统中的物理过程基于大量多种时空范围的物理模型，涉及物理、化学、计算机、数学等多门学科，急需耦合来自不同组织的模型来发现新科学，或进行预报。③遗留代码无法复用。为了使已有科学成果继续得到发展及使用，大量遗留代码需要移植。为了解决以上这些问题，地球系统科学研究组织急需一个灵活的软件平台来更好地为应用建模，实现组织间协作开发，管理各学科模拟的复杂性，并更好地解决地球系统科学应用中的可伸缩的性能问题。因此，多个科学研究组织开始构建地球系统建模及模拟的软件平台，即地球系统建模及模拟框架。

3个美国团队开发的模型如下：

1996年，在NASA的地球科学技术部(Earth Science Technology Office，ESTO)的计算技术(Computing Technology，CT)项目推动下，美国密西根大学的空间环境模拟中心(Center for Space Environment Modeling，CSEM)开始进行空间天气建模框架(Space Weather Modeling Framework，SWMF)的开发。SWMF被设计用来为NASA和建模组织提供一个即插即用的高性能计算工具，来为从太阳表面到地球上层大气层的空间物理过程建模，最终实现空间天气预报。

2000 年 9 月，美国 NASA、ESTO 发布合作协议通告，提出构建地球系统建模框架（Earth System Modeling Framework，ESMF），用以提高地球科学、空间科学、生命科学和微重力流体力学等科学领域中的大规模应用的互操作性等性能。2002 年，在 NASA ESTO 以1 010万美元的资助下，ESMF 项目启动了，开发周期为 3 年。参加的小组都是美国地球系统建模领域中最活跃的团队，包括 NSF（The National Science Foundation），NCAR（National Center for Atmospheric Research），NOAA（National Oceanic and Atmospheric Administration），GFDL（Geophysical Fluid Dynamic Laboratory），NCEP（National Centers for Environmental Prediction）等。ESMF 项目主要包括 3 个相关的项目：核心框架的开发，天气及气候建模应用的构建，数据同化应用的构建。ESMF 为地球系统建模提供了一个标准的开放资源的软件平台，实现了可操作的数字化天气预报、气候系统变化和可预报性研究。在 3 年赞助期的最后阶段，ESMF 合作者发布了一个 ESMF 项目计划。该计划提出建立一个多机构的管理组织，并为 ESMF 提供了新的赞助者。新的赞助期为 2005—2010 年，在这 5 年内，ESMF 将发展成为地球系统建模环境（Earth System Modeling Enviroment，ESME），用来为科学家提供数据存档和分析的更强大的功能，同时它将继续扩展支持更多的用户模型。

2003 年 10 月，在 NSF ITR（Information Technology Research）资助项目下，加利福尼亚理工学院高级研究中心（Center for Advanced Computer Research，CACR）和地震研究实验室开始进行 GeoFramework 的构建。GeoFramework 不但为地球科学问题中的多尺度变形分析提供了一系列工具，同时为固体地球科学家和计算机科学家提供了一个开放的合作平台。GeoFramework 是一个功能强大的框架，它不但能够解决地球科学中大量未解决的问题，如板块构造的长期演变和诸如地震中的断裂演化这种短期过程之间的交互过程，还能够很好地处理复杂的流变学问题、时间空间上的多尺度问题，另外，它能够同化大量的多种类型的数据，如构造上的、运动学上的以及其他地质数据，同时提供模型预报和观测现象之间的无缝关联。

这 3 个框架中，物理模型被封装为拥有自定义标准接口的组件，框架负责对所有组件进行集成和管理，为组件的运行提供支撑环境。这种使组件通过定义好的“插脚”——组件接口，灵活地插入“插座”——框架的设计思想，使得框架能够有效地实现物理模型的复用和互操作，为模拟以及各种物理应用提供了一个可扩展的即插即用的软件平台。然而，它们仍存在以下缺陷。①框架之间无法互操作：每个框架都有自己的一套组件接口标准，这导致跨越不同领域的组件无法互操作，因此无法实现整个地球系统的模型集成和模拟。②代码维护困难：3 个框架都是紧耦合的类似“三明治”的分层框架，模型程序代码作为子程序运行，整个应用只有一个可执行体，必须整体编译，因此某个模型的改动，要花费大量时间进行整体编译，同时也影响了其他用户的使用。③代码安全和授权不佳：模型源代码必须导入到某台超级计算机上运行。然而，一些模型代码拥有者可能不愿公开发布自己的源代码。④开发语言无法互操作：不同组织开发的模型采用不同语言开发，如：Fortran 77/90/95，Python，C，C++，Java 等，因此，各种语言间的互操作是实现组件间交互的必要条件。然而，SWMF 要求物理模型必须由 Fortran 77/90 来实现，且运行在拥有 Fortran 90 编译器的 UNIX/LINUX 操作系统。

分布式高性能地球系统建模集成框架（Distributed High - performance integrated Earth System Modeling Frame work，DHEMF）采用新提出的大规模高性能科学计算的标准组件规范 CCA 构建，能够完全解决以上框架中的问题。

CCA是由美国能源部(Department of Energy,DOE)的6个实验室和2个大学于1998年提出的一种适用于大规模高性能科学计算的组件规范。CCA标准规范定义了两种实体类型:组件和框架。它引入了端口(ports)——组件间相互调用的抽象接口,包括两种类型的端口:服务提供端口和服务使用端口。组件通过服务使用端口使用外部服务,与其他组件的服务提供端口连接,同时通过服务提供端口对外提供服务,与其他组件的服务使用端口连接。这种“提供服务和使用服务”模式,建立了科学计算组件之间的对等关系。CCA规范明确地定义了构建组件的基本规则,组件必须满足的最小限度行为的规则,以及组件与框架之间的接口规则。通过这种定义好的组件端口(插脚),可灵活地将组件插入框架(插座)。CCA标准规范使用了科学接口定义语言(scientific interface definition language,SIDL)来描述接口。它保持了编程语言的中立性,但是它对IDL进行了必要的扩展,主要扩展了并行机制,反射机制,面向对象语义定义,以及科学数据类型,如多维数组、复数等。

Babel工具可将SIDL与Fortran 77/90/95、Python、C++、java无缝地链接为一体,实现了各种程序设计语言之间的互操作。CCA标准规范没有明确限定框架的设计和实现,通信协议的选择,以及组件发现机制等功能。这使得它可以适用于不同的运行环境,如单个大型超级计算机、工作站集群、计算网格等。给出了一个采用CCA技术构建的DHEMF的参考模型。DHEMF有2个基本元素:组件和基础框架。组件是由模型经过包装器包装的遵循CCA规范的组件,主要分为3种类型:①地球科学模型组件,包括空间科学领域、地球表面科学领域和固体地球科学领域中所有的物理模型,如日冕模型、海冰模型等;②常用服务组件,包括可视化组件、性能优化组件、工作流组件、事务管理组件等一些为科学家们的协同研究工作提供全面支持的组件;③标准服务组件,主要包括应用构建引擎组件、组件知识库组件和注册与发现服务组件。组件知识库组件是一个基于网络的组件知识库,构成一个“组件市场”。它是实现组件共享的重要部分,主要存储组件及组件的标准接口定义信息,使得组件的服务能被其他组件发现并使用,或被用户直接查询到。同时,它隐藏了各个组织所开发模型的原代码,使得组件间可透明交互。它主要包括向组件提供增加、查询及版本管理等服务,同时向用户提供用户操作界面。

DHEMF不仅能够为全球不同地点的地球科学研究人员提供一个虚拟的协同工作平台,使全球的地球科学研究人员在各自的研究室就可以通过网络发布组件,将组件插入框架,而且能够完全统一地球系统建模组件,将从太阳到地核这一跨越整个地球空间领域的物理模型集成,实现整个地球的完整真实建模及模拟,完成复杂的地球事件决策,实现实时的预报。

思考题

1. GPS如何实现定位的功能?
2. 简述遥感图像处理的基本流程。
3. 量子遥感的产生背景和实际应用价值是什么?
4. GIS如何为地球系统科学的发展提供支持?
5. 生态系统观测的意义是什么?
6. 地球物理的特色和特长是什么?
7. 地球化学主要从哪几个方面研究地球系统的?
8. 数据共享的困难在哪里?如何解决?

第 6 章　地球系统科学研究示范

——青藏高原大陆各圈层统一相互作用

青藏高原的隆升对于环境和人类活动的影响，是一个涵盖地球科学和生物学诸多分支学科的主题，不同学科可以从自己的学科出发，对这一主题进行论证。在国家决策实施西部大开发之际，一切长远的基础设施，如铁路、公路、水利工程、地下资源开发和农、林、牧业发展以及城市建设，都要和生态、环境的保护改善协调进行。我国西部的大部分地区，特别是青藏高原气候寒冷干燥，生态环境脆弱，更要密切注意气候与环境的变化的大趋势和人类活动增强对生态和资源的影响。要正确地评估这种趋势，实施可持续发展战略，力求避免可能出现的不利的行为。可以肯定，青藏高原及邻区在 21 世纪将出现气候环境和灾害大变化。大变化会带来上述涉及和以外的问题，如自然灾害的加重和疾病的流行，等等，也会带来好处，比如作物生长期延长有利于农业的发展。问题是很复杂的，需要研究清楚，这是一个区域性的地球系统工程。因此，青藏高原及邻区是发展地球系统科学、探讨以山地系统为载体、各圈层相互作用最好的天然实验室。所以，青藏高原及邻区的科学效应和社会效应与知识创新意义重大。结合自己的研究工作，笔者将在清华大学力学系二站博士后的研究成果，即青藏高原岩石圈大陆碰撞多圈层块体统一相互作用研究，作为地球系统科学研究示范加以介绍。

6.1　青藏高原国内外研究现状概述

青藏高原的隆升是近数百万年以来地球发展史上最重大的事件之一。它以其特殊的地质、地理位置和复杂的岩石圈结构构造闻名中外。青藏高原是最佳的地球动力学研究天然实验室，对其研究有助于阐释大陆动力学中的系列基本问题。自 19 世纪中叶普拉特和艾利等创立地壳均衡论以来，青藏高原的形成、演化和隆升机制即成为国际地学研究的热点之一，其地球动力学模型始终是地球科学家们关注的关键问题之一。

经过几十年艰苦奋斗，现已经转到专题研究和理论深入的时期，也就是我国青藏高原的研究已经由区域性研究进入关键和最佳时期。特别是：①当代青藏高原的研究已经由区域性进入全球性研究阶段。区域性研究越深入、详细，越具有全球化倾向。②形象思维进入抽象思维阶段，由单纯的地质调查，进入数据模拟、模型估算的阶段。另外国际趋势也表明，当代地球系统科学处在一个建立新的地球科学知识体系的重大转折时期。板块构造理论面临着挑战，地球系统科学是 21 世纪地球科学的重大前沿领域。因此，我们必须把握机遇，以青藏高原为示范区，对 21 世纪青藏高原及邻区用新的研究思路、新的理论体系开展新一轮更大规模的研究。

青藏高原的形成是地球历史上最伟大的事件之一，虽然它的隆升仅仅是最近几百万年以来的事件，但究其根源却有着漫长的地质历史，通常被认为是冈瓦纳大陆与欧亚大陆长期相互作用的结果，是现今正在进行着的大陆对大陆碰撞的典型例子，被誉为是打开地球动力学大门的金钥匙，从而成为国际地球科学的一个热点。由于它形成的时限很新，边界条件和动力学约束条件简单明确，又完整记录了碰撞的全部过程，因此是研究大陆构造和地球系统科学的天然实验室。在国内外学者的共同努力下，青藏高原的研究已经取得了重要的进展，对全球构造作出了应有的贡献，提出了许多带有普遍意义的重大理论问题，如造山模式、特提斯演化、地壳运动及变形机制等。

中国对青藏高原及其周边缘进行了多轮、多学科大规模的科学考察研究，在中国科学院、地矿部门、高等院校等单位的共同努力下取得了重大的成果。总体上，中国的研究水平处于国际领先地位。就固体地球科学而言，其主要成果是初步确立了青藏高原的大地构造框架，确定了地块（体）拼接的演化过程。"八五"攀登计划"青藏高原形成演化、环境变迁与生态系统研究"，对研究区显生宙以来的地质块体的形成结构、缝合带深部特征、地质块体的碰撞、拼合、隆升的历史以及建立青藏演化模型和形成机制的形成理论概括方面，取得了重大的进展。虽然到目前为止已经提出了多种模式来解释高原的形成与隆升，但是这一问题迄今仍然没有解决。究其主要原因，首先是缺乏资料，如深部调查、地质调查工作还不够，更重要的是研究思路和方法路线上受到传统观念的束缚，受到传统地质学理论框架的控制。另外，青藏高原地壳的运动变形可概括为"伸、缩、升、降、旋、滑、剪、斜"等多种变形格式以及所出现的各种构造要素的复杂性巨系统，如仅用一种模式和假说来解释，显然证据不足。其次是高原深部物质的运动对于大气环流、空间物理场和耦合作用的研究不够，因此不能从更高层次上发现岩石圈、大气圈、水圈、空间物理圈和生物圈之间的相互作用，评估其对于全球变化、自然条件变迁、人类和生命生存环境的影响。

目前，青藏高原及相关的造山带的研究态势，已从以往只阐明板块运动的历史和板块边界相互作用转向旨在阐明青藏高原从上地壳到上地幔各圈层相互作用过程和动力学的研究机制，高原隆升的历史与过程以及地壳增厚变形的定量、半定量研究。其中青藏高原的隆升机制和隆升史一直是高原隆升的两大主题。

6.1.1　高原的隆升机制

6.1.1.1　20 世纪 90 年代以前的研究成果

对高原隆升机制的探索，可以追溯到 20 世纪初叶，经过长期的研究，提出了多种不同的假说。如 Agrand(1924)、Homes(1965)提出的"双重陆壳重叠说"，李四光提出的"陆地波澜侧向挤压旋扭说"，20 世纪 70 年代 Dwey 等提出的"地壳缩短加厚说"，常承法等提出的"楔状体堆叠说"以及"幔隆幔凹转换说"、"热动力作用"等，众说纷纭，无一定论。按照所处的亚洲的区域构造背景和主动力机制可以将 20 世纪 90 年代之前的众多学说归纳为代表性的几类（潘桂棠，1994；Dewey JF et al.，1990）。

(1)双倍地壳模式：由 Agrand 于 1924 年首次提出，认为印度板块地壳俯冲下插到亚洲地壳之下形成双倍正常厚度的地壳。这一观点得到了 Barazangi(1982，1984)、Homes(1965)、Powell 和 Conaghan(1973，1975)、Bird(1978)、Powell(1986)、Cohen 和 Morgan(1987)的支持。

(2)推土机模式：由 Dewey 和 Bird 以及 Burke(1973)提出，认为印度大陆像推土机一样向北对亚洲板块发生碰撞推挤，造成亚洲地壳水平方向上的缩短和垂直方向的拉长。这一观点得到了 Toksoz 和 Bird(1975)、Chen 和 Molnar(1981)、Vicotte 等(1982，1984，1986)、England

和 Mckenzic(1982,1983),England 和 Houseman(1988)等的支持。

(3)地壳侧向向东挤出模式:Tapponnier 和 Molnar(1975,1977,1982)运用塑性材料试验模拟的滑移线场论,提出青藏高原受印度大陆斜向碰撞而顺巨型的平移断层如昆仑、阿尔金断层等向东侧逸出。

(4)大陆贯入模式:Zhao W. 等(1985,1987)提出,认为印度板块贯入到西藏下地壳的粘滞性流体中,并由于水力作用体积增大使高原抬升。

6.1.1.2　20 世纪 90 年代以来的研究成果

除了上述几类具有代表性的模式被它们各自的提出者和支持者不断地加以补充和完善之外,主要还取得了一系列前所未有的新认识,概括起来可总结为两大特色:提出和强调了高原隆升的分块断性、多阶段性、多因素特点;发现和重视了高原深部动力作用在高原隆升过程中的重要地位。

(1)高原隆升的分块断性、多阶段性、多因素特点:20 世纪 90 年代以来的研究结果表明,横穿青藏高原各块断的壳幔结构、厚度及热状态各不相同。李庭栋等(1995)将高原隆升分为 3 个不同动力机制的阶段,即 K_2-E_2 的碰撞挤压缓慢隆升阶段,E_3-N 的陆内汇聚热动力中速隆升阶段和 Q 以来的均衡调整热动力快速隆升阶段。受东喜马拉雅构造结的矿物裂东逸、重力失稳等多种因素的联合控制(钟大赉等,1996)。武红岭等(1996)用二维粘弹性有限元数值法模拟和反演了高原的形成过程和各地体岩石力学参数,阐述了高原隆升受多种因素的控制,其中各岩石圈层材料力学性质的不均一性亦是基本的控制因素之一。孔祥儒等(1996)通过对西藏西部综合地球物理剖面与岩石圈结构研究,提出高原深部构造为具有各自不同特性的多个块体组成,故"其形成是多阶段、多形式、多机制、多块体的地球动力学构造演化过程的结果"。马开义等(1996)利用中法合作研究获得的定日-格尔木天然地震记录资料所揭示的青藏岩石圈存在的各向异性变化,讨论了雅鲁藏布江缝合带南北地幔物质运动方向的差异。结合区域重力场、地热和大量地质资料,认为青藏高原是在印度板块和欧亚板块强烈碰撞挤压下,地壳缩短变形增厚,碰撞挤压达于极限,地幔内物质产生热熔变,导致受热幔壳的急剧膨胀,托浮起上覆地壳整体,形成了巨大高耸而且地形平坦的高原。喜马拉雅造山带则是印度板块北缘俯冲受阻,逆冲叠覆堆积变形的结果。吕庆田等(1997)根据高原天然地震震源参数和地震波各向异性的资料,强调了不同的圈层构造机制上的差异性,即高原地壳的变形以周边逆冲叠覆和内部东西向拉张走滑为主,中、下地壳和上地幔则以北东向的塑性流动为主,藏南上地幔覆盖层则以正断层脆性变形为主。Spencer 等通过对大喜马拉雅 Kaghan 地区的构造样式研究,提出了"垮塌褶皱模式"(collapse folding),该模式认为现今隆升的高原受热变底侵、重力均衡、垮塌拉伸、褶皱抬升等多种因素共同制约。高原隆升的沉积响应变形研究亦表明强烈的构造逆冲与拆离拉伸等多种作用共同控制着的高原的隆升(王成善等,1998)。另外,Wang-ping Chen 等通过对柴达木盆地的研究,认为两个或者多个巨型逆冲系统的"串联"作用加上地幔底辟作用完全可以把地面海拔提上千米,并把这一假想的隆升机制应用于青藏高原的初生阶段。综上所述,无一不说明高原隆升的分块断性、多阶段性和受多种因素控制的特点。

(2)深部动力作用在高原隆升中的重要地位:20 世纪 90 年代以来,获得了一大批有关青藏高原的深部地质的研究成果。其中,主喜马拉雅深部逆冲带(MHT)和藏南拆离系(STDS)的发现最倍受人瞩目(Bruchfiel B C et al. ,1992),这些成果越来越显现出高原深部动力作用在高原隆升中占据的重要地位,并正在越来越深的程度上逐步突破板块构造学说的理论框架。

中、美、德、加科学家执行的青藏高原大陆动力学研究项目(INDEPTH)成果和广角深部地震反射资料表明，在喜马拉雅壳幔中发育的MHT为一条巨型的向北下冲的陆内俯冲带，印度大陆地壳整体(或者是下地壳)沿此俯冲带向北俯冲到陆棚区北部的喜马拉雅地壳之下，它严格的控制着上、下地壳的变形活动(Wenjin Zhao et al.，1993)；其上盘的抬升导致了地形的大幅度的隆起。Hauck等通过INDEPTH项目发现STDS沿造山带延伸达2 000km以上，并插入27km的地下深处，MHT则为北倾8°，厚60～80m的流体剪切带，同时，STDS与MHT在地下呈会聚趋势，相隔最近处距离9km，交角为11°，但在更深处是否相交却不得而知。该项目的另一位学者Makovsky等则提出在印度河雅鲁藏布缝合带深部存在一条连续延伸、北倾约4°，代号为YSR的背冲断裂带，并认为它的存在表明印度大陆地壳约有100m厚。Carosi等则认为STDS是一条巨型的北倾拉伸剪切带，它经历了早起的韧性剪切和脆性拉伸多起构造演化，并在韧性剪切过程中产生了6km的垂向位移。喀喇昆仑(Hemasil)地区的正长岩微量元素和同位素的非均质性代表了幔源特征，显然说明高原的隆升已涉及到地幔。许志勤等(1995)通过天然地震岩石圈探测提出在高原深部很可能存在地幔热柱即地幔底辟，并通过地球物理剖面综合研究认为班公湖-怒江缝合带为一深部冲断层并将羌塘地块之下的莫霍面错断。吕庆田等(1997)认为高原上地壳东西拉伸和走滑变形与上地幔北东向的塑性流动有密切相关。格尔木-额济纳旗地学断层(GET)新完成的北祁连深地震反射剖面显示出青藏高原北侧大陆正在插入高原之下(高锐等，1995)，然后插入多远，尚在争论之中。朱介寿等(1997)在对人工地震测深及天然的地震面波、体波三位层析反演数据进行统一处理的基础上提出了“亚洲超级下降地幔柱”说，这一假说认为青藏高原等地之下存在很深的地幔根，表明重力垮塌已进入地球深层，并在该区形成了全球岩石圈最大的会聚场所。不难看出，这已在很大程度上突破了经典的板块构造学说的理论体系。

(3)由原武汉测绘科技大学、华北石油局四物测绘院完成了“青藏高原高精度GPS监测网”的三期观测，取得了多项高水平、创新和突破性成果：①首次从定量上确定并经统计学上的检验证实，青藏高原以33.4mm/a的速率、N30°E方向朝西伯利亚运动；其中西藏块体以28.5(±5.0)mm/a的速率、N31°E方向朝西伯利亚运动，喜马拉雅块体以46.0(±6.2)mm/a的速率、N27°E方向朝西伯利亚运动，这些矢量反映了青藏高原东北方向运动的趋势，越向北，运动速率越小，这一结论以及由GPS技术确定的年变率与地质及地球物理学界的观点有惊人的吻合，是大地测量形变监测的重大突破。喜马拉雅块体以21.1(±7.2)mm/a速率分量向东运动，而西藏块体以14.8(±5.2)mm/a速率分量向东运动，表明在西藏块体中部存在着东西向拉伸。青藏高原各块体相对于柴达木(格尔木点)运动的欧拉矢量上也能反映其水平运动趋势。引用GPS和水准测量数据作为地表边界约束条件，结合地质、地球物理资料，反演计算了青藏高原应变场和应力场。数值结果表明，青藏高原构造应力场以南北向挤压为主，东西向拉张为辅；欧亚板块与印度板块相碰撞作用仍控制着高原现今构造应力场。②首次在青藏高原采用三维线性构造应力数值模拟方法，结合GPS复测数据求得了青藏高原现今构造应力场。结果表明，主压应力方向在喜马拉雅块体近正北方向，而北部地块为北北东；压应力轴倾角近于水平，主张应力在高原中部近于东西。这一结果与地质学的观点基本一致。该成果1999年获国家测绘局测绘科技进步一等奖。

(4)“青藏高原岩石圈三维结构及深部动力过程”专题讨论会于2002年4月25—26日在成都举行。由于我国地学界的努力及一系列国际合作项目的执行，对青藏高原岩石圈的三维结构、物质特性及深部动力过程的研究有了很大进展。近几年来较突出的认识是印度岩石圈地幔向北俯冲拆沉到班公湖-怒江缝合带甚至金沙江缝合带，以及青藏高原周边岩石圈板片双向俯冲、高原地壳热状态及流变性质的研究。初步建立了青藏高原三维结构框架。青藏高原主体海拔从 1 500m 急剧上升到 4 500m 以上，在高原腹地呈南部及北部高，而中部沿班公湖-怒江缝合线附近，海拔降到 4 500m 左右，并东西向展布了一连串的高原湖泊；青藏高原地壳厚度从边缘 50km 向腹地增加，地壳底部并不平坦，在雅鲁藏布江及藏南地区，地壳增厚，在中部班公湖-怒江缝合带地壳又减薄，向北至羌塘地块又增厚。青藏高原地壳南北增厚、中间减薄的格局；在布格重力异常图上，与地壳厚度变化相一致，也呈现南北重力异常低，而中部相对较高，与地壳厚度变化一致；地震波层析成像将青藏高原岩石圈三维结构轮廓勾画出来，岩石圈底界深度一般为 140～180km，在印度大陆与青藏高原东、西部结点处较厚，中部减薄。

对青藏高原岩石圈性质的新认识：地震波层析成像显示地壳内速度呈现明显的东西向条带分布，以几条缝合线为界，羌塘地块、拉萨地块及喜马拉雅地块都显示不同速度特征；岩石圈地幔速度较高，具有克拉通特性；大地电磁测深发现普遍存在低阻地壳及地幔；青藏高原剪切波有明显的各向异性，在藏北地区以 NE 和 NEE 向为主，雅鲁藏布江以南以 NW 向为主。

青藏高原深部动力学的新证据：地震反射资料及 GPS 观测数据，表明印度板块向北挤压俯冲仍是青藏缩短隆升的主要动力，四周地块起被动围限作用；从深反射地震剖面，发现塔里木块体的岩石圈与青藏高原岩石圈面对面相向俯冲碰撞；古地磁研究给出了喜马拉雅山和柴达木盆地之间南北向距离变化，在早白垩纪(约 120Ma)二者之间距离最大。从 120Ma 至今二者之间距离总计缩短了 5 520km。自 50Ma 以来，二者之间又缩短了 1 360km。这表明早白垩纪至古新世是印度板块快速向北漂移时期，这 4 000km 的距离缩短表明了雅鲁藏布江所代表的洋盆消减及拉萨、羌塘、昆仑等地南北向缩短所致；由地震面波层析成像给出了印度板块岩石圈地幔拆沉俯冲下插的位置，东经 76°一线在北纬 41°与亚洲板块岩石圈地幔碰撞，东经 86°一线在北纬 36°碰撞，东经 90°一线在北纬 34°碰撞，这表明印度大陆岩石圈地幔已俯冲到青藏高原内部金沙江缝合线一带；对阿尔金断层的研究，证实青藏高原北部隆升及山脉形成与阿尔金断裂带的走滑作用具有成因关系。

羌塘地块的新认识：地震面波层析成像表明，羌塘高原具有厚地壳，地壳内发育低速层、薄的岩石圈地幔和厚的软流圈；人工地震剖面资料，班公湖-怒江以北的羌塘地块下地壳有速度达 7.4km/s 的壳幔物质混合带，而雅鲁藏布江以南等其他地区未发现这一混合层；大地电磁测深发现羌塘地壳至上地幔一直呈低阻，推测是温度升高引起的壳幔物质局部熔融所致；在古新世-始新世期间，西羌塘发育有富钠质火山岩，岩石以 LREE 富集为特征，岩石 Pb 同位素比藏北富钾火山岩要低，表明来源于未经亏损或富集的原始地幔，说明这时青藏高原尚未发生强烈形变及壳幔物质混合；藏北地区新生代富钾质火山岩是晚中新世的产物，它来自 EMⅡ型富集地幔源，为羌塘地块特有的壳幔过渡带或壳幔混合层。

6.1.2 高原隆升史

青藏高原的隆升面积广、幅度大、控制因素多，因此它的形成必然是一个复杂多期的过程。由于印度大陆与亚洲大陆的碰撞是高原形成的前提和驱动因素之一，并且标志着高原演化的起始点，故有必要讨论一下印亚大陆碰撞的起始时间。

6.1.2.1 大陆碰撞的起始时间

长期以来，多数人把始新世中期的 45Ma 作为两大陆碰撞的起始时间(Burke and E Eewey et al. ,1974;Molnar and Tapponnier,1975;Powell et al. ,1975;Achache et al. ,1983; Allegre et al. ,1984;常承法等,1990)。事实上，这一说法并不确切。近年的研究表明，印度与亚洲大陆的碰撞并非规则的南北向正向，而是由西往东的斜向穿时性碰撞。Guillot 等通过对大喜马拉雅(HHC)辉榴岩的分析研究和 HHC 所记录的东西方向上的最大压力值的变化规律，提出东西方向上大陆碰撞的穿时性达 10Ma 左右，同时俯冲面倾角西陡东缓，从而导致了东西部俯冲带宽度、温度和压力的显著差异;Jain 等的研究表明 HHC 的变质模式表现为西北部的 Padra - Zanskar 地区深部地壳大范围的高级别变质岩向南东方向转化为浅层的中一低级别的变质岩为特征，他认为这是大陆由西往东的斜歪碰撞引起的;Richarel 等通过对 Waziristan 无人区的上白垩统复理石建造及其上部不整合接触的古新世和早中始新世的浅海地层的最新测年研究，提出印度-巴基斯坦北西部与亚洲的碰撞发生在古新世(56Ma)而非始新世。事实上，早在 20 世纪 80 年代，P. Patriat 等(1984)对印度洋古地磁的研究，就表明大陆碰撞的真实时间为 50Ma 左右，而在 45Ma 时达到与主体碰撞的高峰。

6.1.2.2 碰撞期后隆升的演化史

有关高原隆升演化历史与隆升高峰期的确定至今尚无定论。Kazuo 等(1992)及 Copeland(1990)和 Harrison 等(1992)通过对孟加拉扇沉积物的研究，认为喜马拉雅的脉动性隆升起始于 20Ma,10.9～7.5 Ma 和 0.9 Ma 至今为两大隆升高峰期，并于 8 Ma 左右接近目前的高度，这一结论得到了古气候学(1989)、阿拉伯海的沉积响应(Prell et al. ,1991)、藏南快速冷却事件(陈文奇等,1996)、中印度洋地震一场(Kamer et al. , 1990)等多方面的证据支持。钟大赉等(1996)从构造热事件入手并结合裂变径迹法，提出高原隆升分为 45～38 Ma,25～17 Ma,13～8 Ma,3 Ma 至今 4 个阶段，其中 3 Ma 以来隆升最强烈。肖序常、李庭栋等采用热年代学裂变径迹的“矿物年龄-地形高差法”提出高原隆升的最强烈期为 2 Ma 至今。Shackleton 等(1988)曾利用地貌学证据证明高原的主隆升期为更新世。崔之久等(1996)利用古岩溶夷平面的重建提出高原经历了三次隆升和两次夷平，目前的高原为近 5 Ma 以来抬升的结果，其中 0.7 Ma 的“昆黄运动”使高原的隆升达到高峰。董文杰等(1997)则认为高原经历了 7 次隆升阶段，3.4 Ma 时达到隆升高峰。李吉军等(1996)对黄河上游地貌和新生代地层研究表明，青藏高原从 3.4 Ma 开始整体抬升，并在 2.5 Ma 和 1.7～1.66 Ma 相继发生强烈隆升。吴锡浩等(1996)通过对黄土原黄土-古土壤序列记录的东亚季风变迁的古季风气候递变的讨论，提出青藏高原从晚中新世末开始，至少经历了 5 个隆升阶段，且每个阶段初始的高原面平均高程为 2 900m、3 600m、4 200m、4 600m、4 850m。显然，高原隆升历史问题上的争论，可能还会继续下去，但是有一点可以确定，即高原的形成是多期脉动性隆升的结果。

6.1.3 隆升机制的进一步探索

虽然取得了上述可喜的进展，但是我们更应该清醒地认识到在今后的工作中需要加强研究的方面。首先，高原隆升的沉积响应要加大力度。众所周知，高原形成的过程中，在其周边及内部地区形成了巨大的沉积盆地，其所接受的沉积物的量也是巨大的，如仅仅印度河扇和孟加拉扇两大盆地的沉积物的体积就相当于 2.5 个喜马拉雅。从某种意义上，这些盆地的沉积物实际上是记录高原隆升史的重要部分，因此动沉积学角度把高原的隆升及其周边的内部盆地沉积记录统一进行研究，是精确刻画青藏高原隆升史既直观又系统的方法。然而事实上，该项研究跟不上从其他学科领域进行高原隆升研究的步伐，即使偶尔重现高原隆升的沉积响应，也多从周边盆地入手，受到恶劣自然环境的限制，对高原内部盆地的研究更加偏少。其次，在研究年代上，应适当增加对白垩纪至第三纪（尤其是第三纪）的研究。目前众多的学者把研究重点放到新生代之前和第四纪，但是白垩纪至第三纪作为大陆碰撞结合、高原形成演化的重要时期之一，亦为高原隆升的研究提供了一片更为广阔的时空领域。虽然当前许多观点赞成高原主要隆升于第四纪，但另有不少学者的研究成果和地质事实表明高原隆升的起点应该置于第三纪，并且在第四纪之前高原已经经历了许多隆升和夷平，另外许多第三纪的特殊构造（如中新世的伸展构造）亦是高原隆升机制研究中不可忽略的线索。因此应适当加强对白垩纪至第三纪的研究力度。再次，现今很多成果都是粗略的和定性的，而对高原隆升速率、地壳缩短量、走滑位移量、表层剥蚀量、沉积速率等量化参数刻画太少，从而在很大程度上降低了高原隆升的整体研究质量，影响人们对高原隆升的准确认识和理解。虽然有一些关于隆升的速率、隆升年代、地壳缩短量的数据发表，但缺乏代表性。可见，定量化研究仍然是研究重点之一。

值此地球系统科学重大变革之际，一系列新发现的地质事实和新的概念在不断突破经典的板块构造学说的某些理论框架。这使得大陆地质再次成为科学家研究的重点，地学家们已经公认，青藏高原以其独一无二的构造条件和演化历史，成为地球系统科学最佳研究示范区。

6.2 各圈层统一相互作用的物质组成

在青藏高原，岩石圈的表层主要是由沉积岩所覆盖。其中古老的地层尚无化石证据，也缺少年龄资料，由证据可考的最老地层为长城系。长城系地层以上，各纪地层都有化石。从沉积物性质看，各种建造类型繁多，是我国地层发育最丰富的地区。

6.2.1 青藏高原地层分区

青藏高原及邻区内部由一系列微板块或陆块组成，它们之间以蛇绿岩、深海沉积物、构造混杂岩带组成的板块结合带，有的以大断裂带或构造带为界。巨大的板块结合带作为构造-地层大区（或构造域）的界线，以微板块（或陆块）之间的结合带作为构造-地层区的划分单元。再次一级的构造-地层分区的划分考虑到地层发育的总体特征，包括：①地层发育的总体面貌及分布特征；②地层层序及接触关系；③岩性组合及厚度变化；④火山活动、区域变质；⑤古生物组合、古生态及发育情况。

根据上述划分原则，青藏高原及邻区以北部的康西瓦-木孜塔格-玛沁-勉县-略阳结合带和中部的班公湖-怒江结合带为界，将整个青藏高原地区划分为三大构造-地层大区（即一级构造-地层大区）；以构造-地层大区内的结合带、大断裂带为界，划分出 14 个构造-地层区（即二级构造-地层区），构成本区构造-地层分区单元的基本骨架；再根据构造-地层区内地层发育的总体特征和面貌，依次划出 53 个构造-地层分区（即三级构造-地层分区）（图 6-1）。

6.2.2 区域构造-地层格架

青藏高原地区的区域构造-地层格架以康西瓦-木孜塔格-玛沁-勉县-略阳结合带和班公湖-丁青-碧土-昌宁-孟连结合带为界，自北向南划分为三大构造-地层区——秦祁昆（含华北）

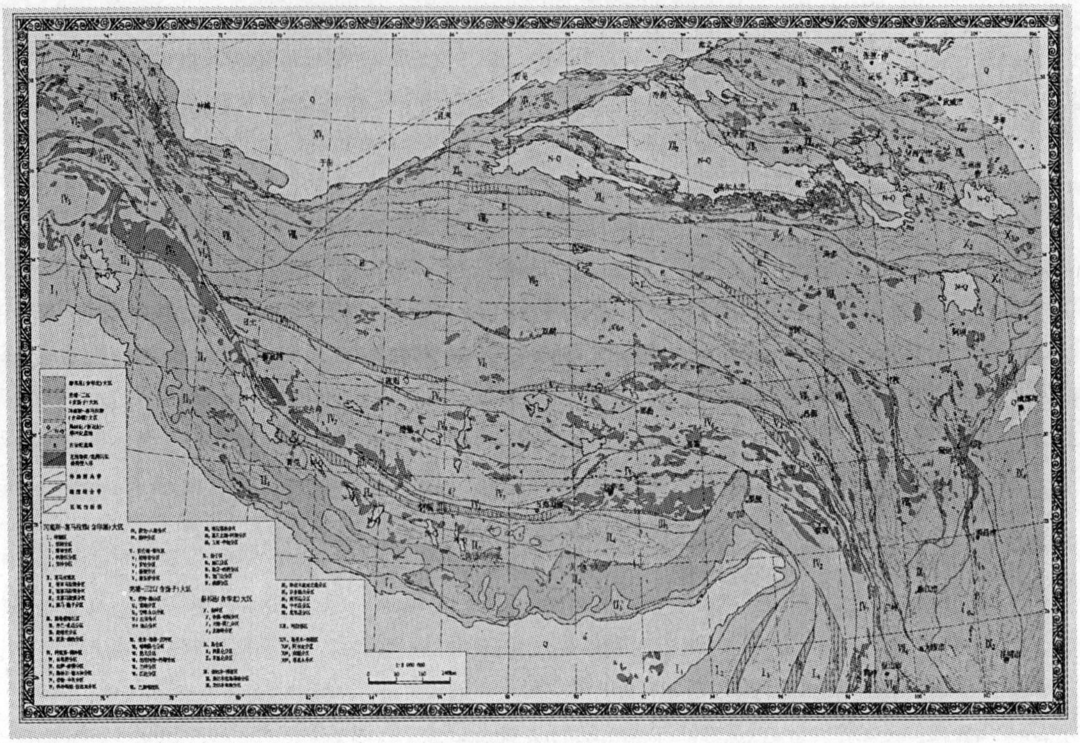

图 6-1 青藏高原及其邻区构造带——地层分布

构造-地层大区、羌塘-三江(含扬子)构造-地层大区和冈底斯-喜马拉雅(含印缅)构造-地层大区。

6.2.2.1 秦祁昆(含华北)构造-地层大区

该大区位于康西瓦-木孜塔格-玛沁-勉县-略阳结合带以北,构造位置上相当于泛华夏大陆早古生代秦祁昆构造区,包括秦岭区、昆仑区、柴达木-祁连区、阿拉善区、塔里木-南疆区等次级构造-地层区。出露的最老地层为太古宇-古元古界结晶基底岩系,主要为一套中深变质的片麻岩、混合岩和片岩等,含高压、超高压变质岩——石榴二辉橄榄岩、榴辉岩、麻粒岩等。不整合其上的长城系-南华系主要为一套浅变质的碳酸盐岩与碎屑岩组合,局部夹中基性火山岩,震旦系中见冰水沉积物。古生界在区内广泛分布,古生物化石门类多、数量丰富。下古生界主要为一套海相碳酸盐岩与碎屑岩组合,超基性岩、基性-中基性火山岩大量分布,特别是在昆仑区、祁连区中尤为强烈。寒武系中含磷沉积。泥盆系区域上广泛不整合在下古生界之上。上古生界为一套海陆交互相、海相碳酸盐岩与碎屑岩组合,基性-中基性火山岩发育;局部地区泥盆纪开始已为陆相沉积。三叠系区域上广泛不整合在上古生界之上。除局部地区发育三叠纪海相、海陆交互相碎屑岩为主夹碳酸盐岩外,大部地区中、新生代地层发育不全,为内陆盆地内的红色碎屑岩系,局部含中基性陆相火山岩。古、新近系在内陆盆地内分布,分布较局限。

6.2.2.2 羌塘-三江(含扬子)构造-地层大区

该大区北以康西瓦-木孜塔格-玛沁-勉县-略阳结合带为界,南以班公湖-丁青-碧土-昌宁-孟连结合带为界,构造位置上相当于泛华夏大陆晚古生代羌塘-三江构造区,包括扬子区、巴颜喀拉区、羌北-昌都区、兰坪区、羌南-保山区等次级构造-地层区。出露的最老地层为元古宇，主要为一套结晶片岩、片麻岩、变粒岩、大理岩、绿片岩等；在扬子区的青川-平武地区见震旦系不整合在下伏变质岩系之上，见冰水相砾岩。下古生界，除在扬子区的中咱-中甸地区和巴颜喀拉区的部分地区发育较完整外，其他地区发育不全，主要为一套海相稳定一次稳定台地相碳酸盐岩和碎屑岩组合；在扬子区的中咱-中甸地区见寒武系不整合在下伏变质岩系之上。晚古生代地层分布较广，泥盆系碎屑岩区域上不整合沉积在下古生界之上，局部缺失早泥盆世地层。上古生界主要为一套海相碳酸盐岩与碎屑岩组合，超基性岩、基性-中基性火山岩大量分布。中、新生代地层尤其是三叠系分布最广泛，岩相和岩石组合区域变化最强烈。三叠系主体为一套次稳定-活动型的海相碎屑岩为主，含碳酸盐岩和基性-中基性火山岩。在昌都的江达地区，早三叠世地层不整合在下伏地层之上；兰坪地区缺失早-中三叠世地层。晚三叠世地层区域上较广泛不整合在下伏地层之上，主体为一套陆相-海陆交互相碎屑岩夹碳酸盐岩组合序列，局部地区发育基性和中酸性火山岩。侏罗系主体分布在羌北-昌都区、兰坪区及羌南-保山区内，为一套海相-海陆交互相碳酸盐岩和碎屑岩组合；白垩系除羌塘地区西部发育海相沉积之外，大部地区为一套陆相碎屑岩沉积。古、新近系主要在内陆盆地内分布，一般范围不大，但羌塘地区的新近系较多，西部尚有始新世海陆交互相沉积。

6.2.2.3　滇藏(含印缅)构造-地层大区

该大区位于班公湖-怒江结合带以南，构造位置上相当于冈瓦纳北缘晚古生代-中生代冈底斯-喜马拉雅构造区，包括班公湖-怒江区、冈底斯-腾冲区、雅鲁藏布江区、喜马拉雅区、印缅区等次级构造-地层区。元古宇分布于冈底斯-腾冲区和喜马拉雅区中，主体为一套中深变质的片麻岩、大理岩、石英岩和片岩等，含高压、超高压变质岩——麻粒岩、榴辉岩、榴闪岩等暗色“包体”。其上覆盖层主要为奥陶纪稳定型沉积盖层。古生界在区内广泛分布，古生物化石门类多、数量丰富；下古生界主要为一套较稳定的台型海相碳酸盐岩与碎屑岩沉积。上古生界在喜马拉雅区内主体为一套稳定-次稳定型的海相碎屑岩和碳酸盐岩组合，二叠系中发育基性火山岩夹层和冰水杂砾岩；在冈底斯-腾冲区内主体为一套次稳定型-活动型的海相碎屑岩和碳酸盐岩沉积，石炭系-二叠系中发育基性、中性、中酸性火山岩。中生代地层亦较广泛分布，古生物化石非常丰富。喜马拉雅区内的中生代地层基本为一连续沉积，主体为一套稳定-次稳定型海相碎屑岩和碳酸盐岩组合，夹层有基性、中基性火山岩；冈底斯-腾冲区内的中生代地层发育不全，大部地区缺失中、下三叠统和下侏罗统，表现为晚三叠世或中、晚侏罗世地层尤其是晚白垩世地层区域广泛不整合在下伏地层之上，主体为一套海相-海陆交互相碎屑岩夹碳酸盐岩组合，发育大量的中酸性火山岩。古、新近系在区内分布较广，除在喜马拉雅区古近系下部分布有滨浅海相的碎屑岩夹碳酸盐岩沉积外，其余大部地区为一套内陆盆地陆相碎屑岩系。新生代亦发育大量的高钾钙碱性火山岩系。

6.3　青藏高原雅江-班公怒江缝合带的热红外遥感

雅江缝合带被 A. Gansser(1964)最早提出，它的研究促进了冈瓦纳研究的进展。这条缝合带已为多位研究者所承认，该带最显著的特点是具有比较完整的碰撞缝合结构，自北向南划分了 6 个完整的构造岩相带。

构造热异常往往发生在一些大的断裂带上，即存断层摩擦滑动生热和地壳深部热源是构造缝合带异常的成因，也是多年来构造壳幔热结构研究的重要内容。而断层滑动摩擦应力和壳幔热结构有无红外辐射能量的变化？这些变化的量级又能否被目前处于高新技术前沿的热红外遥感所探测？地块、断层岩石的摩擦生热的动力学性质和红外辐射之间关系如何？遥感热红外和构造热动力学是一种什么样的关系？这项研究将为热红外遥感用于大面积地块缝合带监测、研究构造热异常提供科学依据；为人们认识和研究青藏高原遥感热红外异常和构造缝合带热动力学的关系提供一种新的研究方法。

6.3.1 温度的反演

卫星陆地表面温度探测的是陆地表层构造缝合带、地块岩石、表层水、土壤和植被等的表面温度。经加热的陆地通过热传导、热辐射将热量输送给大气，同时，大气也向陆地发射长波辐射。在正午以后卫星过境时，地表温度和气温的差值在半干旱区可以达到 10～30℃，在植被覆盖状况好的地区差值仅为 0～℃。陆地表面温度 T_s 比气温更能反映陆地表面的本身温度变化特征。

6.3.1.1 反演陆面温度 LST 的方法

通过比较采用了一个在大区域上适用的由 NOAA—AVHRR 数据反演陆面温度的方法，具体采用 Becker and Li 的方法。

$$T_s = 1.2T_4 + (T_4 + T_5)/2\{1 + [0.15616(1-\varepsilon)/\varepsilon] - 0.482(\Delta\varepsilon/\varepsilon^2)\}$$
$$+ (T_4 - T_5)/2\{6.26 + [3.98(1-\varepsilon)/\varepsilon] + 38.33(\Delta\varepsilon/\varepsilon^2)\} \quad (6.1)$$

其中，$\varepsilon=(\varepsilon_4+\varepsilon_5)/2$，$\Delta\varepsilon=(\varepsilon_4-\varepsilon_5)$。

6.3.1.2 计算地表比辐射率 ε

通过地面实验，Griend and Owe 发现 NDVI 与比辐射率有很强的相关性，相关系数为 0.941，可以通过归一化植被指数 NDVI(NDVI 值小于 1)近似计算象元的等效比辐射率，方程为

$$\varepsilon=1.0094+0.04>1n(NDVI) \quad (6.2)$$

但在修正的分裂窗算法中，使用的是分波段的比辐射率，Josef 等在已有工作的基础上，计算出 AVHRR 的 ε_4 和 $\Delta\varepsilon$，方程为

$$\varepsilon_4=0.9897+0.0291n(NDVI) \quad (6.3)$$

$$\Delta\varepsilon=\varepsilon_4-\varepsilon_5=0.01019+0.013441n(NDVI) \quad (6.4)$$

本书使用公式(6.3)和(6.4)计算分波段的比辐射率 ε_4 和 ε_5。

使用分裂窗算法估计陆面温度的误差在 2～4℃。

6.3.1.3 反演结果分析

反演青藏高原晴空条件下共 10 年(1982、1983、1985、1986、1987、1988、1989、1991、1992 和 1993 年)各月和全年平均陆面温度，分析了 7 月份青藏高原陆面缝合构造带和地块温度场的分异规律，明显显示出班公湖-怒江缝合带的温度最高，雅江次之，藏北部最低的特征。另外，还显示出中部和西部的温度高于东部和南部 10℃左右，中部和西部温度在 30℃，东部和南部温度在 15～20℃范围内。将陆面温度场的空间分布与青藏高原的构造缝合带(线)、深大断裂的分布进行对比，发现两者存在一定的对应关系(图 6-2)。

6.3.2 野外地表层钻孔测温与数据处理

由于上述青藏高原陆面温度场研究得到的结果是混合热源，虽然取得了一些新的发现，但

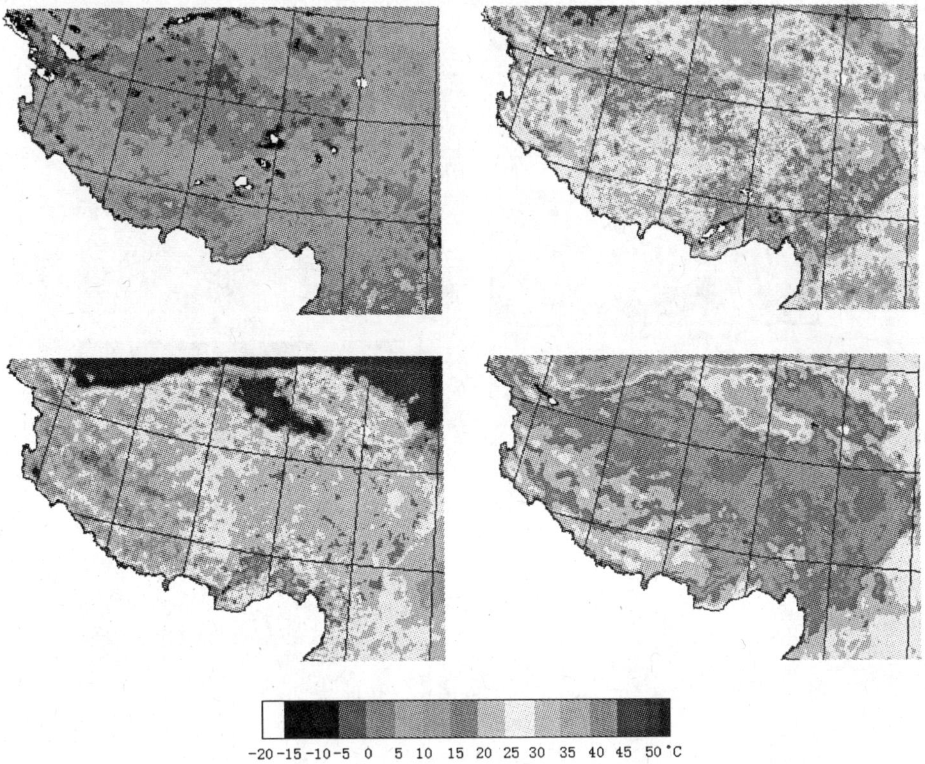

图 6 - 2　青藏高原晴空条件下各月和全年平均陆面温度图

还存在太阳辐射、地形、大气和植被等影响因素。为了减少误差，求解构造缝合带和地块热异常的分布规律，验证陆面温度场研究的结果，笔者于 2001 年 8 月开展了高原地表层钻孔测温的野外工作。实地观测了 75 个探孔的剖面温度，钻孔测温方法式采用长 1.2m、直径 5cm 的洛阳铲作为钻具，配合 JM222 便携式数字温度计(也称点温计)测温。该仪器获取数据的准确度为±0.2%，精度为 0.1℃，完全可以满足科研要求。具体是根据地层不同深度进行的，分为地表面 1m、地表 0cm、土层 20cm、土层 40cm、土层 60cm、土层 80cm、土层 100cm 共 7 个深度测定温度，并进行了插值处理(图 6 - 3)。

经过不同深度层钻孔温度的测定和图像特征对比，可以看出，虽然在不同深度温度有降低和局部增高的特征，但与青藏高原陆面温度场研究的结果吻合较好，证明上述的研究工作是有实际意义的。

通过对青藏高原雅江-班公怒江缝合带的热红外遥感研究，取得了与前人结论不符的结果，即班公-怒江缝合带温度高，雅江次之，藏北部最低和藏中部、西部的温度高于东部、南部大约 10℃左右；中部和西部温度在 30℃左右，而东部、南部温度在 15～20℃范围内，且陆面温度场的空间分布与青藏高原的构造缝合带、深大断裂的分布显示出两者存在一定的对应关系的初步结果。

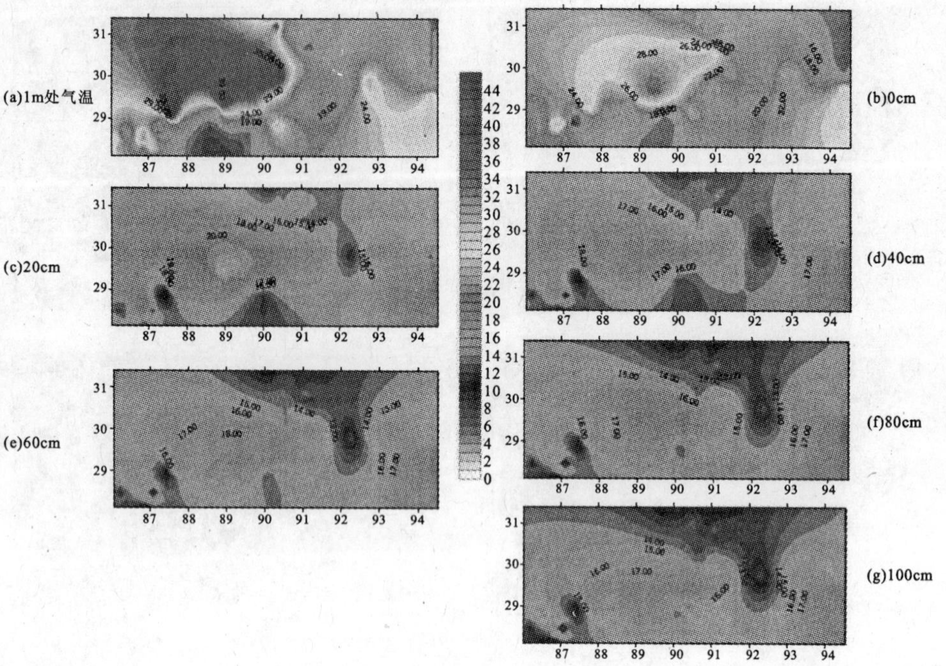

图 6-3　温度插值结果

6.4　青藏高原山地各圈层力学系统描述

6.4.1　力学模型

6.4.1.1　地球多体系统力学模型

地球是由多圈层、多块体不同物质结构组成的，皆可用若干塑性、流变体、流体或弹性体组成的系统模型予以有效地描述。另外，地球与太阳、月球等行星的相互作用，我们把这些系统和模型称为“多体系统”，而把建立力学模型的过程称为“有限段建模法”。根据系统内各物体运动状态的不同，多体地球系统可有几种分类方法：①联接或分离；②弹性、塑性或流变体、流体；③各地质体形成封闭或开放体系。狭义地讲是上述内容；广义地讲是多物质体、多结构体、多时-空体、非线性和复杂性体。

6.4.1.2　地球非完整系统力学模型

地球是由多圈层不同物质组成，这在地球内部结构可以说不是一个完整体。同样，从地球的形态来看，也不是一个完整的圆球体。另外，地球非完整系统力学最大的优点就是在定量计算和模拟分析过程中，可将边界条件作为动态的进行。因此，把地球系统作为一个非完整地球系统力学研究，其效果可能会更好，更接近地球系统的实际。

6.4.1.3　地球变质量系统力学模型

变质量地球构造动力系统是研究地球质量变化物体的运动与作用其上的力之间的关系。所谓变质量地球系统动力学效应，就是指地球在运动过程中质量随着时间而不断变化的物体。

地球变质量系统动力学效应分两部分。第一部分是地球变质量系统的牛顿力学，主要用理论力学的方法处理地球变质量系统动力学,包括变质量质点动力学基本方程;变质量质点的动力学普遍定理;变质量地质块体动力学普遍定理;变质量地质块体动力学微分方程,考虑地球系统和微粒内部运动时的变质量力学问题等。第二部分是地球变质量系统的分析力学,主要用分析力学的方法处理变质量地球系统动力学,包括变质量地球力学系统的变分原理;变质量力学系统的分析动力学方程;变质量力学系统的积分方法和变质量力学系统动力学若干专门问题等。

6.4.1.4 地球碰撞系统力学模型

地球碰撞系统力学主要有3个方面内容:①地球系统中有许多碰撞的现象,如两板块的碰撞、俯冲、仰冲、斜撞和太空陨石的相撞,陨石与地球的撞击等;②各种碰撞的类型研究,包括几何学、运动学和动力学及波动学;③地球碰撞系统力学的各种响应,与资源、环境、灾害的关系和预测、预报等结合的内容研究。

6.4.1.5 地球破坏系统力学模型

由弥散分布的微裂纹串接为宏观裂纹,再由宏观裂纹演化至灾难性的失稳裂纹,这一发展过程称之为断裂破坏过程。了解地球系统中物质的断裂破坏才能阐明裂纹的演变史,才能表达地球系统的载荷环境与断裂破坏的因果关系。断裂破坏过程是一个宏微观结合的多层次过程,它既受到以裂尖奇异场为特征的宏观力学氛围的外部推动,又诱发于裂尖原子区动力失稳的内涵过程的全貌。地球破坏系统力学按研究尺度逐级细化,由宏观断裂破坏力学、细观断裂破坏力学和纳观断裂破坏力学3部分组成。

6.4.1.6 地球流体系统力学模型

地球流体系统力学是地球系统力学中很重要的组成部分,主要研究内容有:①天体的形状;②地球的引力场;③水平温度梯度作用下旋转流体的对流热传递模型;④地球系统内的对流;⑤地球系统“电机”理论;⑥地球系统物理流体动力学问题中的涨落和耗散现象;⑦地球系统化学自组织模拟;⑧地质学中的非线性对流问题;⑨反应、渗滤不稳定性;⑩地貌系统自由对流现象等。

6.4.1.7 地球极端系统力学模型

随着地球科学的发展和需求,地球深内部高温、高压,甚至超高温、超高压的物质结构和动力学研究日益受到重视。本节将这部分内容定为地球极端系统力学,主要研究内容包括:①地球系统气体的热力性质;②地球系统能量和热力学第一定律;③地球系统能质和热力学第二定律;④地球系统对流换热基础;⑤地球系统中的辐射换热;⑥地球系统热应力基础;⑦地球系统热应力的分析方法;⑧地球系统热疲劳和高温低循环疲劳试验方法;⑨地球系统高温低循环疲劳强度与热疲劳强度;⑩多维应力下的高温循环疲劳和热疲劳;⑪热疲劳中的组织变化与破裂;⑫蠕变与高温疲劳的相互关系等。

6.4.1.8 地球系统爆炸(破)力学模型

爆炸(发)是地球系统中物质状态的突然的物理或化学变化,并伴随有运动和能量释放。爆炸(发)可以具有多种不同的形式。例如,火山爆发,太阳和宇宙爆炸,陨石撞击地球表面的爆炸,等等。地球系统爆炸(发)力学就是研究上述内容的动力学过程和规律。主要研究内容有:①地球系统爆炸(发)的概念;②爆炸(发)及其在介质中的效应;③地球系统中大气圈爆炸的物理现象;④地球系统中水圈爆炸理论及其作用;⑤地球系统中岩石圈中的爆炸(发)理论及其作用;⑥地球系统中爆炸(发)地震效应等。

6.4.2 青藏高原大陆碰撞力学模型

青藏高原的隆起是近数百万年来地球历史上最重大的事件之一，是印度板块和欧亚板块在 4 500 万年以来的碰撞区。它以其特殊的地质、地理位置和复杂的岩石圈结构构造而闻名中外。科学家们经过几十年艰苦奋斗，现已转入专题研究和理论深入为主的时期。另外，当前青藏高原的研究工作已超过了形象思维，进入到抽象思维阶段。青藏高原的隆起对自然环境和人类活动起到了重要影响，其根本原因是各圈层动力学相互作用和效应。

6.4.2.1 青藏高原碰撞的现今构造应力场演化特征

青藏高原是新生代以来印度板块向北推挤欧亚板块，地壳缩短、加厚、隆升的结果，在持续强大的板块间汇聚作用下，在高原的周边形成了一系列强度和规律均十分可观的走滑或逆冲活动断裂，并导致破坏性地震频繁发生。这里是中国大陆内部块体间相互协调运动的纽带，是对青藏高原现今构造运动反映敏感的地区。

通过断层滑动资料反演的构造应力场结果，与地壳均衡作用产生的地壳加厚、减薄过程分析相结合，对青藏高原圈层的断裂运动及地壳动力作用过程进行了探索。基本特征是：①由断层滑动资料确定青藏高原现代构造应力特征，与由震源机制解资料和原地应力测量所得结果有着较好得一致性，这种一致性反映了该区构造应力场作用自早更新世末期以来是持续稳定的；②现代构造应力场作用以水平挤压为主，绝大多数由断层滑动资料确定的构造应力张量的最大主应力轴和震源机制解的 P 轴是近水平的，应力张量结构多为走滑型；③青藏高原现代构造应力场的变化趋势表现出较好的稳定性，其最大主压应力方向从北西向南东，呈现出由北北东方向逐渐偏转为南南东方向的变化趋势；④现代构造应力场分区特征不仅表现在应力作用方向上不同，而且也表现在应力张量结构上的不同，青藏高原北、东缘主要为走滑应力区和逆断型应力区；⑤现代构造应力场主压应力方向相对第四纪早期构造应力场发生了一个顺时针方向的旋转。

综上所述，可概括为以下几点：①青藏高原第四纪经历两期主要的构造引力场作用。第 1 期大约在中新世中晚期至早更新世末期，构造应力场的主要特征为最大主压应力作用于垂直高原边界的方向上，应力场结构以逆断型为主；第 2 期自早更新世末期以来至今，也即现代构造应力场。其最大主压应力方向相对早期构造应力场发生了顺时针方向的旋转，应力场结构以走滑型为主。②青藏高原及周边地壳形变分析表明，印度板块对青藏块体的推挤作用穿过青藏块体北缘继续向北延伸，而在青藏块体的南东边缘，由于受青藏块体大幅度北移的影响，在其东侧形成了北西-南东的局部拉张。③构造应力场的演化和地壳形变分析较好地解释了青藏高原北、东边缘的地壳动力作用过程。早期在青藏高原北、东缘主要受来自印度板块碰撞青藏块体产生的垂直块体边界方向的挤压，尤其在高原东部产生强大侧压；后期高原内部块体横向挤出，在高原东侧受地壳减薄产生拉张的诱导，东缘块体向东、南东方向迁移。

6.4.2.2 青藏高原碰撞的统一构造动力模型

笔者根据所提出的统一构造理论基础和青藏高原山地构造特征的大面积特高的地势、青藏高原的构造系统、岩石圈明显的层块结构、青藏高原是由多体地块拼合的大陆、岩浆岩具有明显的时空演化规律、高原地壳具有不同的变形特征、高原各地块具有一定的漂移规律、高原岩石圈热结构具有南北不均一性、高原岩石圈具有纵横方向不均一性、高原地壳具有一定的磁场特征、重力异常所反映的构造特征和印度板块的持续北移等 12 个方面进行研究，认为大陆碰撞之后，印度次大陆并没有因此而停止其向北的运动，时至今日，这一状态并无多大改变。

由地壳运动观测结果可以看出，青藏高原物质存在向北东及南东方向逸出的运动趋势。在高原物质运动的影响下，川滇菱形块体向南东运动的速率约为 16mm/a。华南地块主要承受着青藏高原向东挤压作用的影响，以及菲律宾海板块北西向的较弱挤压作用。其块体的整体运动方向向东，应力场的水平向主压力方向也基本上是这个方向。此外，青藏高原的重力势能对应力场及应变场的影响也是不能忽略的。青藏高原内部正断层活动大约是从 8(±3)Ma 前开始(Molnar et al.，1993)。正断层活动说明在该时间，高原的海拔高度发生明显的抬升。England 和 Houseman(1988，1989)为解释高原快速抬升的机制，认为印度洋板块的挤压，导致欧亚板块岩石圈整体增厚，形成凸进软流层的岩石圈根。因岩石圈上地幔组成与软流层相近，在同一深度处较冷的岩石圈层根部物质的密度要大于软流层物质。随着岩石圈根的不断增长，冷的岩石圈根的负浮力导致其不稳定，致使岩石圈根部于与上部剥离而深入软流层。原来岩石圈根部位置的密度突然降低，产生了一个大浮力托举岩石圈整体上升快速抬升。如果在重力均衡之外确实存在这样的岩石圈底部浮力作用，则在高原表面抬升时，不再需要巨大的水平向压应力。研究结果表明，印度洋板块仍然以平均 50mm/a 的速度向欧亚板块挤入，据此可以认为，目前青藏高原仍承受着印度洋板块水平方向的挤压作用，但挤压力可能要比以前设想的小一些。这样，地壳山根浮力(均衡作用结果)、岩石圈底部浮力和水平方向边界力共同作用，维持了青藏高原平均海拔 5km 高地势的继续抬升，同时软流层也有向东流出的趋势。而高原地壳则处于拉张减薄状态。同时，青藏高原表面的垂直变形图像，亦同时被用来约束边界条件的调整。总体上，西伯利亚板块的约束和印度板块的北上形成了中国陆内一系列走滑造山带和盆地，在整体上构成协调一致的统一应变场。

6.4.3　青藏高原山地各圈层力学系统描述

6.4.3.1　有限自由度系统描述

一个圈层块体质点的集合称为一个力学系统。如果这个集合的状态可以用有限个随时间变化的参数来描述(例如有限个块体质点或有限个刚体组成的系统)，则称为有限自由度系统，反之称为无限自由度系统或连续系统。

对于有限自由度系统，通常引进广义坐标 $X_i(i=1,2,\cdots,m)$ 和广义速度 $\dot{X}_i(i=1,2,\cdots,m)$ 来描述。有时采用广义动量 $P_i(i=1,2,\cdots,m)$ 来代替 $\dot{X}$，$(X,P)\in R^{2m}$ 称为相空间，这里 $X=(x_1,x_2,\cdots,x_m)$，$P=(p_1,p_2,\cdots,p_m)$。

对于无限自由度系统，设它在初始时刻 $t=0$ 时，占据三维空间的区域 Q。用 $X=(x_{01},x_{02},x_{03})\in R^3$ 表示 Q 中的质点. 这里 X 可以用通常的曲线坐标来描述。它在 t 时刻，在曲线坐标的位置为

$$X(X_0,t)\in R^3 \tag{6.5}$$

在 t 时刻所有 X 占据的区域为 $Q_1\in R^3$，称为位形空间。相应的速度为

$$\dot{X}=\dot{X}(X_0,t) \tag{6.6}$$

位移为

$$u=u(X_0,t)=X(X_0,t)-X_0 \tag{6.7}$$

一个连续的力学系统的位置函数、连同描述它的力学状态的其他物理量如速度向量、位移

向量、密度场、温度场、应力张量等构成了它的状态空间。状态空间一般记为

$$Z = \{X, \dot{X}, \mu, \cdots, t \in T, X \in Q\} \tag{6.8}$$

无论是对有限自由度力学系统还是对连续力学系统，所引进的描述变量在构成相空间或状态空间时都将服从一定的物理规律，即它们之间满足一定的关系，这些关系体现为一组方程，称为运动方程。

6.4.3.2 青藏高原山地系统的非稳定性

将问题简化为准静态的，用增量方法研究山地系统的稳定性问题需要将实际的载荷路径或历史分成许多小的载荷增量步，逐步地对每一个增量步求解。现在考虑一个典型的增量步。在这个步长的开始，山地体内的应力 σ，应变 ε，间断面的位移间断量 $\langle u\rangle$，以及山地材料的结构和间断面已有变形历史的各种内状态变量都是已知的。这时相对应的渗透压力和渗水参数分别记为 q 和 η。在这个增量步内，在边界 S_T 上给定外载增量 $\mathrm{d}p$，在边界 S_n 上给定位移增量 $\mathrm{d}u_0$，在山地体内给定体力载荷增量 $\mathrm{d}f$，已知渗透压力和渗水参数的增量为 $\mathrm{d}q$ 和 $\mathrm{d}\eta$。我们要确定的是山地体内的应力增量 $\mathrm{d}\sigma$，应变增量 $\mathrm{d}\varepsilon$，位移增量 $\mathrm{d}u$，间断面内的应力增量和位移断增量 $\mathrm{d}\langle u\rangle$，以及相应的各内状态变量的增量。待求的各外变量增量应满足以下三方面条件：

(1)平衡条件

在山地体 V 内：

$$L\mathrm{d}\sigma + \mathrm{d}f = 0 \tag{6.9}$$

在间断面 Γ 上：

$$L_1 \mathrm{d}\sigma^+ = L_1 \mathrm{d}\sigma^- = \mathrm{d}\sigma^- \tag{6.10}$$

在边界 S_T 上：

$$L_2 \mathrm{d}\sigma = \mathrm{d}P \tag{6.11}$$

其中

$$L = \begin{bmatrix} \frac{\partial}{\partial x} & 0 & 0 & 0 & \frac{\partial}{\partial z} & \frac{\partial}{\partial y} \\ 0 & \frac{\partial}{\partial y} & 0 & \frac{\partial}{\partial z} & 0 & \frac{\partial}{\partial x} \\ 0 & 0 & \frac{\partial}{\partial z} & \frac{\partial}{\partial y} & \frac{\partial}{\partial x} & 0 \end{bmatrix} \tag{6.12}$$

$$L_i = \begin{bmatrix} l_i & 0 & 0 & 0 & n_i & m_i \\ 0 & m_i & 0 & n_i & 0 & l_i \\ 0 & 0 & n_i & m_i & l_i & 0 \end{bmatrix}, \quad i = 1,2 \tag{6.13}$$

其中，$j, m.$ ，$n.$ 和 $f:, m:, n:$ 分别是间断面 r 和边界 S_r 的外法线方向余弦。

(2)几何条件

在山地体内：

$$L'\mathrm{d}u = \mathrm{d}\varepsilon \tag{6.14}$$

在间断面 Γ 上：

$$\mathrm{d}\langle u\rangle = \mathrm{d}u^+ - \mathrm{d}u \tag{6.15}$$

在边界 S_μ 上：

$$\mathrm{d}u = \mathrm{d}u_0 \tag{6.16}$$

(3)本构条件

对山地体：

$$\mathrm{d}\sigma = D\mathrm{d}\varepsilon + D\mathrm{d}\eta + e\mathrm{d}q \tag{6.17}$$

对间断面：

$$\mathrm{d}\bar{\sigma} = D\mathrm{d}u + D\mathrm{d}\eta + \mathrm{d}q \tag{6.18}$$

如果作用的外载荷是充分小的，山地介质和间断面处于弹性阶段和硬化塑性阶段，我们按上述提法得到的增量解是唯一确定的，相应的应力和变形状态是稳定的平衡状态。随着载荷增加，介质或间断面进入软化塑性阶段。所得到的应力和变形状态可能是不稳定的平稳状态。

我们考察山地系统的一个平衡状态，它的变形和应力记为 $u,\langle u\rangle,\varepsilon,\sigma,\bar{\sigma}$ 等，我们在这个状态上施加一组很小的不违背几何条件的虚位移 δu 和 $\delta\langle u\rangle$：

在 V 内：

$$L_t\delta u = \delta\varepsilon \tag{6.19}$$

在 Γ 上：

$$\delta\langle u\rangle = \delta u^{+} - \delta u^{-} \tag{6.20}$$

在 S_μ 上：

$$\delta\mu = 0 \tag{6.21}$$

从而得到一个新的状态. 如果外力所作的虚功不超过内能(包括贮存的弹性应变能和塑性耗散能)的增加，那么山地系统是稳定的。如果这个条件对某组虚位移不成立，那么超出的能量将转化为动能。

这表明所考虑的平衡状态是不稳定的。由此可推导出能量形式的失稳准则

$$\int \delta\varepsilon\delta\sigma\mathrm{d}v + \int \Gamma\langle u\rangle\delta\mathrm{d}\bar{\sigma}\Gamma < 0 \tag{6.22}$$

式中，$\delta\varepsilon$ 和 $\delta\sigma$，$\delta\langle u\rangle$ 和 $\delta\bar{\sigma}$ 之间关系分别由本构方程(6.17)、(6.18)给出，因而山地系统的稳定性与增量的本构性质直接相关。例如，在无渗水情况，并且山地介质和间断面处于理想塑性或硬化塑性阶段，矩阵是正定的，式(6.22)左端总为正值，所考虑的状态一定是稳定的平衡状态。因而介质和间断面具有应变软化和渗水软化特性是山地系统失稳的必要条件。

综上所述，研究青藏高原山地系统的物理非稳定性问题的方法是，将给定的载荷历史分成许多小的增量步，对每一个增量步求解一个非线性边值问题。对于出现应变软化和渗水软化之后的每一个增量步，使用失稳量准则式(6.22)判断山地系统的稳定性。一旦(6.22)式成立，表明已达到稳定性的临界载荷。通过对变形场的分析还可得到失稳时的破坏形式以及失稳的变形前兆。

6.4.4　青藏高原碰撞隆起的力学描述

青藏高原是由多圈层多块体不同物质结构组成的，皆可用若干塑性、流变体、流体成弹性组成的系统模型予以有效地描述。另外，青藏高原在统一动力源背景下各圈层块体进行着相互作用，本书把这些系统和模型称为“多体系统”，而把建立力学模型的过程称为“有限段建模法”。笔者主要研究了青藏高原多体系统的运动学表示、力系概念、缩短与走滑、碰撞系统力学的分类和现象、主动碰撞构造体特性、被动碰撞体(靶体)特性、地壳和岩石圈的碰撞动力学过程、青藏高原各圈层塑性力学描述和模型研究等。

6.4.4.1　碰撞隆起的分类和现象

(1)碰撞分类:碰撞体的现象可以按各种因素分类。例如:①按碰撞时的入射角分类;②按碰撞体的形状和块体物质结构特性分类;③按侵入体(俯冲体)的形状和物质结构体的特性分类;④按碰撞体的初速度的范围分类。

(2)碰撞体在撞击中发生的现象:碰撞体撞击速度范围的根据,是碰撞体在撞击中所出现的各种现象。在撞击体的撞击速度很低时,碰撞体只产生了弹性变形,这是某些实验室中实验时经常遇到的低速范围。当撞击体的撞击速度达到某一极限值 V_{RA} 时,不是靶体就是碰撞体的接触应力达到压缩屈服应力 σ_{rc}。这时靶体或碰撞体或两者同时产生永久变形,这种变形经常是一种较为复杂的力学过程。我们首先研究弹性撞击的弹性应力和撞击速度的关系。

设一碰撞体,以速度 v_n 垂直撞击靶体的某一平面。碰撞体的密度为 ρ_p,碰撞体上的弹性波速为 C_{op},它为

$$C_{op} = \sqrt{E_p/\rho_p} \tag{6.23}$$

其中,E_p 为碰撞体的杨氏模量;靶体中膨胀压缩弹性波的传播速度为 C_{Dt},它为

$$C_{Dt} = \sqrt{[(\lambda_t + 2G_t)/\rho_t]} \tag{6.24}$$

其中,λ_t 和 $G_t = E_t/2(1+r_t)$ 为靶体的拉梅常数;E_t 和 r_t 分别为靶体的杨氏模量和泊松比;ρ_t 为靶体的密度。在弹性撞击后,碰撞体和靶体之间的接触应力为 σ_c,相对速度为零。设碰撞体的头部由于接触应力 σ_c 的作用而引起的向左方后退速度为 v_1,靶体由于接触应力 σ_c 的作用而引起的向右方后退速度为 v_2,接触面的真空速度为

$$v_E - v_1 = v_2 \text{ 或 } v_E = v_1 + v_2 \tag{6.25}$$

根据碰撞时的动量冲量守恒定律,设在微小的碰撞时间 δ_t 内,撞击应力波在碰撞体内向左传播 δ_x,则有

$$\delta_c\delta_t = \rho_p\delta_x v_1 \tag{6.26}$$

6.4.4.2　山地主动碰撞构造体特性

碰撞体变形和靶体变形之间,在撞击过程中是密切相关的,显然不能单独考虑,但是,在一定条件下,人们还是可以略去靶体的变形,从碰撞体的变形估计碰撞体材料的动力屈服强度。泰勒理论的基本假定是单轴向的、不可压缩的和略去了侧向运动的惯性。碰撞体中,凡是塑性波前尚未到达的部分,是以速度 v_σ 作为一个刚性向前运动的。

当碰撞体一端垂直撞击平整的刚性靶体时,碰撞体接触端的压应力迅速增长,应该达到弹性极限,同时有一个弹性压缩波以声速 $C_p = \sqrt{E_p/\rho_p}$ 向碰撞体尾部自由端传播。这个弹性压缩波的应力强度等于弹性压缩极限强度 σ_{π}^{D}。

碰撞体各点的运动速度应该是 v_1,它等于

$$v_v = v_\sigma - \frac{\sigma_\pi^D}{\rho_p C_p} \tag{6.27}$$

而在声波波面的前方,是无应力区。它还没有感觉到在接触面上有了撞击,所以这个区域的材料仍以原速度 v_σ 向靶体运动。

我们的问题是,在各个地质时期内,弹塑性交界面的向前扩展速度 u 是时间的什么函数?最后的弹性部份有多长?塑性变形有多大?

$$\Delta t = \frac{2X}{C_p},\ \Delta h = u\Delta t,\ \Delta x = -(v+u)\Delta t \tag{6.28}$$

连续方程为

$$A_0(u+v)=Au \tag{6.29}$$

动量冲量守恒方程

$$\rho_p A_0(u+v)v=\sigma_\pi^D(A-A_0) \tag{6.30}$$

碰撞体撞击后的形状尺寸表示式

$$h=h_2-L_e^{-\frac{1}{2}R}\left\{\Gamma(\frac{A}{A_0})+e^{\frac{1}{2}}-(\frac{A}{A_0})^{-\frac{1}{2}}e^{\frac{1}{2}\frac{A}{A_0}}\right\} \tag{6.31}$$

6.4.4.3 山地被动碰撞体(靶体)特性

主要研究内容有决定被动碰撞模式的各种假设、局部影响假定、块体运动假定、略去热效应的假定、厚度判据和碰撞体材料等。

如厚度判据

$$n=\frac{C_t}{C_p}\frac{L}{h} \tag{6.32}$$

其中,C_t 为靶体中应力波传播速度;C_p 为碰撞体中应力波传播速度;L 为碰撞体长度;h 为靶板厚度。

如果用 h/D 表示,其中 D 为碰撞体直径,则

$$n=\frac{C_t}{C_p}\frac{L/D}{h/D} \tag{6.33}$$

6.4.4.4 大陆碰撞构造的侵入和俯冲

(1)弹塑性被动碰撞体变形理论:撞击变形有3种隆起和俯冲凹陷。对于半径为 R 的地壳层,在平面应力和轴对称条件下的总塑性应变能为 ε_P,其增量为

$$\mathrm{d}\varepsilon_p=\int_\Gamma(\sigma_r\mathrm{d}\in r+\sigma_\theta\mathrm{d}\in\theta)\mathrm{d}\Gamma \tag{6.34}$$

其中,$\mathrm{d}\in r$、$\mathrm{d}\in\theta$ 为应变增量;r、θ 为径向环向坐标;积分域 Γ 为以 R 为半径的靶板域。

得碰撞体变形的应变能

$$\varepsilon_p=\frac{2\pi h}{\sqrt{1-v+v^2}}\int_0^R\left\{\frac{1}{8}E_p(\frac{\mathrm{d}\omega}{\mathrm{d}r})^4+\frac{1}{2}\sigma_{r0}(\frac{\mathrm{d}\omega}{\mathrm{d}r})^2\right\}r\mathrm{d}r \tag{6.35}$$

这些应变能都来自地壳层被动碰撞体撞击时的动能 $\frac{1}{2}mv_0^2$,所以有

$$\varepsilon_p=\frac{1}{2}mv_0^2$$

(2)动量守恒模式:这个模式认为碰撞体的动量 mv_0,在撞击后,变成碰撞体 m 和挤凿下来的靶元 $\rho_t\pi R_p^2h_t$ 的总动量 $(m+\rho_t\pi R_p^2h_t)v_f$。其中 v_f 为靶元挤凿下来后的速度,它也是碰撞体在击穿靶体后的速度。用动量守恒定律,有

$$mv_0=(m+\rho_t\pi R_p^2h_t)v_f \tag{6.36}$$

$$v_f=\frac{L_0}{L_0+h_t)}v_0 \tag{6.37}$$

这就是碰撞体剩余速度 v_f 和靶体厚度 h_t 的关系式。

(3)流阻运动模式:在碰撞俯冲过程中,可以把凿离的碎块和剩留的碰撞体间的相对运动看作流体的流动。碰撞体头部每单位面积的流动动压力为 $\frac{1}{2}\rho_t v^2$,碰撞体头部的面积为 πR_p^2,

于是碰撞体运动时的阻力为$\frac{1}{2}\pi R_p^2\rho_t v^2$，碰撞体运动方程为

$$m\frac{\mathrm{d}v}{\mathrm{d}t}=-\frac{1}{2}\pi R_p^2\rho_t v^2 \tag{6.38}$$

(4)摩阻运动模式：假设当碰撞俯冲挤凿下来的靶块体对靶元的其余部分作相对运动时，其阻力主要来自剪切屈服应力 σ_{sy}。它的总和等于剪切屈服应力 σ_{sy} 乘凿离靶块和靶元的其余部分的瞬时接触面积 $2\pi R_p(h_t-x)$，其中 x 为碰撞体在撞击后向前运动的距离，所以总摩阻为

$$F=2\pi R-P(h_t-x)\sigma_{sy} \tag{6.39}$$

碰撞体和凿离靶块的运动方程为

$$(m+\pi R_p^2 h_t\rho_t)\frac{\mathrm{d}v}{\mathrm{d}t}=-2\pi R_p(h_t-x)\sigma_{sy} \tag{6.40}$$

(5)碰撞构造体俯冲时的复合抗力函数模式：

轴向运动的复合抗力 $F(x)$

$$\begin{aligned}F(x)=&\pi\rho_1[r^2(x)-r^2(x-h)+\pi\rho_2\int_{x-h}^{x}r(x)\left[\frac{\mathrm{d}r(x)^2}{\mathrm{d}x}\right]^2\mathrm{d}x\\&+\frac{4\pi h_t\rho_t R_p^2 v^2}{3(R_p+\frac{1}{2}L_N)^2}x(L_N+\frac{1}{2}h-x)\\&+\pi f\{\rho_1[J(x-h)-J(x)]+\rho_2[r^2(x)-r^2(x-h)]\}\end{aligned} \tag{6.41}$$

L_p 为碰撞体整体总长度，

$$r(x)=0 \text{ 对 } x\leqslant 0 \tag{6.42}$$

$$r(x)=R_p \text{ 对 } L_N\leqslant x<L_p \tag{6.43}$$

(6)变形碰撞体多阶段俯冲挤凿机理的塑性力学理论：本节所述既适用于地壳薄层也适用于岩石圈，共分为 3 个阶段，即碰撞俯冲；俯冲拆沉，剪切刀力增加，裂离；俯冲停止，压缩也停止，剪应力起作用。

第一阶段：在碰撞体前方的靶板材料被压缩到破坏压缩应力 σ_{vc}，靶板材料一部分从碰撞体的运动中获得了能量。运动方程可以写成

$$\begin{aligned}F_1(t)&=-\frac{1}{2}c_1\rho_t A_p v^2-\sigma_{vc}A_p\\&=\rho_t A_p v^2+(C_m+\rho_t A_x)v\frac{\mathrm{d}v}{\mathrm{d}x},0\leqslant x\leqslant h_t-h_1\end{aligned} \tag{6.44}$$

其中，m 为碰撞体质量；A 为碰撞体截面积；h_t 为靶板厚度；h_1 为剩余的待击穿的厚度；C_1 为与碰撞体头形状有关的一个常数。

第二阶段：在这一阶段内，惯性力、压缩力和剪应力同时起作用。惯性力作用在俯冲凿块截面 A_q 上，在不少情况下，A_q 和碰撞体截面 A_p 相等。如果凿块的根部直径变化很大，则凿块的载面直径 D 可以假定是 X 的线性函数。在第一阶段传速时，我们发现力 $F_1(x)$，$F_2(x)$基本上是连续的，其不连续性很小。压缩力 $\sigma_v A_q$ 在第二阶段传速时减小到零，其变化假定是抛物线型的。剪应力可以根据宾汉(Bing ham)型本构方程决定。

$$\sigma_{rx}=\sigma_{YS}^{D}+\mu\frac{\partial v}{\partial r}=\sigma_{YS}^{D}+\mu\frac{v}{\Delta r} \tag{6.45}$$

其中，Δr 是剪应力区的宽度，有时称为“径向余隙”。μ 是高速变形的材料特性，可以从实验来

测定。第二阶段的运动方程式

$$F_2(t) = -\frac{1}{2}C_1\rho_t A_q v^2 - (\sigma_{YS}^D + \mu\frac{v}{\Delta r})\pi D_2 \times [x-(h_t-h_1)] - \sigma_{vc}A_q\left\{1-[\frac{x-(h_t-h_1)}{h_1^2}]^2\right\} = A_t A_q v^2 + (m_0+\rho_t A_q x)v\frac{dv}{dx} \tag{6.46}$$

在第一阶段传速时的有效质量为

$$m_{\varepsilon_1} = m_0 + \rho_t A_1(h_t - h_1) \tag{6.47}$$

第二阶段历经的时间为

$$t = \int_{h_t-h_1}^{h_1}\frac{1}{v}dx \tag{6.48}$$

第三阶段:在这一阶段内,碰撞体和凿块的总质量为 m_{ε_2},它是常数。

$$m_{\varepsilon_2} = m_0 + \rho_t\overline{A}h_t \tag{6.49}$$

它运动时,只受面积 A_q^* 上的剪应力作用。第三阶段的运动方程为

$$m_{\varepsilon_2}\frac{d^2x^*}{dt^2} = F_3(t) = -\sigma_{r_2}A_2^* = -(\sigma_{YS}^D + \mu\frac{v}{\Delta r})A_q^* \tag{6.50}$$

(7)大陆碰撞俯冲深度的经验公式,大陆碰撞俯冲的深度。所有的公式都有一定的限制,如材料、速度、几何形状和尺寸等限制。

俯冲侵入深度 P 和轨道极限速度 v_n 常常是用碰撞体质量 m_p、靶厚 h_t、初始碰撞体速度 v_0 和半径 R_p 作为独立变量来表示的

$$P = r_1 m_p^{c_1} v_o^{c_2} \tag{6.51}$$

$$v_n = r_2 m_p^{c_3} h_t^{c_4} R_p^{c_5} \tag{6.52}$$

其中,r_i 和 C_i 都是与材料和几何形状有关的常数。

如果碰撞俯冲侵入阻力只和迎面的面积成正比,则侵入深度 P 可以写成

$$P/D = r_7\rho_p v_0^2 + b_s \tag{6.53}$$

其中,r_7 为经验常数,b_s 是用来考虑自由表面的影响的。

$$F = A_N[P_{ct}(\Theta) + a_{11}\frac{\rho_1}{m_p}(\frac{1}{2}mv^2 - \frac{F_2}{3}) + a_{12}\frac{v}{2}] \tag{6.54}$$

其中,P_{ct} 为靶板的抗压强度,它是温度 Θ 的函数;A_N 为嵌埋的碰撞体头部的基圆面积。

6.4.5 青藏高原碰撞隆起的数值模拟

为了对整个青藏高原的应力-应变状态和特征有一个总体的认识,在考虑了青藏高原岩石圈结构和断裂分布的基础上,本书选取了典型的平面问题和剖面问题的力学模型。平面力学模型南到印度板块与欧亚板块的相互作用地带,北至天山以北,西到新德里一线,东至四川盆地一线。平面力学模型可以给出青藏高原岩石圈应力场的分布,可以解释各个断裂带的受力状况和走滑趋势,可以给出岩石圈的位移趋势。剖面力学模型南为印度板块的恒河平原,北为格尔木,底界为软流层。剖面问题可以从深度方向反映岩石圈各圈层的应力分布情况,其位移场可以解释整个青藏高原的隆升。求解地史时期应变的积累量。

6.4.5.1 平面力学模型

平面问题求解范围(图 6-4)东西方向从东经 77°～106°,跨度达 2 300km;南北向从北纬

24°~44°,跨度 2 000km。确定边界条件时,由于西部边界东西向位移相对较小,因此,约束该边界大部分区段的东西向位移;考虑到实际的位移状况,放松西部边界南部一小段的位移。北部边界几百万年以来位移相对南边几乎为零,因此固定该边界的南北位移。同样根据实际情况,也需要放松北部边界东部一小段的位移。南面与印度板块相接的弧形边界,根据实际位移演变的历史,取北北东方向的位移,数值为 5mm/a。由于从测量中得到的横断山地区应力相对较小,故放松该区段的边界。东北角的鄂尔多斯地块取东南方向的位移,数值为南边位移的 1/5,即 1mm/a,东南边的扬子地块取向东的位移,为了和实际情况吻合,固定角点的南北向位移。

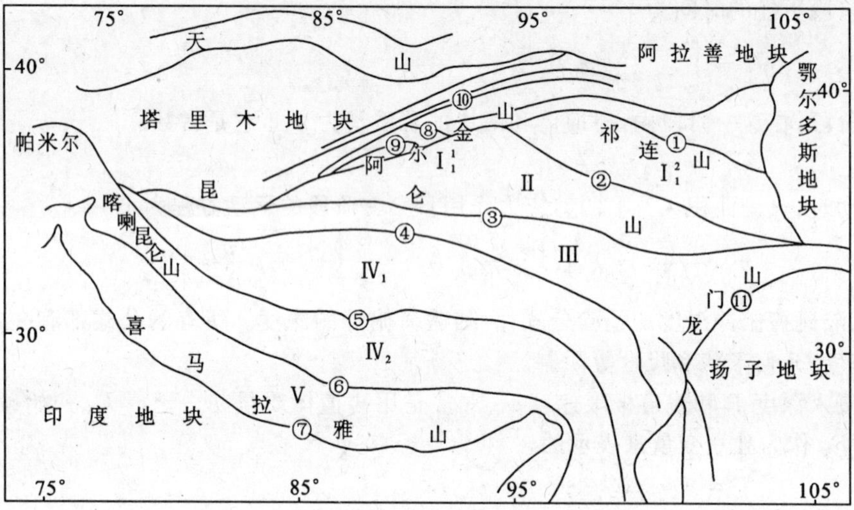

图 6-4 青藏高原及邻区构造单元示意图

6.4.5.2 剖面力学模型

在剖面力学模型问题中(图 6-5)与平面问题一样,用变形体及变形体之间的接触模拟实际问题,区分研究剖面内的上地壳、中地壳、下地壳和岩石圈地幔。各层的力系参数如表 6-2 所示。

表 6-2 岩石圈各层的物理力学参数

层 位	弹性模量(MPa)	泊松比	密度($g \cdot cm^{-3}$)
上地壳	33 000	0.25	2.6
中地壳	40 000	0.27	2.8
下地壳	43 000	0.29	3.0
岩石圈地幔	53 000	0.35	3.3
软流层	10 000	0.28	2.5

剖面问题的边界条件与平面问题相对应,南面施加一个向北的大小为 0.5mm/a 的水平向位移,水平方向约束;北边固定南北水平向位移;底部为垂直方向约束。

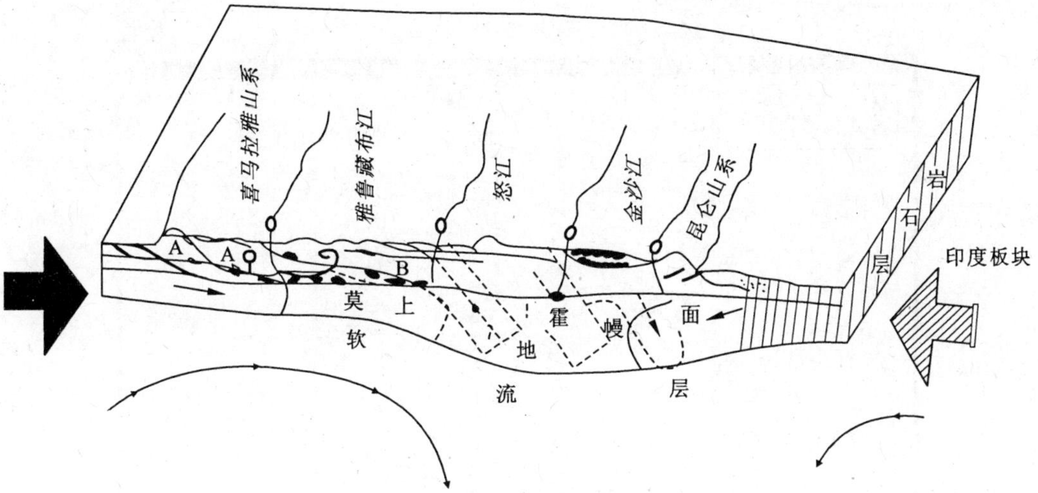

图 6-5　青藏高原典型剖面构造示意图

6.4.5.3　计算结果与分析

非线性动力学问题的求解方法通常分为两大类:显式和隐式方法。相应地,作为有限元分析程序的 ABAQUS,也分别提供了显式算法和隐式算法。

显式算法,在得到 $t+\Delta t$ 时刻的动力学参数时,完全依赖于已知时刻的值。在应力分析中通常采用中心差分法。中心差分法是条件稳定的算法。其稳定性依赖于时间步长。隐式算法,在得到时刻的动力学参数时不仅仅依赖于已知时刻 t 的值,还依赖于 $t+\Delta t$ 时刻的值。这样消除了对时间步长的控制,同时,又不得不求解非线性方程。这种算法在模型较大而非线性方程不易求解时用起来很不经济。

鉴于本问题存在大量的接触问题,我们选择显式方法。尽管该问题更准确地说是一个准静态问题,而 ABAQUS/Explicit 设计的初衷是用来模拟惯性发挥主导作用的高速冲击问题,但这并不矛盾。显式求解方法证明其对求解静态问题也很有价值——ABAQUS/Explicit 对于某些类型的静态问题的求解比 ABAQUS/Standard 更容易。相对于隐式方程而言,显式方程的优点之一是它处理复杂的接触问题很方便,优点之二是求解花费的时间在显式程序中与问题的自由度成正比;而在应用波前求解器的隐式程序中,求解所花的时间与波前的平方成正比,求解时间随着问题的规模会迅速扩大。当问题规模比较大时,显式求解更体现出其优越性。

笔者采用了三结点三角形平面应变单元和大型计算有限元分析程序的 ABAQUS 软件,在精度要求范围内可以反映岩石圈的应力场分布情况和位移趋势。

①根据青藏高原岩石圈应力场计算的结果,由西向东应力场由北北东向逐渐过渡为北东向。这种应力场的特征与阿尔金、祁连山断裂带的左旋走滑特点一致,与天山、塔里木盆地的挤压性构造也是一致的。由图 6-6 可以推断,阿尔金、祁连山断裂带都具有走滑特征,但阿尔金断裂走滑特点更明显,而祁连山断裂受更明显的挤压逆冲作用。应力场模拟计算的结果与震源机制解、地应力测量结果、断裂擦痕统计资料和断裂带的活动方式基本一致。②从位移等值线(图 6-7)整体上看,青藏高原向北东方向位移,且由南向北、由西向东位移量逐渐减少。

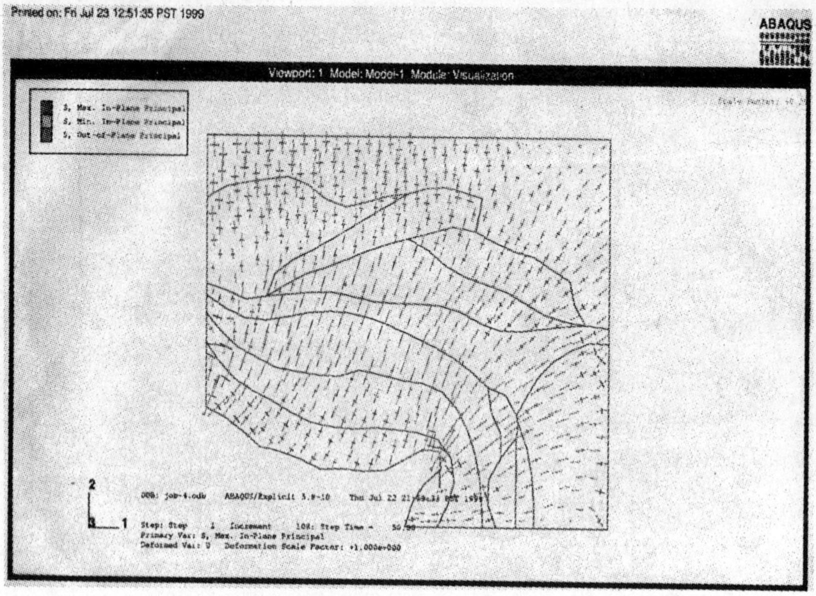

图 6－6　青藏高原岩石圈应力场计算结果图

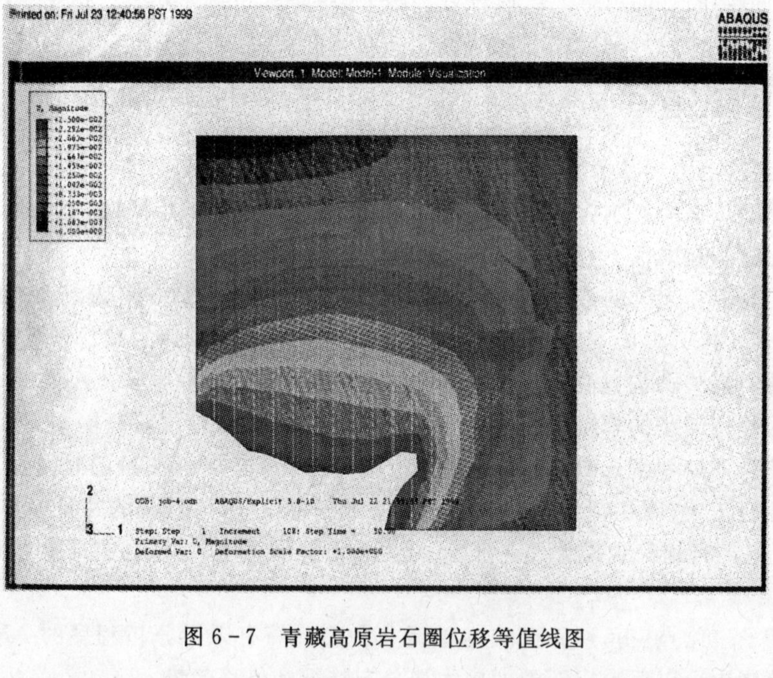

图 6－7　青藏高原岩石圈位移等值线图

南部位移量为北部位移量的 5 倍。这种位移使区内主要断裂带，特别是阿尔金和祁连山断裂产生左旋滑动。③从位移矢量图可以看出位移的总体方向和局部左旋的特征。④根据剖面问题应力场计算结果的 MISES 应力等值线图，由于剖面内断层、低速层的存在，介质的性质很不均匀，因而应力分布也是极不均匀的。岩石圈地幔层的应力远远大于位于它上方的上、中、下地壳和下面的软流层的。这可以从各圈层的物理-力学性质差异来解释。⑤从剖面应力场的应力矢量图看到，有较小的铅直应力，这是因为介质不均匀和泊松效应。⑥根据位移等值线

(图 6-8),位移的总体趋势是南边大、北面小。各层位移大小有明显差别,表现为各层之间的滑动。⑦从位移矢量(图 6-9)不难看出,在交界面上的很多点处引出两个矢量。这不矛盾,它们分别体现的是交界面两边的块体相对错动位移情况。注意表层部分,从南到北位移均有铅直分量,并且是向上的,这验证了青藏高原的隆升。隆升的程度也是南北明显,而中间相对较弱,这也与前面提到过的“地壳两端厚、中间薄”相吻合。

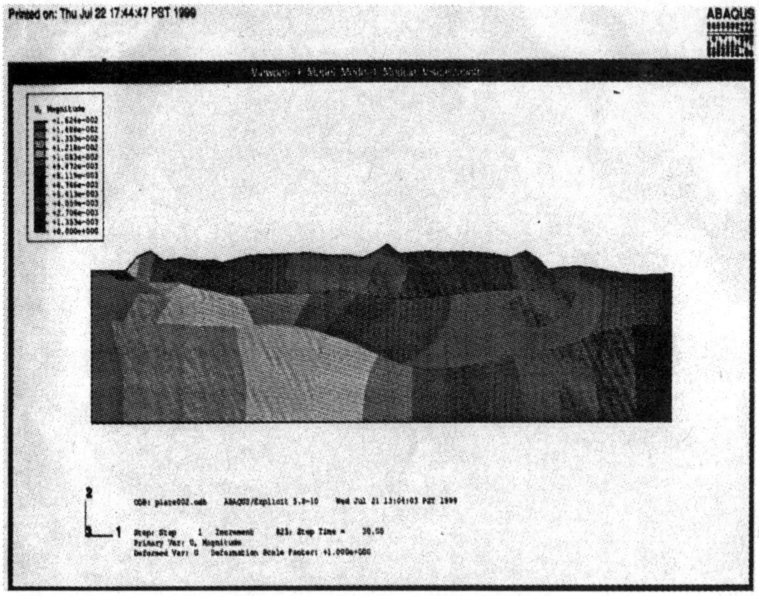

图 6-8 剖面问题位移等值线图

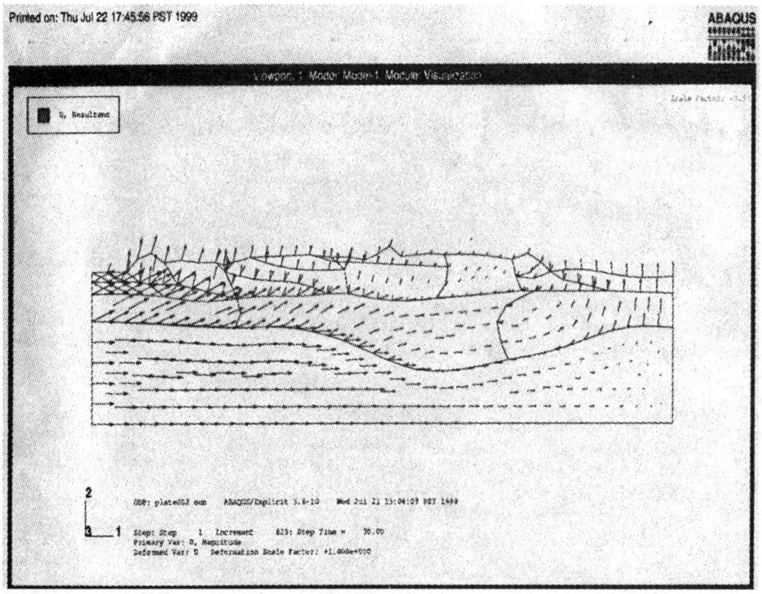

图 6-9 剖面问题位移矢量图

6.4.5.4 结论

以统一构造理论、地球系统力学和现代力学为理论基础，从地球系统科学的研究思路，对青藏高原大陆碰撞隆起各圈层统一相互作用的力学模型和数值模拟进行探索和研究。工作是初步的，还有不足之处，如：在边界条件上，采取的建模方式是沿纵深方向上采用一致的边界条件，这与实际情况有一定出入；然而，其影响是局部的。今后，可以根据实际构型建模，有利于边界条件的逼近性。在材料模型上，只讨论了弹性模型，可以进一步考虑岩石的弹塑性和粘性本构关系。用二维模型进行模拟考虑了 3 个方向因素的影响，即三维模型模拟也做了部分工作。这些仍需要进一步深入研究。

思考题

1. 简述地球系统的各个模型的特点。
2. 简单描述青藏高原大陆碰撞力学模型和数值模拟过程。

第7章　地球系统科学数字表达——数字地球

“数字地球(digital earth)”概念最先由美国副总统戈尔于1998年1月31日率先提出的。数字地球(地球系统数字学)是地球系统科学的数字表达，将成为21世纪地球科学的重要特征，推动地球系统科学从对自然现象描述向定量化方向发展。

数字地球的应用非常广泛，大到全球环境变化、小到某个点源污染治理；深到岩石圈板块运动的机制模拟，浅到地基承载力的设计；可能是国土整治规划，亦可以是居民小区布局；可能是大江大河的流域治理，也可能是自来水管线的铺设；可能是找矿，亦可能是粮食作物估产；可能是预报地震，也可能是防洪抗灾预警模拟等。那些过去不能、不易观察的现象，在高速、高容量计算机的使用下，通过参数选取，实现时空尺度缩小或放大，在时间上小到1/100s，大到百、千年以上，在空间上小到原子、大到地球宇宙，均可在数字地球中实现。而地球系统科学对于从总体上把握地球特性与本质，具有重要意义。

数字地球以了解整个地球系统所涉及的信息过程，特别关注地球系统各圈层之间信息的联系和相互作用的规律为目的。主要研究内容包括数字地球提出背景；数字地球研究方法；数字地球原型；地球系统场理论基础；数字地球物质模型；数字地球力学模型；数字地球数学模型；数字地球信息模型；数字地球信息获取技术与模拟；数字地球空间信息基础设施；数字地球技术方法；数字中国与数字工程等。

7.1　提出背景

数字地球一经提出，立刻引起世界范围的广泛关注。尽管目前对数字地球的认识很粗浅，大家对其概念理解也不同，但是，数字地球的科学构想是当代科学技术发展的必然结果，是信息科学、空间科学等现代科学技术与地球科学交融的前沿。数字地球为21世纪空间科学、信息科学和地球科学的发展提供了崭新的思路，是新世纪地球科学定量化的体现，它的建立将全面改变人类社会生产和生活方式，把人们带入一个融电脑、数学化、网络化和虚拟化为一体的广阔的“赛博空间”(cyberspace)，产生了一种神话般的“太空幻境”的感觉。然而，正是这种“幻想”，这种对科技潮流的预测，开阔了人们思维的空间，产生了强烈的聚合力；为信息科学的发展指明了方向，为从更高层次上集成地球科学提供了空前的机遇。主要体现在：

(1)科学技术发展战略的需要；

(2)可持续发展战略的需要；

(3)国家经济发展的需要；

(4)国防安全的需要；

(5)共享全球数据资源的需要；

(6)地球系统科学创新与发展的需要。

7.2 研究方法

7.2.1 研究思路

以对地观测为技术支撑,从地球系统的思路研究和构建数字地球科学理论,其目的是了解整个地球系统信息过程的过去、现今及未来的行为,要求对整个地球系统进行地球科学、信息科学、计算机科学、空间探测、数字通讯、计算科学、人工和智能等交叉学科的理论、技术于一体的研究,以了解整个地球系统所涉及的信息过程。数字地球研究框图见图 7-1。

7.2.2 基本概念

戈尔在他的报告中指出:数字地球是指一个以地球坐标为依据的、具有多分辨率的海量数据的和多维显示的虚拟系统。数字地球的基本概念是以地球系统为原型,以地球(理)坐标为参考系,以地球系统科学、信息科学和计算机科学为理论基础;建立一系列不同层次的原型、数学模型、物理模型、力学模型、信息模型和计算机模型并集成。同时,以高新的对地观测和网络技术为支撑,建立具有多分辨率、海量数据和多种数据的融合,并可用多媒体和模拟仿真虚拟技术进行多维表达,具有空间化、数字化、网络化、智能化、可视化的技术系统。简单地说,数字地球是信息化、数字化的虚拟地球。概括地说,数字地球是指地球上的信息全部数字化之后由计算机网络来管理的技术系统,以了解整个地球系统所涉及的信息过程,特别注意地球系统各圈层的信息联系和相互作用的规律。

7.2.3 研究对象

数字地球是以多时空、动态的地球系统为研究对象,以对地观测、网络和计算机信息处理为一体的技术系统。

7.2.4 研究内容

关于数字地球,我国采用基础理论与模型、技术支撑、系统工程和建设有中国特色的"数字中国"4 部分进行研究和构建。它的核心和目的是一种能嵌入巨量的地球信息,对地球系统做高分辨率、四维的描述。基础理论主要研究内容是建立在地球系统科学、信息科学和计算科学等学科研究的基础上,将地球系统作为一个有机整体,研究地球各圈层组成要素之间的相互联系、相互作用的规律,进而建立地球系统现象的发生、发展的地学模型、数学模型、物理模型、力学模型、信息模型和计算机模型等。数字地球技术支撑系统主要研究内容有数据采集、存储、传输、处理和显示等技术,还包括构建宽带数据网,建立国家空间数据基础设施,发展超级计算机,大容量时空数据存储、管理,模拟仿真和虚拟现实、显示等。数字地球系统工程是在上述理论研究和技术支撑体系的共同支持下,通过软件开发和硬件集成,建立可运行的、分布和开放的网络信息系统,为我国资源合理利用、环境保护、减灾防灾、国防安全、知识传播和科学研究服务。

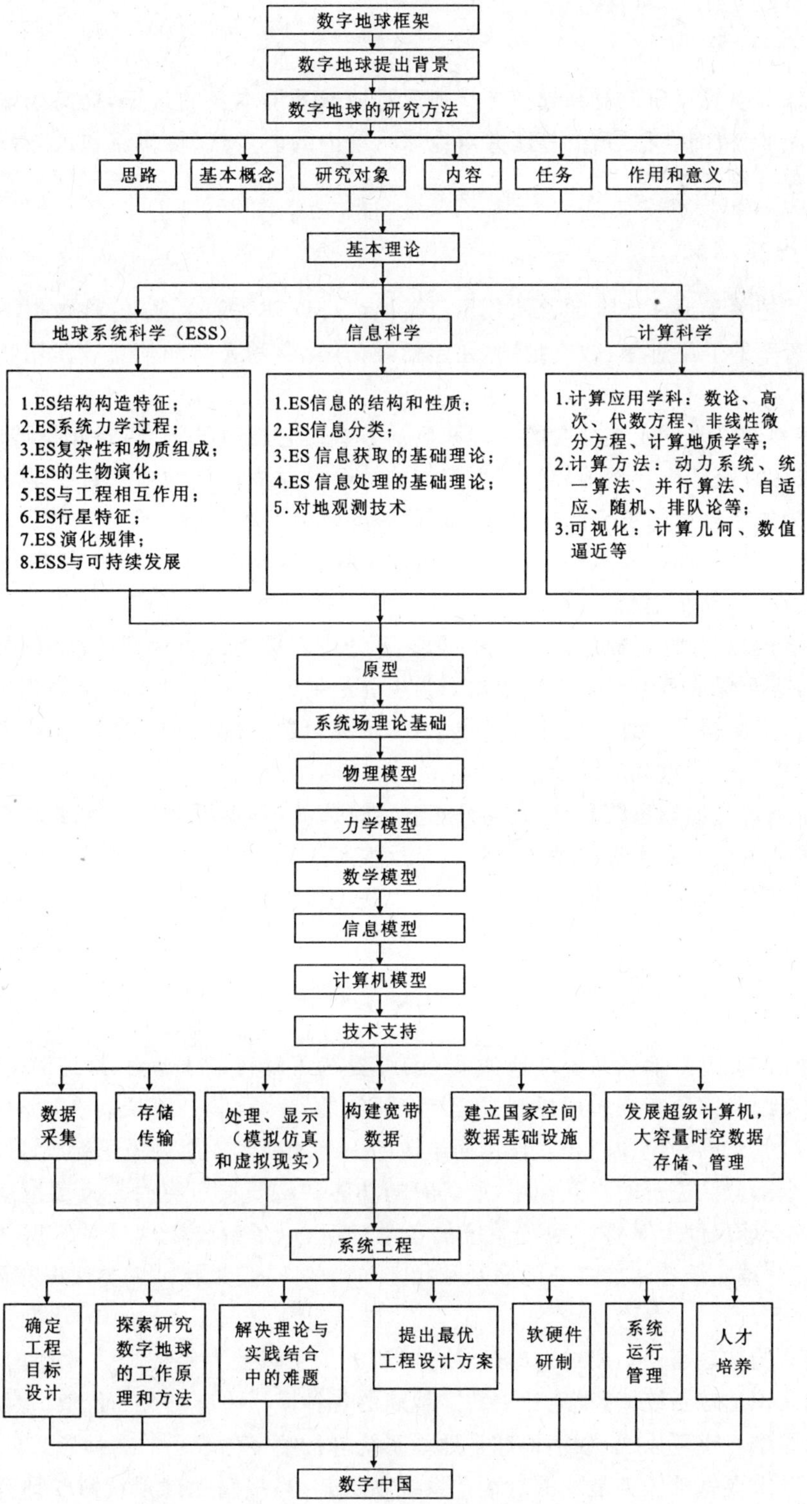

图 7－1　数字地球研究框图

7.2.5　研究任务

数字地球实现的一项重要基础任务是加深对地球系统本身的认识，提高地球系统科学研究的广度和深度、精确度和综合程度，并对地球系统内的能量流、物质流和地球系统循环的发生与发展过程进行研究。

7.2.6　作用和意义

数字地球把关于地球系统的原始数据流转换成可以理解的信息，这种数据不仅包括地球系统的高分辨率的卫星影像、数字地图，还包括经济、社会和人口的信息。作用和意义主要体现在：

(1)数字地球将改变人类社会的生产和生活方式。它将在教育、可持续发展的决策、土地利用规划、农业以及危机处理等领域产生广阔的社会效益和经济效益。数字地球计划使得世界各国在人为的或自然的灾害问题上和长期面临的环境问题上进行合作。数字地球计划还能促进大型产业的增长和提供多种产业机会，可以指导虚拟外交、打击犯罪、保持生态多样性、预测气候变化及增加农业生产等。

(2)“数字地球”计划将提供1m分辨率，甚至分辨率更高的卫星遥感图像，而且获得数据的频率很高，甚至保证每天获得一次数据。为了要达到这个目标，美国准备发射很多个低轨卫星覆盖全球。谁掌握了信息谁就掌握了主动权，谁就可能获得胜利。数字地球不仅具有重大的经济意义，而且还有重大的政治意义和战略意义。

(3)数字地球为地球系统科学开创了科学实验条件，不仅可对未来的事件或过程进行实验，而且还可能对已经发生过的系统过程进行反演实验，两者都提供知识创新和理论研究的实验基地。对于数字地球提供的反演实验来说，也是前所未有的。

7.3　数字地球原型

数字地球的原型是地球系统。地球系统科学是为了解释地球动力、地球演变和全球变化，对组成地球系统各部分相互作用机制进行综合研究的一门科学。地球系统则是由地核、地幔、岩石圈、大气圈、水圈和生物圈相互作用而组成的一个统一体。通过描述组成地球系统的各个部分以及各个部分已进行的相互作用，所具有的功能和将要在所有时空尺度继续发展变化的过程，获取在全球尺度上对整个地球系统的科学理解，以了解整个地球系统所涉及的各种过程，特别注意地球系统各圈层之间的联系和相互作用的规律，以提高人类认识和预测地球变化的能力。

数字地球的构建需要集成地理(球)参考的所有信息，因为，首先应将地球本身研究清楚，只有深入地认识地球系统，客观地建立数字地球的各种模型才有意义和价值。然而，地球系统是数字地球原型。也可以说，数字地球是地球系统进行数字化表示的一种形式。所以，数字地球实现的一项重要基础任务是加深对地球系统本身知识，提高地球系统科学研究的广度和深度、精确度和综合程度。它们是一种互动的关系。这种互动关系的主要研究内容有：

(1)地球系统的复杂性与动力学模型：是研究与地球系统本身有关的各种复杂的全球性变化模型，它将为数字地球的全球应用和抽象出数字地球的信息模型奠定基础。

(2)地球系统的数学模型与时空坐标系：研究和建立一套可以描述地球上的各种地理(球)系统的数学模型。

(3)地球系统的对象模型与形式化表达：对地球系统这一实体进行抽象，以得到可以用地球系统数学模型与时空坐标系来表达的地球信息模型。

(4)地球系统信息机理与模型是在上述 3 个方面研究的基础上建立一套地球系统的信息机理与模型。

数字地球原型包括：①地球系统行星特征；②地球系统物质组成；③地球系统构造力学过程；④地球系统生物演化规律；⑤地球系统人类活动效应；⑥地球系统资源特征；⑦地球系统环境变化；⑧地球系统灾害规律；⑨地球系统社会经济活动响应；⑩地球系统社会发展对策。

7.4 地球系统场理论基础

自伽利略与牛顿以来，物理学发展的 300 年间，可浓缩为 9 组基本方程来描述物理世界万千变化中的基本规律。这些规律所归纳的方程如下：力学和引力、电磁场、热力学、统计力学、狭义相对论、广义相对论、量子力学、电动力学和规范场论。迄今为止为 3 个场：第一个场为麦克斯韦理论，第二个即为爱因斯坦的广义相对论，第三个就是杨-密尔斯规范场。可以这样说，杨-密尔斯规范场理论和弱电统一理论，使爱因斯坦的统一场论思想见到了曙光。根据爱因斯坦统一场论的思想，结合系统科学、现代力学和数学、非线性科学与地球科学现状，试图提出“系统场”的概念，也称“系统力学”，以作为研究数字地球和地球系统科学的理论基础，来描述和研究地球系统的复杂性。主要研究内容有：

(1)系统场理论基础；

(2)地球系统场基本类型；

(3)地球系统的引力场；

(4)地球系统的生态场；

(5)地球系统场分析原理。

7.5 数字地球物理模型

为了更好地研究数字地球，认识地球系统原型，数字地球物理模型是其重要的组成部分。

7.5.1 地球的自转与参考系

地球自转，是一个天文学问题，也是一个地球动力学问题。在天文学中，地球作为一颗行星，研究它的自转变化，对于研究天体的起源和演化以及测定天体方位，都有重要意义。在数字地球研究中，地球作为整体的自转运动，与地球的局部运动、地壳运动、海洋运动和大气运动都有密切关系。不仅如此，地球自转与地球内部的构造和运动也有一定联系。其中，地球自转与地震激发、地磁场维持、大陆漂移、全球振荡波谱等之间的关系，成为当前地学界分外关注的课题。另外，运动和位置只能相对于某一种参考基准来描述。要研究地球上的各种运动学和动力学现象，必须建立一个合适的参考系，从而能够相对于它描述地球上的各种运动和形变。主要研究内容有：

(1)地球自转速度的变化；

(2)自转轴在空间的运动；

(3)自转轴在地面的运动；

(4)地球动力学参考坐标系。

7.5.2 地球的形状

地球形状，是研究地球整体性质的一个重要组成部分。地球作为一个正球体，是在自身吸积过程中形成的；地球作为一个扁球体，是地球长期自转作用的结果；地球作为一个三轴椭球体，可能与地球内部的物质运动有关；地球在日月引力作用下，会发生变形（固体潮汐），其力学参数与地球内部结构有关。总之，地球形状是地球演化、地球自转和内部运动的总体现。反之，从地球形状反推这3个方面，自然是一个引人入胜的科学问题。主要研究内容有：

(1)地球形状的基本概念；

(2)马克拉公式和克莱罗方程；

(3)地球扁率的测定方法；

(4)地球形状的精确研究；

(5)固体潮汐和负荷潮汐。

7.5.3 地球的速度分层及其研究方法

地震方法，一般指地震波方法，它与电磁方法、重力方法、地热方法相比，是发展程度最高的一种方法。地震方法主要用来确定地球介质的速度分层，最突出的优点是可以得到不同深度或不同层次的直接信息，分辨率强，可以得到局部地区和浅层地壳的速度分析，属于小尺度细结构。主要研究内容有：

(1)确定速度分布的方法；

(2)计算密度和弹塑性参数的方法；

(3)全球速度结构的地震学研究；

(4)地壳速度结构的地震学研究。

7.5.4 地球的电磁性质及其研究方法

电磁方法，通常包括地电方法和地磁方法，它们是次于地震方法的一项研究地球深部物理性质的方法。尤其是在一些地震方法几乎无能为力的地区，如属于地震“盲区”的观测地带，以及像地壳低速层或上地幔软流层的细微结构，地震方法不能给出确切结论，电磁方法能发挥独特作用。主要研究内容有：

(1)电磁波的传播；

(2)电磁波的辐射；

(3)地球磁场的球谐分析；

(4)地球磁场的长期变化；

(5)地球磁场的成因解释；

(6)地球电性的研究方法。

7.5.5　地球的密度分布及其研究方法

重力，即地球引力，它是物质万有引力的一种体现。重力方法，是继地震方法和电磁方法之后的另一项重要地球物理方法，主要用来直接计算和确定地球内部的密度分布。实际上，地球内部的密度分布不仅反映在地球重力场分布上，而且反映在卫星轨道运动变化和地震波的速度分布。因此，由速度分布可以计算密度分布，由卫星轨道运动变化也可以计算密度分布，不过，这两种方法都是间接的，它们的结果都可以和重力方法得到的直接结果进行比较。主要研究内容有：

(1)重力均衡和均衡异常；

(2)重力探测的解释方法；

(3)重力的有效探测深度。

7.5.6　地球的热学性质及其研究方法

地球的热状态研究是数字地球物理模型的重要内容。地球的热学性质和其他物理性质有一定联系。因此，除了由地壳直接测量热流推断深部温度之外，还要进行热红外与热辐射的机理研究。主要研究内容有：

(1)热红外与热辐射；

(2)晶体中的原子热振动；

(3)热流测最和热流分布；

(4)热源分布和传热机制；

(5)地球的热历史。

7.5.7　光学模型机理特征

主要研究内容有：

(1)几何光学；

(2)光的粒子性和波粒二象性；

(3)玻尔原子模型与爱因斯坦辐射理论；

(4)散射。

7.6　数字地球力学模型

大到宇宙大体，小到粒子物理学，都在无时无刻地运动着，而运动的物体都离不开力的作用。它过去建立在牛顿定律和经典热力学的基础上，现在则扩大到量子力学描述的微观层次。目前，地球科学与力学结合的学科主要有牛顿天体力学、地球动力学、地质力学和地球流体力学等。主要研究内容有：

(1)数字地球多体系统力学；

(2)数字地球非完整系统力学；

(3)数字地球变质量系统力学；

(4)数字地球碰撞系统力学；

(5)数字地球破坏系统力学；

(6)数字地球流体系统力学；

(7)数字地球极端系统力学；

(8)数字地球爆炸(发)系统力学。

7.7 数字地球数学模型

计算机是数学与工程技术结合的产物，而在其发展的每个历史关头，数学都起了关键的作用。科学计算已经同理论与实验共同构成当代科学研究的三大支柱。主要研究内容有：

(1)计算应用学科：用计算机求复杂数学方程，包括高次代数方程组、数论计算几何、非线性微分方程等的近似解具有普遍意义。一系列计算性应用学科包括计算力学、计算流体力学、计算物理、计算化学、计算生物和计算地质学等。

(2)计算方法：计算方法的研究将沿统一算法研究趋势发展，这与以往算法研究问题越来越细、范围越来越窄的趋势相反，借助于更新的数学理论工具，例如动力系统、数值逼近等来研究算法；微观计算数学即对算法内部结构与层次分析研究的加强，如算法结构的优化、局部化、并行化、随机化、自适应、排队论、数论，等等。高性能计算机和设计与结构优化紧密结合将是新一代算法的显著特点。

(3)科学可视化：科学可视化是将科学计算的数值结果转化为图形、图像以及动画在计算机屏幕上显示。它帮助人们更好地观察、理解科学计算的结果及发现研究问题的规律。科学可视化依赖于计算几何、数值逼近和排队论等，它的实现离不开先进的计算方法、图形运算和高整速计算机。

主要研究内容有：

(1)数论；

(2)非线性微分方程；

(3)动力系统的稳定性；

(4)并行算法的设计与分析；

(5)自适应；

(6)随机；

(7)计算几何；

(8)数值逼近；

(9)排队论。

7.8 数字地球信息模型

数字地球基础理论中的信息模型是有关地球系统能量流、物质流和人流的性质、时空变化、特征和运动状态的表征和认识，它是依附于能量流、物质流和人流而存在的，是对地球系统信息的机理、信息产生、信息获取和处理方法以及信息传播规律等进行研究。具体是从地球系统信息机理入手，从信息流的角度，探讨地球系统信息的结构和性质、地球系统信息的认识和分类、地球系统信息的获取与处理和应用基础理论等。主要研究内容有：

(1)地球系统的物质流和能量流形成的理论与模型；
(2)地球系统的信息模型；
(3)量子信息模型；
(4)地球空间场的认知模型与信息图谱；
(5)地球空间场的信息特征；
(6)地球系统的全息信息与记忆信息模型。

7.9　数字地球信息获取技术与模拟

对地观测技术是数字地球基础理论研究的重要技术支撑。主要研究内容有数据采集、存储、传输、处理和显示等技术，还包括构建宽带数据网，建立国家空间数据基础设施，发展超级计算机，大容量时空数据存储、管理，模拟仿真和虚拟现实、显示等。模拟始于自然现象的观测，在这当中，我们期望计算显著影响地球系统状态的所有变量，然后根据各种有关过程的不同运行假设来模拟这些现象的行为。由于实际情况的复杂性和需要给予被描述对象以足够的自由度，这些模拟通常需要使用计算机。对微分方程作数值处理这样的模式也可构成积分器；原则上，只要给定合适的输入和输出信息，就能将分离的部分或子程序综合在一起而不需要知道每一部分的详细运行机制。这一特点为从不同学科或专业提炼出专门的知识以形成对总系统的综合描述提供了强有力的工具。主要研究内容有：
(1)国际对地观测系统；
(2)中国对地观测系统；
(3)3S集成系统；
(4)量子遥感；
(5)地球系统模拟的非线性和复杂性；
(6)地球系统模式的提出；
(7)数字地球无级比例尺数据管理技术；
(8)数字地球的虚拟与仿真技术；
(9)数字地球数据模型与数据结构。

7.10　数字地球空间信息基础设施

国家信息基础设施是指高速、大容量通信网络设备以及相关的技术系统，它由计算机、光纤、通信卫星及其附属设施等硬件及软件以及各种接口和协议等组成，它能够快速、大容量地传输信息，可以联结全国乃至全球的每一个办公室或家庭的计算机通信设备。它的实现将改变人类社会的生产和生活方式。

国家空间数据基础设施(NSDI)是继国家信息基础设施(NII)之后又一个国家级信息基础设施。NSDI是协调基础地理空间数据集的收集、管理、分发和共享的基础设施。而基础地理空间数据之所以能够成为国家的基础设施，是因为地理(球)数据有它的重要性和基础性，是社会发展和经济建设不可缺少的。空间数据基础设施主要由政策、技术、标准、机构组织4个部分组成。对于提出空间数据基础设施或空间信息基础设施，每个国家或地区都有它自己的战略考虑，所以目前各个国家对空间数据基础设施的构成内容和定义各不相同。我国着重于技术方面的考虑，认为空间数据基础设施主要内容包括空间数据标准、基础空间框架数据、空间数据交换网络以及 Metadata(元数据)等。国家空间信息基础设施(National Spatial Information Infrastructure，NSII)是在 NSDI 的基础上，包括了各种空间信息处理技术和应用的基础设施，主要内容有空间信息框架及体系结构等，其目的是实现空间信息的集成、融合和互操作。

(1)国家信息基础设施；

(2)Internet 与 Web；

(3)下一代 Internet ；

(4)通信网的新发展；

(5)中国的国家信息基础设施；

(6)国家空间数据基础设施的提出；

(7)空间信息基础设施；

(8)空间数据基础设施及其标准的进展；

(9)空间信息框架；

(10)空间信息基础设施的体系结构；

(11)国家空间信息基础设施规划；

(12)美国国家空间数据基础设施数据框架概述。

7.11 数字地球技术方法

信息共享的关键是标准化。标准化是伴随生产力发展的一种履行客观世界的社会活动，是对重复事物和概念所作的统一规定，其本质是管理。地理空间信息则是地理学研究的内涵的表达，通过对地理学研究对象进行抽象与概念化，用定性或定量方法描述其本质，是一种可用于建立地理对象描述标准的载体，是空间信息标准化研究的主要组成部分。

7.11.1 地理信息的互操作及 Open GIS 规范

地理信息的互操作是 UCGIS 的优先研究领域之一。互操作不仅有理论性和前瞻性，而且在当前的 GIS 系统中有其实用性。目前 GIS 界已经制定了 Open GIS 互操作规范，并且还在继续完善之中。

所谓互操作，就是指异构环境下两个或两个以上的实体，尽管它们实现的语言、执行不同，但它们可以相互通信和协作，以完成某一特定任务。这些实体包括应用程序、对象、系统运行环境等。要解决不同信息界、不同系统间隔的互操作问题，首先要了解地理信息的认知以及在系统中的表示。

(1)地理(球)信息的认知表示及其互操作；

(2)Open GIS 的规范；

(3)GIS 互操作现状；

(4)地理信息标准化的形式。

7.11.2 数字地球的核心技术

戈尔在报告中提到的数字地球的关键技术有科学计算、海量存储、宽带网、卫星数据获取、Metadata(元数据)、互操作,这些与高级地理信息科学研究计划和地理信息科学的优先研究领域中提到的技术内容相似,如地理空间的认知、地理概念的计算机实现、信息社会的地理学、空间数据的获取和集成、分布式计算、地理信息的互操作等。因此,数字地球的关键技术是总结了 NCGIA、NSF、UCGIS、OGC 等很多部门的意见后提出来的。现就这些看法以及许多专家的部分意见,结合我们的认识,提出数字地球的关键技术,主要包括地球空间数据获取、地球空间数据的存储和处理、超媒体空间信息系统、地理信息的分布式计算,空间数据仓库、无级的比例尺数据库、空间数据融合、虚拟现实技术以及 Metadata 等。

(1)高分辨率卫星遥感数据的快速获取技术;

(2)海量数据的快速处理与存储技术;

(3)高速计算机信息网络技术;

(4)超媒体与分布式空间信息系统技术;

(5)地理信息的分布式技术;

(6)地球数据的无级比例尺信息综合技术;

(7)空间数据仓库;

(8)空间数据仓库模型与数据挖掘理论研究;

(9)多种数据融合技术;

(10)复杂性计算与模型。

7.11.3 数字地球空间数据 Metadata

事实上,对 Metadata 的研究目前国际社会仍具有很大的分歧。CEN/TC287 把 Metadata 内容分为 10 个部分,FGDC 分为 7 个部分,而 ISO/TC211 则分为 8 个部分进行研究。因此,究竟如何确切地研究并划分 Metadata 体系,仍是各大组织关心的问题。关于 Metadata 的基本内容、理论基础以及模型实现等作简单介绍:

(1)Metadata 的发展背景;

(2)Metadata 标准现状;

(3)Metadata 理论基础;

(4)Metadata 标准的体系结构;

(5)Metadata 的实现;

(6)Metadata 研究趋势。

7.11.4 数字地球的新技术

随着计算机科学、计算技术与网络技术的迅猛发展,Bill Gates 等人又提出了新的研究方向:如数字神经系统(digital nervous system)模型,网络行为(network action)或网络生产方式(network lifestyle)及系统进化(system progress)机制等一系列的新概念,它们和数字地球技术系统有着十分密切的关系,目前,计算机及网络技术、脑神经科学、人工智能等科学技术在理论和方法上虽然都已经取得了较大的成果,但在计算机网络与人脑的神经系统进化作类比研究，尚处在探索阶段。尤其是把它应用到数字地球研究，更是很不成熟。

数字地球是对地球系统的数字化和信息化的表达。地球系统也和生态系统、人类社会系统一样，具有自组织功能，包括自调控、自适应、自发展（进化与遗传）等生命系统的特征。数字地球是一个复杂的、开放的巨系统，它是由数据采集系统、计算机处理与存贮系统、高速通讯信息网络系统、无数个分布式数据库与 Web GIS、Com GIS 组成的子系统，各种有关设备子系统，以及研究、开发与用户等人员子系统共同组成一个庞大的、复杂的，无论从拓扑和信息交互方面，都与人的脑神经有相似之处的技术系统。一旦形成网络系统，它就有了"生命"，它就具自组织、自适应和自我调控、自我发展的特征。数据库与 Web GIS、Com GIS 如同神经元，网络如同神经，共同组成了数字地球的神经系统。数字地球系统中的人是整个的神经中枢，信息或数据是机体中不停流动着的"血液"，网络的节点负责网络管理和计算机，除了承担发送程序外，还有起神经元的作用。主要研究内容有：

(1)数字神经系统；

(2)网络生活方式；

(3)数字地球的进化机制研究；

(4)地学智能技术；

(5)多维信息网络空间简介；

(6)信息空间；

(7)量子信息技术。

7.12 数字中国

美国提出数字地球的概念，主要是由于美国的国家目标和全球性战略的需要。同样，中国是否应该发展数字地球，主要不是取决于数字地球的概念本身，而是取决于中国的国家目标。在中国跨世纪的发展中，实现经济和社会的可持续发展、形成科学技术的自主创新力，是两项带有"基本国策性质的战略目标"。从我国的国家目标出发，我们需要建设一个"中国数字地球"。

建设有中国特色的"中国数字地球"将为建立一个完整、统一、高效、先进的国家公用信息基础网，构建面向各种业务和应用的信息系统，提供新思路、新技术与新的集成框架，这将直接促进国家经济信息网络、国土资源信息网络、国家防汛指挥系统工程、长江流域监控网络、中国公众信息传播网络、中国可持续发展信息网络与宏观调控系统的一系列应用信息系统以及相关产业的发展。它不但会有力促进发达地区和城市的发展，而且也将为广大农村和落后地区发展经济、摆脱贫困开辟新途径。

数字地球的问世，使得人类对地球系统的复杂性行为进行科学的分析和客观的预测、预报成为可能。

数字地球是地球科学、信息科学与空间科学等现代化科学技术交融的前沿。数字地球的建成将成为人类构建一个信息化、数字化的地球，人们可以随时获取所需要的信息，利用它从事科学研究、进行企业的有效管理和决策，协助人们处理日常事务。但是，数字地球的建设任务是艰巨的，涉及到人类大量的学科知识，从而要求科学家们不断地去探索、研究。

主要涉及内容：

(1)数字地球研究概述；

(2)中国数字地球；

(3)数字中国；

(4)中国空间数据交换网络；

(5)中国空间数据框架；

(6)建立中国的空间信息标准。

思考题

1. 数字地球的概念和研究内容是什么？

2. 数字地球的原型及各种模型在构建数字地球过程中的作用是什么？

第 8 章 地球系统科学与可持续发展

地球系统科学是将地球大气圈、水圈、岩石圈、生物圈作为一个相互作用的系统，研究其间的物理的、化学的和生物的过程，借以了解现状和过去，预见将来。与地球系统科学相伴而生的是可持续发展。从 20 世纪 60 年代起，随着环境污染恶化和温室效应增强等与人类密切相关的一系列地球环境问题的产生，人类终于在自然界的惩罚面前觉醒了。可持续发展概念的产生是人类对环境与发展认识深化的结果。从 21 世纪 60 年代末开始，环境问题引起了人们的普遍关注。1972 年斯德哥尔摩联合国人类环境会议，发出了反映时代危机感的呼声："只有一个地球"。1987 年，以挪威前首相布伦特兰夫人为首的世界环境和发展委员会(WECD)的成员们，把经过 4 年研究和充分论证的报告《我们共同的未来》(Our Common Future)提交联合国大会。以此为标志，"可持续发展(sustainable development)"便成为国际社会所关注的问题。以 1992 年联合国环境与发展大会通过的《21 世纪议程》为标志，人们跨出理论探讨的范畴，把"可持续发展"推向人类共同追求的实际目标。但从沿革来看，可持续发展理论框架的形成差不多经历了半个世纪的时间。这半个世纪也是人类对发展的原则、意义、目标以及对自身发展与社会、自然的关系作深入思考并渐晓真谛的关键时期。可持续发展主要涉及人口、资源、生态、环境、减灾、经济、社会诸方面，由于各学科角度不同，阐述的重点亦不相同。

8.1 可持续发展理论基础

8.1.1 理论起源

可持续发展论的理论起源，一是发展经济学，它将发展与资源、环境问题联系起来；二是生态学，由它引出了保持生态平衡的观念；三是地理学人地关系论，它强调环境对人类社会的制约作用。尤其是对于发展中国家而言，需要一种理论，既包含发展的思想，又包容生态的观念，同时汲取了人地关系的理论精华，来指导我们的实践。同时，可持续发展作为一种政策，必须具有管理上的可操作性，因此可持续发展理论建设是一般科学理论向应用方面的延伸。

可持续发展理论的第一个出发点，当然是发展经济学与生态学。首先解决生态系统稳定或平衡、生物多样性得于保持、环境得到稳健控制的发展路线与方法。这可以视为一种新型的生态学，或可称作"发展生态学"。发展生态学类似于生态经济学，不过比后者着眼点宏大，更注重发展而不是增长，更具生态特色而不是经济点。这种生态学不再将生态平衡强调为基本原则，而是以发展的角度考虑生态问题，而是更积极的从发展角度考虑生态问题，研究发展条件下生态系统的稳定性与演变性，研究生态系统和地理环境对发展的响应行为，特别是保持生物多样性与环境稳定的临界条件和判别准则，比如生态经济学中为保持一定种群量的控制依据。这种"发展生态学"研究，生态学家、地理学家已经做了不少。例如，"土地的可持续利用"

研究，国内前些年提出的国土综合整治问题。地理学家、生态学家投入到这一领域的理论与实践的主战场，取得了很大的成功。有的学者提出“资源＋环境＋空间结构＝国土”，如果在这个公式中再加上发展与人地关系，那么就形成这种新的发展生态学的概念体系。

仅有生态学的研究是不够的，因为可持续发展除了环境可持续以外，还存在资源的可持续利用、人口适度等问题，这是个综合问题。地理学由于其对象的特殊性，长期以来形成了擅长于综合分析的特点。因此可持续发展的理论建设，需要地理学的参与。

在地理学中发展可持续发展理论，继承和发展了传统地理学中的“人地关系论”，更加注重“资源、环境永续利用”的可持续发展思想。现代“人地关系论”的核心应该是 PRED 协调，即人口(P)、资源(R)、环境(E)与发展(D)的协调。以发展作为人的一方，以人口(种群)、资源、环境作为地的一方，试图使 PRE 协调于 D，又使 D 协调于 PRE，突破了旧人地关系论过于强调环境约束的观点，用环境需求论(environment demand theory)替代环境制约论。PRED 协调是人地关系论的现代诠释，可以作为可持续发展理论的出发点之一。为了与“发展生态学”相匹配，我们需要研究以“发展为龙头的 PRED 协调”理论。这种理论，特别是重视发展人口、资源、环境技术的 R&D(研究与发展)效应，通过技术创新和扩散提高人口、资源、环境对发展的“承载力”，例如土地承载力的提高，低品矿产资源的利用等。

有的学者提出“地理工程论”，并认为地理工程是钱学森先生“地理建设”的技术形式。地理工程，用一个简单公式表示为“地理工程＝区域经济发展系统工程＋生态工程＋区位适应”，企图将一个地理建设适应于更大范围的环境约束和经济条件。地理工程的思想实际上很流行。例如，美国的密西西比河水系统，20 世纪以前是美国洪灾最严重的地区，其航运条件差，河水含沙量高。河口地区多少有些类似于今天的黄河三角洲。19 世纪末，美国政策开始了对它的治理与开发，初期的治理目标几乎完全限于航运，建造了防洪堤、通航闸、蓄水工程等，实际效益不大，主管部门最后陷入财政困难。1928 年，美国国会通过了解决密西西比河问题新法案，1936 年批准了基于该法案的“支流流域规划”，1974 年又通过了水资源发展法案。在这个过程中，密西西比河水系逐步发展成为航运、防洪、发电、供水、灌溉、娱乐、环境保护综合利用的水系，基本上建成一个四通八达、统一标准的现代化水网，并给流域经济发展带来生机。密西西比河水系开发利用的成功，给我们 3 点启示：第一，可持续发展项目的实施，要提高到工程化、法律化水平。第二，可持续发展问题，是涉及整个地理系统的，所以我们需要进一步认识整个系统，发展系统分析理论与方法。第三，地理区域的可持续发展，需要以发展为目标，协调人口、资源、环境与发展的关系。所有这些可以视为地理工程论的核心。

可持续发展理论建设中的第三项内容，可以称作区域管理学。可持续发展面临的人口、资源、环境和发展问题，与区域密不可分。人口、资源、环境是区域的载荷，社会发展又不可离开区域而言，特别是注意到地球系统在地理学意义上是一个大的区域，可持续发展问题，可以说是一个区域管理的问题。

增长极限问题催生了资源管理学，“全球变化”问题取代了“增长极限”，于是环境管理学应运而生。20 世纪 90 年代，上述两个学科的继承，加上主要针对人口管理和社会发展的城市管理学，也就构成了区域管理学的主体，这种新兴学科具有显著的可操作性。重点研究各种管理手段如组织、控制、协调、激励、计划在可持续发展意义下对人口、资源、环境、区域的具体形式。

上述三点加在一起，我们以为，可能会形成一种真正的可持续发展理论，为可持续发展行动提供科学基础。

8.1.2 理论特点

布氏提出的可持续发展定义是“满足当代人的需求,又不损害子孙后代满足其需求能力的发展”。这一概念表述的是经济与社会的进程,它包含的内涵十分丰富,主要有以下3点:

(1)可持续发展的公平性原则:发展是所有国家和民族都应享有的平等和不容剥夺的权利,对发展中国家尤为如此。发展,是经济、社会、科技、文化教育、民主与法制等多方面协同进步的综合事业和演进过程;就处于第一位的经济发展而言,不仅含有通常意义上的经济增长过程,还包括资本生产率和劳动生产率对经济增长的贡献、产业结构优化和高度化等发展过程。

(2)可持续发展的持续性原则:人与自然、发展与资源环境之间的相互依存性,存在着两种情况和两种截然相反的结果,即要么彼此和谐、共存共荣;要么相互对立、两败俱伤。因此,人类为了自身的可持续发展,前者是唯一的选择。

(3)可持续发展的共同性原则。实施可持续发展战略,是现代高度文明的体现,其中包括人们能够自觉地摒弃过去错误对待自然的态度,改变不恰当的生产方式和消费方式;全面规范人的经济－社会行为和资源－环境行为;通过清洁生产、制造环境标志产品、建立高生态水准的城镇等,营造现代物质文明与精神文明相融合的物质环境和精神氛围,体现以高素质的人为中心的高度文明,促进人类社会的共同进步等等。

可持续发展是一个社会-经济-生态复合巨系统,存在着复杂的社会结构、经济结构和生态结构,这些结构要素最终都要在空间地域上反映。可持续发展要素的空间分布、空间组合和功能联系构成了可持续发展要素的空间格局。最佳的可持续发展空间格局能使各种生态流高效、和谐、通畅,支持生态的完整性,并使可持续性达到最大。可持续发展是一个过程,区域的经济政策、产业布局、环境管理机制、人们的生活方式和环境意识、资源利用、城市规划、区域工业构成可持续发展演替的驱动因子,从而改变地区能流、物流、信息流、人流的循环和空间态势,进而影响着自然过程和人文过程。

总之,布氏的可持续发展概念,就其社会观而言,主张公平分配,以满足当代和后代全体人民的基本需求;就其经济观而言,主张建立在保护地球自然生态系统基础上的持续经济增长;就其自然观而言,主张人类与自然和谐相处。这些观念是对传统发展模式的挑战,是为谋求新的发展模式和消费模式而建立的新的发展观。

8.1.3 可持续发展与协同学

可持续发展的核心,是人与自然和谐,发展与资源、环境相协调。在这里,和谐与协调是同义词,其实质是通过相关要素和相关系统的同向合力、互相配合的共同作用,谋求他们之间的协同反应,调控者借助这种协同作用,谋求他们之间的协同反应,调控者借助这种协同反应来实现可持续发展在不同阶段的预期目标。

应该强调的是,在这种协同反应中形成的正向作用力大于处在非协同状态下相关要素、相关系统的作用力之和,而且前者产生的正面效果大大优于后者。这是因为协同不仅可以克服或大量减少在非协同状态下出现的一系列负面效果,还可以同时提高相关要素、相关系统在协同中的工作效能。这一真理,在发展与资源、环境相协调的实践上显示了协同反应的威力。

现以火力发电中“灰渣成材的燃煤新工艺”为例。在燃煤发电过程中采用液态排渣旋风炉,通过调控熔渣化学成分、灰溶点与化学活性、燃煤添加剂掺配率与低位发热量之间的关系,可在发电的同时将粒化渣直接变为建筑材料、化肥等产品，从而基本达到无废渣燃煤发电的目的。采用这种新工艺，不仅在保证安全有效发电的前提下免去常规燃煤蒸汽发电所必需的永久性贮灰场，节省 90%以上的贮灰场用地和 95%以上的冲灰渣用水量，在增钙和低氧燃烧时还可以降低 30%的二氧化硫排放量并把氮氧化物控制在一定的范围内，在除尘条件与常规火力发电厂相同的条件下减少 50%以上的尘污染。由此可见，通过一系列协同反应，把能源生产洁净化、废渣再资源化与节水、省地、减少污染融为一体的创造，体现了依靠科技进步和清洁生产工艺以实现发展电力生产与资源、环境相协调的目的。

这个案例证明了由著名的德国物理学家 H·哈肯首创的协同学理论的重大意义。协同学告诉我们：在自然界或人类社会普遍存在的一系列不稳定的序列中，即从无序变为有序的现象中间，都会产生彼此合作或协同作用及相应的转变过程，从而使这些不稳定的序列获得一次比一次更为有序的结构，并生成更新的系统结构和功能。如果进一步考察协同反应形成的机制，人们发现影响复杂系统演变的因素固然很多，但是，其中却存在着大量衰减变化很快的快变量与少数衰减变化较慢的慢变量(称为序变量)之分。前者对系统结构和功能的变化不起主导作用，后者则主宰着整个系统演变的方向，决定系统的有序状态。由此可见，运用协同学的理论来研究发展与资源、环境协调机制时，首先要从中找到在从无序的不可持续发展演变为有序的可持续发展过程中起主导作用的调控对象，诸如人口总量和人口素质、清洁生产和适度消费、废弃物再资源化等。

8.1.4　区域可持续发展

区域可持续发展系统是指一定的地域空间范围内由社会、经济、生态 3 个相互作用、相互依赖的子系统组成的复合系统。生态子系统由水、土、气候、生物、矿产等自然环境以及交通、城镇及其基础设施的人工环境构成，是区域的自然物质基础；社会子系统由人口、劳力、智力等构成，它通过社会结构及行政管理手段完成其功能，推动着区域开发与整治；经济子系统由第一、第二、第三、第四产业构成并包括各产业内部的结构。通过产业系统把生态、社会、经济之间相互联系、相互制约的关系反映出来。

区域系统具有区域性、综合性和层次性。它具有明确的地域范围及空间区位。受更大地域性规律影响及本身区位条件的制约，在生态、社会、经济子系统的综合作用下，既是城乡结合部和工农结合部，又是宏观经济和微观经济的结合部，并不断地与环境交换物质、能量与信息，使区域经济社会既遵循一般社会经济发展规律，也具有各自的历史演进轨迹以及发展方向。

区域系统内部结构的层次性主要表现在自然资源的多样性、多宜性、可替代性、有限性和无限性；经济资源中由产业联系表现出来的共生关系、离异关系和制约关系；由社会资源表现出人的因素，由人的行为所决定的系统复杂的行为和社会的安定性。各子系统及各要素通过单向、双向传递信息，构成各要素之间的复杂关系，形成特定的各要素之间的时空组合。由物质流、能量流、资金流、信息流组成的网络，推动着区域内的产业的地域运动和社会的发展。

因此，区域可持续发展系统具有以下特征：①多变量输入和输出；②多目标导向；③多功能协调；④多级递阶比；⑤不可逆比。区域可持续发展系统所具有的这种结构非线性、复杂性，给决策模型带来了很大困难。

与人们的认识层次相对应，可以建立概念模型(思维模型)、结构模型和数字模型。对于区域可持续发展决策问题，既要有一定深度又要有一定广度，这就要综合运用上述 3 种模型来构造系统模型。

建立在地球系统科学上的各种模型,例如系统动力学模型和自组织理论模型皆能够描述区域可持续发展系统的动态行为,但对决策者而言则过于复杂而难以被采纳。另一方面,又因管理信息系统(MIS)是建立在专业部门基础之上的,故不能支持决策者的综合分析需求。因此,建立面向区域可持续发展的决策支持系统(SDSS),首先必须把决策者、模型和数据作为一个整体来设计。

决策者是决策行为的主体。区域可持续发展战略与规划决策涉及多领域、多层次的决策者,他们有着自己特定的经验、知识和联想、思维创造能力,并能根据外界环境吸收新知识去解决问题。有些知识和经验是包络不进数学模型中去的,这就要求 SDSS 提供智能型用户接口,使他们能够很方便、很自然地使用系统,把自己的知识经验渗透到模型分析中去。

区域可持续发展系统模型是由社会、经济、生态 3 个系统模型构成的一个有机结合的模型体系。运用模型体系,既可从宏观方面对区域可持续发展状态进行分析和预测,又可全面深入地对区域系统的各个组成部分及其内部结构进行分析。同时还可综合评价和分析区域政策,模拟不同方案下的区域系统行为,形成供决策者参考的区域持续发展方案。由于构模方法主要取决于研究的问题和决策者的选择,因而 SDSS 设计应着眼于提供数据库、模型库和方法库,以支持不同阶段、不同层次的建模要求。最终将建成一个集数据、知识、模型、方法为一体、人机协同工作的决策支持系统。在此环境下,我们可构造区域可持续发展系统模型,进而选择和制定区域可持续发展战略和规划,并对区域系统实施动态跟踪、评估和调控。

8.1.5 可持续发展在中国

我国学者对可持续发展概念的理论探讨主要有:①著名生态学家马世骏教授等提出了"社会-经济-自然复合生态系统"理论。②北京大学的一篇关于可持续发展的论文,在论述人类系统和生态系统的基础上,提出人类的一切经济与社会活动的发展,必须从地球空间系统的支撑出发,既考虑到地球空间系统所能提供的资源与能量,又考虑到在这个基础上,社会经济活动可能反馈到地球空间系统的压力状况。一切发展决策必须建立在对总体系统资源需求与压力冲击的科学分析基础之上。③中国人民大学则从确立生态文明观的哲学思考出发,提出建立一套立足于生态文明的现代科学技术体系。④北京大学提出从高、中、低 3 个不同层次理解可持续发展。⑤刘培哲等从三维结构复合系统定义可持续发展,认为可持续发展应具有三大特征(可持续发展鼓励经济增长,因为它是国家实力和社会财富的体现;可持续发展要以保护自然为基础,与资源和环境的承载能力相协调;可持续发展要以改善和提高人民生活质量为目的,与社会进步相适应)。据此三大特征可将可持续发展概括为生态持续、经济持续和社会持续。他们之间是相互关联而不可分割的。生态持续是基础,经济持续是条件,社会持续是目的。人类共同追求的应该是自然-经济-社会复合系统的持续、稳定、健康发展。⑥毕思文将地球系统科学与可持续发展两者融为一体进行系统研究,明确提出了可持续发展的基础是地球系统科学,并且对可持续发展的理论模式进行了探讨;对可持续发展指标体系及实施方法、环境与可持续发展、资源与可持续发展、经济与可持续发展、社会与可持续发展、区域的可持续发展等内容进行了研究,取得了一定成果。

8.2　可持续发展的定量化研究——指标体系

定量化研究是指通过建立可持续发展指标体系，并计算描述可持续发展程度的指标数值大小，来判断可持续发展程度的方法。可持续发展指标用来评价环境、经济和社会可持续发展状况、压力以及政策响应等全过程的指标，而这些说明可持续发展整体行为规律的指标集合就构成了可持续发展指标体系。可持续发展指标体系是由可持续发展指标所组成的综合体，包含若干层次、若干层面的评价指标。可持续发展指标主要有社会指标、环境指标、经济指标、潜力指标等，可分为发展类指标和限制类指标，按层次可分为高层指标（表示发展能力的综合性指标）、中层指标（描述和集成高层指标的大类指标）、基层指标（描述和集成中层指标的具体指标）。指标的筛选方法主要有主成分分析法等。指标的权重确定多用特尔斐法和比较矩阵和图矩阵相结合。指标的综合集成方法主要有灰色系统法、系统动力学模型、线性模型、ECCO模型、自组织理论等。

当前一些国际机构和国家已初步建立了可持续发展指标体系。可持续发展指标体系的构造框架有 3 种：第 1 种是驱使力-状态-响应概念模型，是在压力-状态响应概念模型（PSR）基础上扩充形成；第 2 种是彼得·巳特尔穆茨于 1994 年在对联合国“建立环境统计的框架（FDES）”修改基础上提出的 FISD 框架，它在指标分类上很像 PSR 模式；第 3 种是状态关系模式。前两种框架给出的指标过多，且实践上存在困难，会出现重复和遗漏主观性强的指标；后一种则原始数据难以获取。

对可持续发展指标研究有有量纲和无量纲两种常用的方法。有量纲方法，包括货币性方法和非货币性方法。当前货币性方法主要有对 GDP、GNP 指标的修正，建立真实储蓄率指标等；非货币性方法主要有建立卫星帐户法等。但由于人力资本和自然资本货币化存在较大困难，这方面研究尚停留在理论上，实际应用较多的则是无量纲方法。无量纲法是将有量纲的指标转化为无量纲的指标，如比例或百分数等，最后进行指标集成。

8.2.1　可持续发展的指标体系的研究

联合国《21 世纪议程》号召“各国在国家一级，国际组织与非政府组织在国家一级，应探讨制定可持续发展指标的概念，以便建立可持续发展指标”。在联合国环境与发展大会之后，中国率先制定了《中国 21 世纪议程》，将“可持续发展”确定为中国走向 21 世纪的两大国家战略之一，并纳入了中国国民经济和社会发展的中长期发展规划中。实施可持续发展战略是一项庞大的系统工程，需要制定可持续发展规划并加以实施，需要制定相关的政策和法规加以引导，需要各方面、各环节的积极配合与协调。为了达到上述目标，就必须制定出体现可持续发展思想的指标体系，以便为各级决策提供坚实的基础。

1995 年，世界银行在《监测环境进展》中提出了名为“真实储蓄”（genuine saving）的一套估算方法。这是考虑一个国家在自然资源损耗和环境污染损害之后的真实储蓄率，并以此作为衡量国民经济发展状况及潜力的一个新指标。“真实储蓄”代表了一个国家真正有能力对外借出和对生产性资产投资的产品的总量，可以反映一个城市的可持续性。

1996 年，中国国家统计局统计科学研究所和中国 21 世纪议程管理中心联合成立课题组研究国家级“可持续发展指标体系”，并建立了一套指标体系。其总体结构是将可持续发展指标体系分成经济、社会、人口、资源、环境和科教六大子系统。在每一个子系统内，分别根据不同的侧重点建立描述性指标，共计 83 个指标。该研究提出了“中国可持续发展统计指标体系”的基本思路和经验预选指标方案，从编制描述性菜单式指标体系起步，进而研究综合评价方案。该课题组对 1990—1996 年中国的发展情况做了总体态势评价，认为中国可持续发展总体态势处于亚健康状态。

1999 年，国家环保总局《可持续发展指标体系》课题组以三明市和烟台市为例研究了真实储蓄率的计算方法，构建了一个可持续发展指标框架。该研究得到的结论是：真实储蓄有比较明确的政策含义，容易被理解与接受，其基础数据较易获得，计算结果既可以横向比较（不同城市之间），也可以纵向比较（若干年的变化趋势），故真实储蓄不失为是一种比较实用的衡量可持续发展的系统化指标。

2002 年，中国科学院可持续发展战略研究组在世界上独立开辟了可持续发展研究的系统学方向，并依据此理论内涵设计了一套“五级叠加，逐层收敛，规范权重，统一排序”的可持续发展指标体系。廖福霖在《生态文明建设理论与实践》一书中提出了一套基于生态城市结构、功能和协调的生态城市综合评价指标

中国可持续发展指标体系很多，但还没有一个被广泛认可和接受的考核指标体系。制定合适的指标体系能够更有利于中国的可持续发展。

8.2.2 可持续发展的指标体系的应用

对于中国可持续发展的各种模式，都需要相应的指标体系加以考核。

环境可持续发展方面：由国家制定了相应的指标体系，设立国家级环境优美乡镇、生态示范区、环境保护模范城市等，各省根据具体的情况制定省级生态示范区（村、镇等）考核指标体系，来评价可持续发展状况。建立一套操作灵活、覆盖面广、能适合不同地区的统一考核指标体系是很有必要的。

城市环境与交通方面：针对目前大城市普遍面临的交通环境压力和经济、交通与环境系统的复杂性，通过构建经济、交通、环境间的压力与响应关系，建立了可用于“回顾过去、解析现状、瞻望未来”的城市交通环境可持续发展指标体系。采用隶属函数对单项指标进行标准化处理，对交通环境可持续发展综合指数的评价，采用层次分析法确定各指标的权重。在标准化的基础上对各单项指标按各自的权重进行线性加权而获得综合指数并分级，集中体现可持续发展交通体系总体发展水平（图 8－1）。

1991—2003 年，上海市交通环境质量始终维持在 20～40 间（表 8－1），属于“准可持续性”状态。这表明，城市的交通发展与环境质量的改善并没有同步，二者尚未达到协调而仍处于互相制约的状况。

水库管理方面：对水库运行、管理及周围生态环境和社会经济发展状况进行调查，以有关国际和国家标准、中国水利现代化的要求、水库大坝安全评价导则中的相应资料和调查的最优值、满意值来确定其目标，以实际调查的数据为指标值，通过二者比较来确定每一基层指标的可持续发展指数。进而提出由 4 个一级指标、13 个二级指标、38 个基层指标组成的一套适合该水库可持续发展的指标体系。其中基层指标包括：①水库大坝安全综合评价指标，工程质量评价指标、大坝运行管理评价、水库大坝实际抗洪能力指标、结构安全评价指标、抗震安全评价指标、渗流安全评价指标、金属结构安全评价指标；②水库管理指标，水库库容指标、水利设施

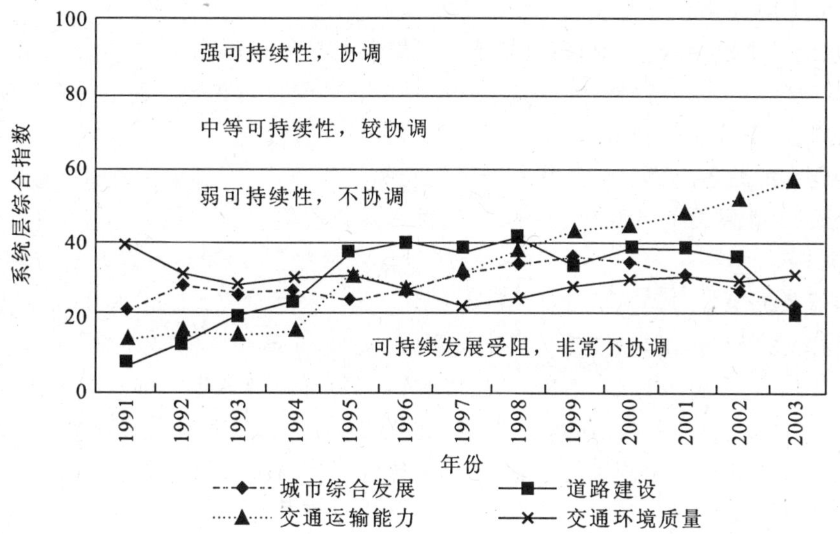

图 8-1　上海市历年系统层可持续发展综合指数

表 8-1　综合指数分级表

分级	指数值	描　述
1	80～100	强可持续性，协调
2	60～80	中等可持续性，较协调
3	40～60	弱可持续性，不协调
4	20～40	准可持续性，不协调
5	＜20	可持续发展受阻，非常不协调

灌溉保证率指标、科技投入水平指标、水库管理信息化水平指标、大专以上管理人员比重指标、土地资源利用率指数、水资源利用率指数；③水资源生态系统稳定性指标 B，生态环境用水保障程度指数、水资源量指数、水土保持率指数、降水变率指数、大气环境质量指数、森林覆盖率指数、水域功能区水质达标率指数；④水库建设效益指数，防洪保护区标准达标率指数、水旱灾害损失率指数、农业用水比率指数、城乡供水普及率指数、单方水粮食产量指数、经济增长率指数、经济结构指数、财政自给率指数、恩格尔指数、生态工程比重指数；⑤社会发展指标，人口自然增长率指数、人口承载力指数、劳动人口比重指数。根据上述这些指标，采用层次分析法计算该水库的可持续发展指标体系各指标的权重和指标值，并对水库总体的可持续发展状况做出评价和分析，提出有利于水库可持续发展的措施。该体系对其他水库有参考应用价值。

8.3　地球系统科学与可持续发展

可持续发展主要包括资源和生态环境可持续发展、经济可持续发展和社会可持续发展 3 方面。可持续发展以资源的可持续利用和良好的生态环境为基础，以经济可持续发展为前提，以谋求社会的全面进步为目标。总之，发展就是自然、社会、经济这一复杂系统朝着更加均衡、和谐、互补的方向进化。

地球系统科学作为服务于全球可持续发展规划与对策的科学基础，它既要完成全球可持续发展中紧迫问题的研究任务，又要开展地球系统长期变化及其效应的基础理论研究，其主要研究内容包括以下几个方面：

(1)地球系统的各组成部分及其各圈层之间的相互作用：主要研究地球系统中的岩石圈、大气圈、水圈、生物圈之间的物理、化学、生物过程及物质能量传递过程，及其相互作用的反馈与负反馈机制。

(2)地球系统变化的动力学特征及其起源和演化：主要研究地球的起源与演化，地球表层系统与生物圈的相互作用与反馈(生物反馈、化学反馈)关系。

(3)地球生命系统的进化与生物多样性维持：主要研究地球生命的起源和进化，地球生命系统与地球环境变化的相互作用及其协同进化，多样的生物之间及其与环境之间的相互作用关系，生物多样性的演变及其维持机制，生物多样性变化对全球地球生命系统发展的意义。

(4)全球气候变化及其减缓和适应：主要研究地球气候系统的历史变化过程和变化趋势，人类活动对全球气候系统的影响，温室气体、大气污染对全球气候系统的影响，人类通过温室气体减排等措施以减缓气候变化的措施和政策，人类适应全球气候变化的生态途径、措施和社会行为。

(5)全球环境变化与可持续发展：主要研究由于全球环境变化而引发的全球性的资源与环境问题及其对人类可持续发展的影响，并在全球环境变化的背景下研究可持续发展的思路和发展模式，以及人类如何设计在全球变化条件下可持续生物圈管理计划，从而达到人类社会与资源、环境的协调发展。

● 地球系统科学的应用举例：

农耕是印度次大陆最重要的产业之一，维系着印度庞大人口的生存，然而它却正"在这样大的一个地区为什么会如此之快地枯竭"。卫星遥感测绘数据首次表明，西起巴基斯坦横跨印度北部最终进入孟加拉国的一块长达 2 000km 的狭长地带，其地下水正在以每年 54 立方千米的速度枯竭，这意味着整个地区因为调整因降水和蒸发导致的自然变化，每年的地下水位平均下降约 10cm。与印度中央地下水委员会于 20 世纪 90 年代中期估计的数字相比，在这 10 年间，地下水开采速度比前者加快了 70%。这样大的开采量使得地下水位很难恢复到原位，这又使得人们不得不用深井和更大的泵来采集地下水，而这有可能打上来许多含盐或被污染的地下水。

图 8-2 是由重力恢复与气候试验(GRACE)人造卫星项目制作的印度地下水的遥感测绘图。两颗相距 220km 的卫星一前一后围绕地球运转。利用微波精确测量两个飞行器之间的距离变化，GRACE 便能够测量由于水体在地表上和地表下的流动造成的地球引力的精细变化。

应用地球系统科学技术，采用卫星测绘图像直观的绘制出地下水迅速枯竭的范围，通过计算给出定量化的枯竭速度，整个区域发生的变化不得不让人们震惊。然而资源的枯竭并不是单纯的自然问题。人口的激增，对灌溉水、生活用水需求迅速增长；森林的砍伐，草原沼泽地的破坏，使区域表面的蓄水、补给地下水的能力下降；加之全球整体环境变暖，甚至当地政策化管理等等原因，都可能造成这个严重后果的产生。总而言之，哪怕是某个小的区域都能反映出整个地球系统的非线性和复杂性，某个方面的变换是由于很多因素引起，并经过各种放大或者转换等不同的效应最终导致的。

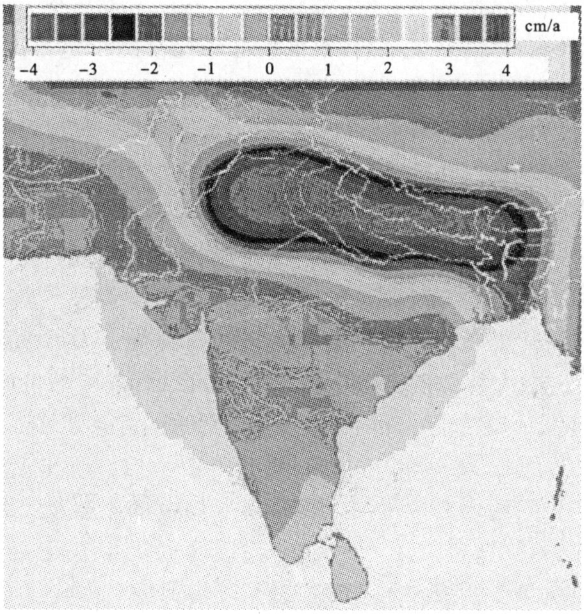

图 8-2 印度次大陆北部的地下水正在以极快的速度消失
(图片提供:V. M. Tiwari, et al.,印度国家地球物理学研究所)

8.4 中国的问题解决之道

可持续发展的社会需求是多方面、多层次的。为此,地球系统科学作为规划与对策的科学基础应划分为两大层次,即满足可持续发展中面临的紧迫问题的研究和远期效应的基础理论研究。但二者紧密联系,相互促进,不能截然分开。在这里,地球系统科学是可持续发展战略的科学基础,不仅要研究自然规律,而且还为社会发展提出规划依据,后者是与社会法律相联的软科学。前面已经多次谈到,对人在社会经济生活中的法规管理和人的自然因素的规范化,在社会可持续发展中的意义是非常重要的。

中国是一个人口大国,任何管理政策都不能忽略13亿这个庞大的数字。中国的发展,重点在于调整众多的人口与相对短缺的资源,复杂的环境,社会主义初级阶段的经济之间的平衡,使社会稳健的进步。

8.4.1 人口与资源、环境的可持续发展

人口是整个系统的主体和核心,是人类及其群体的泛称。人口寓于资源、环境之中,三者共同组成了一个相互矛盾、相互联系和相互制约的人类生存与发展的巨大系统。资源是指一定技术条件下能为人类利用的物质、能量和信息,是人类发展的必备条件。由此可见,人口既是这个系统独立的基本要素,又是资源的重要组成部分,还是重要的环境要素,三者呈同心圆状共存结构,且存在十分密切的互动关系。若三者之间相互协调,失调和障碍因素被控制在最低程度或范围内,称为系统的良性循环;若三者之间基本协调,虽有若干不协调因素,但未危害或破坏整个系统的常态进行,称为系统的中性循环;若三者之间基本失调,危及或破坏了整个

系统的常态运行，称为系统的恶性循环。三者之间是一个既矛盾又统一的整体。平衡是相对的，不平衡是绝对的。出现不平衡是正常的，但失衡必须控制在一定范围内，否则将对经济和社会构成较大危害。引起三者之间失衡的原因很多，一般来说可分为自然性失衡、经济性失衡和社会性失衡三大类。

8.4.2 人口与经济、社会的可持续发展

经济是总体可持续发展的基础，社会是可持续发展的目的，人口则处于经济、社会的核心地位。经济、社会发展需要宽裕的人口条件。人口因素在社会、经济发展中作用重大。人口是社会主体，是社会生产力构成的能动要素和生产关系的体现者。人们的经济活动渗透到社会生活的一切领域。一切历史事件的发展都与人，特别是人口质量因素相关，在社会生产领域人口质量的作用则更为明显。一般地说，高质量的人口对社会、经济发展起着促进作用，反之则起着延缓甚至阻碍作用。

目前，中国存在的主要问题可以用过剩人口与短缺经济的矛盾加以概括。从这一基本点出发，可持续发展涉及人口数量、素质、结构与经济发展的主要方面：①总体人口与生活资源增长的可持续发展；②人口质量与经济技术进步可持续发展的循环模式；③人口结构与经济结构的可持续发展。另一方面，在劳动力过剩的情况下继续大幅度增加人口，21 世纪前 20 年就业问题将白热化。应抓住机遇，运用动力，迎接挑战。

通过“数字地球”战略的实施，能够促进我国科学创新体系的形成和发展，使我国在现代科学技术的国际竞争中处于有利地位，保证可持续发展健康地进行，以下几点可见一斑：

(1)中国人口多，资源有限，农业生产方式落后，自然灾害频繁，如何养活十几亿人口，是中国需要首先考虑的问题。精细农业将地学、农学、生物学的信息数字化用到了田块，这是农业信息化的体现，是中国农业现代化、集约化、产业化的走向，是中国农业可持续发展的康庄大道。数字地球将在农业产业化以及土地资源、水资源的监测和保护等方面，发挥巨大的作用。

(2)自然灾害是中国影响面最广、造成损失最严重的事件，它直接影响着可持续发展进程。2009 年第 8 号台风莫拉克使得我国东南沿海的福建、浙江、江西、安徽等省相继出现暴雨或特大暴雨，导致多地发生灾情。8 月 7 日 23 时 45 分在我国台湾花莲登陆后，台湾南部高雄、阿里山等地受重创。统计表明，新开部落共计有 32 人被埋、小林村有 491 人被埋，造成台湾中南部 50 年来最严重水灾。截至 8 月 19 号，不包括高雄县桃源乡新开部落、甲仙乡小林村在内，台风“莫拉克”还造成全台 136 人死亡、386 人失踪、45 人受伤。根据地球系统科学的原理，开展环境变化和灾害的监测、评估，进而预测、预警是对可持续发展的强有力的保障。对于中国而言，特别是洪涝灾害的预防、预警是迫在眉睫的任务之一。数字地球的虚拟技术(VR)可以在江河治理、防洪减灾、预报地震等方面起到独特的作用。

(3)作为发展中国家的中国，要实现全国社会、经济的发展和均衡发展，必须走以城市为中心的区域发展方针政策。城市发展如何避免第三世界国家和一些发达国家走过的弯路，是目前中国面临的一个紧迫的社会问题，其中管理、监测和规划具有关键性的意义。数字地球作为地理信息系统的一个发展，可以在城市规划、社区管理、打击犯罪活动，以及城市灾害紧急事务管理方面发挥巨大的作用。

(4)劳动力、资金、生产、市场空间分布、动态变化和合理布局对于经济发展具有重要的意义。包含了数字和文本数据的数字地球，将在经济信息化方面有力地促进我国的社会主义市

场经济的发展。

(5)数字地球无疑要把创新放在首位。新一轮国土资源大调查强调新的思路、新的方法，这与数字地球战略框架可实现高层次上的结合。“数字地球”的实施必将对地球系统科学、信息科学技术的新时期发展给予强有力的支持，从而引发地球系统科学在资源、环境、灾害与地球信息等领域更大地发挥作用，带动信息获取、信息处理与应用技术的进一步发展与提高，最大程度地满足可持续发展对自然与信息资源的不断需求。

中国有能力创建自己的数字地球。经过 30 余年的发展，中国对地观测技术已取得显著成就，它将在中国的“数字地球”建设中成为核心信息源之一；发展了的数据处理技术，开展了的多层次、多领域的应用成果，均取得了公认的效益……这都成为“数字地球”建设的良好开端。涉及生存、经济和安全多方面可持续发展前景的综合信息资源的“数字地球”，对于中国这样的发展中国家而言，既是挑战，又是机遇。这项工作必须在我国政府的统一管理和部署下，发挥中华民族的聪明才智，创建自己的“数字地球”，为中华民族的振兴与崛起，为我国的经济、社会、人口、资源、环境、灾害等社会可持续发展发挥积极的作用，实现中国的可持续发展战略目标。

参考文献

北京大学中国可持续发展研究中心. 可持续发展:理论与实践[M]. 北京:中央编译出版社,1997.

毕思文,韩继霞. 量子遥感的中远红外实验研究. 中国科学 E 辑技术科学,2006,36(增刊):1-9.

毕思文,韩继霞. 量子遥感信息机理研究[J]. 科技导报,2006,24(9):38-43.

毕思文,何国琦,李继亮等. 地球系统科学与可持续发展(Ⅳ)青藏高原大地构造特征与地质过程[J]. 系统工程理论与实践,1997,17 (9):83-92.

毕思文,何国琦. 地球系统科学与可持续发展(Ⅲ)统一构造理论中的表层构造系统[J]. 系统工程理论与实践,1997,17(8):89-95.

毕思文,徐秉业. 地球工程环境力学统一理论//中国工程院岩土工程青年专家学术论坛[C]. 北京:建筑工业出版社,1998.

毕思文,许强. 地球系统科学[M]. 北京:科学出版社,2002.

毕思文,俞纪华,杨东红. 系统政治学[M]. 北京:人民出版社,2001.

毕思文. 地球内部流体系统科学统一理论[J]. 地学前缘,1996,3 (3):1-8.

毕思文. 地球系统科学导论[M]. 北京:科学出版社,2003.

毕思文. 地球系统科学与可持续发展(Ⅰ)研究的意义、现状及其内涵[J]. 系统工程理论与实践,1997,17(6):104-110.

毕思文. 地球系统科学与可持续发展(Ⅴ)理论基础概述[J]. 系统工程理论与实践,1998,18(3): 61-71.

毕思文. 地球系统科学与可持续发展(Ⅵ)统一构造理论基础[J]. 系统工程理论与实践,1998,18(4):70-82 .

毕思文. 地球系统科学与可持续发展[M]. 北京:地质出版社,1998.

毕思文. 地球系统科学与可待续发展(Ⅱ)统一构造理论中的地幔热柱构造特征与动力学模型研究[J]. 系统工程理论与实践,1997,17(7):34-41.

毕思文. 青藏高原及其周缘岩石圈动力学研究的新思维——系统构造统一理论[J]. 系统工程理论与实践,1997,17 (2):39-44.

毕思文. 青藏高原山地系统动力学数值模拟研究[J]. 山地学报,2001,19(4):289-298.

毕思文. 全球变化与地球系统科学统一研究的最佳天然实验室——青藏高原[J]. 系统工程理论与实践,1997,17(5):72-77.

毕思文. 数字地球——地球系统数字学[M]. 北京:地质出版社,2001.

毕思文. 统一构造理论初探[J]. 地学前缘(增刊),1998,198-210

陈述彭. 地球系统科学[M]. 北京:中国科学技术出版社,1998.

崔丽美,谢传节,杨联安等. 基于 XML Schema 地球系统科学数据的元数据扩展机制[M]. 测绘学报,2005,34(3):246-252.

崔之久,高全洲,刘耕年等. 夷平面、古岩溶与青藏高原隆升[J]. 中国科学 D 辑,1996,26(04):378-387.

丁鉴海, 刘杰, 余素荣. 1998 年震情评述[J] . 中国地震, 1999 , 15 (1): 92-96.

董文杰,汤懋苍. 青藏高原隆升和夷平过程的数值模型研究[J]. 中国科学 D 辑,1997,27(41):65-70.

复旦大学编写组. 概率论(第一册)[M]. 北京:人民教育出版社,1979.

傅伯杰 ,牛栋 ,于贵瑞. 生态系统观测研究网络在地球系统科学中的作用[J]. 地理科学的进展,2007,26(1):1-16.

高布锡. 天文地球动力学[M]. 北京:科学出版社,1997.

高锐,成湘洲,丁谦.格尔木一额济纳旗地学断面地球动力学模型初探[J].地球物理学报,1995,38(增刊):3-15.
宫鹏,史培军,浦瑞良等.对地观测技术与地球系统科学[M].北京:科学出版社,1996.
谷超豪.什么是非线性科学[M]//甘子钊等.中国十大基础科学研究.上海:上海科学技术出版社,1995.
郭华东,杨崇俊.建设国家对地观测体系,构筑“数字地球”[J].遥感学报,1999,3(2):90-93.
国家环保局,国家计委,国家经贸委.国家环境保护“九五”计划和2010年远景目标[M].北京:中国环境科学出版社,1996.
哈肯H.协同学[M].戴鸣钟译.上海:上海科学普及出版社,1988.
哈肯H.高等协同学[M].郭治安译.北京:科学出版社,1989.
哈肯H.协同学[M].杨炳奕译.北京:中国科学技术出版社,1990.
哈肯H.信息与自组织[M].郭治安等译.成都:四川教育出版社,1988.
韩力群,毕思文,宋世欣.青藏高原热红外遥感与地表层温度相关性研究[J].中国科学E辑,2006,36(z1):12-16.
郝柏林.从抛物线谈起——混沌动力学引论[M].上海:上海科技教育出版社,1992.
郝柏林.分岔、混沌、奇怪吸引子、湍流及其他[J].物理学进展,1983,3(3):364.
亨利奇J.爆炸动力学及其应用[M].熊建国等译.北京:科学出版社,1987.
洪嘉振.多体系统动力学——理论、计算方法和应用[M].上海:上海交通大学出版社,1992.
侯章栓,李晓东.近百年全球气候变化与外强迫因子信号检测[J].北京大学学报(自然科学版),2000,36(5):641-650.
胡辉,李晓明.中国大地震的天文特征分析[J].自然灾害学报,1999,8(1):30-34
胡鹏,黄杏元,华一新.地理信息系统教程[M].武汉:武汉大学出版社,2006.
胡友健,罗昀,曾云.全球定位系统原理与应用[M].武汉:中国地质大学出版社,2003.
胡中为,王尔康.行星科学导论[M].南京:南京大学出版社,1998.
黄润秋,许强.工程地质广义系统科学分析原理及应用[M].北京:地质出版社,1997.
霍兰J H.稳秩序[M].周晓牧等译.上海:上海科技教育出版社,2000.
季江徽.太阳系近地小行星动力学研究[D].南京:南京大学,1999.
贾晋康,王仁.地球自转速率变化与地震触发[J].地震科学研究,1981(2):1-9.
姜璐.熵——系统科学的基本概念[M].沈阳:沈阳出版社,1997.
蒋尔雄,赵风光.数值逼近[M].上海:复旦大学出版社,1996.
孔祥儒,王谦身,熊绍柏.西藏高原西部综合地球物理与岩石圈结构研究[J].中国科学D辑,1996,4(3):308-316.
李莉,陈长虹,戴懿等.城市交通与环境可持续发展指标体系评估系统研究一上海案例应用[J].安全与环境学报,2006,6(4):118-123.
李龙熙.对可持续发展理论的诠释与解析[J].行政与法,2005(1):3-8.
林道辉,沈学优,杨坤.我国可持续发展理论若干研究热点的探讨[J].上海环境科学,2000,19(2):59-63.
林振山,赵佩章,赵文桐.日食一厄尔尼诺系数及其应用[J].地球物理学报,1999,42(6):732-738.
刘吉夫,陈颙.地球系统科学(ESS)与网格(Grid)技术[J].自然杂志,2004,26(1):39-42.
逯元堂,王金南.李云生.可持续发展指标体系在中国的研究与应用[J].自然生态保护,2003(11):17-23.
吕庆田,姜枚,高锐.青藏高原莫霍面形态的重力模拟及其对探讨高原隆升机制的意义[J].地球学报一中国地质科学院院报,1997,18(11):78-87.
栾巨庆.星体运动与长期天气、地震预报[M].北京:北京师范大学出版社,1988.
栾巨庆.行星运动影响大气环流变异[J].潍坊学院学报,2004(4):2-3.
罗葆荣.云南地球物理文集(三)[M].云南:云南大学出版社,2001.

马长源，简新玲．老湾金矿床地球物理特征及找矿标志[J]．物探与化探，2003，27(2)：83－88．
马晓青，韩峰．高速碰撞动力学[M]．北京：国防工业出版社，1998．
迈尔斯 F．系统思想[M]．杨志信等译．成都：四川人民出版社，1986．
梅安新，彭望琭，秦其明，刘慧平．遥感导论[M]．北京：高等教育出版社，2004．
梅风翔．非完整系统力学基础[M]．北京：北京工业学院出版社，1935．
尼科里斯 G，普利高津 I．探索复杂性[M]．罗久里等译．成都：四川教育出版社，1986．
尼科里斯 G，普利高津 I．非平衡系统的自组织[M]．徐锡申等译．北京：科学出版社，1986．
尼科里斯 G．地球科学中的不可逆现象及动力系统分析[M]．罗久里等译．成都：四川大学出版社，1995．
潘桂棠．全球洋－陆转换中的特提斯演化[J]．沉积与特提斯地质，1994，18：23－41．
彭美煊，彭浩．地震时间序列的周期图分析方法和极大熵谱分析方法[J]．高原地震，1998，10(1)：54－59．
普利高津．从存在到演化[M]．曾庆宏等译．上海：上海科学技术文献出版社，1986．
钱学森，王寿云．系统思想和系统工程[M]//钱学森等．论系统工程．长沙：湖南科学技术出版社，1988．
曲建升，安培浚．IGBP 科学计划的新时代[J]．政策管理，2007(6)：16－18．
任辛喜．连续统假设及其主要贡献者[J]．西北大学学报(自然科学版)．2004，34(4)：499－503．
桑德斯 P T．灾变理论入门[M]．上海：上海科学技术文献出版社，1983．
沈长松，吕金宝，王谊等．水库可持续发展指标体系研究[J]．三峡大学学报(自然科学版)，2008，30(6)：1－5．
沈小峰．耗散结构[M]．上海：上海人民出版社，1997．
司瑞洁，温家洪，吕常荣等．ESSP 框架下的几种灾害的研究进展[J]．气象与减灾研究，2009，30(2)：52－57．
宋毅，何国祥．耗散结构论[M]．北京：中国展望出版社，1986．
苏步青，刘鼎元．计算几何[M]．上海：上海科学技术出版社，1981．
苏步青．高等几何讲义[M]．上海：上海科学技术出版社，1964．
谭跃进，高世楫，周曼殊．系统学原理[M]．长沙：国防科技大学出版社，1996．
陶世龙，万天丰，程捷．地球科学概论[M]．北京：地质出版社，1999．
托姆 R．结构稳定性与形态发生学[M]．赵松年等译．成都：四川教育出版社，1992．
托姆 R．突变论[M]．周仲良译．上海：上海译文出版社，1989．
王定武．面向数字地球的虚拟现实系统模型[J]．中国图像图形学报，1999，4(4)：68－92．
王寿云，于景元，段妆为等．开放的复杂巨系统[M]．杭州：浙江科学技术出版社，1996．
王为．地球系统科学：21 世纪地球科学前沿与可持续发展战略科学基础[J]．科学新闻，2003，(13)：30－32．
王竹溪．统计物理学导论[M]．北京：人民教育出版社，1955．
威廉斯 GE 主编．大旋回[M]．马宗晋，李存悌，张郢珍等译．北京：地震出版社，1986．
维德罗 B，史蒂恩斯 SD．自适应信号处理[M]．王水德等译．成都：四川大学出版社，1989．
维纳 N．控制论[M]．郝季仁译．北京：科学出版社，1963．
魏宏森等．开创复杂性研究的新学科[M]．成都：四川人民出版社，1991．
魏洪森等．开创复杂性研究的新学科[M]．成都：四川人民出版社，1991．
吴传钧．论地理学的研究核心——人地关系地域系统[J]．经济地理，1997，11(3)：1－6．
吴大进，曹力，陈立华．协同学原理和应用[M]．武汉：华中理工大学出版社，1990．
吴锡浩，安芷生．黄土高原黄土－古土壤序列与青藏高原隆升[J]．中国科学 D 辑，1996，26(2)：103－111．
休斯敦 R L．多体系统动力学(上册)[M]．刘又午译．天津：天津大学出版社，1987．
休斯敦 R L．多体系统动力学(下册)[M]．刘又午译．天津：天津大学出版社，1991．
徐秉业．塑性力学[M]．北京：高等教育出版社，1988．
徐道一，王湘南，沈宗丕．磁暴与大地震的跨越式关系探讨[J]．地震地质，1994，16(1)：21－25．
徐道一，杨正宗，张勤文等．天文地质学概论[M]．北京：地质出版社，1983．
徐冠华，孙枢，陈运泰等．迎接"数字地球"的挑战[J]．遥感学报，1999，3(2)：85－89．

徐冠华.全社会要高度关注“数字地球”[M]//崔伟宏数字地球.北京:中国环境科学出版社,1999.

许国志,顾基发,车宏安.系统科学[M].上海:上海科技出版社,2000.

许志琴.中国大陆科学钻探工程的科学目标及初步成果[J].岩石学报,2004,20(1):1-8.

杨来伍,梅凤翔.变质量系统力学[M].北京:北京理工大学出版社,1989.

杨涛,刘庆生,吴耀等.中国大陆科学钻探(CCSD)主孔100～2000m区间磁化率的变异特征及其地质意义[J].岩石学报,2006,22(7):2 089-2 095.

杨卫.宏微观断裂力学[M].北京:国防工业出版社,1989.

杨文采,程振炎,张春贺.中国科学深钻选址地球物理调查与大别—苏鲁岩石圈[J].地球学报,2003,24(5):391-340.

杨学祥.2001年发生厄尔尼诺事件的天文条件[J].地球物理学报,2002,45(增刊):56-62.

杨学祥.星体能量释放脉动机制与厄尔尼诺事件预报[J].中国学术期刊文,1999,5(12):1 519-1 521.

叶更新.厄尔尼诺与行星运动的联系及其预测[J].气象学报,1998,56(5):635-640.

叶培建,彭兢.深空探测与我国深空探测展望[J].中国工程科学,2006,8(10):13-19.

印显吉.中国地球物理[M].南京:南京师范大学出版社,2003.

张本仁,傅家谟.地球化学进展[M].北京:化学工业出版社,2005.

张锦文.集合论与连续统假设浅说[M].上海:上海教育出版社,1980.

张三旗.从伽利略到牛顿[M].北京:北京出版社,1988.

张少泉.地球物理学概论[M].北京:地震出版社,1988.

张咸恭等.人类活动与诱发地质灾害,地质灾害与防治[J].中国地质灾害研究会学报,1990,1(2):26-48.

张晓东,刘杰,丁鉴海.1999年震情评述[J].中国地震,2000,16(1):92-97.

赵九章.天体力学[M].北京:高等教育出版社,1980.

赵荣国,李卫平,刘一鸣.2008年世界地震灾害综述[J].国际地震动态,2009(1):20-23.

中国21世纪议程编制领导小组.中国21世纪议程[M].北京:中国环境科学出版社,1998.

钟大赉,丁林.青藏高原的隆起过程及其机制探讨[J].中国科学D辑,1996,26(4):289-296.

钟玉琢,祁卫.信息科学中的重要研究课题,多媒体数据压缩编码.计算机世界,1998,4,6.

周曼殊.改革、开放与复杂系统[M].长沙:国防科技大学出版杜,1991.

周毅.人口与资源可持续发展[J].西北工业大学学报(社会科学版).2003.23(2):4-15.

朱介寿,曹家敏,李显贵等.中国及其邻区地球三维结构初始模型的建立[J].地球物理学报,1997,40(5):627-651.

Evans A G. The mechanical properties of fiber-reinforced ceramic. Metal and Intermetallic Composites, Mater[J]. Sci. Eng., 1991. A, 143:63.

Alan E G, Crayton C W. Ensemble modeling: inference from small-scale properties to large-scale systems[M]. New York and Basel: Marcel Dekker Inc. 1984

Anderson P, Arrow K, Pines D. The economy as an evolving complex system[M]. Addison Wesley Publishing Company Inc. 1989.

Angelier J. Tectonic analysis of fault slip data sets[J]. J geophys Res., 1984., 89(B7):5835-5848.

Arthur W B, et al. The economy as an evolving complex Systems[J]. Addison Wesley, 1997, Vol I

Bak P, Chen V. Self-organized criticality[J]. Scientific American, 1991. 264(1): 46-53.

Bauer S J. Physics of Plnetry Ionospheres[M]. Springer Verlag, Berlin, 1973.

Benalanffy V. The history and status of general system theory [J]//Klir G. J., ed. Trends in general system theory. John Wiley & Son Inc. 1972, 21-41.

Bertalanffy V. General system theory[M]. New York: George Breziller Inc. 1973, 33.

Bi Si wen, Lou Xiangdong, Xu Bing. On the mechanism of coal mine shaft damage caused by subsidence in

Xuhuai area, Southeast China[J]. Communications in nonlinear science & numerical simulation, 1997, 2 (2): 75-80.

Bi Siwen, Jing Dongsheng, Zhang Xianfeng. Framework of basic theory in the digital earth. Beyond information infrastructure[J]. Digital Earth, 2001, B, 25-27.

Brown J R, Eamshaw R, Jern M, et al. Visualization: Using computer graphics to explore data and present information [M]. New York :John Wiley and Sons Inc. 1995. 26-27.

Bruchfiel B C, Cheng Zhiliang, Hodges, et al. The sooth tibetan detachment system. Himalaya orogen: extension contenporanecus with and parallel to shortening in a Collisional Mountain Belt [J]. The Geological Society of America (Special Paper)1992, 269.

Campbell F H. Implications of mantle plume structure for the eruption of flood basalts. Earth Planet[J]. Sci. Lett. , 1990. 99:79-83.

CanadaBraford G. Nickerso. Automated cartographic generalization for liner features[J]. Cartographic, 1988. 25(3).

Chen Y, et al. Two-tiered architecture of IS in WWW environment [M]// Rolland C, et al. ed. Information systems in the WWW environment. London: Chapman & Hall, 1998. 239-257.

China's 21st Century Agenda Management Center, Institute of Geographical Science and Natural Resource Research, CAS. Theory and practice of indicators systems for sustainable development[M]. Beijing: Social Sciences Documentation Publishing House, 2004.

Clark J W. Introduction to neural networks [M]// Proto A N, ed. Nonlinear phenomena in complex systems. North-Holland: Elsevier Science Publishers. 1990.

Cohen M A, Grossberg S. Absolute stability of global pattern formation and parallel memory storage by competitive neural networks. IEEE transactions on systems[J]. Man and Cybernetics, 1983. 13(5): 815-926.

CopeJand P, Harrison T M. Episodic rapid uplift in the Himalaya revealed $^{40}Ar/^{39}Ar$ analysis of detrital k-feldspar and muscovite[J]. Bengal Fan Geology, 1990, 18:354-357.

David G. Introduction to dynamic systems[M]. New York: John Wiley & Sons Inc, 1979.

David M M. Conceptual based for geographic line generalization[M]. ITC Journal, 1989

Dawn J W. GIS: Tool or science? [J] Annals of the association of American geographers, 1997. 87(1): 346-362.

Degn H, Holden A, Olsen L. Chaos in biological systems[M]. New York: Plenum, 1987.

Deng Wangming. Genetic Environment of the kudi ophiolite and tectonic significance, Xinjiang. China. Annual report, Laboratory of lithoshere tectonic evolution[M]. Institute of Geology, Academia Sinica. 1992.

Douglass E, Comer. The internet book[M]. Prentice-Hall, 1995.

Earth System Science Committee NASA Advisory Council. Earth system science, a closer view[M]. National Aeromautics and Space Administration. 1992.

ESSC. NASA. Earth System Science, a Closer View, a Program for Global Change, NASA. 1988.

Ester M, Kriegel H, Scander J, et al. Clustering form mining in large spatial databases, In Special Issue on Data Mining[M]. Portland. Oregon. 1996.

Fang F K. Sanglier M. Complexity and self-organization in social and economic systems. Springer-Verlag Forrest S, Emergent Computation[M]. Cambridge: MIT Press. 1991.

Fraedich K. Estimating weather and climate predictability on attractores, J. Atmos[J]. Science, 1999, 44: 722-728.

Gallagher R, Appenzeller T . Beyond reductionism[J]. Science, 1999, 284(5411):79.

Grassberger P, Measuring the steongness of strange attractors[J]. Physics, 1984. 9D: 189 - 208.

Henderson H. Evolving economics from lose vicious circle to win cooperation and sustainability (In Internet). 1997.

Hewitt C, Inman J. DAI Betwixt and between: From "intelligent agents" to open system science, IEEE, Transaction on Systems, Man and Cybernetics. 1991.

Huston R L, Kamman J W. A discussion on constraint equations in multibody dynamics[J]. Mechanics Research Communications, 1982,9:251 - 256.

Ji Jinjun, et al. Climatic change in Chinese desert, Petit Maire N [M]. Edited: Deserts Past and Future Evolution ,Spain, 1988.

Kance T R, Lilcins P W, Levinnon D A. Spacecraft dynamics[M]. New York: McGraw Hill, 1983.

Kauffman S A. Principles of adaptation in complex system[M]//Stein D L. Lectures in the sciences complexity. New York: Addison-Wesley, 1989.

Kauffman S A. The origins of order[M]. Oxford: Oxford University Press. 1993.

Kazuo Amano, Asaira Taira. Two - phrase uplifi of higher Himalayas since 17 Ma[J]. Geology, 1992, 20: 391 - 394.

Keary P, Vine F J. Global tectonics[M]. London: Blackwell Scientific Publications, 1990.

Kelly F A, Huston R L. Vsers manual for UCIN - INERTIA - A computer program for computation inertia properties of arbitrarily shaped Robot links[J]. National Technical Information Service (NTLS)Report, 1982,82 - 85.

Langton C G. Life at the edge of chaos [M]// Langton C G, et al. Artificial life Ⅱ. New York: Addison Wesley. 1992.

Langton C G. Studying artificial life with cellular automata[J]. Physical D, 1986, 22:120 - 149.

Laws N, Brockenbrough J R. The effect of microcrack systems on the loss of stiffness of brittle solids [J]. Int. J. Solids& structs, 1987, 23: 1 247 - 1 268.

LIN Zhen-Shan. The phase relation between accumulative effect of solar eclipse and Er Nino[J]. Journal of Nanjing University (Natural Sciences),1999,35(6):777 - 779.

Mandelbrot B B. The fractal geometry of nature. Freeman . 1982.

Maruyama S. Plume tectonics[J]. Jour. Geol. Soc. Japan, 1994 ,100: 24 - 49.

Maxwell J C. Continental drift and a dynamic Earth[J]. A Scientist, 1968. 56(1):35 - 51.

Michel A N, Miller R K. Qualitative analysis of large scale dynamical systems[M]. New York: Academic Press, 1979.

Molnar P, B Clark Burchfiel, Zhao Ziyun, et al. Geologic evolution of northern Tibet; Results of an Expedition to Ulugh Muztagh[J]. Science, 1987,235:299 - 305.

NASA. Earth system science: Program for global change, report of the earth system science committee[M]. Washington DC. 1988.

Olson P, Nam I S. Formation of seafloor swells by mantle plumes[J]. J. Geophys. Res. , 1986, 91: 7 181 - 7 191.

Olson P. Plume formation in the D Layer and the roughness of the core-mantle tie boundary[J]. Nature, 1987,327: 409 - 413.

Peter M Blisniuk, Bradiey R Hacker, Johannes Glodny, et al. Mickael O. Mcwilliams &Andy calvert. Normal faulting in central Tibet since at least 13. 5Ma ago[J]. Nature, 2001, 412:628 - 632.

Philippe Patriat,Jose Achache. India - Eurasia collision chronology has implications for crustal shortening and driving mechanism of plates[J]. Nature, 1984. 311:18 - 22.

Ponting C. Historical perspectives on sustainable development. Environment, 1990. 32(9).

Puccia C J, Levins R. Qualitative modeling of complex systems[M]. New York: Harvard University Press, 1985.

Richard M A. A mantle plume initiation model for the wrangelia flood basalt and other oceanic plateaus[J]. Science, 1991, 261: 410 - 413.

Schertzer D. Physical modeling and analysis of rain and clouds by anisotropic scaling multiplicative processes [J]. J. Geophys. Res., 1987. 92:8 693 - 9 741.

Shackleton R M, FRS. Chang Chengfa Cenozoic uplift and deformation of the Tibetan plateau: the Geomorphologic Evidence[J]. Phil Trans R Soc Land A, 1988,327:365 - 377.

Smart J S. Observational constraints on the number, albedos,sizes,and impact hazards of the near - Earth aster oids[M]. PhD thesis, MIT. 2003.

Strogatz S H. Nonlinear dynamics and chaos: with applications to Physics, Biology, Chemistry, and Engineering[M]. Addison Wesley Publishing Company. 1994.

Tompson J M T, Stenmit H B. Nonlinear dynamics and chaos: geometrical methods for engineers and scientists[M]. John Wiley and Sons Ltd. 1986.

UNEP,WCMC,Global Footprint Network. Living planet report 1998[R]. WWF international , Gland, Switzerland,1998.

University consortium for geographic information science. Research priorities for geographic information science[J]. Cartography and Geographic Information System, 1996. 23(3).

Vekovski A. Special issue: interoperability in GIS[J]. International Journal of Geographical Information Science, 1998. 12(4).

Wackernagel M, Lewan L, Hansson C B. Evaluating the use of natural capital with the ecological footprint: applications in Sweden and sub regions [J]. Ambio,1999,28(7):604 - 612.

Waldrop M M. Complexity: The emerging science at the edge of order and chaos[M]. New York: Simon and Schuster, 1992.

Weidlish W, Hagg C. Concepts and models of a quantitive sociology. New York:Federal Republic of Springer - Verlag,1983.

Wenjin Zhan, Nelson K D. Deep seismic reflection evidence for continental underthrusting beneath southern Tibet[J]. Nature, 366:557 - 559.

Winebrake J J, Creswick P B. The future of hydrogen fueling systems for transportation: An application of perspective—based scenario analysis using the analytic hierarchy process[J]. Technological Forecasting and Social Change,2003,70(4):359 - 384.

Wolfram S. Universality and complexity in cellular automata[J]. Pysica D, 1984,10(1):1 - 35.

World Bank. The World Bank public information center annual report FY95[R]. World Bank, Washinton, 1995.

Xu Ronghua, Scharer U, Allegre C J. Magmatism and metamorphism in the lhasa block(tibet)[J]. A Geochronological Study. J. Geol, 93:41 - 57.

Zaao W, Nelson K D. Project Indepth team. Deep seismic reflection evidence for continental under thrusting beneath southern Tibet[J]. Nature,1993, 366:425 - 443.